U0793860

"十四五"职业教育国家规划教材

"十三五"职业教育国家规划教材
"十二五"职业教育国家规划教材
经全国职业教育教材审定委员会审定
工业机器人应用高技能人才培养系列精品项目化教材

工业机器人工作站系统集成

第2版

主　编　汪　励　陈小艳
参　编　蒋庆斌　陈　强
主　审　王振华

机械工业出版社

工业机器人作为一种智能装备，得到了越来越广泛的应用。本书为“十二五”职业教育国家规划教材，以工业机器人最典型的搬运、弧焊、点焊、自动生产线应用系统为出发点，以国际主流工业机器人安川电机工业机器人为载体，详细讲解了工业机器人工作站系统的构建、工业机器人与外围系统的接口电路以及控制程序。全书共设置了4个项目，每个项目包含3~6个工作任务，项目内容包括学习目标、知识准备、任务实施、考核与评价、学习体会及思考与练习等，每个项目的安排由浅入深，循序渐进，并且融入了工业机器人应用领域X证书初、中、高级要求。任务实施有工业机器人技术专业国家教学资源库、工业机器人企业生产实际案例库等资源支撑，通过二维码扫描即可观看课程中的相关知识点，不受时间、空间限制，从而激发学生主动学习，提高学习效率。工作任务的完成基于工作过程，注重学生专业精神、职业精神和工匠精神等综合素质的培养。

本书既适合作为高等职业院校工业机器人技术等相关专业教材和机电类专业学生实践选修课教材，也可用于工业机器人应用领域X证书培训参考教材，同时可供从事工业机器人应用开发等工程技术人员参考。

为方便教学，本书配有免费电子课件、模拟试卷及答案等，凡选用本书作为授课教材的教师，均可登录机械工业出版社教育服务网（http://www.cmpedu.com）注册后免费下载。咨询电话：010-88379375。

图书在版编目（CIP）数据

工业机器人工作站系统集成/汪励，陈小艳主编．—2版．—北京：机械工业出版社，2019.9（2025.1重印）

“十二五”职业教育国家规划教材　工业机器人应用高技能人才培养系列精品项目化教材

ISBN 978-7-111-63889-6

Ⅰ.①工…　Ⅱ.①汪…　②陈…　Ⅲ.①工业机器人-工作站-系统集成技术-高等职业教育-教材　Ⅳ.①TP242.2

中国版本图书馆CIP数据核字（2019）第214550号

机械工业出版社（北京市百万庄大街22号　邮政编码100037）
策划编辑：于　宁　责任编辑：于　宁
责任校对：张　征　封面设计：陈　沛
责任印制：任维东
天津光之彩印刷有限公司印刷
2025年1月第2版第12次印刷
184mm×260mm · 17印张 · 415千字
标准书号：ISBN 978-7-111-63889-6
定价：49.80元

电话服务	网络服务
客服电话：010-88361066	机　工　官　网：www.cmpbook.com
010-88379833	机　工　官　博：weibo.com/cmp1952
010-68326294	金　　书　　网：www.golden-book.com
封底无防伪标均为盗版	机工教育服务网：www.cmpedu.com

关于“十四五”职业教育
国家规划教材的出版说明

为贯彻落实《中共中央关于认真学习宣传贯彻党的二十大精神的决定》《习近平新时代中国特色社会主义思想进课程教材指南》《职业院校教材管理办法》等文件精神，机械工业出版社与教材编写团队一道，认真执行思政内容进教材、进课堂、进头脑要求，尊重教育规律，遵循学科特点，对教材内容进行了更新，着力落实以下要求：

1. 提升教材铸魂育人功能，培育、践行社会主义核心价值观，教育引导学生树立共产主义远大理想和中国特色社会主义共同理想，坚定“四个自信”，厚植爱国主义情怀，把爱国情、强国志、报国行自觉融入建设社会主义现代化强国、实现中华民族伟大复兴的奋斗之中。同时，弘扬中华优秀传统文化，深入开展宪法法治教育。

2. 注重科学思维方法训练和科学伦理教育，培养学生探索未知、追求真理、勇攀科学高峰的责任感和使命感；强化学生工程伦理教育，培养学生精益求精的大国工匠精神，激发学生科技报国的家国情怀和使命担当。加快构建中国特色哲学社会科学学科体系、学术体系、话语体系。帮助学生了解相关专业和行业领域的国家战略、法律法规和相关政策，引导学生深入社会实践、关注现实问题，培育学生经世济民、诚信服务、德法兼修的职业素养。

3. 教育引导学生深刻理解并自觉实践各行业的职业精神、职业规范，增强职业责任感，培养遵纪守法、爱岗敬业、无私奉献、诚实守信、公道办事、开拓创新的职业品格和行为习惯。

在此基础上，及时更新教材知识内容，体现产业发展的新技术、新工艺、新规范、新标准。加强教材数字化建设，丰富配套资源，形成可听、可视、可练、可互动的融媒体教材。

教材建设需要各方的共同努力，也欢迎相关教材使用院校的师生及时反馈意见和建议，我们将认真组织力量进行研究，在后续重印及再版时吸纳改进，不断推动高质量教材出版。

机械工业出版社

前言

目前，中国正处于产业转型升级的关键时期，工业机器人作为先进制造业中不可替代的重要装备，已经成为衡量一个国家制造水平和科技水平的重要标志。根据《〈中国制造2025〉重点领域技术路线图》，到2020年工业机器人销量将达到15万台，保有量将达到80万台；到2025年工业机器人销量将达到26万台，保有量将达到180万台；到2030年工业机器人销量将达到40万台，保有量将达到350万台。2020年中国工业机器人销量达到16.97万台，年销量已连续8年位居世界首位，成为全球第一大工业机器人应用市场。

工业机器人作为一种高科技集成装备，应用于各行各业，将逐步取代人工作业。机器人产业的快速发展迫切需要工业机器人应用领域技术技能型人才，职业院校也纷纷开设工业机器人专业，2021年，全国高职院校工业机器人技术专业的布点数量已达到755个。工业机器人系统集成能力是工业机器人应用领域的关键能力之一，该能力的培养需要内容先进、结构科学、配套资源丰富、能体现职业教育教学特征的教材来支撑。

本书为“十二五”职业教育国家规划教材，针对工业机器人产业发展对工业机器人应用人才培养的要求，以工业机器人搬运工作站、弧焊工作站、点焊工作站和自动生产线工作站4个工作站为载体，介绍工业机器人工作站的组成、机器人与外围系统的接口技术等典型应用；在内容安排上，以任务为驱动，按照学习目标、知识准备、任务实施、考核与评价、学习体会及思考与练习顺序展开，并将立德树人融入其中。教材整体设计为职业院校开展理实一体化教学方法实施奠定了基础。

本书是由工业机器人应用领域X证书开发专家团队编写，常州机电职业技术学院、江苏汇博机器人技术股份有限公司等校企联合开发。汪励、陈小艳担任主编，江苏汇博机器人技术股份有限公司王振华担任主审。参加编写的有汪励（绪论、项目一、项目四任务三至任务五、附录）、陈小艳（项目二、项目三）、蒋庆斌（项目四任务一和任务二）、江苏汇博机器人技术股份有限公司陈强（项目四任务六），安川电机（中国）有限公司的刘锐、北京电子科技职业学院的管小清、上海ABB工程有限公司的叶晖分别参与了弧焊工作站、点焊工作站和自动生产线系统工作站的项目设计。

在教材编写过程中，编者参阅了国内外相关资料，在此向原作者表示衷心感谢！由于工业机器人技术发展迅速，加之编者水平有限，书中难免有错漏之处，恳请广大读者批评指正。

编　者

目录

绪 论

工业机器人是一台具有若干个自由度的机电装置，孤立的一台机器人在生产中没有任何应用价值，只有根据作业内容以及工件形式、质量和大小等工艺因素，给工业机器人配以相适应的辅助机械装置等周边设备，机器人才能成为实用的自动化设备。

一、工业机器人工作站的组成

工业机器人工作站是指使用一台或多台机器人，配以相应的周边设备，用于完成某一特定工序作业的独立生产系统，也可称为机器人工作单元。它主要由工业机器人及其控制系统、辅助设备以及其他周边设备所构成。

工业机器人工作站是以工业机器人作为加工主体的作业系统。由于工业机器人具有可再编程的特点，当加工产品更换时，可以对机器人的作业程序进行重新编写，从而达到系统柔性要求。

然而，工业机器人只是整个作业系统的一部分，作业系统包括工装、变位器、辅助设备等周边设备，应该对它们进行系统集成，使之构成一个有机整体，才能完成任务，满足生产需求。

工业机器人工作站系统集成一般包括硬件集成和软件集成两个过程。硬件集成需要根据需求对各个设备接口进行统一定义，以满足通信要求；软件集成则需要对整个系统的信息流进行综合，然后再控制各个设备按流程运转。

二、工业机器人工作站的特点

(1) 技术先进　工业机器人集精密化、柔性化、智能化、软件应用开发等先进制造技术于一体，通过对过程实施检测、控制、优化、调度、管理和决策，实现增加产量、提高质量、降低成本、减少资源消耗和环境污染的目的，是工业自动化水平的最高体现。

(2) 技术升级　工业机器人与自动化成套装备具有精细制造、精细加工以及柔性生产等技术特点，是继动力机械、计算机之后出现的全面延伸人的体力和智力的新一代生产工具，是实现生产数字化、自动化、网络化以及智能化的重要手段。

(3) 应用领域广泛　工业机器人与自动化成套装备是生产过程的关键设备，可用于制造、安装、检测、物流等生产环节，并广泛应用于汽车整车及汽车零部件、工程机械、轨道交通、低压电器、电力、IC 装备、军工、烟草、金融、医药、冶金及印刷出版等行业，应用领域非常广泛。

(4) 技术综合性强　工业机器人与自动化成套技术集中并融合了多项学科，涉及多项技术领域，包括工业机器人控制技术、机器人动力学及仿真、机器人构建有限元分析、激光加工技术、模块化程序设计、智能测量、建模加工一体化、工厂自动化以及精细物流等先进制造技术，技术综合性强。

项目一 工业机器人搬运工作站系统集成

搬运机器人（transfer robot）是指可以进行自动化搬运作业的工业机器人。最早的搬运机器人出现在1960年的美国，Versatran和Unimate两种机器人首次用于搬运作业。

搬运作业是指用一种设备握持工件，从一个加工位置移到另一个加工位置的过程。如果采用工业机器人来完成这个任务，整个搬运系统则构成了工业机器人搬运工作站。给搬运机器人安装不同类型的末端执行器，可以完成不同形态和状态的工件搬运工作。

目前世界上使用的搬运机器人逾10万台，被广泛应用于机床上下料、冲压机自动化生产线、自动装配流水线、码垛搬运集装箱等的自动搬运。

工业机器人搬运工作站一般具有以下一些特点：

1）应有物品的传送装置，其形式要根据物品的特点选用或设计。

2）可使物品准确地定位，以便于机器人抓取。

3）多数情况下设有物品托板，或机动或自动地交换托板。

4）有些物品在传送过程中还要经过整型，以保证码垛质量。

5）要根据被搬运物品设计专用末端执行器。

6）应选用适合于搬运作业的机器人。

【学习目标】

知识目标：

1）熟悉工业机器人搬运工作站的组成。

2）掌握工业机器人与外围系统的接口技术。

3）掌握工业机器人远程控制的原理。

技能目标：

1）能够正确选用工业机器人。

2）能够集成工业机器人工作站系统。

3）能够设计、安装、调试工业机器人工作站。

【工作任务】

任务一　工业机器人搬运工作站的认识

任务二　搬运工作站工业机器人的选型

任务三　搬运工作站PLC系统的设计

任务四　搬运工作站外围控制系统的设计

任务五　工业机器人搬运工作站的系统设计

任务一　工业机器人搬运工作站的认识

工业机器人搬运工作站的任务是由机器人完成工件的搬运，就是将输送线输送过来的工件搬运到平面仓库中，并进行码垛。

工业机器人搬运工作站的构成

【知识准备】

一、搬运工作站的组成

工业机器人搬运工作站由工业机器人系统、PLC 控制柜、机器人安装底座、输送线系统、平面仓库、操作按钮盒等组成。整体布置如图1-1所示。

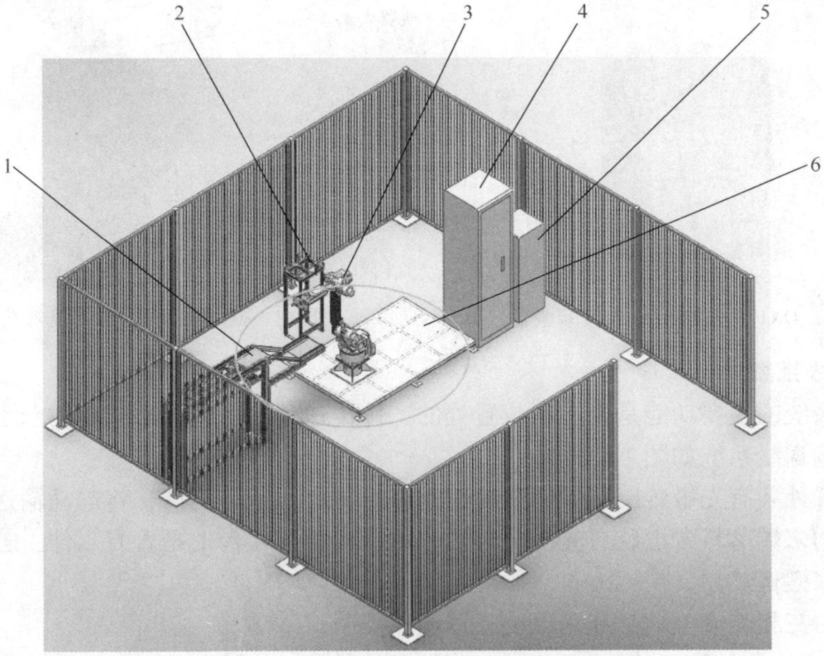

图 1-1　机器人搬运工作站整体布置图

1—输送线　2—平面仓库　3—机器人本体　4—PLC 控制柜　5—机器人控制柜　6—机器人安装底座

1. 搬运机器人及控制柜

安川 MH6 机器人是通用型工业机器人，既可以用于弧焊又可以用于搬运。搬运工作站选用安川 MH6 机器人，完成工件的搬运工作。

MH6 机器人系统包括 MH6 机器人本体、DX100 控制柜以及示教编程器。DX100 控制柜通过供电电缆和编码器电缆与机器人连接。

DX100 控制柜集成了机器人的控制系统，是整个机器人系统的神经中枢。它由计算机硬件、软件和一些专用电路构成，其软件包括控制器系统软件、机器人专用语言、机器人运动学及动力学软件、机器人控制软件、机器人自诊断及保护软件等。控制器负责处理机器人工作过程中的全部信息和控制其全部动作。

机器人示教编程器是操作者与机器人间的主要交流界面。操作者通过示教编程器对机器人进行各种操作、示教、编制程序，并可直接移动机器人。机器人的各种信息、状态通过示教编程器显示给操作者。此外，还可通过示教编程器对机器人进行各种设置。

DX100 控制柜及示教编程器如图 1-2 所示。

由于搬运的工件是平面板材，所以采用真空吸盘来夹持工件。故在安川 MH6 机器人本体上安装了电磁阀组、真空发生器、真空吸盘等装置。MH6 机器人本体及末端执行器如图 1-3 所示。

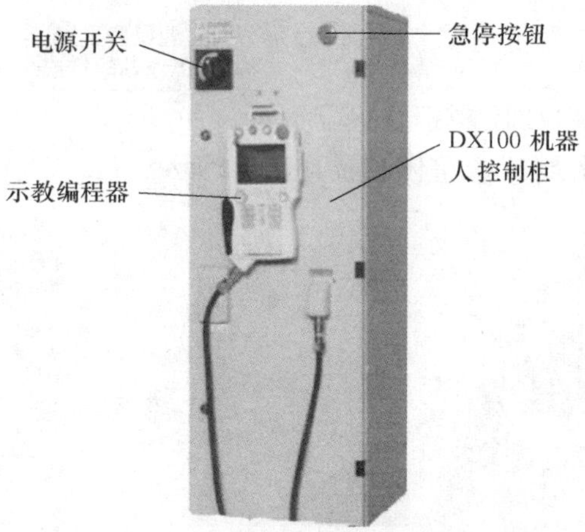

图 1-2　DX100 控制柜及示教编程器

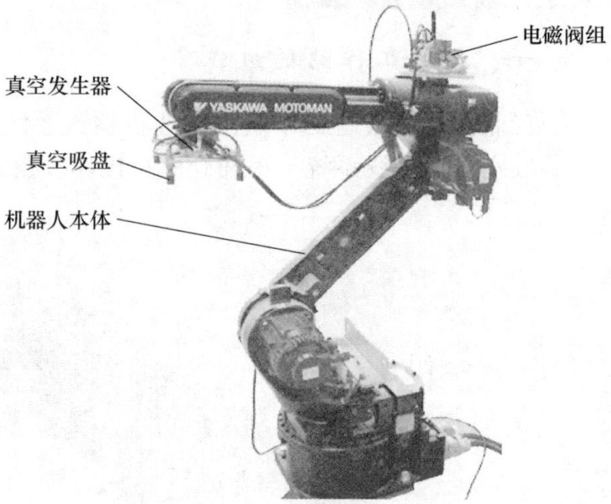

图 1-3　MH6 机器人本体及末端执行器

2. 输送线系统

输送线系统的主要功能是把上料位置处的工件传送到输送线的末端落料台上，以便于机器人搬运。输送线系统如图 1-4 所示。

上料位置处装有光敏传感器，用于检测是否有工件，若有工件，将起动输送线，输送工件。输送线的末端落料台也装有光敏传感器，用于检测落料台上是否有工件，若有工件，将起动机器人来搬运。

输送线由三相交流电动机拖动，变频器调速控制。

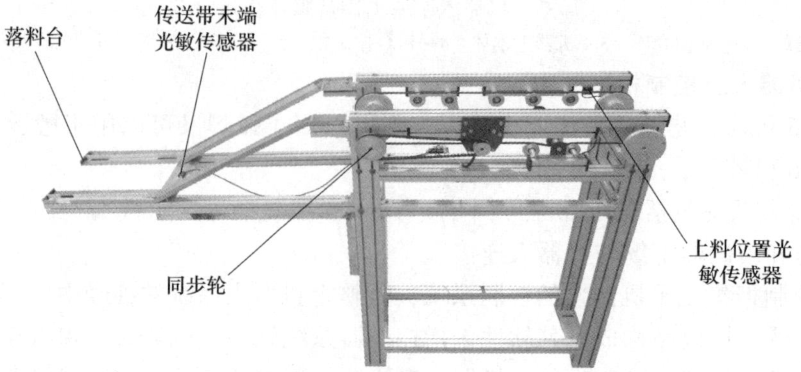

图 1-4　输送线系统

3. 平面仓库

平面仓库用于存储工件，平面仓库如图 1-5 所示。平面仓库有一个反射式光纤传感器用于检测仓库是否已满，若仓库已满，将不允许机器人向仓库中搬运工件。

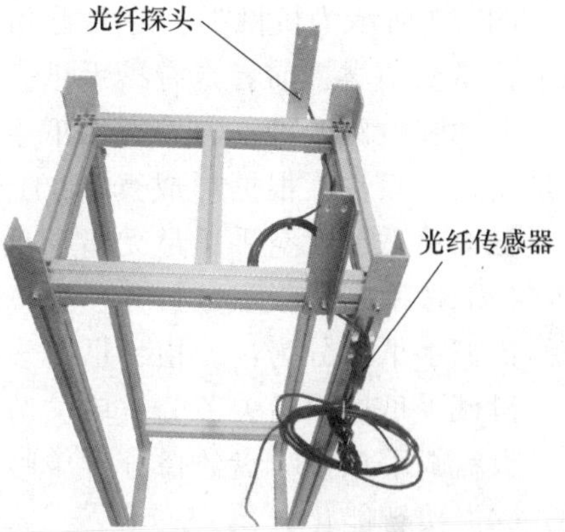

图 1-5　平面仓库

4. PLC 控制柜

PLC 控制柜用来安装断路器、PLC、变频器、中间继电器和变压器等元器件，其中 PLC 是机器人搬运工作站的控制核心。搬运机器人的启动与停止、输送线的运行等，均由 PLC 实现。PLC 控制柜内部图如图 1-6 所示。

二、机器人末端执行器

工业机器人的末端执行器也叫做机器人手爪，它是装在工业机器人手腕上直接抓握工件或执行作业的部件。

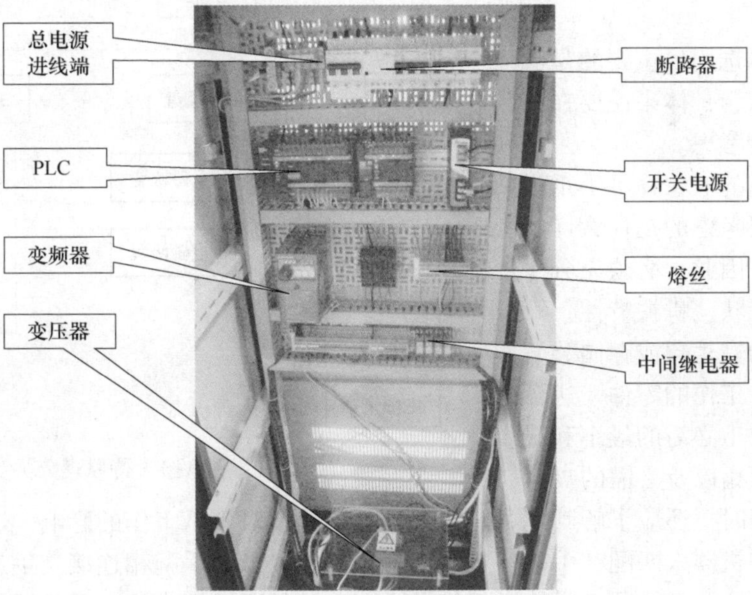

图 1-6　PLC 控制柜内部图

1. 末端执行器的分类

(1) 按用途分

1) 手爪：具有一定的通用性，它的主要功能是：抓住工件、握持工件或释放工件。

抓住——在给定的目标位置和期望姿态上抓住工件，工件在手爪内必须具有可靠的定位，保持工件与手爪之间准确的相对位置，以保证机器人后续作业的准确性。

握持——确保工件在搬运过程中或零件在装配过程中定义了的位置和姿态的准确性。

释放——在指定点上除去手爪和工件之间的约束关系。

2) 工具：是进行某种作业的专用工具，如喷漆枪、焊具等。

（2）按夹持原理分

图1-7所示为机械类、磁力类和真空类三种手爪的分类。机械类手爪包括靠摩擦力夹持和吊钩承重两类，前者是有指手爪，后者是无指手爪。产生夹紧力的驱动源可以有气动、液动、电动和电磁四种；磁力类手爪主要是磁力吸盘，有电磁吸盘和永磁吸盘两种；真空类手爪是真空式吸盘，根据形成真空的原理可分为真空吸盘、气流负压吸盘和挤气负压吸盘三种。磁力手爪及真空手爪是无指手爪。

（3）按手指或吸盘数目分

机械手爪可分为：二指手爪、多指手爪。

机械手爪按手指关节分：单关节手指手爪、多关节手指手爪。

吸盘式手爪按吸盘数目分：单吸盘式手爪、多吸盘式手爪。

（4）按智能化分

1）普通式手爪：手爪不具备传感器。

2）智能化手爪：手爪具备一种或多种传感器，如力传感器、触觉传感器、滑觉传感器等，手爪与传感器集成成为智能化手爪。

2. 末端执行器设计和选用的要求

手爪设计和选用最主要的是满足功能上的要求，具体来说要在下面几个方面进行考虑。

（1）被抓握的对象物　手爪设计和选用首先要考虑的是什么样的工件要被抓握。因此，必须充分了解工件的几何形状、机械特性。

（2）物料的馈送器或存储装置　与机器人配合工作的零件馈送器或储存装置对手爪必需的最小和最大爪钳之间的距离以及必需的夹紧力都有要求，同时，还应了解其他可能的不确定的因素对手爪工作的影响。

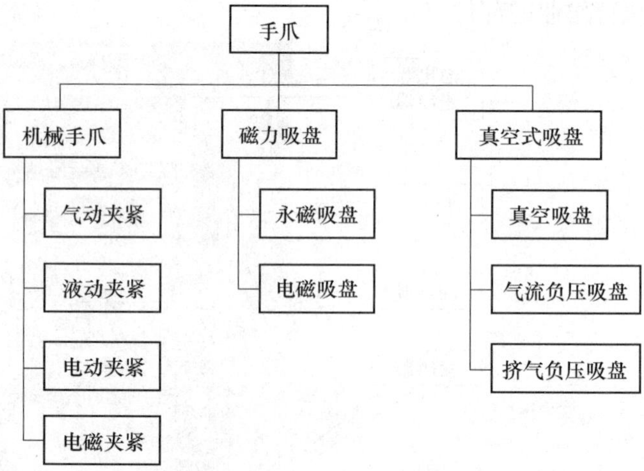

图1-7　手爪按夹持原理分类

（3）手爪和机器人匹配　手爪一般用法兰式机械接口与手腕相连接，手爪自重也增加了机械臂的载荷，这两个问题必须给予仔细考虑。手爪是可以更换的，手爪形式可以不同，但是与手腕的机械接口必须相同，这就是接口匹配。手爪自重不能太大，机器人能抓取工件的重量是机器人承载能力减去手爪重量。手爪自重要与机器人承载能力匹配。

（4）环境条件　在作业区域内的环境状况很重要，比如高温、水、油等环境会影响手爪工作。一个锻压机械手要从高温炉内取出红热的锻件坯必须保证手爪的开合、驱动在高温环境中均能正常工作。

3. 不同末端执行器的应用场合

（1）机械式手爪　机械式手爪通常采用气动、液动、电动和电磁来驱动手指的开合。气动手爪目前得到广泛的应用，因为气动手爪有许多突出的优点：结构简单、成本低、容易维修，而且开合迅速，重量轻。其缺点是空气介质的可压缩性，使爪钳位置控制比较复杂。液压驱动手爪成本稍高一些。电动手爪的优点是手指开合电动机的控制与机器人控制可以共用一个系统，但是夹紧力比气动手爪、液压手爪小、开合时间比它们长。电磁力手爪控制信号简单，但是夹紧的电磁力与爪钳行程有关，因此，只用在开合距离小的场合。

（2）磁力吸盘　磁力吸盘有电磁吸盘和永磁吸盘两种。磁力吸盘是在手部装上电磁铁，通过磁场吸力把工件吸住。电磁吸盘只能吸住铁磁材料制成的工件（如钢铁件），吸不住有色金属和非金属材料的工件。磁力吸盘的缺点是被吸取工件有剩磁，吸盘上常会吸附一些铁屑，致使不能可靠地吸住工件，而且只适用于工件要求不高或有剩磁也无妨的场合。对于不准有剩磁的工件，如钟表零件及仪表零件，不能选用磁力吸盘，可用真空吸盘。另外钢、铁等磁性物质在温度为723℃以上时磁性就会消失，故高温条件下不宜使用磁力吸盘。

磁力吸盘要求工件表面清洁、平整、干燥，以保证可靠地吸附。

（3）真空式吸盘　真空式吸盘主要用在搬运体积大、重量轻的如像冰箱壳体、汽车壳体等零件；也广泛用在需要小心搬运的如显像管、平板玻璃等物件。真空式吸盘对工件表面要求平整光滑、干燥清洁。

根据真空产生的原理，真空式吸盘可分为：

1）真空吸盘。图1-8所示为产生负压的真空吸盘控制系统。吸盘吸力在理论上决定于吸盘与工件表面的接触面积和吸盘内外压差，实际上与工件表面状态有十分密切的关系，它影响负压的泄露。真空泵的采用，能保证吸盘内持续产生负压，所以这种吸盘比其他形式吸盘吸力大。

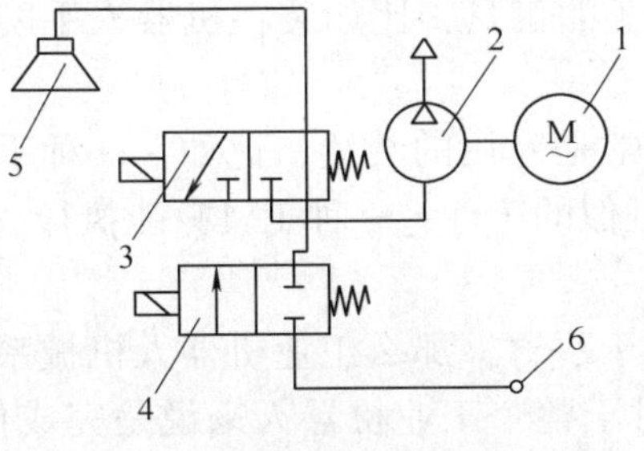

图1-8　真空吸盘控制系统图

1—电动机　2—真空泵　3、4—电磁阀　5—吸盘　6—通大气

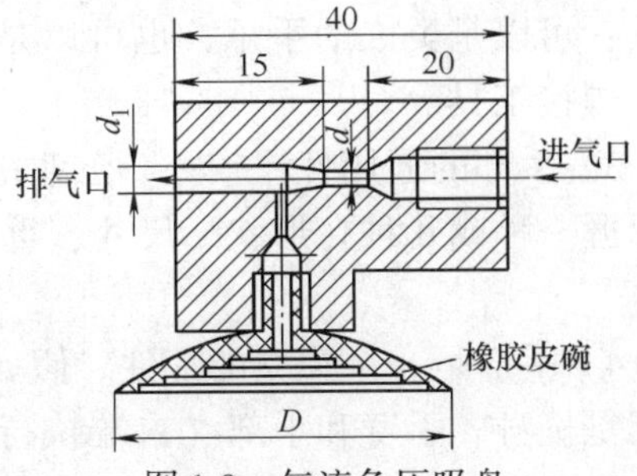

图1-9　气流负压吸盘

2）气流负压吸盘。气流负压吸盘的工作原理如图1-9所示，压缩空气进入喷嘴后利用伯努利效应使橡胶皮腕内产生负压。在工厂一般都有空压机站或空压机，空压机气源比较容易解决，不需专为机器人配置真空泵，所以气流负压吸盘在工厂使用方便。

3）挤气负压吸盘。图1-10所示为挤气负压吸盘的结构。当吸盘压向工件表面时，将吸盘内空气挤出；松开时，去除压力，吸盘恢复弹性变形使吸盘内腔形成负压，将工件牢牢吸住，机械手即可进行工件搬运，到达目标位置后，或用碰撞力P或用电磁力使压盖2动作，破坏吸盘腔内的负压，释放工件。此种挤气负压吸盘不需真空泵系统也不需压缩空气气源，是比较经济方便的，但可靠性比真空吸盘和气流负压吸盘差。

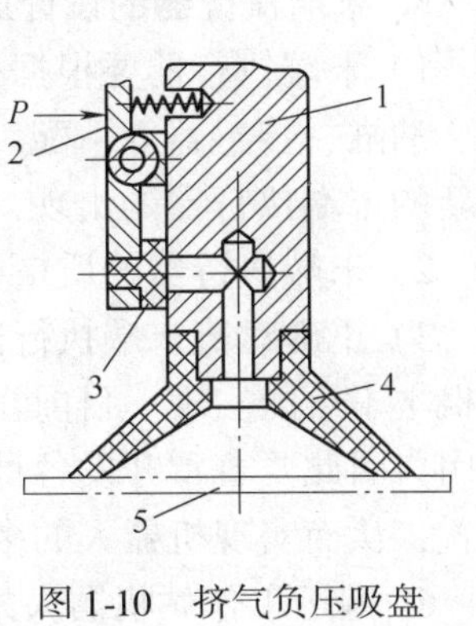

图1-10　挤气负压吸盘

1—吸盘架　2—压盖　3—密封垫　4—吸盘　5—工件

目前有两种真空吸盘的新设计：

① 自适应性吸盘：如图1-11所示，该吸盘具有一个球关节，使吸盘能倾斜自如，适应工件表面倾角的变化，这种自适应吸盘在实际应用上获得良好的效果。

② 异形吸盘：图1-12所示是异形吸盘中的一种。通常吸盘只能吸附一般平整工件，而该异形吸盘可用来吸附鸡蛋、锥颈瓶等这样的物件，扩大了真空吸盘在工业机器人上的应用。

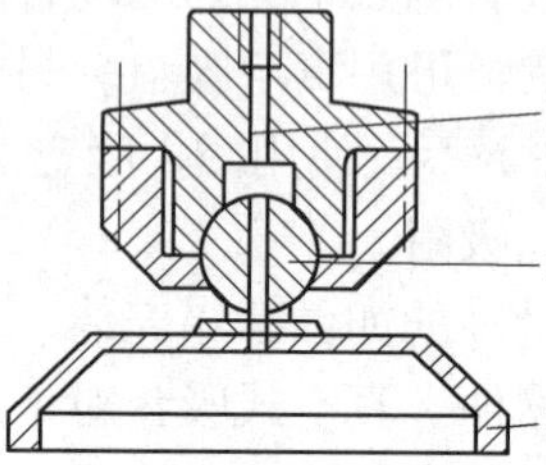

图1-11 自适应性吸盘

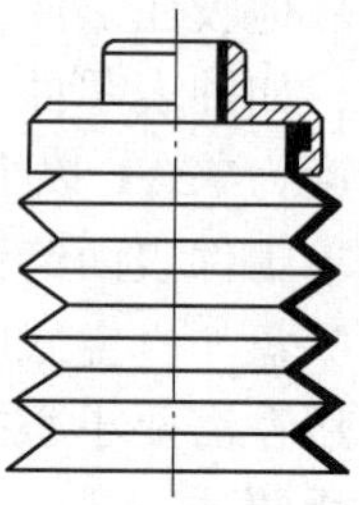

图1-12 异形吸盘

4. 工业机器人末端执行器的特点

1）手部与手腕相连处可拆卸。手部与手腕有机械接口，也可能有电、气、液接头，当工业机器人作业对象不同时，可以方便地拆卸和更换手部。

2）手部是工业机器人末端执行器。它可以像人手那样具有手指，也可以是不具备手指的手；可以是类人的手爪，也可以是进行专业作业的工具，比如装在机器人手腕上的喷漆枪、焊接工具等。

3）手部的通用性比较差。工业机器人手部通常是专用的装置，比如：一种手爪往往只能抓握一种或几种在形状、尺寸、重量等方面相近似的工件；一种工具只能执行一种作业任务。

4）手部是一个独立的部件。假如把手腕归属于手臂，那么工业机器人机械系统的三大件就是机身、手臂和手部（末端执行器）。手部对于整个工业机器人来说是完成作业好坏、作业柔性好坏的关键部件之一。具有复杂感知能力的智能化手爪的出现，增加了工业机器人作业的灵活性和可靠性。

5. 末端执行器的设计原则

1）末端执行器要根据机器人作业的要求来设计，尽量选用已定型的标准基础件，如气缸、油缸、传感器等，配以恰当的机构相联接，组合成适于生产作业要求的末端执行器。一种新的末端执行器的出现，就可以增加一种机器人新的应用场所。

2）末端执行器的质量要尽可能地轻，并力求结构紧凑。

3）正确对待末端执行器的万能性与专用性。万能的末端执行器在结构上相当复杂，几乎根本不可能实现。目前在实际应用中，仍是那些结构简单、万能性不强的末端执行器最为适用，因此要着重开发各种各样专用的、高效率的末端执行器，加上末端执行器的快速更换装置，从而实现机器人的多种作业功能。

6. 搬运工作站机器人末端执行器的设计

工业机器人搬运工作站机器人搬运的工件是平面板材，尺寸380mm×270mm×5mm，重量≤1kg。所以采用真空吸盘来夹持工件，且断电后吸紧的工件不会掉落。

末端执行器的相关组件如电磁阀组、真空发生器、真空吸盘等装置安装在 MH6 机器人本体上，如图 1-3 所示。

末端执行器气动控制回路如图 1-13 所示（图中只画出了一组真空吸盘的控制气路，共两组）。

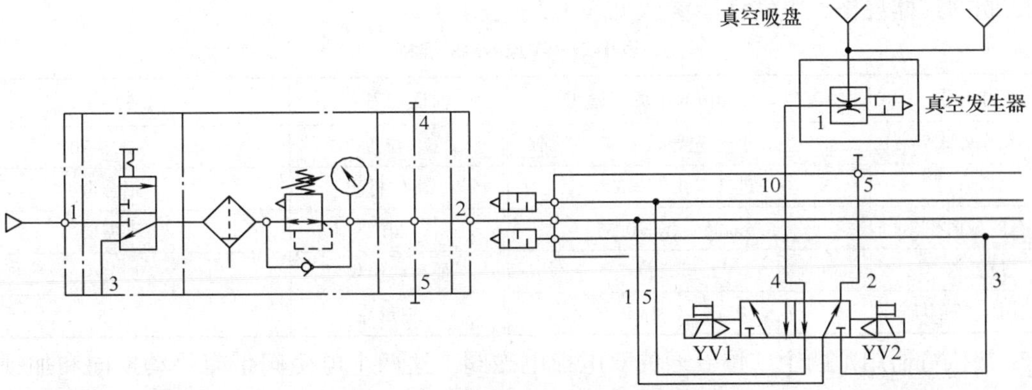

图 1-13　气动控制回路工作原理图

气动控制回路工作原理：当 YV1 电磁阀线圈得电时，真空吸盘吸工件；YV2 电磁阀线圈得电时，真空吸盘释放工件；当 YV1、YV2 电磁阀线圈都不得电时，保持原来的状态。电磁阀不能同时得电。

（1）电磁阀的选型

1）形式选择。根据使用要求与使用条件，选择阀的形式：直动式还是选导式。

2）控制方式选择。根据使用的控制要求，选择阀的形式：气控、电控、人控或机械控制。

3）阀的机能选择。按工作要求选择阀的机能：两位两通、两位三通、两位五通、三位五通；或是中封式、中泄式、中间加压式等。阀的机能见表 1-1。

表 1-1　阀的机能

机能	控制内容	符号（先导式为例）
2 位置 单线圈	断电后，恢复原来位置	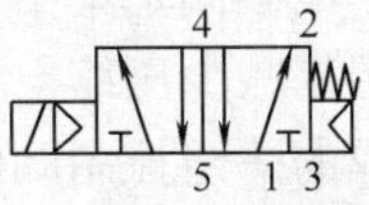
2 位置 双线圈	某一侧供电时，则阀芯切换至该侧的位置，若断电时，能保持断电前的位置	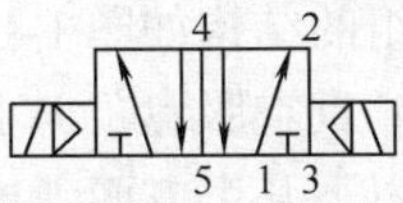
3 位置（中位封闭） 双线圈	两侧同时不供电，供气口及气缸口同时封堵，气缸内的压力便不能排放出来	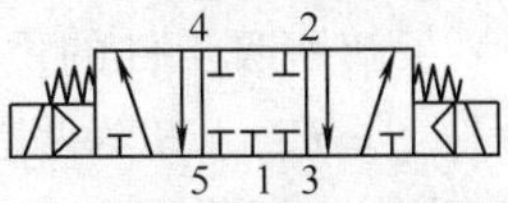
2 位（中位排气） 双线圈	两侧同时不供电，供气口被封堵，从气缸口向大气排放	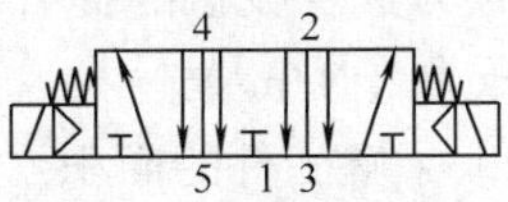
2 位置（中位加压） 双线圈	两侧同时不供电，供气口同时向两个气缸口通气	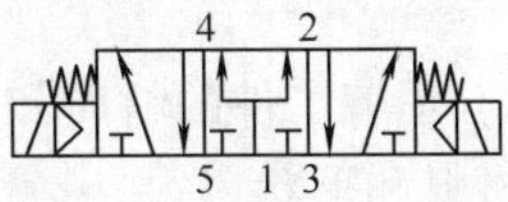

4）型号规格选择。根据使用的流量要求选择阀的型号、规格大小。

5）安装方式选择。根据阀的安装要求选择安装方式：管接式、集装式。

6）电气参数选择。根据实际使用要求选择阀的电气规格：电压、功率和出线形式。

机器人搬运工作站选择的电磁阀型号是亚德客公司的4V120-M5，二位五通，双电控电磁阀，阀的具体规格、电气性能参数见表1-2、表1-3。

表1-2　4V120-M5规格

工作介质	空气（经40μm上滤网过滤）	保证耐用力	1.5MPa
动作方式	先导式	工作温度/℃	−20~70
接口管径	进气=出气=M5	本体材质	铝合金
有效截面积	$5.5mm^2$（Cv=0.31）	润滑	不需要
位置数	五口二位	最高动作频率	5次/s
使用压力范围	0.15~0.8MPa	重量/g	175

末端执行器用了两个二位五通的双电控电磁阀。这两个电磁阀带有手动换向和加锁钮，有锁定（LOCK）和开启（PUSH）两个位置。加锁钮在“LOCK”位置时，手控开关向下凹进去，不能进行手控操作。只有在“PUSH”位置，可用工具向下按，信号为“1”，等同于该侧的电磁信号为“1”；常态时，手控开关的信号为“0”。在进行设备调试时，可以使用手控开关对阀进行控制，从而实现对相应气路的控制。

表1-3　4V120-M5电气性能参数

项目	具体参数
标准电压	DC24V
使用电压范围	10%
耗电量	2.5W
保证等级	IP65
耐热等级	B级
接电型式	DIN插座式
励磁时间	0.05s

两个电磁阀是集中安装在汇流板上的。汇流板中两个排气口末端均连接了消声器，消声器的作用是减少压缩空气在向大气排放时的噪声。这种将多个阀与消声器、汇流板等集中在一起构成的一组控制阀的集成称为阀组，而每个阀的功能是彼此独立的。

阀组的结构如图1-14所示。

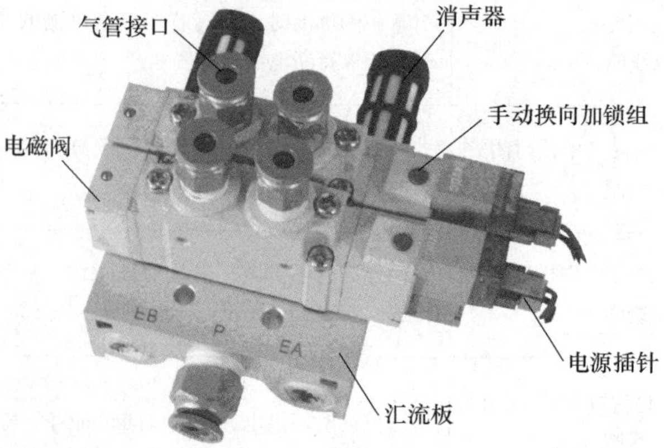

图1-14　电磁阀组

（2）真空吸盘的选择　选择真空吸盘应从以下几个方面考虑。

1）了解所吸工件的重量，确定吸盘的面积：$S=F/p$，S为吸盘面积（m^2）；其中F为真空吸盘的提升力（N）；p为真空压力（N/m^2）。

2）了解工件的面积，确定吸盘的数量。

3）了解工件的材质和形状，确定吸盘的材料和形状。

真空吸盘有三种基本形状：扁平吸盘、波纹吸盘、具有特殊工作原理的吸盘。

机器人搬运工作站选择的真空吸盘为 SMC 的 ZPT25US-A6，盘径为 $\phi25$，扁平型、硅橡胶、外螺纹 M6 ×1。

真空吸盘如图 1-15 所示。

(3) 真空发生器选型　真空发生器就是利用正压气源产生负压的一种新型、高效、清洁、经济、小型的真空元器件，这使得在有压缩空气的地方，或在一个气动系统中同时需要正负压的地方获得负压变得十分容易和方便。

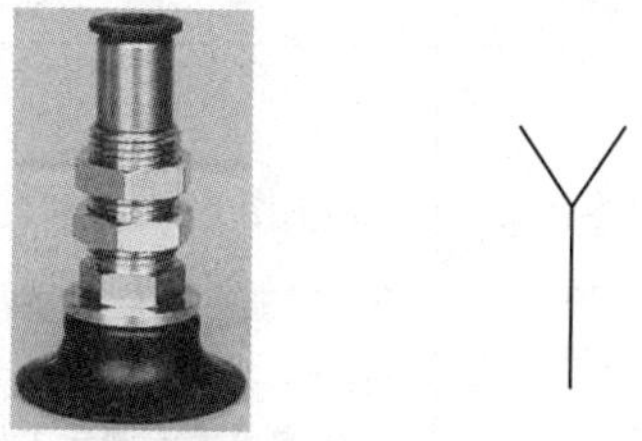

a) 实物　　b) 符号

图 1-15　真空吸盘

真空发生器的工作原理是利用喷管高速喷射压缩空气，在喷管出口形成射流，产生卷吸流动。在卷吸作用下，使得喷管出口周围的空气不断地被抽吸走，使吸附腔内的压力降至大气压以下，形成一定真空度。

选择真空发生器应根据吸盘的直径、吸盘的个数、吸附物是否有泄漏性等几个方面考虑。

机器人搬运工作站真空发生器选择费斯托的 VAD-1/8，其主要技术参数见表 1-4。

表 1-4　VAD-1/8 型真空发生器技术参数

喷射器特性	高度真空
气接口	G1/8（基准直径 9.728，螺距≈0.907）
拉伐尔气嘴公称通径	0.5mm
最大真空度	80%
工作压力	1.5 ~ 10bar

真空发生器如图 1-16 所示。

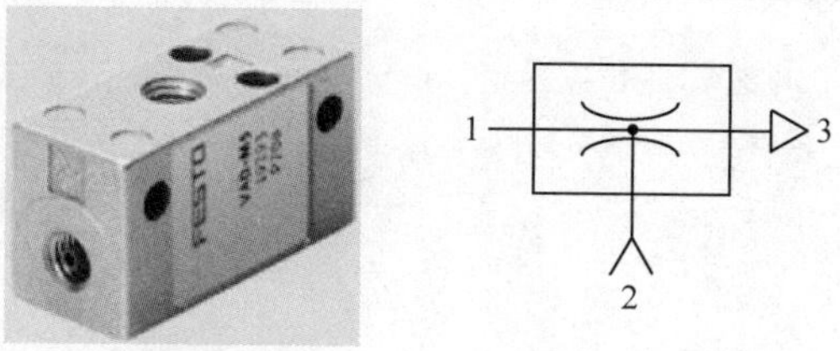

a) 实物　　b) 符号

图 1-16　真空发生器

三、搬运工作站的工作过程

1）按启动按钮，系统运行，机器人启动。

2）当输送线上料检测传感器检测到工件时启动变频器，将工件传送到落料台上，工件到达落料台时变频器停止运行，并通知机器人搬运。

3）机器人收到命令后将工件搬运到平面仓库，搬运完成后机器人回到作业原点，等待下次的搬运请求。

4）当平面仓库码垛了 7 个工件，机器人停止搬运，输送线停止输送。清空仓库后，按复位按钮，系统继续运行。

【任务实施】

任务书 1-1

项目名称	工业机器人搬运工作站系统集成			任务名称	工业机器人搬运工作站的认识		
班 级		姓 名		学 号		组 别	
任务内容	根据图 1-1 工业机器人搬运工作站布置图，找出真实工作站对应的设备，并写出其名称及其作用。						
任务目标	1. 了解机器人搬运工作站的组成与特点。 2. 熟悉机器人搬运工作站外围控制系统的作用。 3. 熟悉工业机器人搬运工作站的工作过程。 4. 了解机器人末端执行器的作用与分类。						

资料	工具	设备
工业机器人安全操作规程	常用工具	工业机器人搬运工作站
MH6 机器人使用说明书		
DX100 使用说明书		
DX100 维护要领书		
工业机器人搬运工作站说明书		

任务完成报告书 1-1

项目名称	工业机器人搬运工作站系统集成			任务名称	工业机器人搬运工作站的认识		
班 级		姓 名		学 号		组 别	
任务内容							

任务二　搬运工作站工业机器人的选型

所谓工业机器人就是面向工业领域的多关节机械手或多自由度机器人，而搬运机器人就是用于搬运工作的工业机器人。

工业机器人是目前技术上最成熟的机器人，它是能根据预先编制的操作程序自动重复工作的自动化机器，其应用非常广泛，种类也很多，选择一个适合的工业机器人来满足生产需要显得十分关键。

【知识准备】

一、工业机器人的组成与分类

1. 工业机器人的组成

工业机器人是机电一体化的系统，它通常由执行机构、机械本体、控制系统、监测系统等几部分组成，组成部分关系图如图 1-17 所示。

（1）执行机构　执行机构可以抓起工件，并按规定的运动速度、运动轨迹、把工件送到指定位置处，放下工件。通常执行机构有以下几个部分。

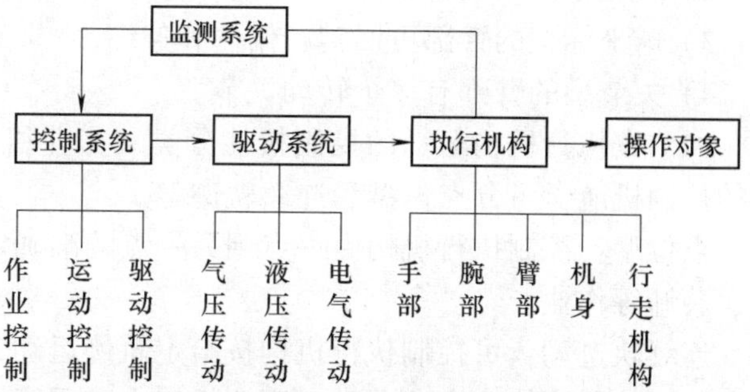

图 1-17　工业机器人组成部分关系图

1）手部。手部是工业机器人用来握持工件或工具的部位，直接与工件或工具接触。有些工业机器人直接将工具（如电焊枪、油漆喷枪、容器等）固定在手部，它就不再另外安装手部了。

2）腕部。腕部是将手部和臂部连接在一起的部件。它的作用是调整手部的方位和姿态，并可扩大臂部的活动范围。

3）臂部。臂部支承着腕部和手部，使手部活动的范围扩大。

无论是手部、腕部或是臂部都有许多轴孔，孔内有轴，轴和孔之间形成一个关节，机器人有一个关节就有了一个自由度。

（2）机械本体

1）机械本体的作用。机械本体用来支承手部、腕部和臂部，驱动装置及其他装置也固定在机械本体上。

2）行走机构。行走机构用来移动工业机器人。对于可以行走的工业机器人，其机械本体是可以移动的；否则，机械本体直接固定在基座上。有的行走机构是模仿人的双腿，有的只不过是轨道和车轮机构而已。

（3）驱动系统　驱动系统装在机械本体内，驱动系统的作用是向执行元件提供动力。根据不同的动力源，驱动系统的传动方式也分为液压式、气动式、电动式和机械式四种。

（4）控制系统

1）控制系统的作用。控制系统是工业机器人的指挥中心，控制工业机器人按规定的程序动作。控制系统还可存储各种指令（如动作顺序、运动轨迹、运动速度以及动作的时间节奏等），向各个执行元件发出指令。必要时，控制系统可对自己的行为加以监视，一旦有越轨的行为，能自己排查出故障发生的原因并及时发出报警信号。

2）人工智能系统。人工智能系统赋予工业机器人五种感觉功能，以实现机器人对工件的自动识别和适应性操作。具有自适应性的智能化的机械系统也是当前机电一体化技术的发展方向，模糊计算机的应用虽然处于这一步的初级阶段，但真正具有自适应性的智能化系统必将在这里突破。

（5）监测系统　监测系统主要用来检测自己的执行系统所处的位置、姿势，并将这些情况及时反馈给控制系统，控制系统根据这个反馈信息再发出调整动作的信号，使执行机构进一步动作，从而使执行系统以一定的精度到达规定的位置和姿势。

2. 工业机器人的分类

（1）按臂部的运动形式分类

1）直角坐标型的臂部可沿三个直角坐标移动。

2）圆柱坐标型的臂部可作升降、回转和伸缩动作。

3）球坐标型的臂部可回转、俯仰和伸缩。

4）关节型的臂部有多个转动关节。

工业机器人的组成与分类

（2）按执行机构运动的控制机能分类　工业机器人按执行机构运动的控制机能，可分点位型和连续轨迹型。

点位型：控制执行机构由一点到另一点的准确定位，适用于机床上下料、点焊和一般搬运、装卸等作业。

连续轨迹型：可控制执行机构按给定轨迹运动，适用于连续焊接和涂装等作业。

（3）按程序输入方式分类　工业机器人按程序输入方式分有编程输入型和示教输入型两类。

编程输入型是将计算机上已编好的作业程序文件，通过 RS232 串口或者以太网等通信方式传送到机器人控制系统。

示教输入型的示教方法有两种：

一种是由操作者用手动控制器（示教器），将指令信号传给驱动系统，使执行机构按要求的动作顺序和运动轨迹操演一遍。

另一种是由操作者直接移动执行机构，按要求的动作顺序和运动轨迹操演一遍。在示教过程的同时，工作程序的信息即自动存入程序存储器中，在机器人自动工作时，控制系统从程序存储器中检出相应信息，将指令信号传给驱动机构，使执行机构再现示教的各种动作。

示教输入程序的工业机器人也称为示教再现型工业机器人。

具有触觉、力觉或视觉的工业机器人，能在较为复杂的环境下工作；如具有识别功能或更进一步增加自适应、自学习功能，即成为智能型工业机器人。它能按照人给的“宏指令”自选或自编程序去适应环境，并自动完成更为复杂的工作。

（4）按用途分类　工业机器人按用途可分为搬运机器人、焊接机器人、装配机器人、上下料机器人、码垛机器人、喷漆机器人、涂胶机器人、采矿机器人和食品工业机器人等。

工业机器人的部分应用如图 1-18 所示。

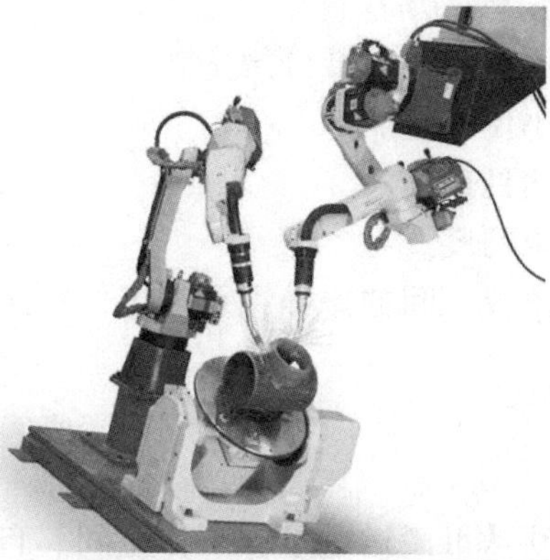

a) 弧焊机器人

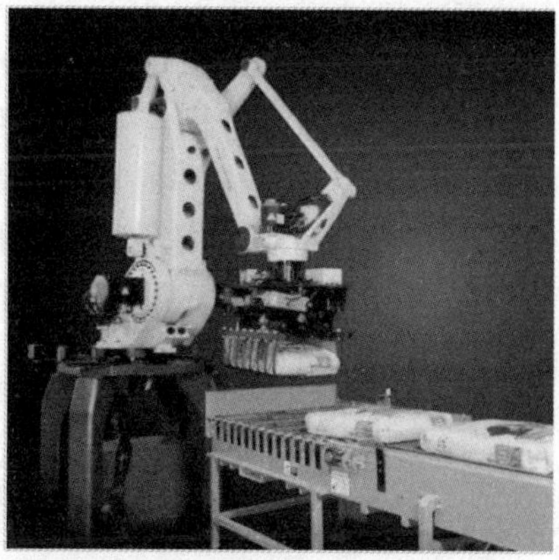

b) 搬运机器人

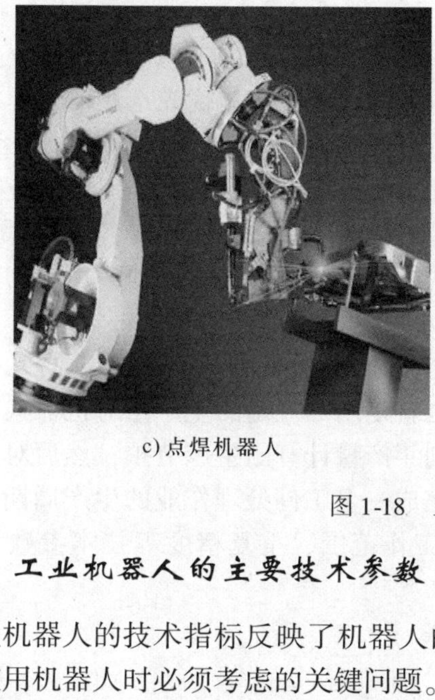

c) 点焊机器人

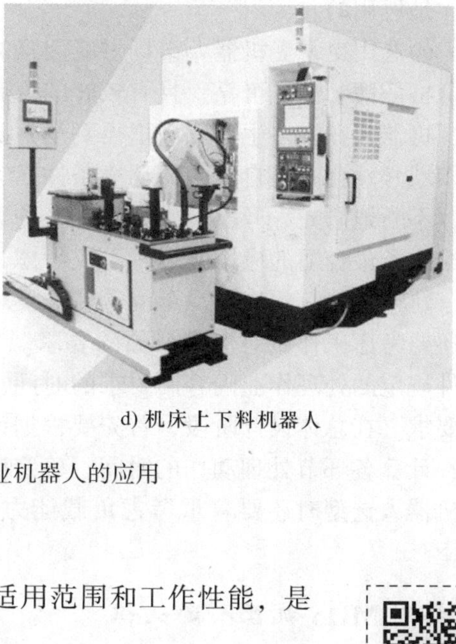

d) 机床上下料机器人

图 1-18　工业机器人的应用

二、工业机器人的主要技术参数

工业机器人的技术指标反映了机器人的适用范围和工作性能，是选择和使用机器人时必须考虑的关键问题。

工业机器人的技术参数及选型依据

（1）自由度　机器人的自由度（Degree of Freedom，DOF）是指其末端执行器相对于参考坐标系能够独立运动的数目，但并不包括末端执行器的开合自由度。自由度是机器人的一个重要技术指标，它是由机器人的结构决定的，并直接影响到机器人是否能完成与目标作业相适应的动作。

（2）工作空间　机器人的工作空间（Working Space）是指机器人末端上参考点所能达到的所有空间区域。由于末端执行器的形状尺寸是多种多样的，为真实反映机器人的特征参数，工作空间是指不安装末端执行器时的工作区域。

（3）额定速度、额定负载　机器人在保持运动平稳性和位置精度的前提下所能达到的最大速度称为额定速度。

机器人在额定速度和规定性能范围内，机器人手腕所能承受负载的允许值称为额定负载。

(4) 分辨率　机器人的分辨率由系统设计参数决定，并受到位置反馈检测单元性能的影响。分辨率分为编程分辨率和控制分辨率，统称为系统分辨率。

编程分辨率是指程序中可以设定的最小距离单位，又称基准分辨率。

控制分辨率是指位置反馈回路能够检测到的最小位移量。

当编程分辨率和控制分辨率相等时，系统性能达到最高。

(5) 精度　机器人精度是指定位精度和重复定位精度。

定位精度是指机器人手部实际到达位置与目标位置之间的差异；重复定位精度是指机器人重复定位同一目标位置的能力。

三、工业机器人的选择

在选择工业机器人时，为了满足功能要求，必须从可搬运重量、工作空间、自由度等方面来分析，只有它们同时被满足或者增加辅助装置后即能满足功能要求的条件，所选用的工业机器人才是可用的。

机器人的选用也常受机器人市场供应因素的影响，所以，还需考虑市场价格，只有那些可用而且价格低廉、性能可靠，且有较好的售后服务，才是最应该优先选用的。

目前，机器人在许多生产领域里得到了广泛应用，如装配、焊接、喷涂和搬运码垛等。各种应用领域必然会有各自不同的环境条件，为此，机器人制造厂家根据不同的应用环境和作业特点，不断地研究、开发和生产出了各种类型的机器人供用户选用。各生产厂家都对自己的产品给出了最合适的应用领域，不仅考虑了功能要求，还考虑了其他应用中的问题，如强度刚度、轨迹精度、粉尘及温湿度等特殊要求。

同时还要考虑工作站对生产节拍的要求。生产节拍（生产周期）是指机器人工作站完成一个工件规定的处理作业内容所要求的时间，也就是用户规定的生产量对机器人工作站工作效率的要求。在总体设计阶段，首先要根据计划年产量计算出生产节拍，然后对具体工件进行分析，计算各环节处理动作的时间，确定出完成一个工件处理作业的生产周期。

工业机器人选型时还要着重考虑负载能力、工作范围、重复精度等技术参数是否满足要求。

四、安川 MH6 机器人的认识

安川 MH6 机器人是由日本安川公司（YASKAWA）开发的用于工业领域的机器人，广泛应用于搬运、码垛、焊接、浇铸、涂胶、取放、水刀切割和灌注等工业领域。它拥有 6 个自由度，使用高精度伺服电动机驱动，在一定工作范围内可以像人的手臂一样灵活、准确地运动。它拥有 40 个通用 I/O 接口，单个机器人可同时与多个外部设备配套，同时也可以多个机器人共同协作运动，高效而准确地完成各种复杂的工序，极大地提高了工业生产的效率和精度。

MH6机器人的结构与安装

1. 安川 MH6 机器人的组成

安川 MH6 机器人系统由机器人本机、控制柜和示教编程器组成。

(1) 机器人本体　MH6 机器人本体由 6 个高精密伺服电动机按特定关系组合而成，如图 1-19 所示。

本体的 6 个伺服电动机分别控制机器人的 S、L、U、R、B、T 各轴的运动，6 轴的位置及运动方向如图 1-20 所示。

图 1-19　安川 MH6 机器人本体

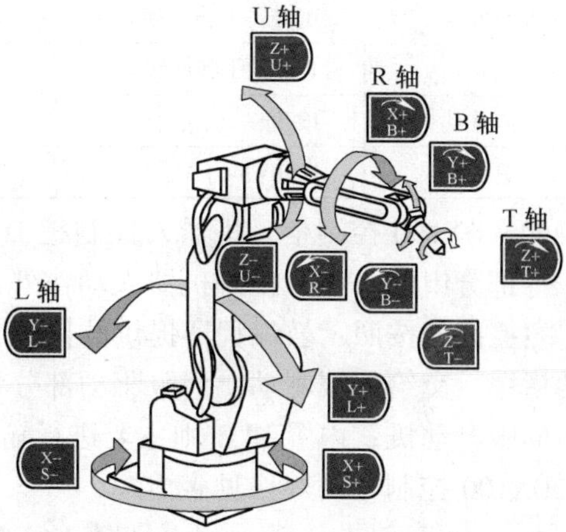

图 1-20　6 轴的位置及运动方向

为了避免各轴运转过度导致设备损坏，各轴均有限位设置，控制箱本身程序中已设置软限位，该限位略小于硬限位。实际工作中，当设备将要运行至硬限位时，电动机将会减速，到软限位时停止并提示“超出运动范围”。

安川 MH6 机器人本体的主要技术参数见表 1-5。

表 1-5　安川 MH6 机器人本体的主要技术参数

安装方式	地面、壁挂、倒挂	
自由度	6	
负载	6kg	
垂直可达距离	2486mm	
水平可达距离	1422mm	
重复定位精度	±0.08mm	
最大动作范围	S 轴（旋转）	-170° ~ +170°
	L 轴（下臂）	-90° ~ +150°
	U 轴（上臂）	-175° ~ +250°
	R 轴（手腕旋转）	-180° ~ +180°
	B 轴（手腕摆动）	-45° ~ +225°
	T 轴（手腕回转）	-360° ~ +360°
最大速度	S 轴（旋转）	220°/s
	L 轴（下臂）	200°/s
	U 轴（上臂）	220°/s
	R 轴（手腕旋转）	410°/s
	B 轴（手腕摆动）	410°/s
	T 轴（手腕回转）	610°/s

（续）

安装方式	地面、壁挂、倒挂	
容许力矩	R 轴（手腕旋转）	11.8N·m
	B 轴（手腕摆动）	9.8N·m
	T 轴（手腕回转）	5.9N·m
主体重量	130kg	
电源容量	1.5kVA	

（2）DX100 控制柜　机器人控制柜 DX100（见图 1-2），主要由主控、伺服驱动、内置 PLC 等部分组成。除了控制机器人动作外，还可以实现输入输出控制等。

主控部分按照示教编程器提供的信息，生成工作程序，并对程序进行运算，发出各轴的运动指令，交给伺服驱动；伺服驱动部分将从主控来的指令进行处理，产生伺服驱动电流，驱动伺服电动机；内置 PLC 则主要进行输入输出控制。

DX100 控制柜的规格见表 1-6。

表 1-6　DX100 控制柜规格

控制柜本体	构成	立式安装、密闭型
	冷却方式	间接冷却
	周围温度	0～+45℃（运行时）；-10～+60℃（运输、保管时）
	相对湿度	10%～90%、没有结露
	电源	三相 AC200V/220V（-15%～+10%）60Hz（±2%） AC200V（-15%～+10%）50Hz（±2%）
	接地	D 种（接地电阻 100Ω 以下）；专用接地
	输入输出信号	专用信号（硬件）输入：23，输出：5；通用信号（标准最大）输入：40，输出：40（三极管输出：32，继电器输出：8）
	位置控制方式	并行通信方式（绝对值编码器）
	驱动单元	交流（AC）伺服电动机的伺服单元
	加速度/负加速度	软件伺服控制
	存储容量	200 000 程序点、10 000 机器人命令

DX100 由单独的部件和功能模块（多种基板）组成。出现故障后的失灵元件通常可容易地用部件或模块来进行更换。DX100 的部件和基板配置如图 1-21 所示。

1）电源接通单元（JZRCR-YPU01-1）。电源接通单元是由电源接通顺序基板（JANCD-NTU）和伺服电源接触器（1KM，2KM）以及线路滤波器（1Z）组成，如图 1-22 所示。

电源接通单元根据来自电源接通顺序基板的伺服电源控制信号的状态，打开或关闭伺服电源接触器，供给伺服单元电源（三相交流 200～220V）。电源接通单元经过线路滤波器对控制电源供给电源（单相交流 200～220V）。

2）基本轴控制基板（SRDA-EAXA01□）。基本轴控制基板（SRDA-EAXA01□）控制机器人 6 个轴的伺服电动机，它也控制整流器、PWM 放大器和电源接通单元的电源接通顺序基板，如图 1-23 所示。

通过安装选项的外部轴控制基板（SRDA-AXB01□），可控制最多 9 个轴（包含机器人轴）的伺服电动机。

基本轴控制基板除机器人基本轴的控制之外，还具有通过防碰撞传感器（SHOCK）防止机器人发生碰撞事故的功能。防碰撞传感器的连接有直接连接、机器人内部电缆连接两种方法。

① 直接连接防碰撞传感器的信号线。直接连接防碰撞传感器的信号线的步骤如下：

a）在基本轴控制基板 EAXA-CN512（动力插头）里，用端子销子把短路连接的“SHOCK –”和“SHOCK +”销子拆开。

b）把拆下来的端子销“SHOCK –”和“SHOCK +”分别和碰撞传感器的信号线连接。

直接连接防碰撞传感器的电路如图1-24所示。

② 用机器人内部电缆连接防碰撞传感器。用机器人内部电缆连接防碰撞传感器的步骤如下：

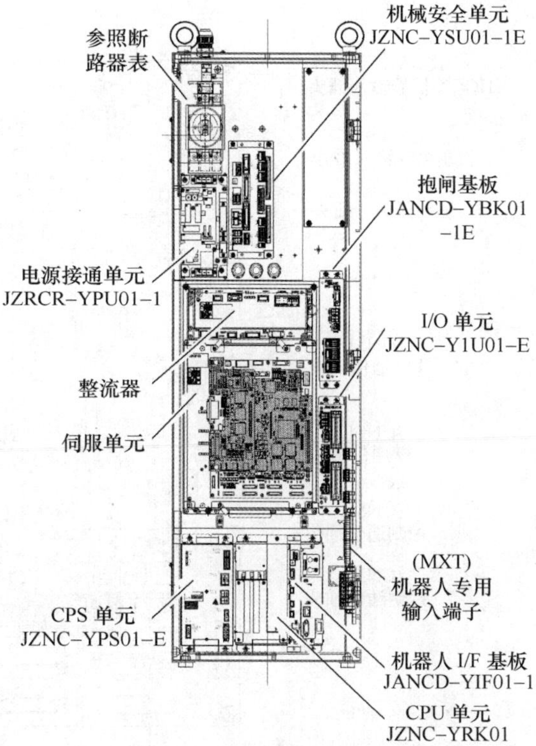

图 1-21　DX100 的部件和基板配置

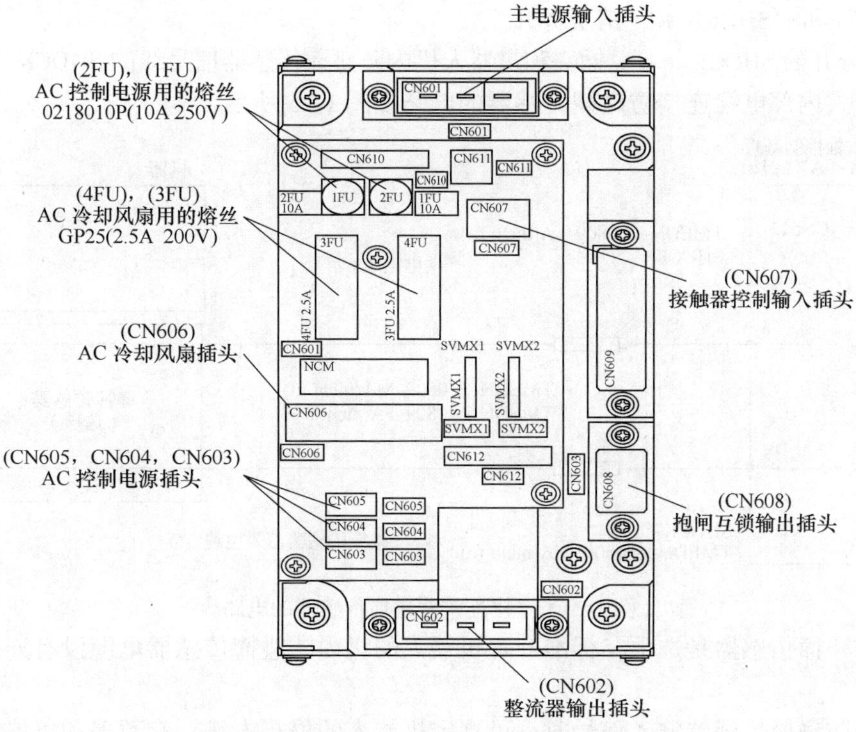

图 1-22　电源接通单元的构成（JZRCR-YPU01-1）

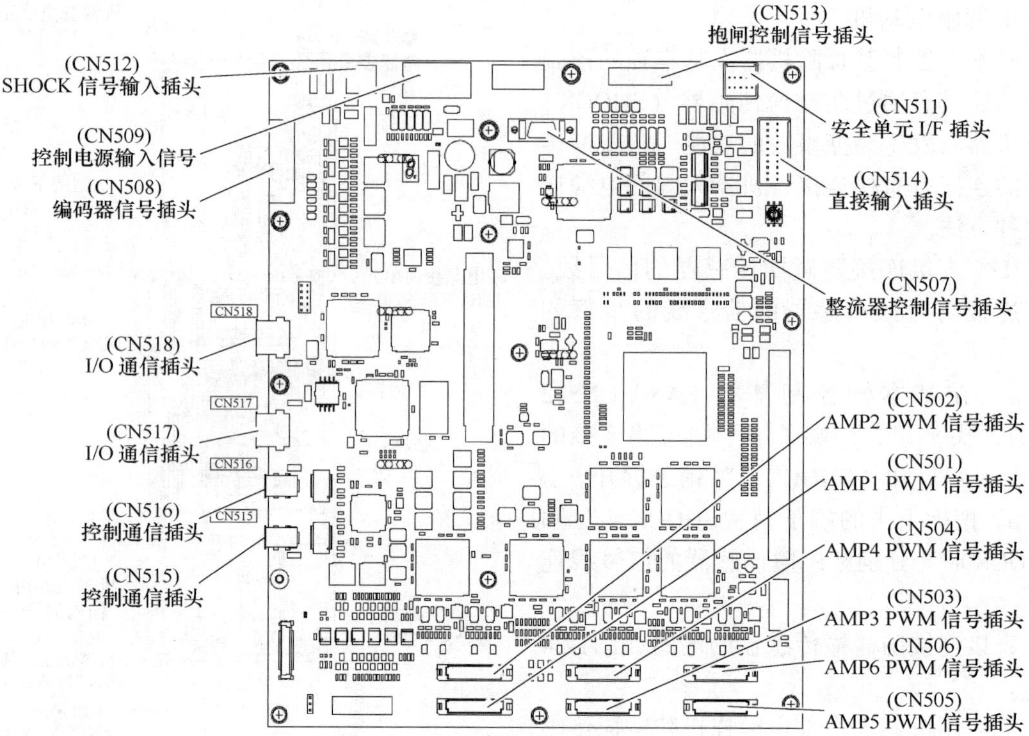

图 1-23　基本轴控制基板的组成

a）在基本轴控制基板 EAXA-CN512（动力插头）里，用端子销把短路连接的“SHOCK－”和“SHOCK＋”销子拆开。

b）把分开的 SHOCK（－）插头和机器人机内防碰撞传感器信号线的 SHOCK（－）连接。用机器人内部电缆连接防碰撞传感器的电路如图 1-25 所示。

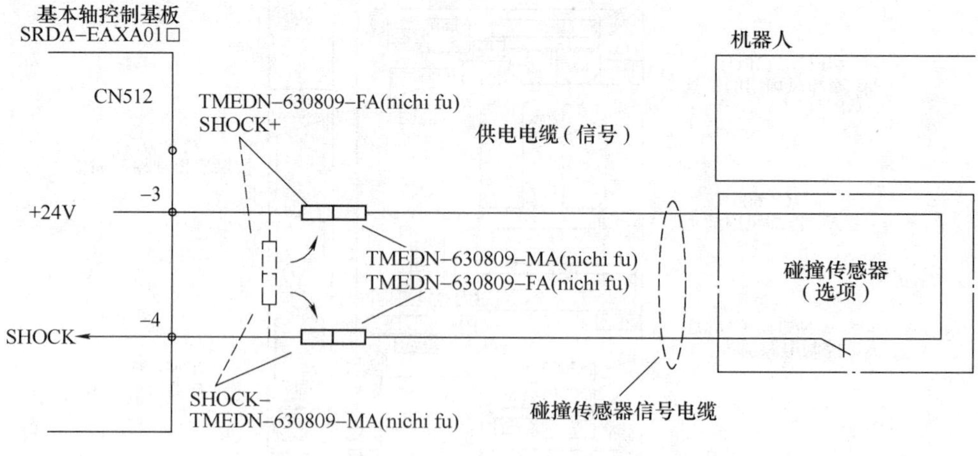

图 1-24　直接连接防碰撞传感器的电路

因为防碰撞传感器是选项，标准配置机器人的机内防碰撞传感器电缆没有连接防碰撞传感器。

当使用防碰撞传感器输入信号时，可规定机器人的停止方法，有暂停和急停两种。停止方法的选择可使用示教编程器通过画面来操作。

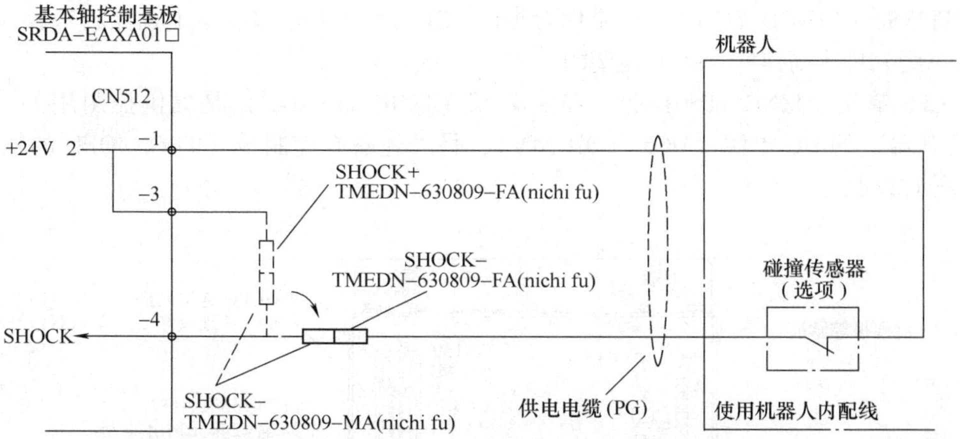

图 1-25　用机器人内部电缆连接防碰撞传感器

3）CPU 单元（JZNC-YRK01-1E）

①　CPU 单元的构成。CPU 单元是由控制器电源基板与基板架、控制基板、机器人 I/F 单元和轴控制基板组成，如图 1-26 所示。

有些 CPU 单元 JZNC-YRK01-1E 里，只含有基板和控制基板，不含有机器人 I/F 单元。

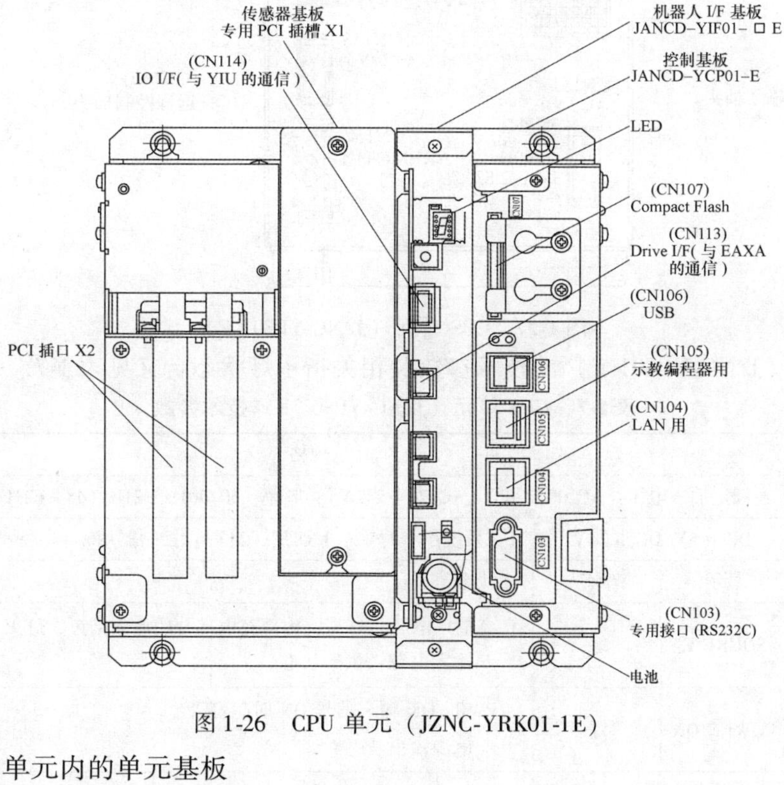

图 1-26　CPU 单元（JZNC-YRK01-1E）

②　CPU 单元内的单元基板

a）控制基板（JANCD-YCP01-E）。控制基板用于控制整个系统、示教编程器上的屏幕显示、操作键的管理、操作控制、插补运算等。它具有 RS-232C 串行接口和 LAN 接口（100BASE-TX/10BASE-T）。

b）机器人 I/F 单元（JZNC-YIF01-□E）。机器人 I/F 单元是对机器人系统的整体进行控制，控制基板（JANCD-YCP01-E）是用背板的 PCI 母线 I/F 连接、基本轴控制基板（SRDA-EAXA01A□）是用高速并行通信连接的。

4）CPS 单元（JZNC-YPS01-E）。CPS 单元（JZNC-YPS01-E）是提供控制用的（系统、I/O、控制器）的 DC 电源（DC5V、DC24V），另外还备有控制单元的 ON/OFF 的输入。其结构如图 1-27 所示。

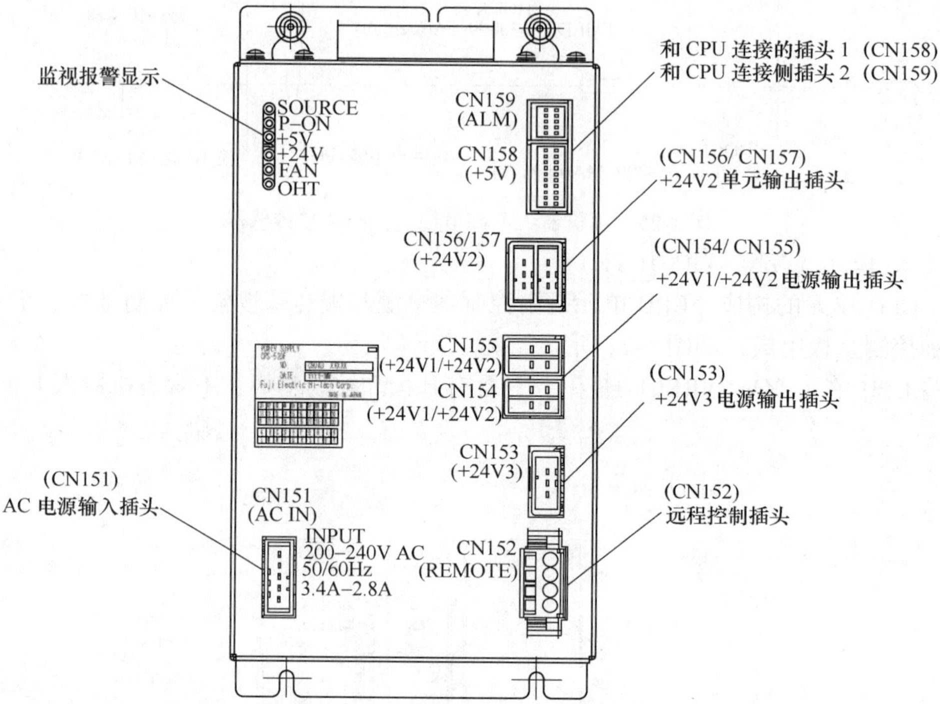

图 1-27 CPS 单元（JZNC-YPS01-E）

CPS 单元（JZNC-YPS01-E）的技术参数及相关指示灯状态含义见表 1-7。

表 1-7 CPS 单元（JZNC-YPS01-E）技术参数

项目	规格		
交流输入	额定输入电压：AC200/220V（AC170～242V）；频率：50/60Hz±2Hz（48～62Hz）		
输出电压	DC +5V/DC +24V（24V1：系统用，24V2：I/O 用，24V3：控制器用）		
监视器显示	显示	颜色	状态
	SOURC E	绿	有输入电源，灯亮；内部充电部分的放电结束，灯灭（输入电源 供给状态）
	POWER ON	绿	PWR_OK 输入信号 ON 时，灯灭（电源输出状态）
	+5V	红	+5V 过电流，灯亮（+5V 异常）
	+24V	红	+24V 过电流，灯亮（+24V 异常）
	FAN	红	FAN 异常，灯亮
	OHT	红	内部异常温度上升，灯亮

5）断路器基板（JANCD-YBK01-□E）。断路器基板是根据从基本轴控制基板（SRDA-EAXA01□）的指令信号，对机器人轴以及外部轴共计9个轴的断路器进行控制，如图1-28所示。

6）I/O单元（JZNC-YIU01-E）。I/O单元（JZNC-YIU01-E）用于通用型数字输入输出，有4个插头CN306～CN309，如图1-29所示。I/O单元共有输入/输出点数40/40点，根据用途不同，有专用输入输出和通用输入输出两种类型。

专用输入输出信号的功能是机器人系统预先定义好的。当外部操作设备（如固定夹具控制柜、集中控制柜等）作为系统来控制机器人及相关设备时，要使用专用输入/输出。

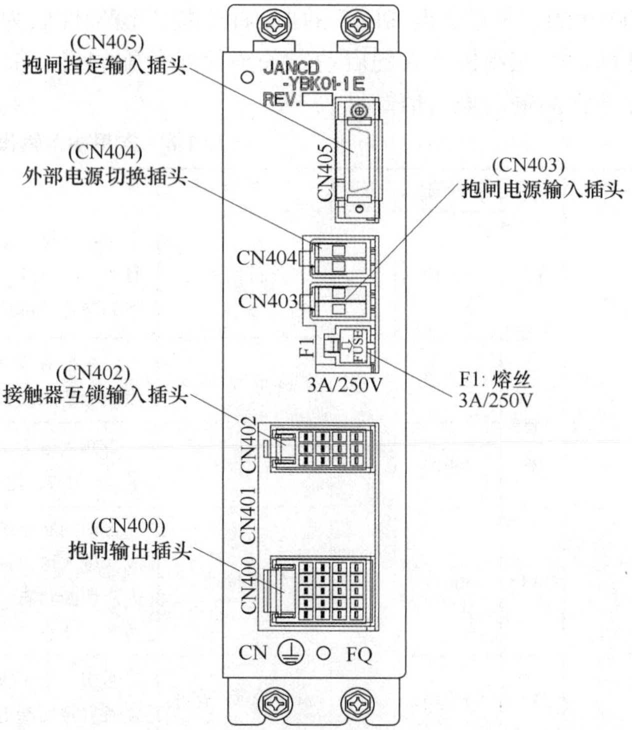

图1-28　断路器基板（JANCD-YBK01-□E）

通用输入输出主要是在机器人的操作程序中使用，作为机器人和周边设备的即时信号。

JZNC-YIU01-E CN308为专用输入/输出信号插头，如图1-30所示。图中逻辑编号为

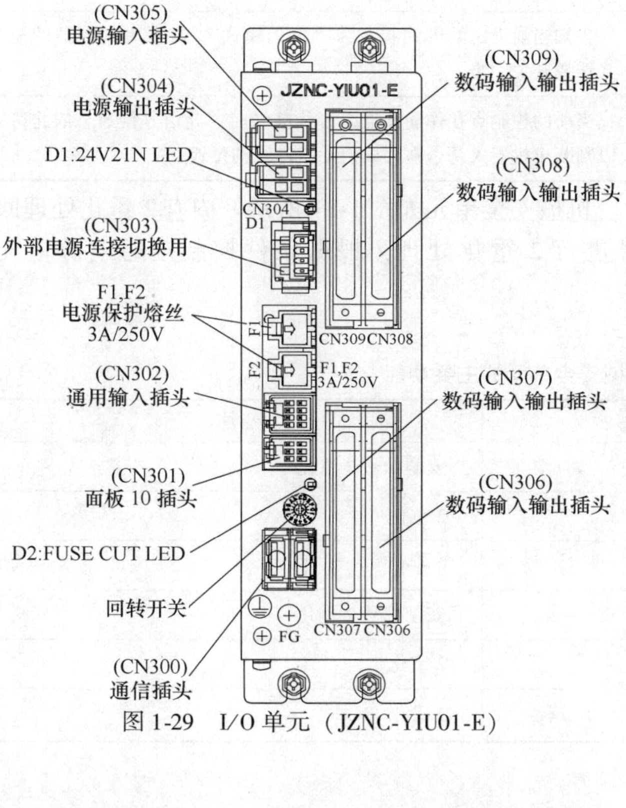

图1-29　I/O单元（JZNC-YIU01-E）

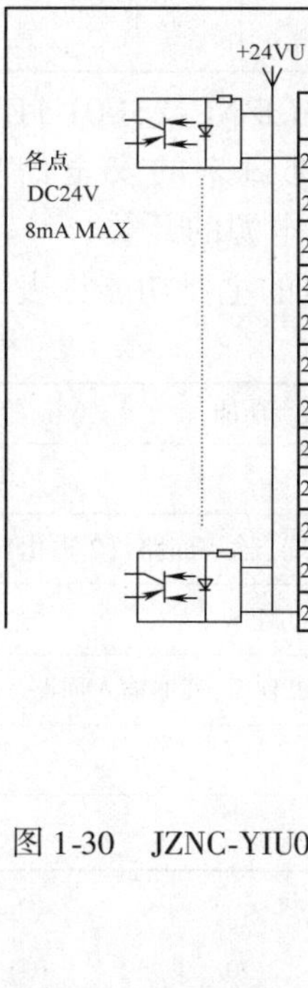

CN308插头

逻辑编号	针号	名称	信号
20010	B1	外部启动	IN
20011	A1	－	IN
20012	B2	调出主程序	IN
20013	A2	清除报警/错误	IN
20014	B3	－	IN
20015	A3	选择再现模式	IN
20016	B4	选择示教模式	IN
20017	A4	－	IN
20020	B5	禁止进入干涉区1	IN
20021	A5	禁止进入干涉区2	IN
20022	B6	－	IN
20023	A6	－	IN

图1-30　JZNC-YIU01-E CN308 I/O专用信号

20010 的信号端，与 CN08 的 B1 针连接，信号性质为数字输入，功能为“外部启动”，即用外部信号控制机器人的启动。关于信号分配的更详细资料参见附录 A。

常用输入输出信号见表 1-8。

表 1-8　常用输入输出信号

<table>
<tr><th>插座号</th><th>针号</th><th>逻辑编号</th><th>信号</th><th>名称</th><th>功能</th></tr>
<tr><td rowspan="9">CN308</td><td>B1</td><td>20010</td><td rowspan="2">IN</td><td>外部启动</td><td>与再现操作盒的【启动】键一样，具有同样的功能。此信号只有上升沿有效，可使机器人开始运转（再现）。但是在再现状态下如禁止外部启动，则此信号无效。该设定在操作条件画面进行</td></tr>
<tr><td>A2</td><td>20013</td><td>删除报警/错误</td><td>发生报警或错误时（在排除了主要原因的状态下），此信号一接通可解除报警及错误的状态</td></tr>
<tr><td>B8</td><td>30010</td><td rowspan="7">OUT</td><td>运行中</td><td>告知程序为工作状态（程序处于工作中、等待预约启动状态、试运转中），这个信号状态与再现操作盒的【启动】一样</td></tr>
<tr><td>A8</td><td>30011</td><td>伺服接通</td><td>告知伺服系统已接通，内部处理过程（如创建当前位置）已完成，进入可以接收启动命令的状态。伺服电源切断后，该信号也进入切断状态。使用该信号可判断出使用外部启动功能时 DX100 的当前状态</td></tr>
<tr><td>A9</td><td>30013</td><td>发生报警/错误</td><td>通知发生了报警及错误。另外，发生重大故障报警时，此信号接通直到切断电源为止</td></tr>
<tr><td>B10</td><td>30014</td><td>电池报警</td><td>此信号接通表明存储器备份用的电池及编码器备份用的电池电压已下降，需更换电池。如因为电池耗尽使存储数据丢失，而会引起大问题的发生。为了避免产生此情况，推荐使用此信号作为警示信号</td></tr>
<tr><td>A10</td><td>30015</td><td>选择远程模式</td><td>告知当前设定的模式状态为“远程模式”。与示教编程器的模式选择开关同步</td></tr>
<tr><td>B13</td><td>30022</td><td>作业原点</td><td>当前的控制点在作业原点立方体区域时，此信号接通。依此可以判断出机器人是否在可以启动生产线的位置上</td></tr>
</table>

7）机械安全单元（JZNC-YSU01-1E）。机械安全单元如图 1-31 所示。内有 2 重化处理回路的安全信号，对外部过来的安全信号进行 2 重化处理，根据条件控制接通电源单元（JZRCR-YRU）的伺服电源的开关。

机械安全单元拥有的主要功能见表 1-9。

表 1-9　机械安全单元的主要功能

功能	备注
机器人专用输入回路	安全信号 2 重化
输入伺服接通安全（ONEN）输入回路（2 重化）	2 重化
超程（OT、EXOT）输入回路	2 重化
示教编程器信号 PPESP、PPDSW 其他输入回路	安全信号 2 重化
接触器控制信号输出回路	2 重化
急停信号输入回路	2 重化

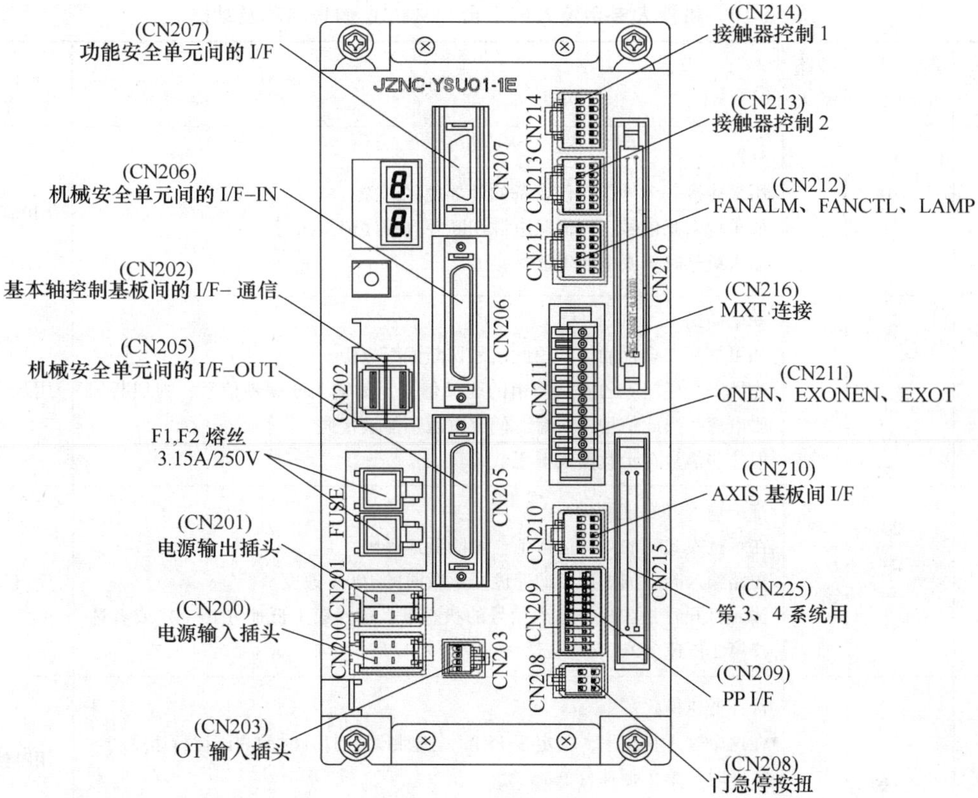

图 1-31　机械安全单元

8）机器人专用输入端子台（MXT）。机器人专用输入端子台（MXT）是机器人专用信号输入的端子台，此端子台（MXT）安装在 DX100 右侧的下面。

机器人专用输入端子台（MXT）如图 1-32 所示。

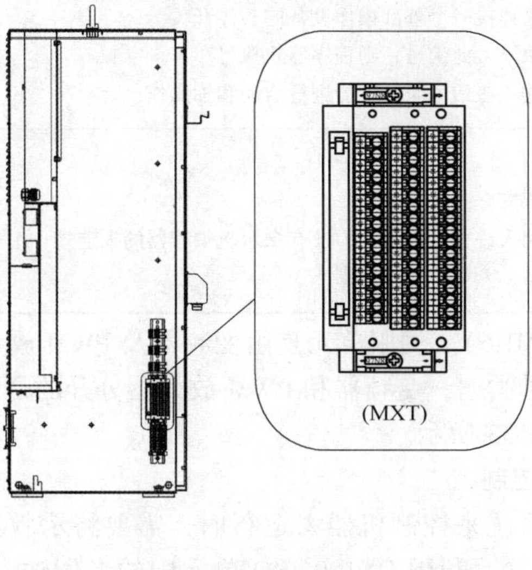

图 1-32　机器人专用输入端子台（MXT）

机器人专用输入端子台（MXT）信号名称及功能见表 1-10。

表 1-10　机器人专用输入端子台（MXT）信号名称及功能

信号名称	连接编号（MXT）	双路输入	功能	出厂设定
EXESP1 + EXESP1 − EXESP2 + EXESP2 −	−19 −20 −21 −22	○	外部急停 用来连接一个外部操作设备的外部急停开关 如果输入此信号，则伺服电源切断并且程序停止执行 输入信号时伺服电源不能被接通	用跳线短接
SAFF1 + SAFF1 − SAFF2 + SAFF2 −	−9 −10 −11 −12	○	安全插销 如果打开安全栏的门，用此信号切断伺服电源 连接安全栏门上的安全插销的联锁信号。如输入此联锁信号，则切断伺服电源。当此信号接通时，伺服电源不能被接通 但这些信号在示教模式下无效	用跳线短接
FST1 + FST1 − FST2 + FST2 −	−23 −24 −25 −26	○	维护输入（全速测试） 在示教模式时的测试运行下，解除低速极限 短路输入时，测试运行的速度是示教时的 100% 速度 输入打开时，在 SSP 输入信号的状态下，选择第 1 低速（16%）或者选择第 2 低速（2%）	打开
SSP + SSP −	−27 −28	—	选择低速模式 在这个输入状态下，决定了 FST（全速测试）打开时的测试运行速度 打开时：第 2 低速（2%） 短路时：第 1 低速（16%）	用跳线短接
EXSVON + EXSVON −	−29 −30	—	外部伺服使能 连接外部操作机器等的伺服 ON 开关时使用 通信时，伺服电源打开	打开
EXHOLD + EXHOLD −	−31 −32	—	外部暂停 用来连接一个外部操作设备的暂停开关 如果输入此信号，则程序停止执行 当输入该信号时，不能进行启动和轴操作	用跳线短接
EXDSW1 + EXDSW1 − EXDSW2 + EXDSW2 −	−33 −34 −35 −36	○	外部安全开关 当两人进行示教时，为没有拿示教编程器的人连接一个安全开关	用跳线短接

9）伺服单元（SRDA-MH6）。伺服单元是由变频器及 PWM 放大器构成，变频器和 PWM 放大器是同一单元的为一种类型，变频器和 PWM 放大器分开的是一种类型。

伺服单元的构成如图 1-33 所示。

2. 安川机器人的远程控制

当外部操作设备作为系统来控制机器人运行时，需要将示教器的模式选择开关旋转到“REMOTE”即远程模式，然后利用 DX100 I/O 单元中的专用输入/输出信号对机器人进行控制。

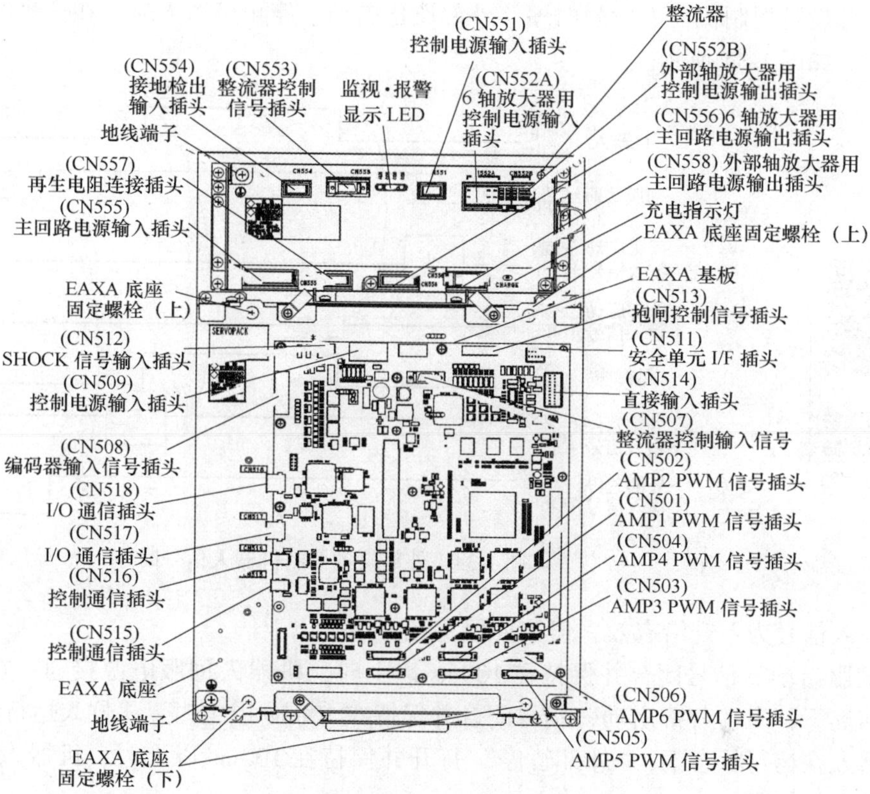

a) 关闭 EAXA 底座的状态

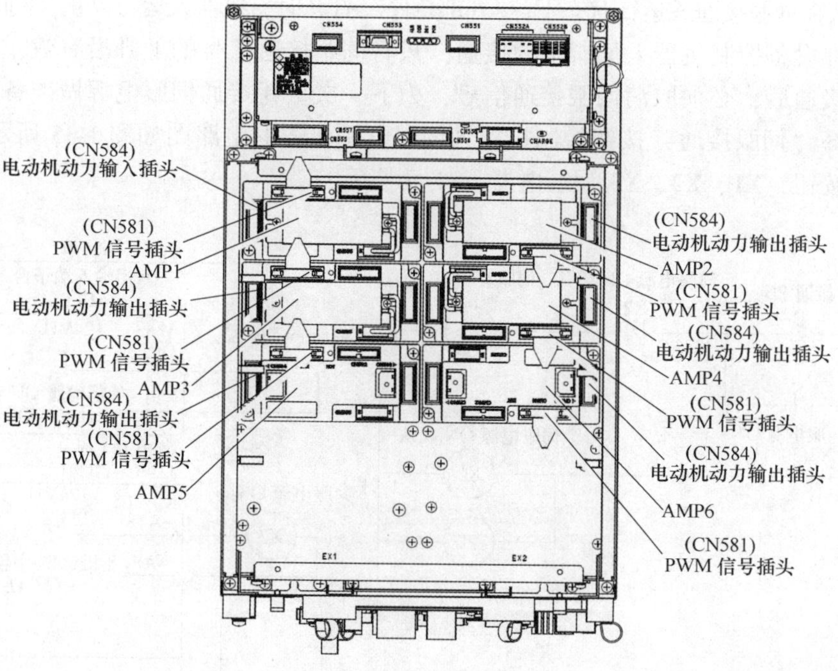

b) 打开 EAXA 底座的状态

图 1-33　MH6 伺服单元的构成

(1) 外部设备控制机器人信号时序　外部设备启动、停止机器人时，在信号的时序上有一定的要求，如图 1-34 所示。

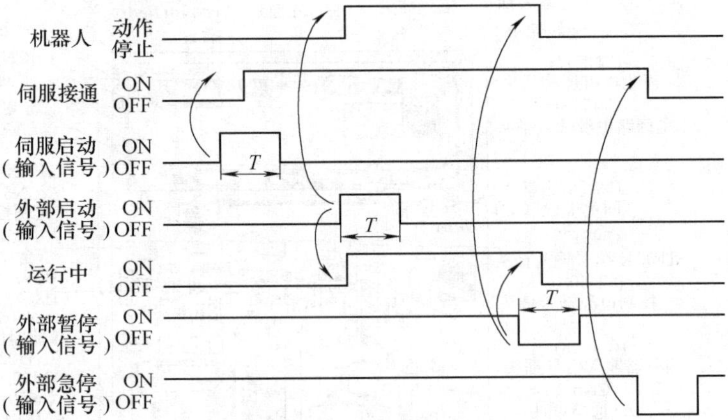

图 1-34　外部设备控制机器人信号时序

图中输入信号为上升沿有效，但 T 要保持在 100ms 以上。

当“伺服启动”信号闭合并保持在 100ms 以上时，机器人伺服电源接通；在伺服电源已接通的前提下，当“外部启动”信号闭合并保持在 100ms 以上时，机器人运行。

当机器人在运行状态下，“外部暂停”打开并保持在 100ms 以上时，机器人运行停止，但伺服依然保持接通。

当机器人在伺服接通或运行状态下，“外部急停”打开时，机器人运行停止，同时伺服断电。

(2) 外部设备控制机器人伺服电源接通　只有伺服接通信号的上升沿有效，所以在机器人伺服电源接通后，必须取消伺服接通信号，为下一次重新接通伺服电源做准备。

使用外部“伺服接通”按钮控制机器人伺服电源接通的电路图如图 1-35 所示。其中 PB 为伺服接通按钮，X1、X2、X3 为继电器，PL 为指示灯。

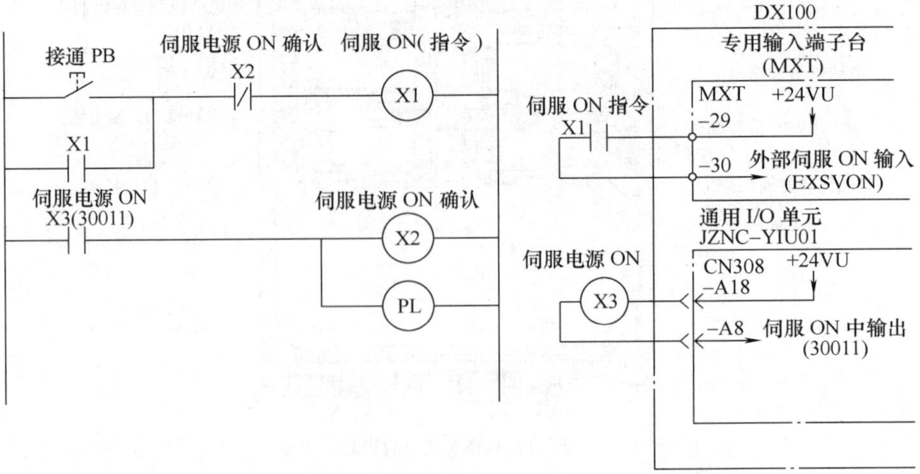

图 1-35　使用外部“伺服接通”按钮控制机器人伺服电源接通电路图

伺服电源接通过程：按下 PB，X1 得电自锁，专用输入端子台 MXT 的外部伺服 ON 输入端子 EXSVON 接通，机器人伺服电源接通，其反馈信号从通用 I/O 单元 CN308 的 A8 端输出，继电器 X3 得电，X3 的常开触点闭合，继电器 X2 得电，其常闭触点断开，继电器 X1 断电，机器人伺服电源接通过程结束。

（3）外部设备控制机器人启动运行　只有外部启动信号的上升沿有效，所以在机器人启动运行后，必须取消外部启动信号，为下一次重新启动做准备。

启动机器人时还需要机器人伺服电源已接通、示教器选择远程模式、机器人无报警/错误发生等联锁信号。

使用外部“启动”按钮控制机器人启动运行的电路图如图 1-36 所示。其中 PB 为启动按钮，X4、X5、X6 为继电器，PL 为指示灯。

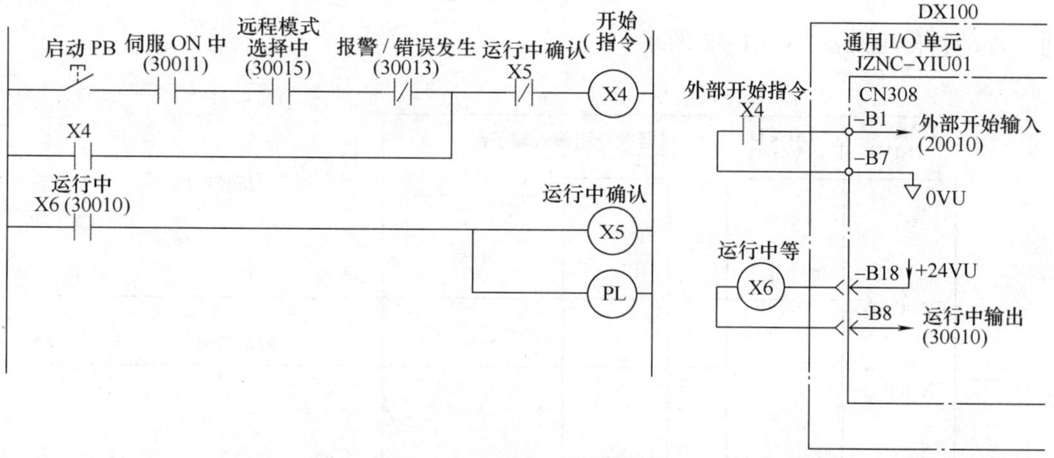

图 1-36　使用外部“启动”按钮控制机器人启动电路图

机器人启动过程：在机器人伺服电源已接通、示教器选择远程模式、机器人无报警/错误发生前提下，按下 PB，X4 得电自锁，通用 I/O 单元 CN308 的 B1 “外部启动”端接通，机器人启动，其反馈信号“运行中”从通用 I/O 单元 CN308 的 B8 端输出，继电器 X6 得电，X6 的常开触点闭合，继电器 X5 得电，其常闭触点断开，继电器 X4 断电，机器人启动过程结束。

（4）外部设备控制机器人急停　机器人专用输入端子台（MXT）的 EXESP 信号端用于连接外部设备的急停开关，当急停开关断开时，机器人伺服电源被切断，并停止执行程序。当急停信号输入时，伺服电源不能被接通，不能进行启动和轴操作。

外部急停电路图如图 1-37 所示。

在使用外部急停功能时，务必拆下 MXT 的跳线，如不拆下跳线，即使有外部急停信号输入，也不起作用，并且因此还可能造成设备损坏或人身伤害。

（5）外部设备控制机器人暂停　机器人专用输入端子台（MXT）的 EXHOLD 信号端用于连接外部设备的暂停开关，当暂停开关断开时，机器人停止执行程序，但伺服电源仍保持

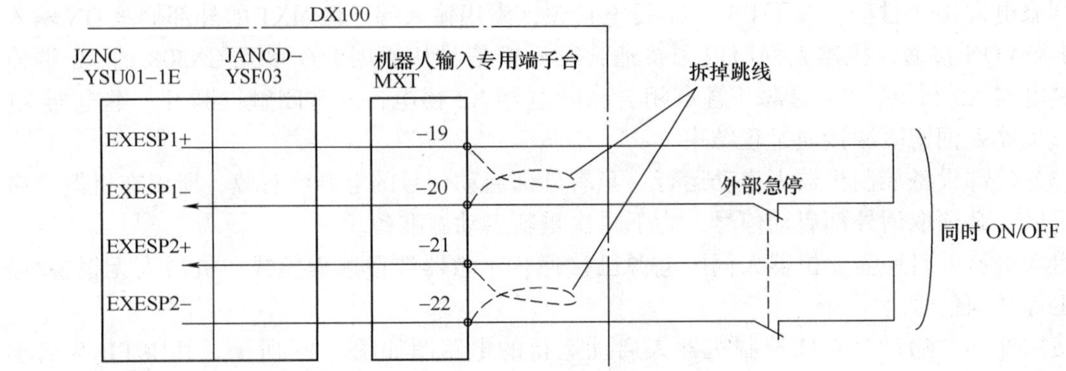

图 1-37　外部急停电路图

接通。外部暂停电路图如图 1-38 所示。

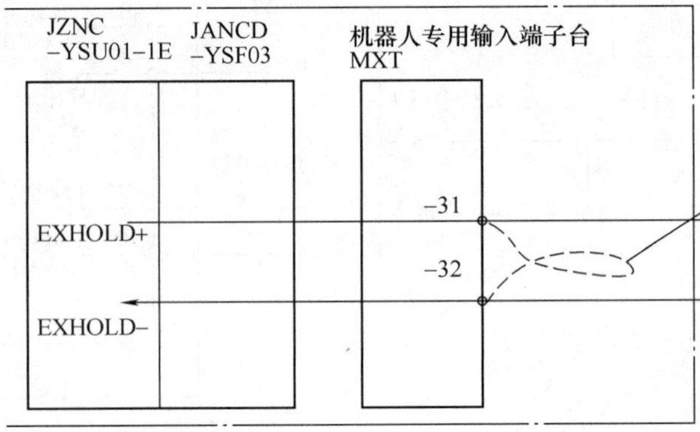

图 1-38　外部暂停电路图

在使用外部暂停功能时，务必拆下 MXT 的跳线，如不拆下跳线，即使输入信号，外部暂停信号也不起作用，并且因此还可能造成设备损坏或人身伤害。

（6）I/O 使用外部电源的接线　在标准配置中，I/O 电源由内部电源给定。约 1.5A 的 DC24V 的内部电源可供输入/输出使用。使用中若超出 1.5A 电流时，应使用 24V 的外部电源，并保持内部回路与外部回路的绝缘。为了避免电力噪声带来的问题，应将外部电源安装在 DX100 的外面。

在使用内部电源（CN303 中 -1 至 -3、-2 至 -4 短接的状态）时，不要把外部电源线与 CN303 中 -3、CN303 中 -4 相连。如果外部电源与内部电源混流，则 I/O 单元可能会发生故障。

若使用外部电源，按照以下的顺序进行连接：

a）拆下连接机器人 I/O 单元 CN303 的 -1 至 -3 和 -2 至 -4 之间的配线。

b）把外部电源 +24V 接到 I/O 单元 CN303 的 -1 上，0V 连接到 CN303 的 -2 上。

I/O 使用内、外部电源的接线如图 1-39 所示。

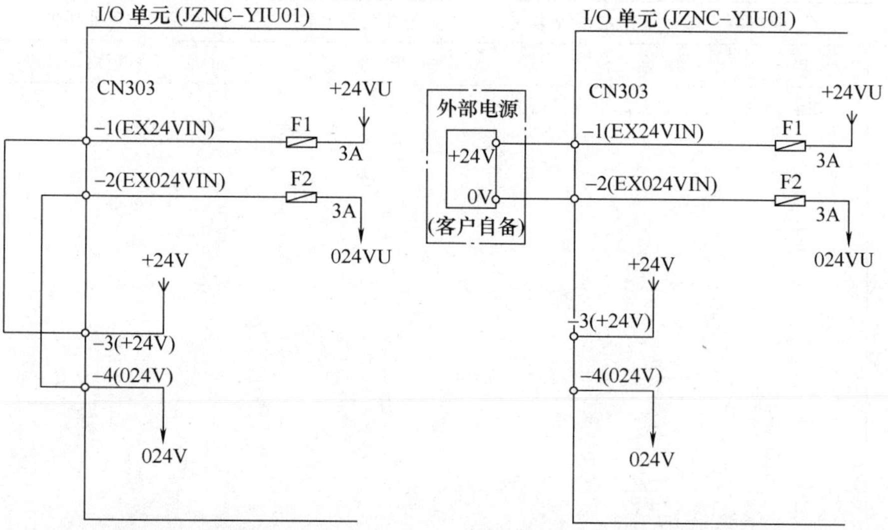

a) 使用内部电源时 (出厂设定)　　b) 使用外部电源时

图 1-39　I/O 使用内、外部电源的接线图

【任务实施】

任务书 1-2

<table>
<tr><td>项目名称</td><td colspan="3">工业机器人搬运工作站系统集成</td><td>任务名称</td><td colspan="3">搬运工作站工业机器人的选型</td></tr>
<tr><td>班 级</td><td></td><td>姓 名</td><td></td><td>学 号</td><td></td><td>组 别</td><td></td></tr>
<tr><td>任务内容</td><td colspan="7">1. 如何根据系统要求选择工业机器人?
2. 画出安川机器人使用外部信号控制其运行的电路图，控制要求为：按下启动按钮，机器人开始运行。</td></tr>
<tr><td>任务目标</td><td colspan="7">1. 了解工业机器人的组成及各部分的作用。
2. 了解工业机器人的技术参数及选择依据。
3. 掌握工业机器人的接口技术及控制方法。</td></tr>
</table>

资料	工具	设备
工业机器人安全操作规程	常用工具	工业机器人搬运工作站
MH6 机器人使用说明书		
DX100 使用说明书		
DX100 维护要领书		
工业机器人搬运工作站说明书		

任务完成报告书 1-2

<table>
<tr><td>项目名称</td><td colspan="3">工业机器人搬运工作站系统集成</td><td>任务名称</td><td colspan="3">搬运工作站工业机器人的选型</td></tr>
<tr><td>班 级</td><td></td><td>姓 名</td><td></td><td>学 号</td><td></td><td>组 别</td><td></td></tr>
<tr><td rowspan="2">任务内容</td><td colspan="7">1. 如何根据系统要求选择工业机器人？</td></tr>
<tr><td colspan="7">2. 画出安川机器人使用外部信号控制其运行的电路图，控制要求为：按下启动按钮，机器人开始运行。</td></tr>
</table>

任务三　搬运工作站 PLC 系统的设计

可编程序控制器（PLC）是计算机技术与继电路逻辑控制技术相结合的一种新型控制器，它是以微处理器为核心，用于数字控制的专用计算机。随着微电子技术、计算机技术和数据通信技术的发展，PLC 已经逐渐发展成为功能完备的自动化系统，是当前先进工业自动化控制系统领域的三大支柱之一。

工业机器人搬运工作站的整体控制是由 PLC 完成的。

【知识准备】

一、PLC 的应用领域

由于 PLC 不仅可代替继电器系统，使硬件软化，提高系统工作的可靠性以及系统的灵活性，它还具有运算、计数、调节、通信和联网等功能，可以说它是控制装置的一个飞跃。尤其是配合发展中的柔性制造单元（FMC）和柔性制造系统（FMS），PLC 更显示出硬布线控制逻辑所不可比拟的优点。它的应用范围大致介于继电器控制装置与过程控制的工业计算机之间，适用于控制功能要求比较复杂，输入、输出点数较多的场合，PLC 也可以在一个大型的集散控制系统中，作为前置控制装置，在上级计算机的统一调度下工作。如果按应用类型来划分，PLC 的应用可分为以下五种类型。

1）用于开关量逻辑拉制。开关量逻辑控制是 PLC 最基本的控制功能，可以取代继电器控制装置，如机床电气控制、电动机控制中心等；还可以取代顺序控制和程序控制，如高炉上料系统、电梯控制、港口码头的货物存放与提取、采矿的传送带运输等。可见，它既可用于单机控制，又可用于多机群控以及生产自动线的控制。

2）用于闭环过程控制。现代的大型 PLC 都配有 PID 子程序，也有的厂家把 PID 功能独立出来，如 GE 公司的 PROLOOP 过程控制器，可执行单回路 PID 控制、比例控制和串级控制。PLC 的 PID 回路调节控制，已经广泛用于锅炉、冷冻、反应堆、水处理和酿酒等，它还可用于闭环的位置控制和速度控制中。

3）用于机械加工的数字控制。PLC 能和机械加工中的数字控制（NC）及计算机数控（CNC）组成一体，实现数字控制，如日本 FANUC 公司推出的 SYSTEM10、11、12 系列，已将 CNC 控制功能与 PLC 融为一体。

4）用于机器人控制。随着工厂自动化网络的形成，使机器人的应用领域越来越广。对机器人同样可采用 PLC 进行控制。例如，德国西门子公司制造的机器人就采用该公司生产的 16 位 PLC SIMATCS5-130W 和 RCW1 组成新的 RCW1，一台控制设备可对有 3～6 轴的机器人进行控制，自动地处理各种机械动作。又如，美国 JEEP 公司焊接自动生产线使用的 29 个机器人，每台都是由一个 PLC 独立控制的。

5）用于组成多级控制系统。近几年来，随着国外工厂自动化（FA）网络系统的兴起，一些著名 PLC 制造厂分别建立了自己的多层控制系统，并着手向制造自动化通信协议 MAP 靠拢。例如，GOULD 公司的 MODBUS 工业通信系统，能使各种 PLC 通过 MODBUS 和上位计算机联网，并遵守 MAP 协议的规定。还有 OMRON 公司的 DeviceNet，西门子公司的 Profi-Bus 等现场总线系统。

以 PLC 为基础的集散控制系统（DCS），以 PLC 为基础的监控和数据采集系统（SCA-DA），以 PLC 为基础的柔性制造系统（FMS），以 PLC 为基础的安全联锁保护系统（ESD），以 PLC 为基础的运动控制系统等，全方位地展现了 PLC 的应用范围和水平。

二、PLC 控制系统的设计过程

不论是用 PLC 组成集散控制系统，还是独立控制系统，PLC 控制系统的设计都需要经过以下几个过程。

1. 控制任务的评估

随着 PLC 功能的不断完善，几乎可以用 PLC 完成所有的工业控制任务。但是，是否选择 PLC 控制，选择单台 PLC 控制、还是多台 PLC 的分散控制或分级控制，还应根据系统所需完成的控制任务、对被控对象的生产工艺及特点进行详细分析，特别是从以下几方面给予考虑。

(1) 控制规模　一个控制系统的控制规模可用该系统的输入、输出设备总数来衡量。控制规模较大时，特别是开关量控制的输入、输出设备较多且联锁控制较多时，最适合采用PLC控制。

(2) 工艺复杂程度　当工艺要求较复杂时，用继电器系统控制极不方便，而且造价也相应提高，甚至会超过PLC控制的成本。因此，采用PLC控制将有更大的优越性。特别是工艺要求经常变动或控制系统有扩充功能的要求时，则只能采用PLC控制。

(3) 可靠性要求　虽然有些系统不太复杂，但对可靠性、抗干扰能力要求较高时，也需采用PLC控制。在20世纪70年代，一般认为I/O总数在70点左右时，可考虑PLC控制；到了80年代，一般认为I/O总数在40点左右就可以采用PLC控制；目前，由于PLC性能价格比的进一步提高，当I/O点总数在20点甚至更少时，就趋向于选择PLC控制了。

(4) 数据处理速度　当数据的统计、计算规模较大，需要很大的存储器容量，且要求很高的运算速度时，可考虑带有上位计算机的PLC分级控制；如果数据处理程度较低，而主要以工业过程控制为主时，采用PLC控制将非常适宜。

2. PLC的选择

选择能满足控制要求的适当型号的PLC是应用设计中至关重要的一步。目前，国内外PLC生产厂家生产的PLC品种已达数百个，其性能各有持点。所以，在设计时，首先要尽可能考虑采用与单位正在使用的同系列的PLC，以便于学习和掌握；其次是备件的通用性，可减少编程器的投资。除上所述，还要充分考虑下面因素，以便选择最佳型号的PLC。

(1) 输入、输出设备的数量和性质　根据系统的控制要求，详细列出PLC所有输入量和输出量的情况，包括：

1) 有哪些开关量输入？电压分别是多少？尽量选择直流24V或交流220V。

2) 有哪些开关量输出？要求驱动功率为多少？一般的PLC输出驱动能力约2A，如果容量不够，可以考虑输出功率的扩展，如在输出端接功率放大器、继电器等。

3) 有哪些模拟量输入、输出？具体参数如何？PLC的模拟量处理能力一般为1~5V、0~10V，或4~20mA。

在确定了PLC的控制规模后，一般还要考虑一定的余量，以适应工艺流程的变动及系统功能的扩充，一般可按10%的余量来考虑。另外，还要考虑PLC的结构，如果规模较大，以选用模块式的PLC为好。

(2) PLC的特殊功能要求　控制对象不同会对PLC提出不同的控制要求。如用PLC替代继电器完成设备的生产过程控制、上下限报警控制、时序控制等，只需PLC的基本逻辑功能即可。对于需要模拟量控制的系统，则应选择配有模拟量输入/输出模块的PLC，PLC内部还应具有数字运算功能。对于需要进行数据处理和信息管理的系统，PLC则应具有图表传送、数据库生成等功能。对于需要高速脉冲计数的系统，PLC还应具有高数计数功能，且应了解系统所需的最高计数额率。有些系统，需要进行远程控制，就应先配置具有远程I/O控制的PLC。还有一些特殊功能，如温度控制、位置控制、PID控制等。如果选择合适的PLC及相应的智能控制模块，将使系统设计变得非常简单。

(3) 被控对象对响应速度的要求　各种型号的PLC的指令执行速度差异很大，其响应时间也各不相同。一般来讲，不论哪种PLC，其最大响应时间都等于输入、输出延迟时间及2倍的扫描时间三者之和。对于大多数被控对象来说，PLC的响应时间都是能满足要求的，但对于某些要求快速响应的系统，则必须考虑 PLC 的最大响应时间是否满足要求。

(4) 用户程序存储器所需容量的估算　用户程序存储器的容量以地址（或步）为单位，每个地址可以存储一条指令。用户所需程序存储器的容量在程序编好后可以准确地计算出来，但在设计刚刚开始时往往办不到，通常需要进行估算。一般粗略的方法是：

(I/O) 总数×（10～20）=指令步数

如果系统中含有模拟量，可以按每个模拟量通道相当于 16 个 I/O 点来考虑。比较复杂的系统，应适当增加存储器的容量，以免造成麻烦。

3. 系统设计

系统设计包括硬件设计和软件设计。所谓硬件设计，是指 PLC 及外围线路的设计，而软件设计即 PLC 程序的设计，包括系统初始化程序、主程序、子程序、中断程序、故障应急措施和辅助程序等。

(1) 硬件设计　在硬件设计中，要进行输入设备的选择（如操作按钮、转换开关及计量保护的输入信号等）、执行元件（如接触器、电磁阀、信号灯等），以及控制台、柜的设计等。应根据 PLC 使用手册的说明，对 PLC 进行输入/输出通道分配及外部接线设计。在进行 I/O 通道分配时应做出 I/O 通道分配表，表中应包含 I/O 编号、设备代号、名称及功能，且应尽量将相同类型的信号、相同电压等级的信号排在一起，以便于施工。对于较大的控制系统，为便于软件设计，可根据工艺流程，将所需的计数器、定时器及内部辅助继电器也进行相应的分配。这些工作完成之后，就可以进行软件设计了。

(2) 软件设计　软件设计的主要方法是先编写工艺流程图，将整个流程分解为若干步，确定每步的转换条件，配合分支、循环、跳转及某些特殊功能便可很容易地转为梯形图了。在编写梯形图时，经验法是非常重要的方法。因此，在平时要多注意积累经验。

软件设计可以与现场施工同步进行，即在硬件设计完成以后，同时进行软件设计和现场施工，以缩短施工周期。

4. 系统调试

系统调试分为两个阶段：第一阶段为模拟调试，第二阶段为联机调试。

当 PLC 的软件设计完成之后，应首先在实验室进行模拟调试，检查是否符合工艺要求。模拟调试可以根据所选机型，外接适当数量的输入开关作为模拟输入信号，通过输出端子的 LED，可观察 PLC 的输出是否满足要求。

当现场施工和软件设计都完成以后，就可以进行联机统调了。在统调时，一般应首先屏蔽外部输出，再利用编程器或编程软件的监控功能，采用分段分级调试方法，通过操作外部输入器件检查外部输入量是否连接无误，然后再利用 PLC 的强迫置位/复位功能逐个运行输出部件。

系统调试完成以后，为防止程序遭到破坏和丢失，可通过储存设备将程序保存起来。

三、欧姆龙 CP1L 系列 PLC 的硬件系统

CP1L 系列 PLC 是欧姆龙公司 2007 年 5 月在中国全球首发的多功能小型一体化机，其存储容量为 10K 步（M 型），内置 10～60 个 I/O 点。

CP1L 系列 PLC 的外形如图 1-40 所示。

1. CP1L CPU 单元

（1）CP1L CPU 单元的命名　CP1L CPU 单元的命名方法如图 1-41 所示。

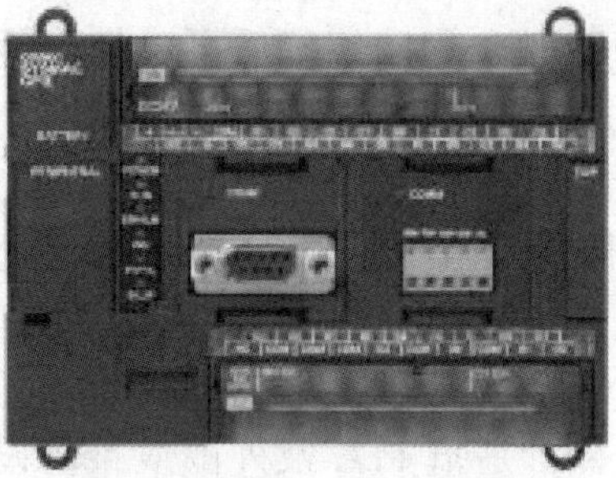

图 1-40　CP1L 系列 PLC 外形

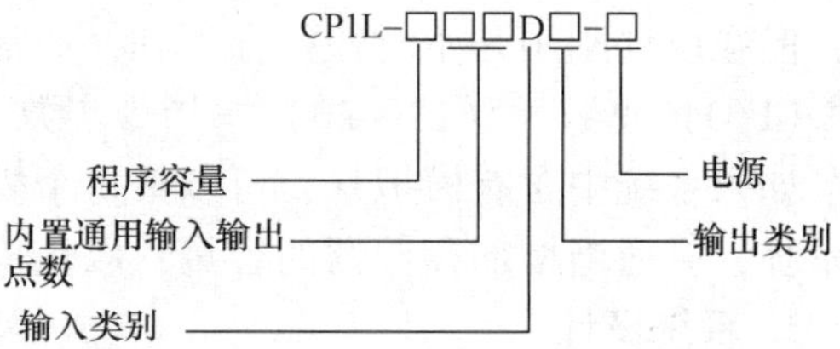

图 1-41　CP1L CPU 单元的命名方法

CP1L CPU 单元的代号及含义见表 1-11。

表 1-11　CP1L CPU 单元的代号及含义

名称	代号	含义
程序容量	M L	10K 步 5K 步
内置通用输入输出点数	60/40/30/20/14/10	输入输出点数
输入类别	D	输入信号电源，DC24V
输出类别	R T T1	继电器输出 晶体管输出（漏型） 晶体管输出（源型）
电源	A D	工作电源 AC220V 工作电源 DC24V

以 CP1L-M40DR-D 型 PLC 为例，其主要规格参数见表 1-12。

表 1-12　CP1L-M40DR-D 型 PLC 主要规格参数

输入输出点数		40 点
电源		DC 电源型：DC24V
程序容量		10K
最大扩展输入/输出点数		160 点
通用输入输出	输入/输出点数	40 点
	输入点数	24 点
	输入类别	DC24V
	中断输入/快速响应输入	最大 6 点
	输出点数	16 点
	输出类别	继电器输出

注：继电器输出类别无脉冲输出功能。

（2）CP1L CPU 单元类型　CP1L CPU 单元的类型见表 1-13。

表 1-13　CP1L CPU 单元的类型

类型	单元规格	输出形式	电源	I/O 点数	最大 I/O 点数	程序容量	备注
M 型	CP1L-M60DR-A(-D) CP1L-M60DT-A(-D) CP1L-M60DT1-D	继电器 晶体管(漏型) 晶体管(源型)	末尾-A：AC100~240V； 末尾-D：DC24V	60 点 36/24	连 3 台 CP1W 扩展单元，至 180 点	10K 步	①两个串口：RS232 和 RS-422A/485 ②计数器功能：100kHz(单相)4 轴、50kHz(相位差)2 轴 ③脉冲输出：100kHz 2 轴 ④变频器定位
	CP1L-M40DR-A(-D) CP1L-M40DT-A(-D) CP1L-M40DT1-D	继电器 晶体管(漏型) 晶体管(源型)		40 点 24/16	连 3 台 CP1W，至 160 点		
	CP1L-M30DR-A(-D) CP1L-M30DT-A(-D) CP1L-M30DT1-D	继电器 晶体管(漏型) 晶体管(源型)		30 点 18/12	连 3 台 CP1W，至 150 点		
L 型	CP1L-L20DR-A(-D) CP1L-L20DT-A(-D) CP1L-L20DT1-D	继电器 晶体管(漏型) 晶体管(源型)		20 点 12/8	连 1 台 CP1W，至 60 点	5K 步	①一个串口：RS232 和 RS-422A/485 任选 ②计数器功能：100kHz(单相)4 轴、50kHz(相位差)2 轴 ③脉冲输出：100kHz2 轴 ④变频器定位
	CP1L-L14DR-A(-D) CP1L-L14DT-A(-D) CP1L-L14DT1-D	继电器 晶体管(漏型) 晶体管(源型)		14 点 8/6	连 1 台 CP1W，至 54 点		
	CP1L-L10DR-A(-D) CP1L-L10DT-A(-D) CP1L-L10DT1-D	继电器 晶体管(漏型) 晶体管(源型)		10 点 6/4	不能连扩展单元		

（3）CP1L CPU 的基本结构　CP1L CPU 单元的基本结构如图 1-42 所示。

1）电池盖。打开盖可将电池放入，用做 RAM 的后备电源。

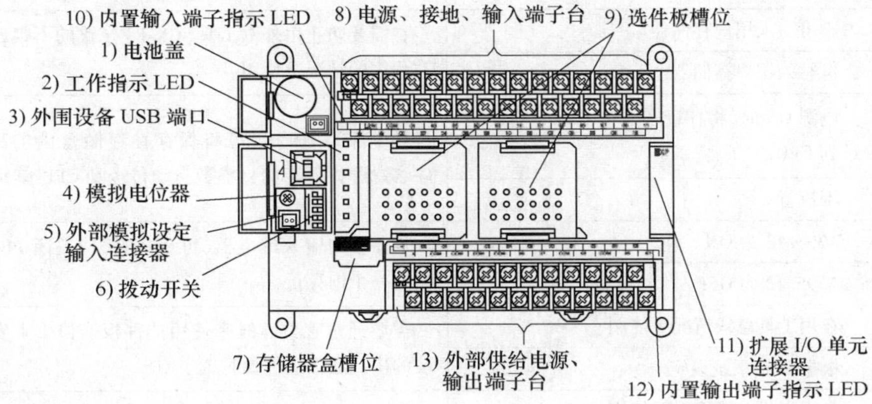

图 1-42　CP1L CPU 单元的基本结构

2）工作指示 LED。指示 CP1L 的工作状态。主机面板的中部有 6 个工作状态显示 LED，其作用见表 1-14。

表 1-14 工作指示 LED 的含义

型 号	含 义
POWER(绿)	电源接通或断开指示,通电时,灯亮
RUN(绿)	PLC 工作状态指示 CP1H 正在运行或监视模式下执行程序时,灯亮 处在编程状态或运行异常时,灯灭
ERR/ALM(红)	错误指示 灯亮:发生致命错误,或发生硬件异常,CP1L 停止运行,所有的输出都切断 闪烁:警告非致命错误,CP1H 继续运行
INH(黄)	输出禁止指示 输出禁止特殊辅助继电器(A500.15)为 ON 时灯亮,所有输出都切断
PRPHL(黄)	USB 端口通信指示,外围设备 USB 端口通信中时,闪烁
BKUP(黄)	内置闪存访问指示 正在向内置闪存写入用户程序、参数、数据或访问中,灯亮 。PLC 的电源变 ON 时,用户程序、参数、数据复位过程中,灯也亮

3）外围设备 USB 端口。与电脑连接,由安装在上位机的软件 CX-P 对 PLC 进行编程及监视。

4）模拟电位器。通过旋转电位器,可使 A642CH 的值在 0～255 范围内任意变更。

5）外部模拟设定输入连接器。通过外部施加 0～10V 电压,可将 A643CH 的值在 0～255 范围内任意变更。

6）拨动开关。仅 I/O 为 30/40/60 点 CPU 单元有 6 个拨动开关,10/14/20 点 CPU 单元只有前 4 个拨动开关。

6 个拨动开关的作用见表 1-15。

表 1-15 拨动开关的作用

No.	设定	设定内容	用途	初值
SW1	ON	不可写入用户存储器	在需要防止由外围工具(CX-P)导致的不慎改写程序的情况下使用	OFF
	OFF	可写入用户存储器		
SW2	ON	电源 ON 时,将存于存储盒的内容自动传送到 CPU	在电源为 ON 时,可将保存在存储盒内的程序、数据内存(存储)、参数自动传送到 CPU 单元	OFF
	OFF	不执行		
SW3	ON	A395.12 为 ON	不需使用输入继电器,可直接打开/关闭 PLC 内的一个内存位	OFF
	OFF	A395.12 为 OFF		
SW4	ON	在用工具总线情况下使用	需要通过工具总线来使用选件板槽位 1 上安装的串行通信选件板时置于 ON	OFF
	OFF	根据 PLC 系统设定		
SW5	ON	在用工具总线情况下使用	需要通过工具总线来使用选件板槽位 2 上安装的串行通信选件板时置于 ON	OFF
	OFF	根据 PLC 系统设定		
SW6	ON	保持 OFF 状态	—	OFF

7）存储器盒槽位。安装存储器盒 CP1W-ME05M。安装时，拆下空盒，可将 CP1L CPU 单元的梯形图程序、参数、数据内存（DM）等传送并保存到存储盒。

8）电源、接地、输入端子台。电源、接地、输入端子台的作用见表 1-16。

表 1-16　电源、接地、输入端子台的作用

名　称	作　用
电源端子	供给电源（AC100～240V 或 DC24V）
接地端子	保护接地：为了防止触电，必须进行 D 种接地（第 3 种接地）
输入端子	接输入设备

9）选件板槽位。可安装选件板到槽位 1 和槽位 2 上。RS-232C 选件板为 CP1W-CIF01，RS-422A/485 选件板为 CP1W-CIF11。

10）内置输入端子指示 LED。内置输入端子对应的指示灯。输入端子的接点为 ON 时，指示灯亮。

11）扩展 I/O 单元连接器。可连接 CP 系列的扩展 I/O 单元、扩展单元（模拟输入输出单元、温度传感器单元、CompoBus/S I/O 链接单元、DeviceNet I/O 链接单元）等。

可连接的台数，30/40/60 点型 CPU 最多可连接 3 台、14/20 点型 CPU 可连接 1 台。可连接 CP1W 的扩展 I/O 单元和 CPM1A 的扩展 I/O 单元（40 点、20 点、16 点、8 点）及扩展单元（模拟输入输出单元、温度传感器单元等），最大为 7 台。

12）内置输出端子指示 LED。内置输出端子对应的指示灯。输出端子的接点为 ON 时，指示灯亮。

13）外部供给电源/输出端子台。AC 电源规格的 CPU 单元具有对外提供 DC24V，最大 300mA 的电源。可作为输入设备或现场传感器的服务电源。

2. CP1L CPU 的特点

（1）变频器定位功能　可使用变频器进行定位。在 CP1L 的程序中可通过执行脉冲输出指令进行梯型加减速内部脉冲输出。

根据来自安装在感应电动机上的旋转编码器的反馈脉冲输入与内部脉冲输出，通过偏差计数器进行偏差定位计算，以此计算值为基础对变频器下达速度指令，进行定位。如果需要进行高精度定位时，应该在变频器中使用矢量控制功能。

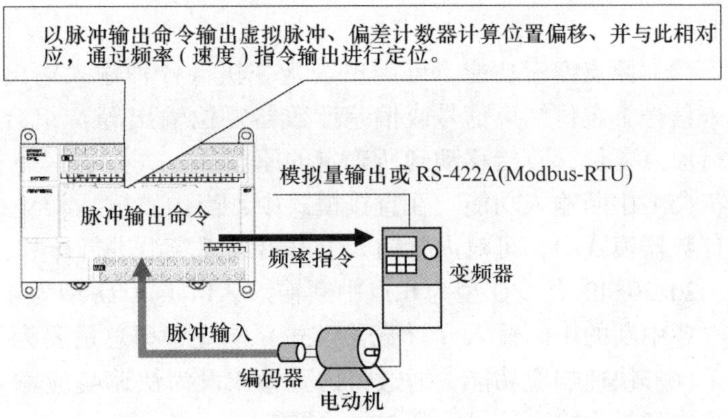

图 1-43　变频器定位功能的硬件结构

变频器定位功能的硬件结构如图 1-43 所示。

（2）高速计数器功能　对每个输入接点，可通过 PLC 设置来选择是否为通用输入、中断输入、快速响应输入或高速计数中的任何一个。

将旋转编码器连接到内置输入，即可进行高速计数器输入。由于有多个的高速计数器点，可用 1 台 PLC 来控制多路脉冲输入。高速计数器 100kHz（单相）/50kHz（相位差），4

点/两轴为标准配备。

(3) 脉冲控制功能（仅晶体管输出类型）　对每个输出接点，可通过指令来选择是否为通用输出、脉冲输出或 PWM 输出中的任何一个。

可从 CPU 单元内置输出中发出固定占空比脉冲输出信号，并通过脉冲输入的伺服电动机驱动器进行定位/速度控制。脉冲输出 100kHz，最大 2 轴为标准配备。

1）可根据电动机驱动器的脉冲输入的规格进行选择脉冲输出功能的“CW/CCW 脉冲输出”、“脉冲 + 方向输出”。

2）在绝对坐标系内运行时（原点确定状态或根据 INI 指令进行当前值变更），根据指令中指定的脉冲输出量与输出当前值比较的正或负，CW/CCW 的方向在执行脉冲输出指令时会被自动选择，使绝对坐标系上的定位变得简单。

3）定位（ACC 指令（独立模式）或 PLS2 指令执行）中，加速及减速时必要的脉冲输出量（达到目标频率的时间 × 目标频率）超过设定的目标脉冲输出量的情况下，加速和减速将被缩短，进行三角控制以取代梯形控制（即无恒定速度的阶段，梯型脉冲输出将被取消）。

4）在使用脉冲输出（PLS2）指令的定位过程中，通过执行其他脉冲输出（PLS2）指令可变更目标位置、目标速度、加速比率和减速比率。

5）在速度控制过程中（连续模式），可变更为根据脉冲输出（PLS2）指令进行的定位（单独模式）。这样，可执行有条件的中断恒定距离进给（指定量的移动）。

6）在加减速的脉冲输出指令执行（速度控制或定位）过程中，可在加速或减速中变更目标速度及加减速比率。

7）可从 CPU 单元内置输出中产生可变占空比脉冲（PWM）输出信号，进行照明/电力控制等。

(4) 原点搜索功能　可用单个指令执行各种输入输出信号（原点接近输入信号、原点输入信号、定位结束信号或偏差计数器复位输出等）组合的精密的原点搜索。此外，也可进行原点复位，直接移动到所确定的原点。

(5) 中断输入功能　在直接模式中，当内置输入 ON/OFF 时，可启动中断任务。此外，在计数器模式中，可对内置输入上升沿或下降沿进行计数，如达到设定值时，可启动中断任务。20/30/40 点 I/O 型为 6 点中断输入、14 点 I/O 型为 4 点中断输入。

各中断的中断输入（计数器模式）响应频率总量要为 5kHz 以下。

(6) 快速响应功能　通过将内置输入设为快速响应输入功能，可与扫描周期时间无关，可读取到最小输入信号幅度 50μs 的输入。

20/30/40/60 点 I/O 型 CPU 单元为 6 点快速响应，14 点 I/O 型 CPU 单元为 4 点快速响应、10 点 I/O 型 CPU 单元为 2 点快速响应。

(7) 模拟设定

1）模拟电位器进行的设定变更。可使用十字螺钉旋具调节模拟电位器，可将辅助区域（A642CH）的值在 0 ~ 255 的范围内任意变更。这样，可在没有支持软件的情况下，简单地对定时器及计数器等设定值进行变更。

模拟电位器进行的设定变更如图 1-44 所示。

2）外部模拟设定输入进行的设定变更。根据外部模拟输入 0 ~ 10V（分辨率 256），将

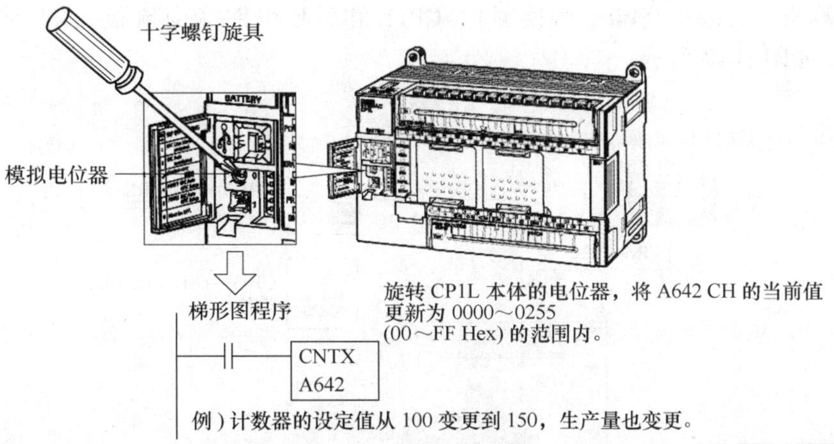

图 1-44　模拟电位器进行的设定变更

模拟值进行 A-D 转换并保存到 AR 区域。这样，可以用在不特别要求精度的方面，例如室外温度等的变化及电位计输入等需要在现场调整设定值等的情况下。

外部模拟设定输入进行的设定变更如图 1-45 所示。

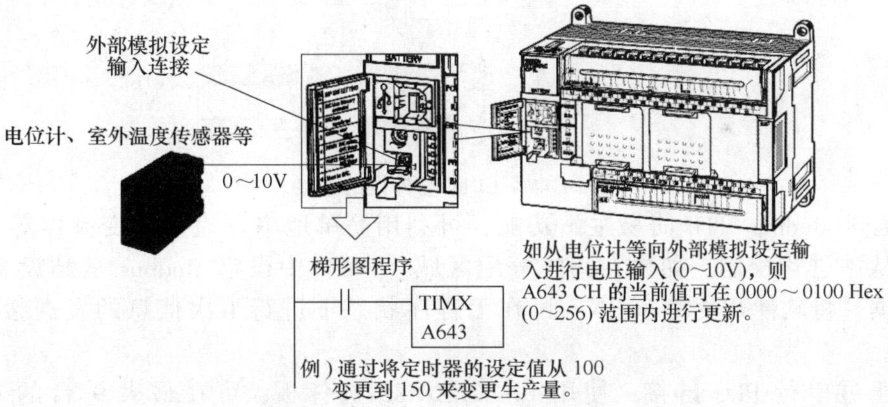

图 1-45　外部模拟设定输入进行的设定变更

（8）与各种组件的连接相容性

1）支持软件用 USB 端口。CX-One 支持软件，如 CX-Programmer，从计算机的 USB 端口，通过市场上销售的 USB 电缆与 CP1L 的内置外部 USB 端口相连接。如图 1-46 所示。

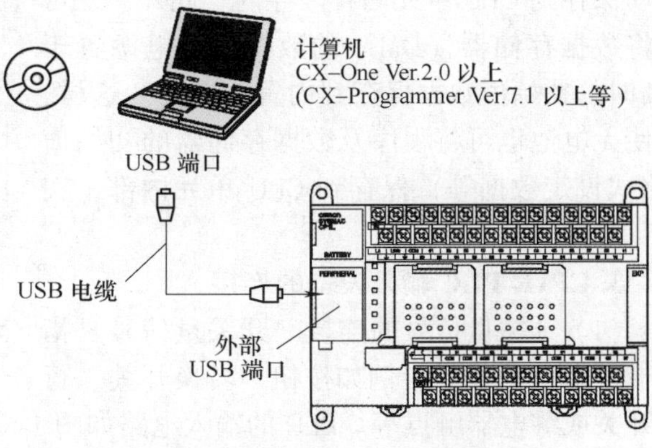

图 1-46　USB 端口的连接

2）可扩展的串行端口。30/40/60 点 I/O 型，最多可安装 2 个串行通信选件板（RS-232C ×1 端口或 RS-422A/485 ×1 端口）。14/20 点 I/O 型，仅可安装 1 个串行通信选件板（RS-232C ×1 端口或 RS422A/485 ×1 端口）。包括 USB 端口，CP1L 最多可有 3 个（14/20 点 I/O 型为 2 个）串行通信端口，可轻松实现同时连接计算机、可编程终端（触摸屏）、CP1L 和各种组件（变频器、温度调节器、智能传感器等）。如图 1-47 所示。

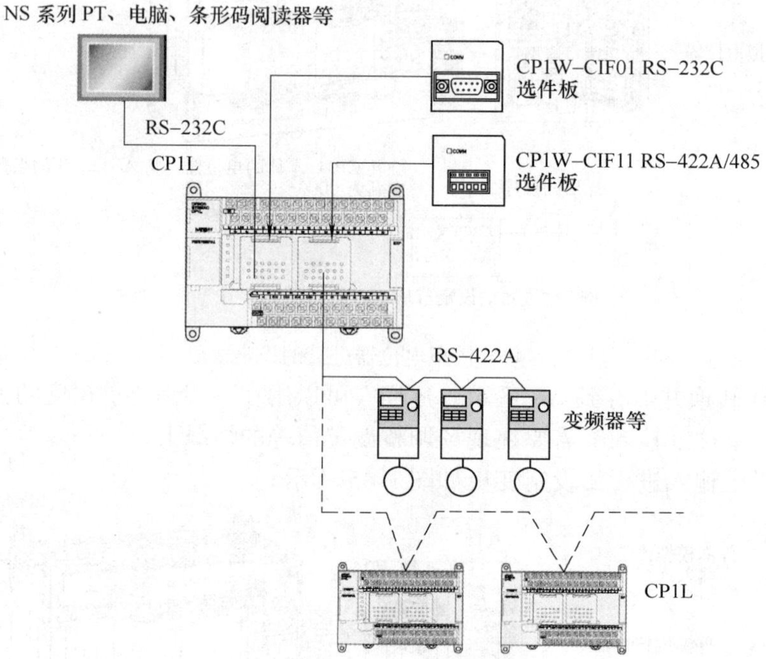

图 1-47　CP1L 与外设的连接

① 通过 Modbus-RTU 简易主站功能，可利用简单地串行通信对变频器等与 Modbus 相对应的从站进行控制。如先在固定分配区域（DM）中设定 Modbus 从站设备的地址、功能、数据，将软件开关置于 ON，可在无程序状态下进行 1 次信息的发送接收。如图 1-48 所示。

② 通过串行 PLC 链接，使用 RS-422A/485 选件板，可在最大 9 台的 CPU 单元（CP1L—CP1L/CP1H/CJ1M）之间，以无程序状态共享每台 CPU 单元最大 10 个字的数据。如图 1-49 所示。

（9）无电池运行　可将程序、PLC 设置等自动保存到 CPU 单元内置闪存内。此外，还可以将数据存储器（DM）的数据作为电源置于 ON 时的初始值数据保存到内置闪存内。这样，即使无电池也可将程序及数据存储器的初始值（格式设定数据等）保存到 CPU 单元内部，实现免维护。

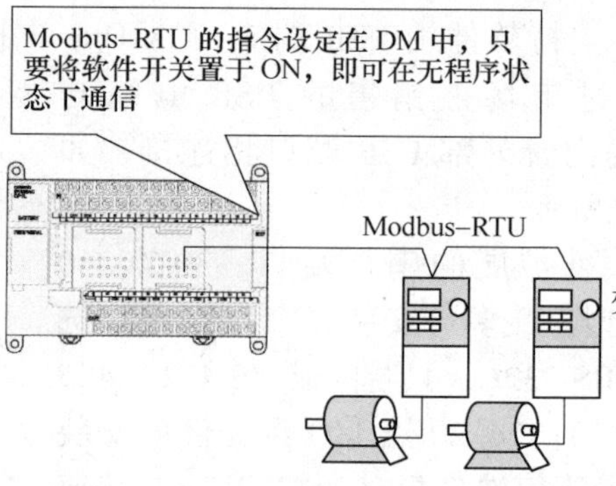

图 1-48　Modbus-RTU 简易主从控制

3. CP1L PLC 输入设备的连接

（1）开关量信号的连接　开关量信号是指机械式触点的信号，例如按钮、转换开关、行程开关或继电器触点等。PLC 的输入电路如图 1-50 所示。

以 CP1L-40 型为例，输入电路技术参数见表 1-17。

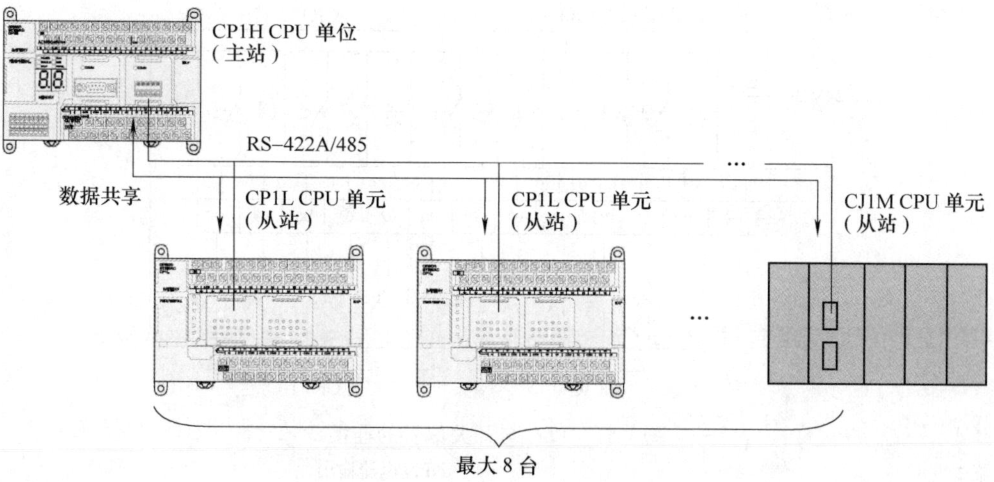

图 1-49　串行 PLC 链接控制

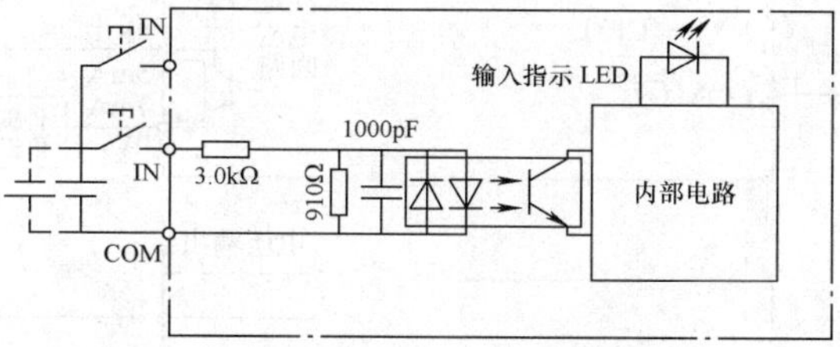

图 1-50　PLC 输入电路

表 1-17　输入电路技术参数

项目	规格		
	高速计数输入	中断输入/快速响应输入	通用输入
	CIO 0.00 ~CIO 0.03	CIO 0.04 ~CIO 0.09	CIO 0.10 ~CIO 0.11 /CIO 1.00 ~1.11
输入电压	DC24V +10%/-15%		
对象传感器	2 线式及 3 线式传感器		
输入阻抗	3.0 kΩ	3.0 kΩ	4.7 kΩ
输入电流	7.5 mA 典型值		5 mA 典型值
ON 电压	DC 17.0V 以上	DC 17.0V 以上	DC 14.4V 以上
OFF 电压/电流	最大 DC 5.0V 1mA 以下		
ON/OFF 延迟	2.5μs 以下	50μs 以下	1ms 以下

PLC 与开关信号的连接如图 1-51 所示。

对于开关量信号而言，COM 端连接 DC24V 电源的正极或负极都可以，也就是说 PLC 的输入信号既可以接成是漏型输入也可以接成源型输入。COM 端子的电线要使用有充足电流容量的电线。

（2）数字信号的连接　数字信号是有源信号，以晶体管作为开关元件，如接近开关、光敏传感器和光纤传感器等。根据晶体管的类型（NPN、PNP）和信号输出的形式（开路、电流、电压）的不同，PLC 与它们的连接也不同。如图 1-52 所示。

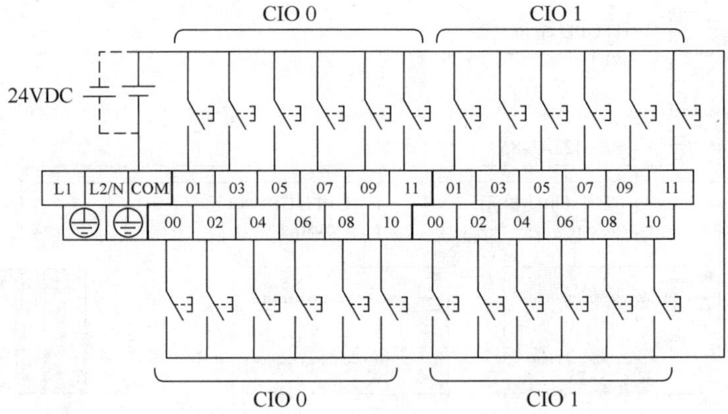

图 1-51　PLC 与开关信号的连接

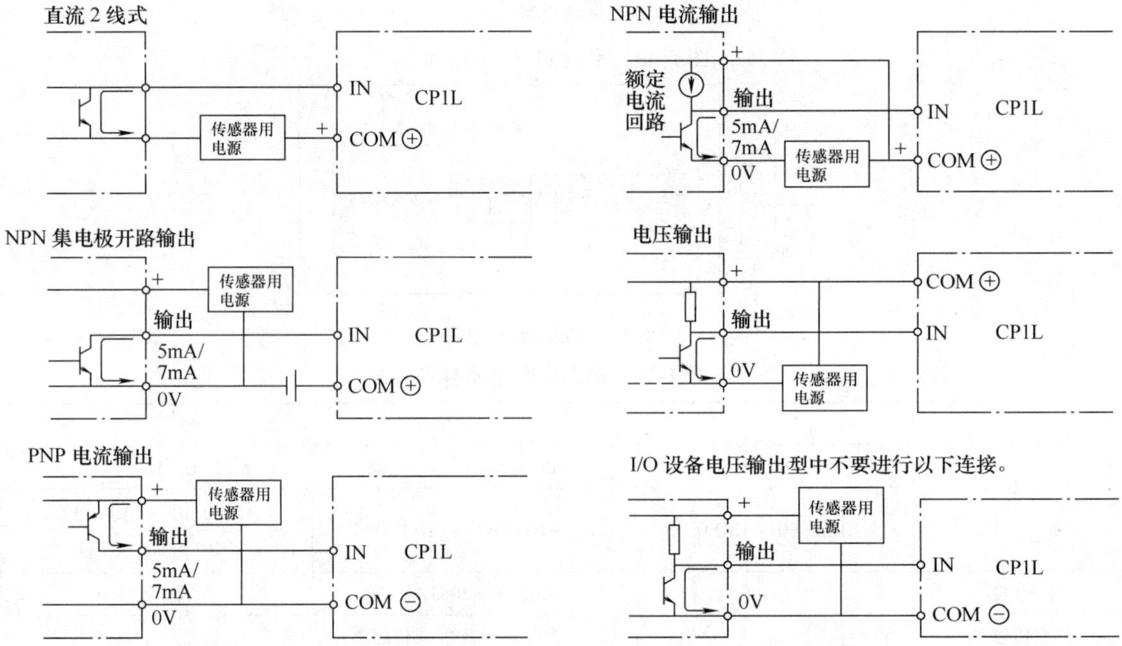

图 1-52　PLC 与数字信号的连接

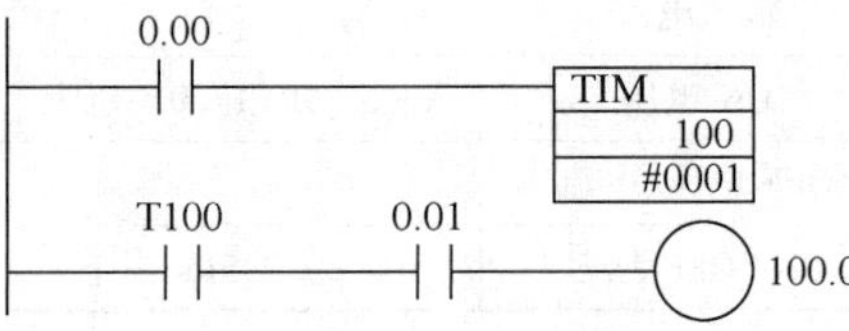

图 1-53　PLC 电源延时接通

在数字信号作为 PLC 的输入信号的场合，如果 PLC 的电源先置为 ON，传感器的电源再置于 ON，有时会因传感器的浪涌电流而导致误输入。应该先接通传感器电源，后接通 PLC 电源。或者确认从传感器的电源接通后到稳定运行为止的时间，使用传感器电源接通后定时器延迟的相应措施，通过应用程序进行处理。程序如图 1-53 所示。

程序中，将传感器的电源电压导入到输入位 CIO 0.00，传感器从接通电源到稳定运行的时间作为定时器的延时时间（欧姆龙接近传感器约为 100ms）。该定时器完成标志置于 ON 之后，输入位 CIO 0.01 接收到传感器的输入，输出位 CIO100.00 置于 ON。

（3）脉冲输入信号的连接

1）设备接线。旋转编码器、光栅尺、磁栅尺等传感器的输出信号为高频脉冲信号，输出形式有集电极开路（NPN、PNP）输出、线性驱动输出等。

图 1-54 所示为 DC24V、NPN 型集电极开路输出、带有 A、B、Z 相输出的欧姆龙 E6B2-CWZ6C 编码器与 PLC 的连接图，图 1-55 为其工作原理图。

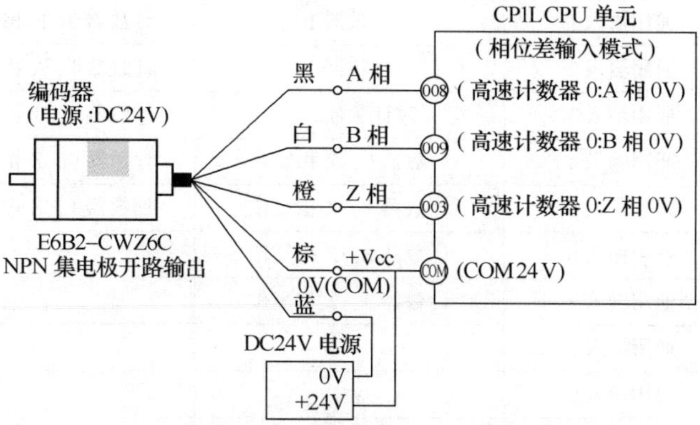

图 1-54　编码器与 PLC 连接图

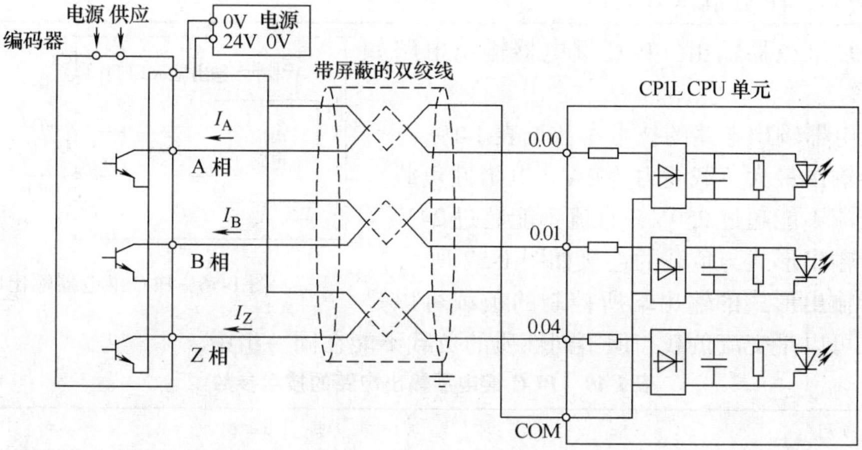

图 1-55　编码器与 PLC 连接工作原理图

编码器 DC24V 电源与其他设备应避免公用。

2）高速计数器的类型。PLC 对高频脉冲信号的接收，要使用 PLC 的高速计数器功能。可通过 CX-Programmer 在 PLC 设置的内置输入中，将 CPU 单元的内置输入用作高速计数器输入。注：该情况下，相对应的输入端不能作为通用输入、输入中断或快速响应输入来使用。

CP1L-40 型 PLC 的高速计数器与输入端的关系见表 1-18。

高速计数器作为单相加法脉冲输入有 4 路，计数器 0 ~ 计数器 3，占用 0. 00 ~ 0. 07 共 8 个输入端；作为相位差、加减法或脉冲 + 方向脉冲输入共 2 路，计数器 0 ~ 计数器 1，占用 0. 00 ~ 0. 05 共 6 个输入端。

4. CP1L PLC 输出设备的连接

CP1L PLC 输出有继电器输出、晶体管漏型输出和晶体管源型输出三种类型。

表 1-18　高速计数器与输入端的关系

地址		输入动作设定	高速计数器动作设定	
字	位	初始输入	单相（加法脉冲入）	2 相（位相差 4 倍/ 加减法脉冲 + 方向）
CIO 0	00	通用输入 0	计数器 0	计数器 0，A 相/加法，计数器
	01	通用输入 1	计数器 1	计数器 0，B 相/减法，计数器
	02	通用输入 2	计数器 2	计数器 1，A 相/ 加法，计数器
	03	通用输入 3	计数器 3	计数器 1，B 相/减法，计数器
	04	通用输入 4	计数器 0，Z 相复位	计数器 0，Z 相复位
	05	通用输入 5	计数器 1，Z 相复位	计数器 1，Z 相复位
	06	通用输入 6	计数器 2，Z 相复位	—
	07	通用输入 7	计数器 3，Z 相复位	—
	08	通用输入 8	—	—
	09	通用输入 9	—	—
	10	通用输入 10	—	—
	11	通用输入 11	—	—
CIO 1	00 ~ 11	通用输入 11 ~ 23	—	—

（1）PLC 继电器输出　PLC 继电器输出电路如图 1-56 所示。

PLC 继电器输出电路的技术参数见表 1-19。

继电器输出最大负载能力为 2A（电阻性负载），负载电压交流不能超过 250V，直流不能超过 24V。

继电器输出形式与负载的连接如图 1-57 所示。

继电器输出形式的输出端所控制的负载可以是直流负载也可以是交流负载，但不同性质的负载不能在同一组中。

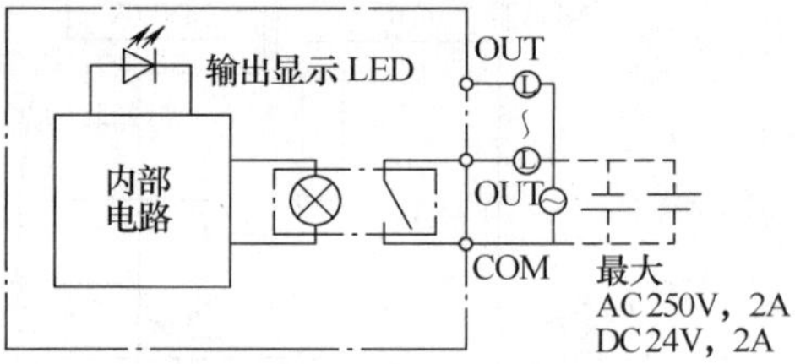

图 1-56　PLC 继电器输出电路

表 1-19　PLC 继电器输出电路的技术参数

项目	规　　格
最大开关能力	2A，AC250V（$\cos\phi = 1$）2A，DC24V（4A/公共端）
最小开关能力	10mA，DC5V

（2）PLC 漏型晶体管输出　PLC 漏型晶体管输出电路如图 1-58 所示。漏型晶体管输出电路的 COM 端接 DC24V 电源 0V 端，OUT 接负载。

漏型晶体管输出电路的技术参数见表 1-20。

表 1-20　漏型晶体管输出电路技术参数

项目	规格	
	CIO 100.00 ~ CIO 100.03	CIO 100.04 ~ CIO 100.07
最大开关能力	DC4.5 ~30 V，300 mA/ 输出点，0.9 A/ 公共端	
最小开关能力	DC4.5 ~30 V，1 mA	

漏型晶体管输出最大负载能力为 300mA，负载电压直流不大于 30V，不小于 4.5V。负载电压过低，晶体管可能不能可靠饱和导通。

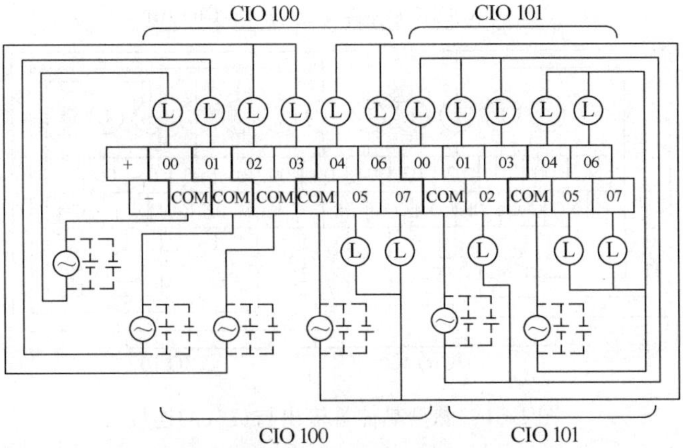

图 1-57　继电器输出形式与负载的连接

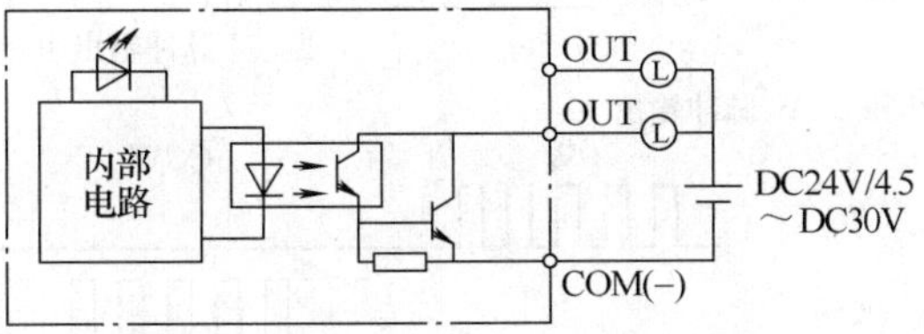

图 1-58　PLC 漏型晶体管输出电路

漏型晶体管输出与负载的连接如图 1-59 所示。

(3) PLC 源型晶体管输出　源型晶体管输出电路如图 1-60 所示。源型晶体管输出电路的 COM 端接 DC24V 电源“+”端，OUT 接负载。

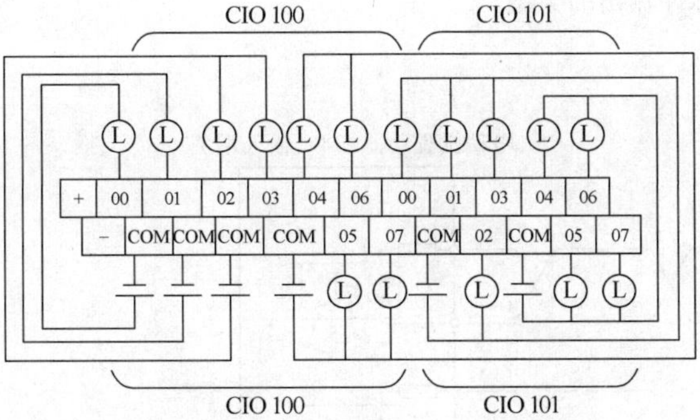

图 1-59　漏型晶体管输出与负载的连接

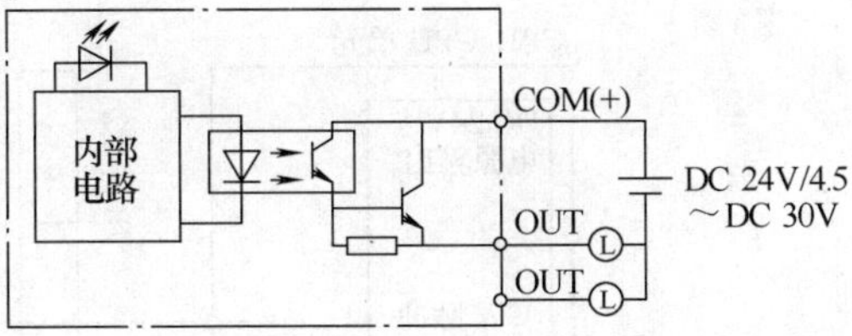

图 1-60　PLC 源型晶体管输出电路

源型晶体管输出电路的技术参数与漏型晶体管输出电路相同，见表 1-20。源型晶体管输出与负载的连接如图 1-61 所示。

(4) 脉冲输出　使用 PLC 的脉冲输出功能，PLC 的输出必须选用晶体管输出型。脉冲输出的高频信号一般用来控制伺服电动机或步进电动机的运行，控制方式有 CW（顺时针）+CCW（逆时针）、脉冲+方向。如图 1-62 所示。

CP1L CPU 单元与电动机驱动器间的连线，在集电极开路的情况下最长为 3m。脉冲输出用的 DC24V/DC5V 电源，应避免和其他 I/O 电源共用。

1）使用 DC24V 光电耦合器输入的电动机驱动器的接线如图 1-63 所示。

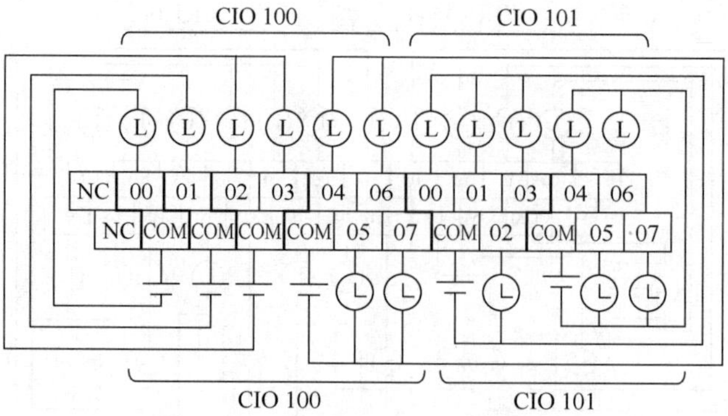

图 1-61　源型晶体管输出与负载的连接

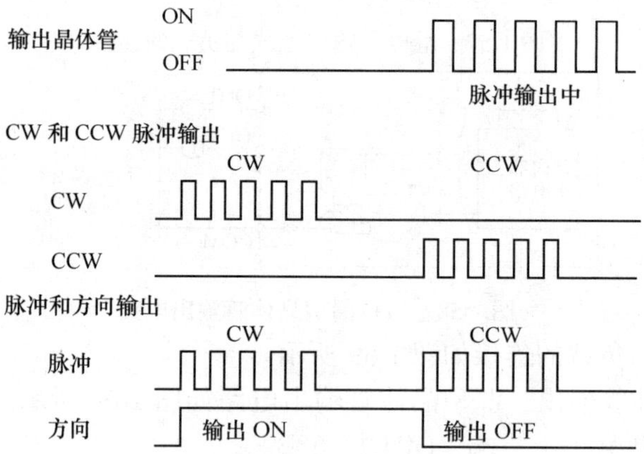

图 1-62　脉冲输出的类型

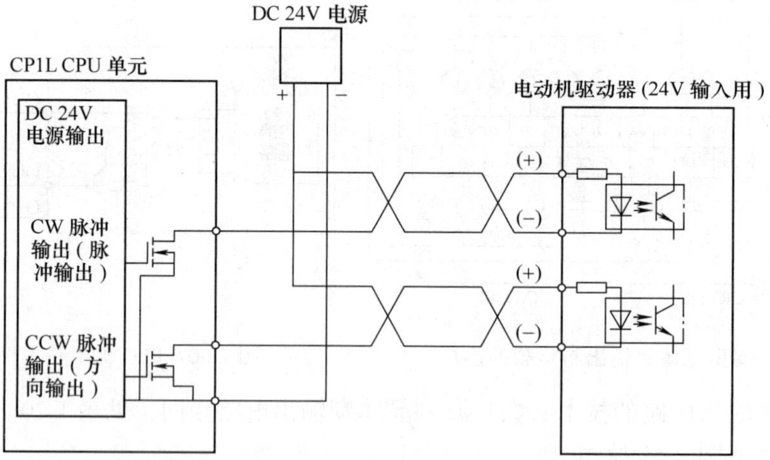

图 1-63　使用 DC24V 光电耦合器输入的电动机驱动器的接线

2）使用 DC5V 光电耦合器输入的电动机驱动器，外部电源使用 DC24V 的接线如图 1-64 所示。

图中 5V 输入的电动机驱动器使用 DC24V 电源，要在电路中串入 1. 6kΩ 的限流电阻，使 PLC 输出电流不会破坏电动机驱动器侧的输入电路，并且可充分置于 ON。

也可以外部电源使用 DC5V，如图 1-65 所示。

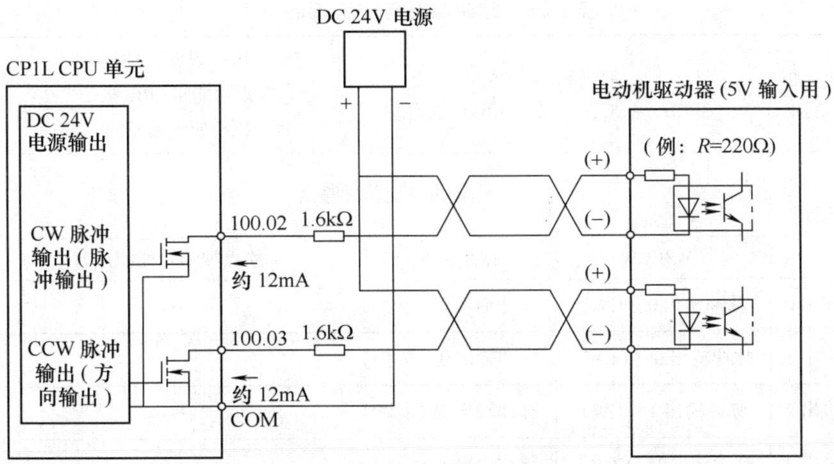

图 1-64　使用 DC5V 光电耦合器输入的电动机驱动器的接线（外部电源 DC24V）

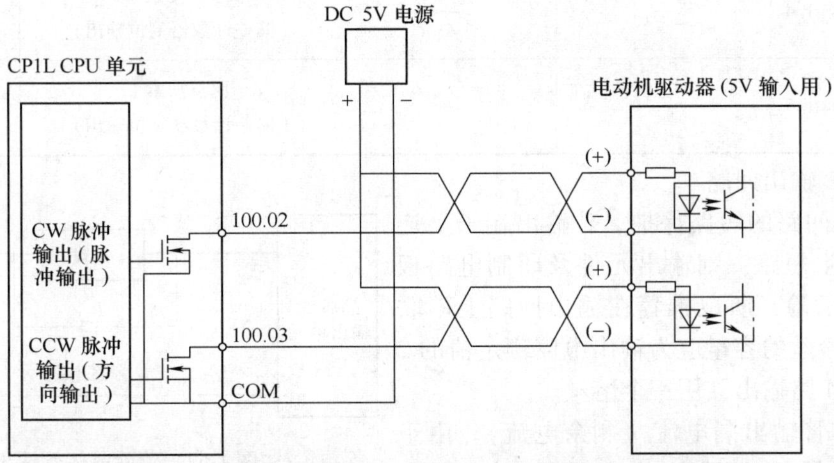

图 1-65　使用 DC5V 光电耦合器输入的电动机驱动器的接线（外部电源 DC5V）

3）脉冲输出功能可通过 CX-Programmer 的脉冲输出进行设置，将 CPU 单元的内置输出用作脉冲输出。注：该情况下，相对应的输出端不能作为 PWM 输出使用。

CP1L CPU 单元的脉冲输出与输出端的关系见表 1-21。

5. 安全与抗干扰措施

为了保证 PLC 可靠工作，除要设计合理的 PLC 电路硬件外，还需要合理地安装和布线。

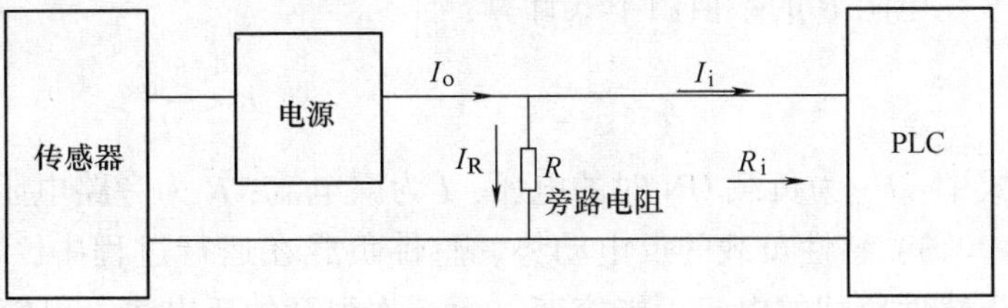

图 1-66　在 PLC 输入端并联旁路电阻

（1）PLC 输入回路　当使用非触点输出设备作为 PLC 输入元件时，由于输出设备是晶体管、晶闸管等元件，这些元件会由于自身的问题或电路设计问题，即使截止时，由于元件自身的漏电流，也会有一个小的电流流过，若该电流大于 1mA，就可能引起 PLC 输入电路发生误动作为 ON。解决的方法是在 PLC 输入端并联一个旁路电阻 R，如图 1-66 所示。

只要适当选择旁路电阻 R 的数值，就可以消除漏电流的影响。

表 1-21　脉冲输出与输出端的关系

地址		右侧所示指令未执行时	脉冲输出指令（SPED、ACC、PLS2、ORG）执行时		通过 PLC 设置，使用原点搜索功能 + ORG 指令执行原点搜索时	PWM 指令执行时
字	位	通用输出	固定占空比脉冲输出			可变占空比脉冲输出
			CW/CCW	脉冲 + 方向	+ 原点搜索功能使用时	+ PWM 输出
CIO 100	00	通用输出 0	脉冲输出 0（CW）	脉冲输出 0（脉冲）	—	—
	01	通用输出 1	脉冲输出 0（CCW）	脉冲输出 0（方向）	—	PWM 输出 0
	02	通用输出 2	脉冲输出 1（CW）	脉冲输出 1（脉冲）	—	—
	03	通用输出 3	脉冲输出 1（CCW）	脉冲输出 1（方向）	—	PWM 输出 1
	04	通用输出 4	—	—	原点搜索 0（偏差计数器复位输出）	—
	05	通用输出 5	—	—	原点搜索 1（偏差计数器复位输出）	—

（2）PLC 输出回路

1）输出回路的短路保护。若输出端子上连接的负载发生短路，则输出元件及印制电路板会有烧毁的危险，所以推荐在输出回路上串联保护熔丝，熔丝的容量应为输出电流额定值的 2 倍。通常每 4 路输出共用一个熔丝。

2）晶体管输出漏电流（剩余电流）。由于 PLC 晶体管输出电路的状态 OFF 时，会有 0.1mA 左右的漏电流，当负载是晶体管或晶闸管时可能引起误动作，解决的方法是在负载两端并联一个电阻，如图 1-67 所示。

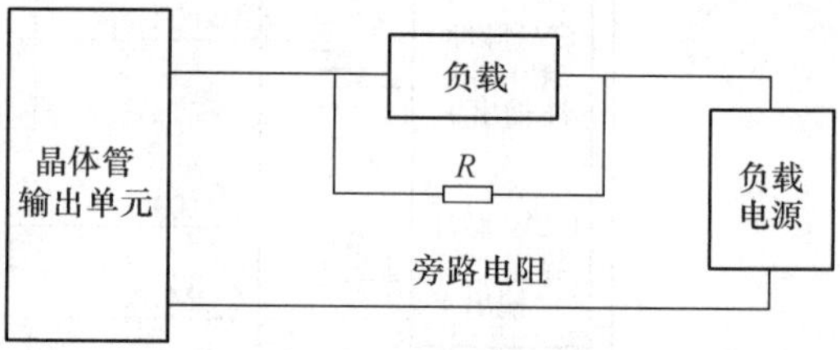

图 1-67　消除晶体管输出漏电流的接线图

电阻 R 的数值由下式计算：

$$R < \frac{U_{on}}{I}$$

式中：U_{on}为负载 ON 时的电压；I 为漏电流；R 为旁路电阻。

3）感性负载的反电动势。感性负载在运行过程中，如果 PLC 的输出从 ON 到 OFF，由于感性负载的电流不能突变，而产生很高的反电势，可能损坏 PLC 的输出元件。

如果负载是交流感性负载，则应在负载的两端并联 RC 阻容吸收电路（浪涌抑制器），如图 1-68 所示。

一般情况下，电阻阻值选 50Ω，电容容量选 0.47μF。

如果负载是直流感性负载，则应在负载的两端并联续流二极管，如图 1-69 所示。

二极管的耐压应该至少三倍于负载电源电压，电流至少应为 1A。**特别注意二极管的极性不能接反了。**

出 64 点。

（2）1∶1 链接区域　1∶1 链接区域包含 CIO 3000.00 ~ CIO 3063.15（CIO 3000 ~ CIO 3063）1024 点（64 字）。

1∶1 链接中使用的继电器区域在 RS-232 端口之间进行链接时，可共享其他的 CP1L、CPM1A、CPM2A、CPM2B、CPM2C、SRM1（-V2）、CQM1H、C200HX/HG/HE（-Z）等的 PLC 与链接区域。

如图 1-73 所示，主站可将数据写入自身 PLC 的 CIO 3000.00 ~ CIO 3031.15 中，同时传送给从站的相应区域，从站可以读取该区域的数据；从站可将数据写入 CIO 3032.00 ~ CIO 3063.15 中，同时传送给主站的相应区域，主站可以读取该区域的数据。

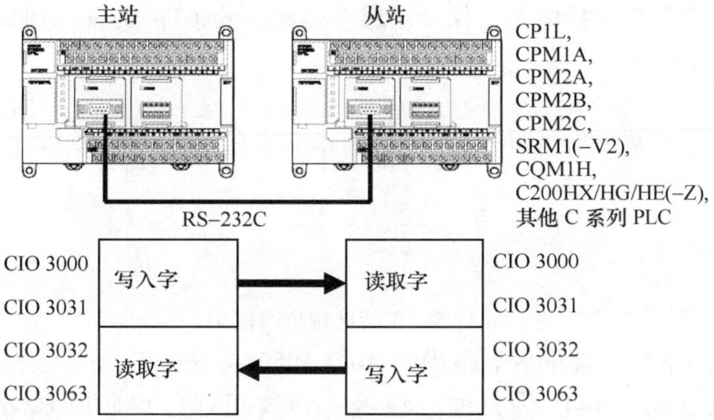

图 1-73　1∶1 链接区域数据共享

（3）串行 PLC 链接区　CIO 3100.00 ~ CIO 3189.15（CIO 3100 ~ CIO 3189）共 1440 位（90 字）是串行 PLC 链接中使用的继电器区域。

串行 PLC 链接区的字用于与其他 PLC 的数据链接。串行 PLC 链接，通过内置端口 RS-232C，进行 CPU 单元间的数据交换（无程序的数据交换）。

串行 PLC 链接区域的分配，根据主站中设定的 PLC 设置自动地设定，包括串行 PLC 链接模式、串行 PLC 链接发送字数和最大串行 PLC 单元编号。

串行 PLC 链接如图 1-74 所示。

（4）内部工作区域（W）　内部工作区域包含 W0 ~ W511 共 512 字，可在程序上作为工作字使用。CIO 区域中有未使用字（CIO 3800 ~ CIO 6143）可用于程序，但当功能扩展时由于 CIO 区域的未使用字可能分配为其他应用，因此可使用在工作区域中的所有空闲字。

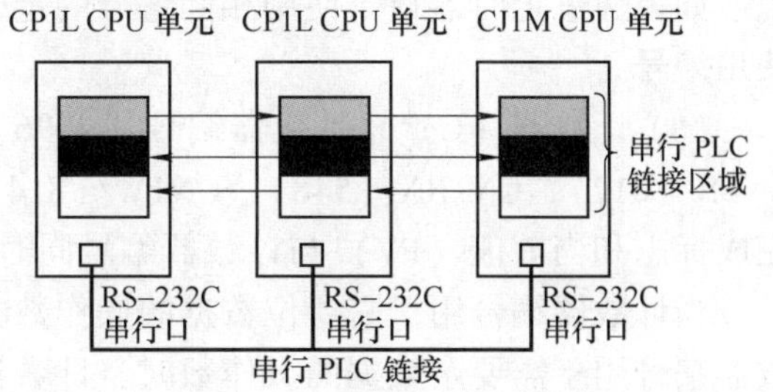

图 1-74　串行 PLC 链接

工作区域可进行强制置位/复位。

工作区域中的内容在以下情况下被清除。

1）工作模式变更（程序←→运行或监控模式），以及 I/O 存储器保持位为 OFF 时。

2）电源断复位（ON→OFF→ON）时。

3）工作区域用 CX-Programmer 进行清除操作时。

4）因发生 FALS（007）异常以外的致命故障而导致的 PLC 运行停止时（因 FALS 指令执行导致的运行停止时工作区域的内容为保持）。

（5）保持区域（H）　保持区域包含 H0 ~ H511（位 H0.00 ~ H511.15）共 512 字，可在程序上使用。

保持区域的数据在电源断复位（ON→OFF→ON）时或者 PLC 工作模式变更（程序模式←→运行或监控模式）时，数据保持不变。

如果使用保持区域建立自保持电路，则电源断复位时自保持不会被解除，如图 1-75a 所示。

但是如果没有建立自保持电路，保持区域会根据输入条件 A，在电源断复位时，位将转为 OFF。如图 1-75b 所示。

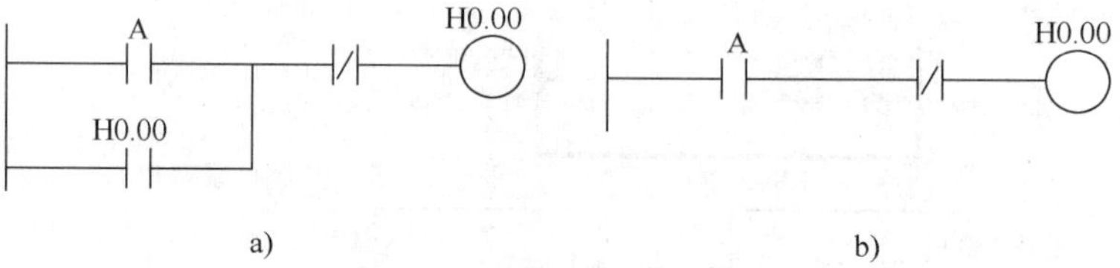

图 1-75　保持区域位的使用

（6）辅助区域（A）　辅助区域范围为 A0 ~ A959 共 960 字，预先分配为监控和控制操作的标志和控制位。A0 ~ A447 为只读，A448 ~ A959 可通过程序或 CX-Programmer 软件读写。

（7）定时器（T）　定时器编号共 4096 点（T0000 ~ T4095），在定时器指令 TIM、TIMX（550）、TIMH（015）、TIMHX（551）、TMHH（540）、TIMHHX（552）、TTIM（087）、TTIMX（555）、TIMW（813）、TIMWX（816）、TMHW（815）和 TIMHWX（817）中共享使用。指令 TIML（542）、TIMLX（553）、MTIM（543）和 MTIMX（554）不使用定时器编号。

当定时器编号用于需要位数据的操作数时，定时器编号为存取定时器的完成标志。当定时器编号用于需要字数据的操作数时，定时器编号为存取定时器的当前值。定时器完成标志可用于必要的常开和常关条件，定时器当前值可作为正常字数据读出。

如果通过定时器指令使用相同编号的定时器，则会出现误运行，所以**在程序中不能重复使用编号**。

（8）计数器（C）　计数器编号共 4096 点（C0 ~ C4095），为指令 CNT、CNTX（546）、CNTR（012）、CNTRX（548）、CNTW（814）和 CNTWX（818）共享使用。指令的计数器完成标志和当前值（PV）与计数器编号同时存取。

当计数器编号用于需要位数据的操作数时，计数器编号为存取计数器的完成标志。当计数器编号用于需要字数据的操作数时，计数器编号为存取计数器的当前值。

如果通过计数器指令使用相同编号的计数器，则会出现误运行，所以**在程序中不能重复使用编号**。

（9）数据存储器（D）　30 点/40 点/60 点 I/O 型 CPU 单元数据存储器范围为：D0 ~ D32767；10 点/14 点/20 点 I/O 型 CPU 单元数据存储器范围为：D0 ~ D9999、D32000 ~ D32767。

数据存储器只能以字为单位进行存储和处理，电源断复位（ON→OFF→ON）或工作模式变更（程序模式←→运行或监控模式）时，保持电源断之前或模式变更之前的数据。

（10）条件标志　条件标志包括算术标志、出错（ER）标志及进位（CY）标志、反映各指令的执行结果的专用标志（位）等，标志用 P _ ER、P _ CY 等名称来指定。标志为只读，不能直接用指令或 CX-Programmer 写入。

CX-Programmer 中，在显示标签的前面将 P _ 作为添加的变量名（全局变量）预先被登录。标志在任务切换时被清除，状态标志不可强制置位/复位。

常用状态标志的功能见表 1-23。这些标志的功能在指令之间将发生轻微变化，对于特定的指令，可参考相关状态标志操作的指令描述。

表 1-23　常用状态标志的功能

名称	标志	功能
进位标志	P _ CY	运算的结果存在进位或退位的情况下、位被移位的情况下，为 ON。在数据移位指令、四则运算指令中，是运算对象的一种
>标志	P _ GT	在前后 2 个操作数的比较结果为“ > ”的情况下、某数据超过指定范围的上限的情况下为 ON
=标志	P _ EQ	在前后 2 个操作数的比较结果为“ = ”的情况下、运算结果为 0 的情况下为 ON
<标志	P _ LT	在前后 2 个操作数的比较结果为“ < ”的情况下，某数据超过指定范围的下限的情况下为 ON
负数标志	P _ N	在运算结果为负数的情况下为 ON
上溢标志	P _ OF	在运算结果为上溢的情况下为 ON
下溢标志	P _ UF	在运算结果为下溢的情况下为 ON
≧标志	P _ GE	前后 2 个操作数的比较结果为“≧”的情况下为 ON
≦标志	P _ LE	前后 2 个操作数的比较结果为“≦”的情况下为 ON
常时 ON 标志	P _ On	常时 ON（常时 1）
常时 OFF 标志	P _ Off	常时 OFF（常时 0）

（11）时钟脉冲　时钟脉冲是系统按照恒定的时间间隔产生的 ON/OFF 脉冲位，时钟脉冲不是用地址而是用名称来指定。CX-Programme 中，已作为添加了 P _ 的变量名（全局变量）预先被登录。

时钟脉冲为只读，不能由指令或 CX-Programmer 将 ON/OFF 内容直接写入。

时钟脉冲的种类见表 1-24。

表 1-24　时钟脉冲的种类

名称	标记	内容	
0.02s 时钟脉冲	P _ 0.02 _ s	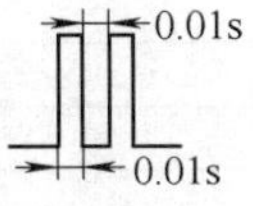	0.01s ON 0.01s OFF
0.1s 时钟脉冲	P _ 0.1s	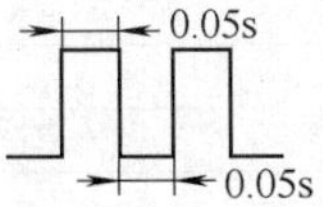	0.05s ON 0.05s OFF

（续）

名称	标记	内容	
0.2s时钟脉冲	P_0.2s	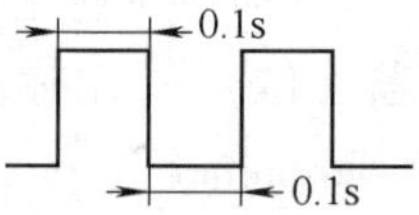	0.1s ON 0.1s OFF
1s时钟脉冲	P_1s	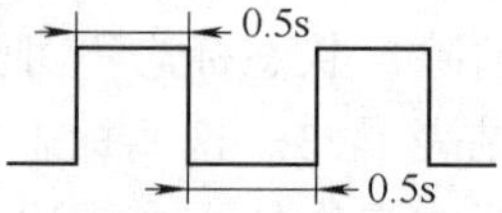	0.5s ON 0.5s OFF
1min时钟脉冲	P_1min	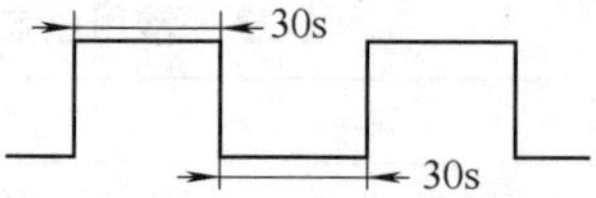	30s ON 30s OFF

2. PLC 指令系统

（1）常用术语　常用术语如下：

1）位（Bit）：位指二进制数的一位，仅有1、0两种取值。一个位对应一个继电器，某位的状态为1或0，对应该继电器线圈得电（ON）或失电（OFF）。

2）数字（Digit）：4位二进制数构成一个数字，这个数字可以是0 000～1 001（十进制数），也可是0 000～1 111（十六进制数）。

3）字节（Byte）：2个数字或8位二进制数构成一个字节。

4）字（Word）：也称通道，2个字节构成一个字。一个字含16位，或说一个通道含16个继电器。

K字（KW）：1K＝1 024（2^{10}）W。

（2）常用指令应用　CP1 PLC指令类型众多，功能齐全，是一款性能价格比较高的PLC。其指令类型主要包括时序输入指令、时序输出指令及时序控制指令等32类指令，见表1-25。

表1-25　PLC指令类型

序号	指令类型	序号	指令类型
1	时序输入指令	17	子程序控制指令
2	时序输出指令	18	中断控制指令
3	时序控制指令	19	高速计数/脉冲输出指令
4	定时器/计数器指令	20	工序步进控制指令
5	数据比较指令	21	I/O单元用指令
6	数据传送指令	22	串行通信指令
7	数据移位指令	23	网络通信指令
8	自加/减指令	24	时钟功能用指令
9	四则运算指令	25	调试处理指令
10	数据转换指令	26	故障诊断指令
11	字逻辑运算指令	27	特殊指令
12	特殊运算指令	28	块程序指令
13	浮点转换/运算指令	29	字符串处理指令
14	双浮点转换/运算指令	30	任务控制指令
15	表格数据处理指令	31	机种转换用指令
16	数据控制指令	32	功能块用特殊指令

1）简单逻辑控制。利用读 LD/读非 LD NOT、与 AND/与非 AND NOT、或 OR/或非 OR NOT、输出 OUT/输出非 OUT NOT、块与指令 AND LD、块或指令 OR LD 等指令实现逻辑控制，如图 1-76 所示。

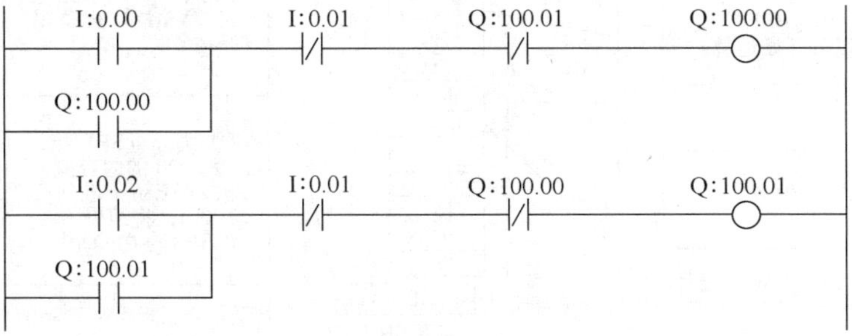

a) 梯形图

LD 0.00
OR 100.00
ANDNOT 0.01
ANDNOT 100.01
OUT 100.00
LD 0.02
OR 100.01
ANDNOT 0.01
ANDNOT 100.00
OUT 100.01

b) 指令表

图 1-76　正反转控制程序

2）定时器控制。利用定时器 TIM 指令可以实现延时控制，如图 1-77 所示。

当输入继电器 0. 00 闭合 5s 后，TIM 0000 延时时间到，其常开触点闭合，输出继电器 100. 00 得电。“#”在定时器和计数器中作为设定值的限定符号，表示 4 位 10 进制（BCD）数，数值为 0 ~ 9 999，TIM 是 100ms 的通电延时定时器，#50 即 5s。

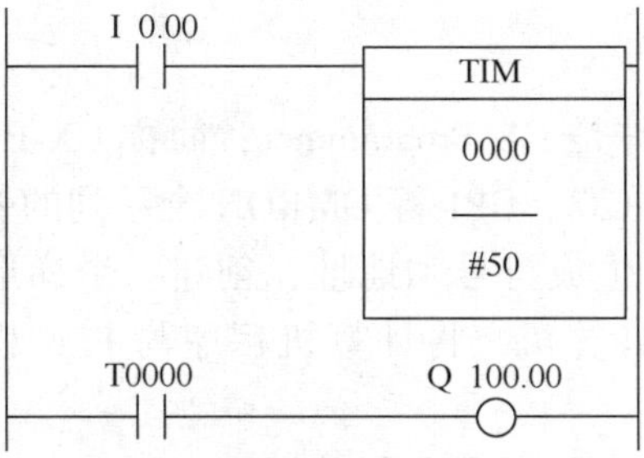

a) 梯形图

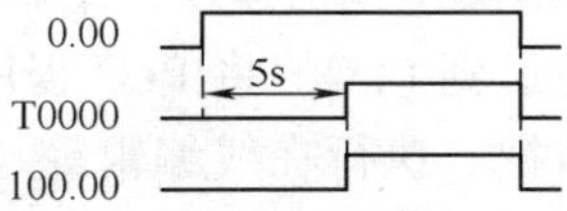

b) 波形图

LD 0.00
TIM 0.000 #50
LD T0000
OUT 100.00

c) 指令表

图 1-77　定时器延时程序

3）计数器控制。利用计数器 CNT 指令可以实现计数控制，如图 1-78 所示。

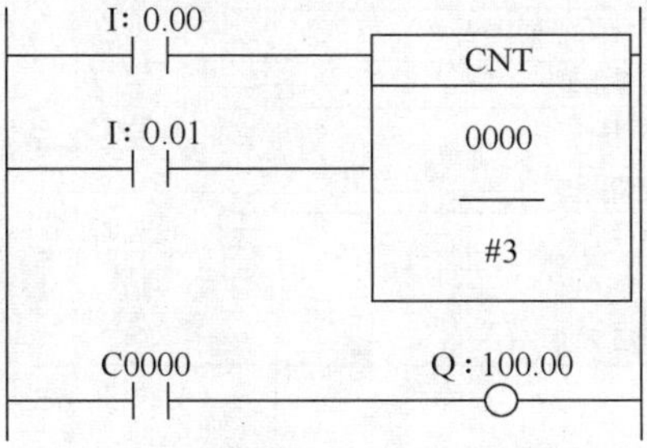

a) 梯形图

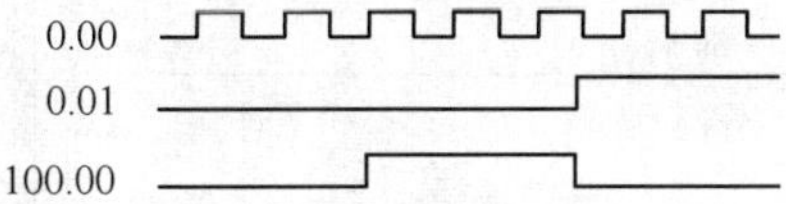

b) 波形图

LD 0.00
LD 0.01
CNT 0000 #3
LD C0000
OUT 100.00

c) 指令表

图 1-78　计数器计数程序

输入继电器 0. 00 每闭合 1 次，计数器 CNT 0000 的当前值减 1；0. 00 闭合 3 次，CNT 0000 的当前值为 0，其常开触点闭合，输出继电器 100. 00 得电；当 0. 01 闭合时，计数器复位，其常开触点断开，100. 00 断电。

4）数据存储器控制。数据存储器是用来存储数据的。利用二进制运算指令完成（250×8－1000）/50 运算，程序及说明如图 1-79 所示。

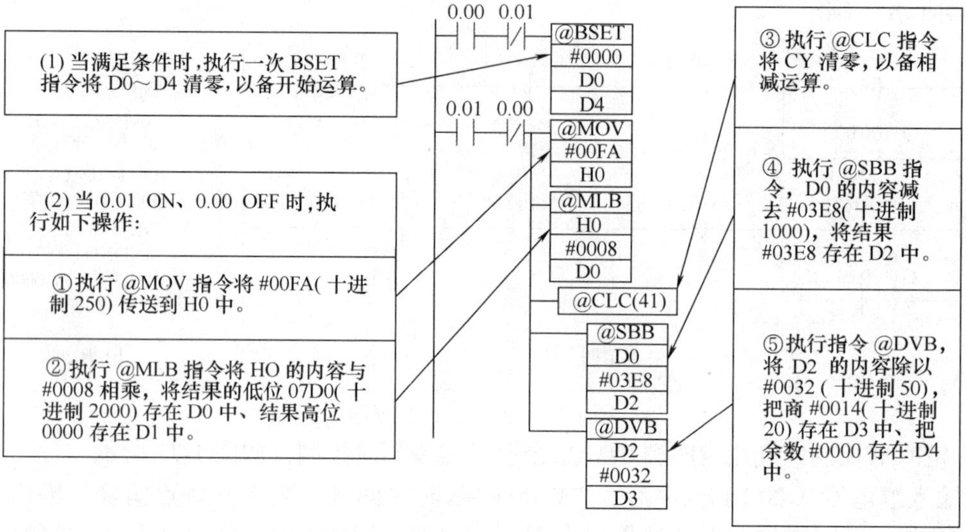

图 1-79　二进制算术运算

五、欧姆龙 CX-P 编程软件

CP1 系列 PLC 只能通过计算机辅助编程，编程软件是 CX-Programmer，简称 CX-P。CX-P 最新的版本为 9.2，支持 C、CV/CVM1、CS1、CJ1、CJ2、CP1 等 OMRON 全系列的 PLC。

用 CX-P 编程时的基本操作包括建立一个新工程、生成符号和地址、创建一个梯形图程序、编译程序、将程序传送到 PLC、将 PLC 程序传到计算机、将计算机程序与 PLC 程序比较、在执行程序时进行监视、执行在线编辑等。

下面以图 1-80 所示的交通信号灯控制为例，介绍 CX-P 软件的操作过程。

1. 建立一个新工程

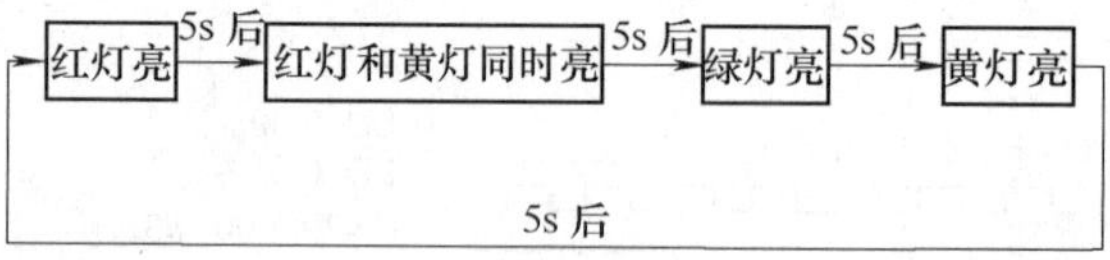

图 1-80　交通信号灯工作示意图

图 1-81　“变更 PLC” 对话框

为编写交通灯控制程序，首先建立一个新工程，启动 CX-P 软件，单击“文件”菜单中的“新建”命令或快捷按钮，出现图 1-81 所示“变更 PLC”对话框。

在此对话框的“设备名称”文本框中输入“TrafficController”，“设备类型”下拉列表框中选择“CP1L”，从其“设定”中选择“M”；“网络类型”下拉列表框中选择“USB”。

单击“确定”按钮，显示图 1-82 所示的 CX-P 主窗口，表明建立了一个新工程。

2. 生成符号和地址

建立一个梯形图程序的重要一步，就是对程序要访问的 PLC 数据区进行定义，建立符号与地址、数据的对应关系，输入全局符号表或本地符号表中。

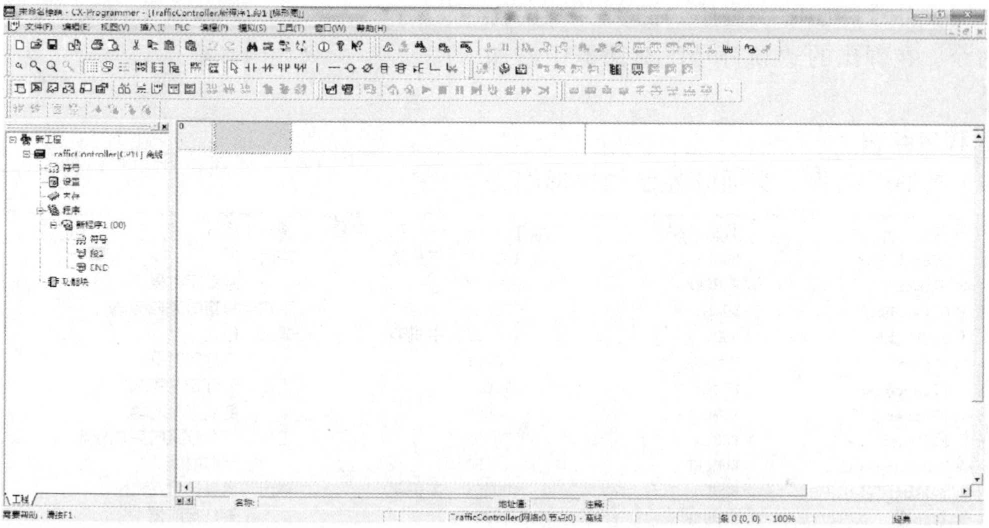

图 1-82　“CX-P”主窗口

交通灯控制的符号分配见表 1-26，按表将定义的符号输入到本地符号表中。

表 1-26　交通灯控制的符号分配表

符号名称	地址/值	数据类型	注释
RedLight	100.00	BOOL	停止
YellowLight	100.01	BOOL	准备通行/停止
GreenLight	100.02	BOOL	通行
RTimer	0001	NUMBER	红灯定时器
RYTimer	0002	NUMBER	红黄灯定时器
GTimer	0003	NUMBER	绿灯定时器
YTimer	0004	NUMBER	黄灯定时器
RTimerDone	T0001	BOOL	红灯定时完成标志
RYTimerDone	T0002	BOOL	红黄灯定时完成标志
GTimerDone	T0003	BOOL	绿灯定时完成标志
YTimerDone	T0004	BOOL	黄灯定时完成标志
TimeInterval	50	NUMBER	定时时间

双击工程工作区中的“本地符号表”图标，打开本地符号表，单击右键，弹出快捷菜

单，选中“插入符号”命令，打开“新符号”对话框，如图 1-83 所示，根据提示输入即可。

交通灯控制的本地符号表如图 1-84 所示。在符号表中除了插入符号，还可编辑、复制、移动和删除符号。插入符号的其他方法：

可以选中工程工作区的“全局（或本地）符号表”项目，单击右键，在快捷菜单中选择“插入符号”命令，在弹出的“新符号”对话框中添加新符号。还可以选择“插入”→“符号”命令，在弹出的“新符号”对话框中添加新符号。

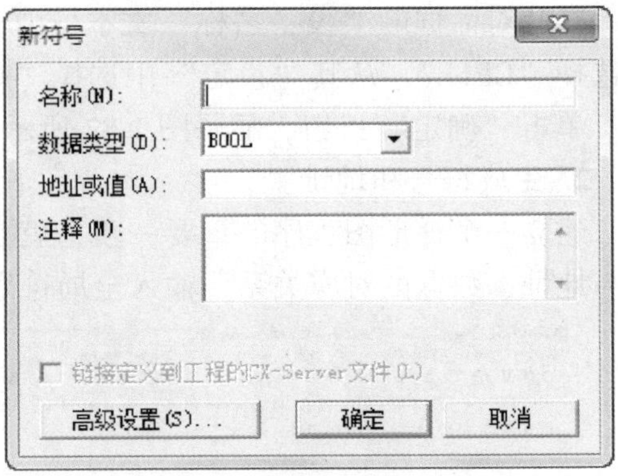

图 1-83 “新符号”对话框

3. 程序编辑

（1）梯形图编程 交通灯控制的梯形图程序如图 1-85 所示。

名称	数据类型	地址 / 值	机架位置	使用	注释
GreenLight	BOOL	100.02	主机架 : ...	输出	通行
GTimer	NUMBER	0003			绿灯定时器
GTimerDone	BOOL	T0003		工作	绿定时完成标志
RedLight	BOOL	100.00	主机架 : ...	输出	停止
RTimer	NUMBER	0001			红灯定时器
RTimerDone	BOOL	T0001		工作	红灯定时完成标志
RYTimer	NUMBER	0002			红黄灯定时器
RYTimerDone	BOOL	T0002		工作	红黄灯定时完成标志
TimeInterval	NUMBER	50			定时时间
YellowLight	BOOL	100.01	主机架 : ...	输出	准备通行/停止
YTimer	NUMBER	0004			黄灯定时器
YTimerDone	BOOL	T0004		工作	黄灯定时完成标志

图 1-84 本地符号表

在工程工作区中双击“段 1”，显示出一个空的梯形图。下面介绍利用图 1-86 所示的梯形图工具栏中的按钮来编辑梯形图程序。

1）编辑触点

① 单击梯形图工具栏中的“新常闭触点”按钮，将其放在 0 号梯级的开始位置，将出现图 1-87 所示“新的常闭触点”对话框。

② 在符号文本框中输入触点的符号。可在其下拉列表（表中为全局符号表和本地符号表中已有的符号）中选择符号。也可在“符号信息”选项组中，直接输入一个新触点的符号，再在“地址或值”文本框中输入地址，然后在“注释”编辑框中输入要注释的内容，若要将此符号添加到全局符号表中，则选全局；否则自动添加到本地符号表中。

③ 单击对话框中的“确定”按钮保存操作，单击“取消”按钮则放弃操作。

现在梯级边缘将显示一个红色的记号（颜色可以定义），这是因为该梯级没编辑完，CX-P 认为是一个错误。

在此对话框中，可对触点进行修改。

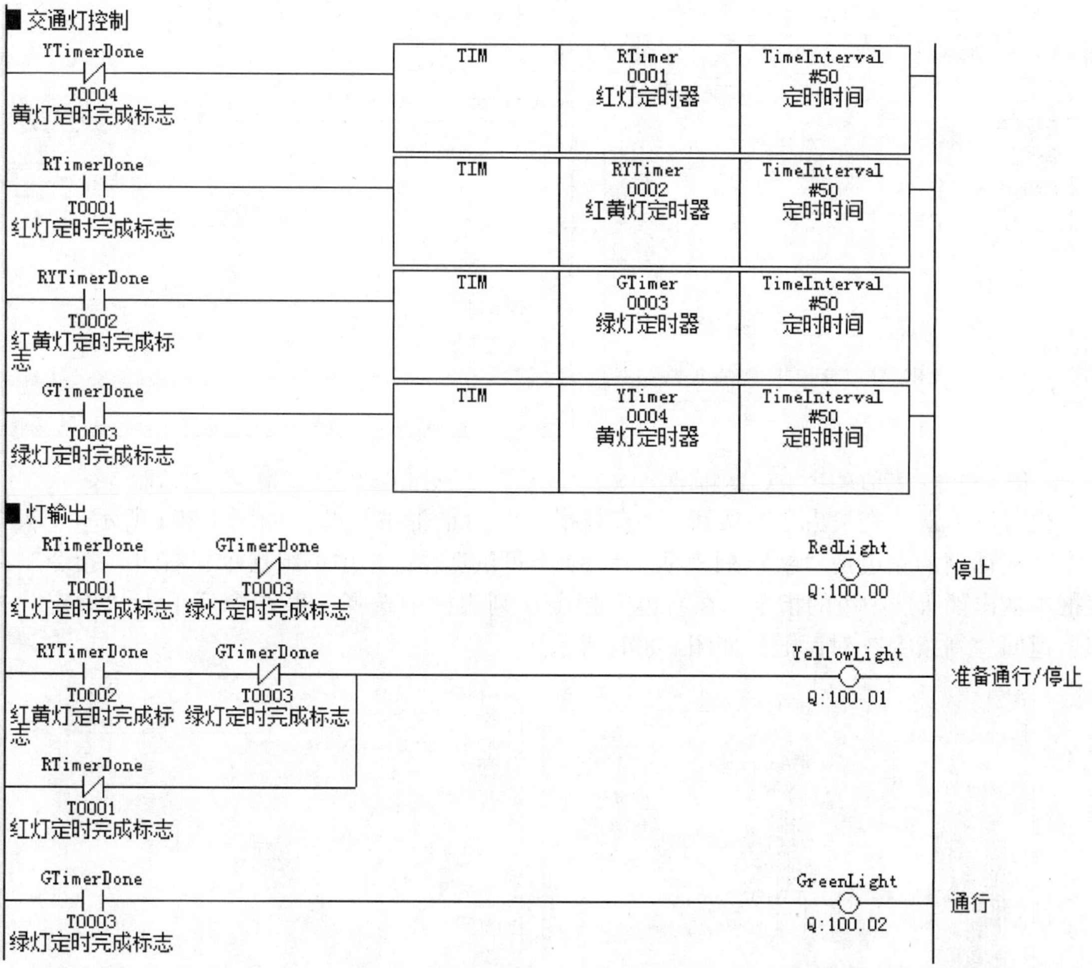

图 1-85　交通灯控制梯形图程序

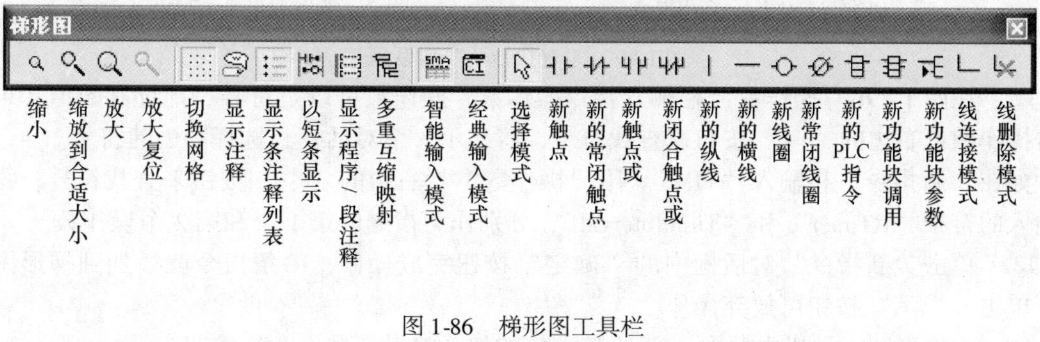

图 1-86　梯形图工具栏

2）编辑指令。在梯形图工具栏中单击“新的 PLC 指令”按钮，并单击触点的右侧，则出现图 1-88 所示的“新指令”对话框。按以下步骤来输入指令。

① 在指令文本框中输入指令名称。指令文本框的下方立即出现该指令类型的注释。立即刷新型指令，在指令之前有感叹号“!”；上升沿微分型指令，在指令之前有“@”符号；下降沿微分型指令，在指令之前有“%”符号。根据需要可在指令文本框中添加。

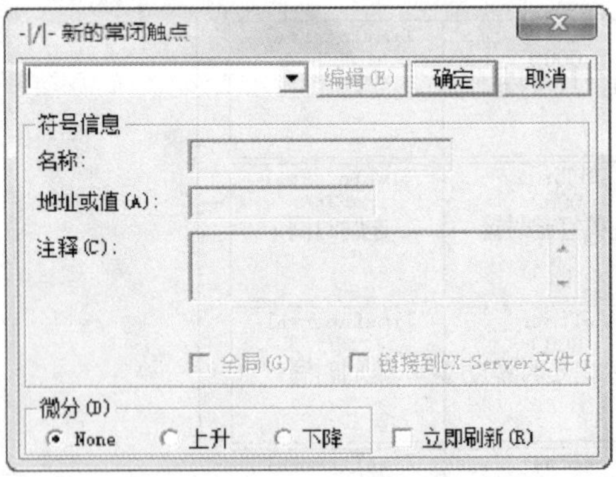

图 1-87　“新的常闭触点”对话框

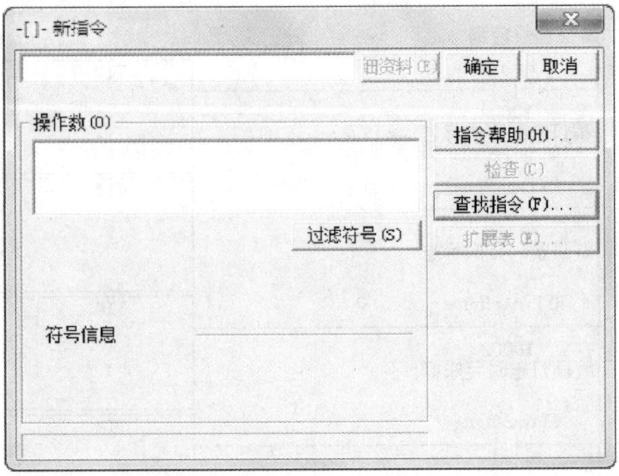

图 1-88　“新指令”对话框

也可以单击“查找指令”按钮，“查找指令”对话框被打开，如图 1-89a 所示。“查找指令”对话框的左边是“组”列表框，有 34 类可供选择。选中一组指令，右边“指令”列表框中就出现所选中组的指令。在右边“指令”列表框中选择一条指令后单击“确定”按钮，返回“新指令”对话框，如图 1-89b 所示。

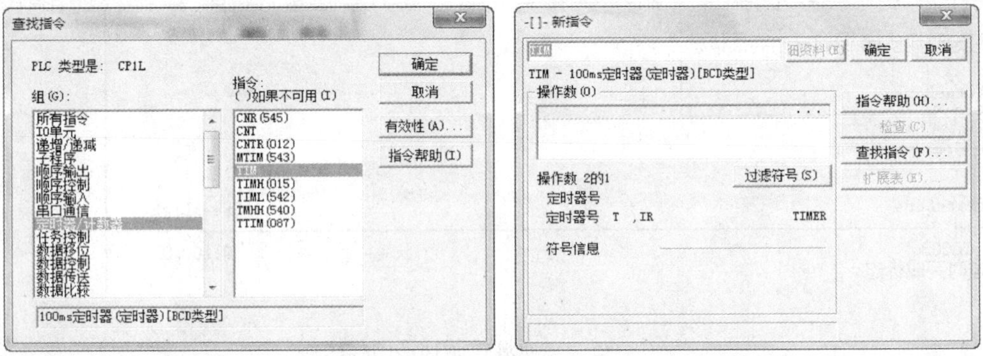

a) TIM “查找指令”对话框　　　　b) TIM “新指令”对话框

图 1-89　“查找指令”对话框

② 在图 1-89b“操作数”栏输入指令操作数。操作数可以是符号、地址和数值。可以单击操作数框右边的“…”按钮来查找符号，将显示一个对话框，选择和创建符号。

如在“新指令”栏输入“TIM”。用“操作数”栏右边的“…”按钮来查找符号，添加已输入的符号“RTimer”和“TimeInterval”，分别作为指令的第 1 个和第 2 个操作数。

③ 单击“新指令”对话框中的“确定”按钮完成操作，一条指令就添加到梯形图中了。单击“取消”按钮可放弃操作。

④ 在梯形图工具栏中单击“新的横线”按钮，将触点和指令连接起来。

此时，在梯级的边缘不再有红色的记号，这表明该梯级里面已经没有错误了。至此，0 号梯级编辑完毕。

前 4 个梯级都按上述方式进行编辑。

3）编辑线圈。在 4 号梯级添加一个常开触点“RTimerDone”和一个常闭触点“GTimer-

Done”后，开始编辑线圈，步骤为：

① 在梯形图工具栏中单击“新线圈”按钮，单击“GTimerDone”的右侧，出现图1-90所示的“新线圈”对话框。

② 在符号下拉列表框中选择线圈的符号。在其下拉列表（表中为全局符号表和本地符号表中已有的符号）中进行选择，本例选“RedLight”。

在“符号信息”选项组中可直接输入新符号，这时“地址或值”文本框变为可用状态，在此文本框中输入相应的地址，并把其添加到本地或者全局符号表中去。

③ 单击对话框中的“确定”按钮完成编辑线圈的操作，单击“取消”按钮则放弃操作。

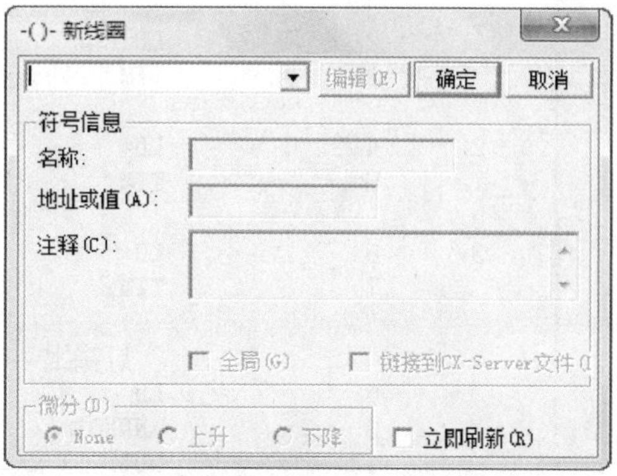

图1-90　“新线圈”对话框

在梯形图工具栏中单击“新的横线”按钮，将触点和线圈连接起来。以下几个梯级可作类似的编辑。

梯形图工具栏中的“选择模式”按钮可用来取消所选定的编辑触点、线圈或指令。

4）给程序添加注释。在编写程序时添加注释，可以提高程序的可读性。

选择梯级的属性来给梯级添加注释；选择梯形图元素（触点、线圈和指令）的属性来为其设置注释。

文本作为注释，被添加到梯形图中并不被编译。当一个注释被输入，相关元素的右上角将出现一个圆圈。这个圆圈包括一个梯级中标识注释的特定号码。当在“工具”菜单的“选项”命令中做一定设置后，注释内容会出现在圆圈的右部（对输出指令）或者出现在梯级（条）批注列表中。

可以通过梯级快捷菜单中的命令，在所选择梯级的上方或下方插入梯级。可以通过梯形图元素的快捷菜单中的命令，插入行、插入元素、删除行或删除元素。

（2）助记符编程。CX-P允许在助记符视图中直接输入助记符指令。选中工程工作区中的“段1”，单击视图工具栏中的“查看助记符”按钮，显示图1-91所示的助记符视图。

助记符编程步骤如下：

1）在“助记符”视图中，把光标定位在相应的位置上。

2）按Enter键，即进入编辑模式。

3）编辑或者输入新的指令。一个助记符指令由一个指令名称和用空格分隔开来的操作数组成，如LD RTimerDone。

4）再次按Enter键，把光标移动到下一行或者使用键盘上的“↑”或者“↓”键把光标移动到另一行，所做的输入被保存。

5）当输入完成以后，按Esc键来结束编辑模式。

对助记符视图，在梯级的开始输入梯级注释时，先输入字符“'”后输入文本；元素注释，输入字符“//”，然后输入文本。

（3）梯级的语句列表编程。CX-P支持以语句列表的方式来输入梯级，即块程序。梯级

条	步	指令	操作数	值	注释
0		' 交通灯控制			
	0	LDNOT	YTimerDone		黄灯定时完成标志
	1	TIM	RTimer		红灯定时器
			TimeInterval		定时时间
1	2	LD	RTimerDone		红灯定时完成标志
	3	TIM	RYTimer		红黄灯定时器
			TimeInterval		定时时间
2	4	LD	RYTimerDone		红黄灯定时完成标志
	5	TIM	GTimer		绿灯定时器
			TimeInterval		定时时间
3	6	LD	GTimerDone		绿灯定时完成标志
	7	TIM	YTimer		黄灯定时器
			TimeInterval		定时时间
4		' 灯输出			
	8	LD	RTimerDone		红灯定时完成标志
	9	ANDNOT	GTimerDone		绿灯定时完成标志
	10	OUT	RedLight		停止
5	11	LD	RYTimerDone		红黄灯定时完成标志
	12	ANDNOT	GTimerDone		绿灯定时完成标志
	13	ORNOT	RTimerDone		红灯定时完成标志
	14	OUT	YellowLight		准备通行/停止
6	15	LD	GTimerDone		绿灯定时完成标志
	16	OUT	GreenLight		通行

图 1-91　CX-P 助记符编程

的语句列表视图可以用来代替助记符视图，但是其不支持程序监视。可按照以下步骤以语句列表格式来编辑梯级。

1）选择一个梯级，从其快捷菜单中选择“显示条按照”→“说明列表”命令，梯级将以语句列表的方式显示。将光标移动到相应的行，按 Enter 键就可以编辑指令。使用方向键来移动光标，修改文本。

2）语句列表中的项目被不断编译，有可能显示错误标记。

3）按 Esc 键退出编辑模式，完成编辑。

4）也可以重新将梯级显示为梯形图模式。从其快捷菜单中选择“显示条按照”→“梯形图”命令，重新切换到梯形图格式。

4. 程序编译

如图 1-92 所示，程序工具栏上有两个编译按钮：“编译程序”和“编译 PLC 程序”。前者只是编译 PLC 下的单个程序，后者则编译 PLC 所有的程序。单击这两个按钮中的一个，编译结果显示在输出窗口的“编译”窗口中。

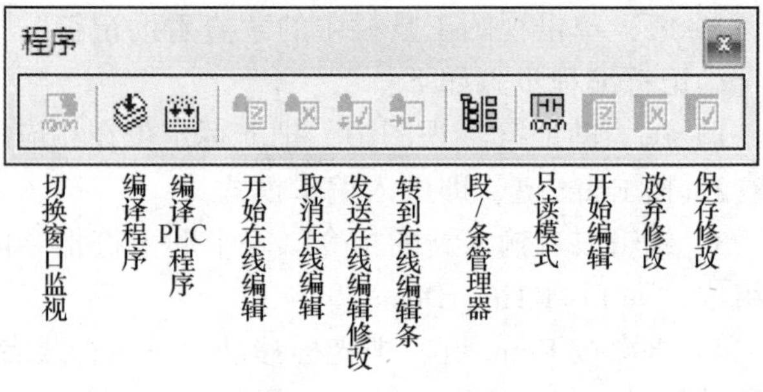

图 1-92　程序工具栏

程序编译时，通过选择“PLC”→“程序检查选项”命令，显示“程序检查选项”对话框，如图 1-93 所示。可在检查级“A”、“B”、“C”（“A”最多，“B”次之，“C”最少）或“定制”之间选择。当选择“定制”时，可任意选择检查项。编译时将按选定的项目检查程序的正确性。

5. 在线工作

（1）离线方式与在线方式　离线方式下，CX-P 不与 PLC 进行通信；在线方式下，CX-P 与 PLC 进行通信。修改符号表，必须在离线方式下进行；监控程序运行，应在在线方式下进行。

在工程工作区选中“PLC”后，单击图 1-94 所示的 PLC 工具栏中的“在线工作”按钮，将出现一个确认对话框，单击“是”按钮，则计算机与 PLC 连机通信，处于在线方式；再单击“在线工作”按钮，则转换到离线方式。

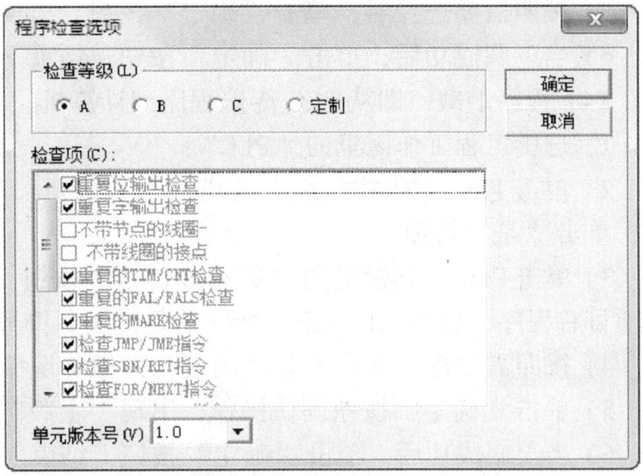

图 1-93　“程序检查选项”对话框

（2）PLC 操作模式　PLC 能够被设置成下列 4 种工作模式中的一种。

1）编程模式。这种模式下，PLC 不执行程序，可下载程序和数据。CX-P 可向 PLC 下载程序、进行 PLC 设定和配置 I/O 表等。

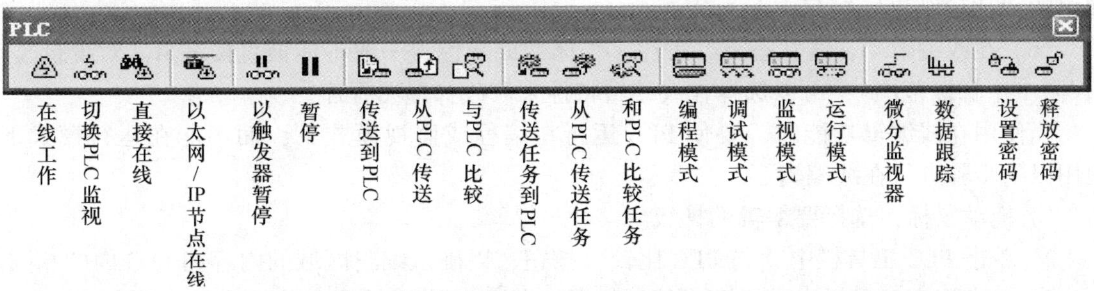

图 1-94　PLC 工具栏

2）调试模式。这种模式对 CV 系列 PLC 可用，能够实现用户程序的基本调试。

3）监视模式。这种模式下，可对运行的程序进行监视，在线编辑须在这种模式下进行。

4）运行模式。这种模式下，PLC 执行用户程序。对运行的程序只能监视，不能改写 PLC 内部的数据。

PLC 的 4 种工作模式可通过单击 PLC 工具栏中的相应按钮来切换。

（3）程序下载　即把程序传送到 PLC 里。

1）选中工程工作区里的“PLC”。

2）单击 PLC 工具栏中的“在线工作”按钮，与 PLC 进行连接。将出现一个确认对话框，单击“是”按钮。由于在线时一般不允许编辑，所以程序变成灰色。

3）单击 PLC 工具栏上的“编程模式”按钮，把 PLC 的操作模式设为编程。如果未做这一步，那么 CX-P 将自动把 PLC 设置成此模式。

4）单击 PLC 工具栏上的“传送到 PLC”按钮，将显示“下载选项”对话框，可以选择的项目有程序、设置、特殊单元设置、符号和注释等。

5）按照需要选择后，单击“确定”按钮，出现“下载”窗口。

6）当下载成功后，单击“确定”按钮，结束下载。

（4）程序上载 即从PLC传送程序到计算机。

1）选中工程工作区里的“PLC”。

2）单击PLC工具栏中的“在线工作”按钮，与PLC进行连接。将出现一个确认对话框，单击“是”按钮。

3）单击PLC工具栏里的“从PLC传送”按钮，将显示“上载选项”对话框，可以选择的项目有程序、设置、I/O表、特殊单元设置、符号和注释等。

4）按照需要选择后，单击“确定”按钮确认操作，出现确认传送对话框。

5）单击“确定”按钮确认操作，出现“上载”窗口。

6）当上载成功后，单击“确定”按钮，结束上载。

（5）程序比较 即计算机里的程序与PLC里的程序进行比较。

1）选中工程工作区里的“PLC”。

2）单击PLC工具栏中“与PLC比较”按钮，将显示“比较选项”对话框，可以选择的项目是程序中的各个任务和每个程序中不同程序段。

3）按照需要选择后，单击“确定”按钮确认操作。如果出现“比较失败”确认对话框，则上位机程序与PLC中程序之间的程序不同。单击“确认”按钮，比较细节将显示在弹出的“比较结果”窗口中。

（6）在线编辑 在线状态下，程序工作区变成灰色，一般不能被直接编辑。对少量改动（仅限1个梯级范围），可以选择在线编辑特性来修改梯形图程序。

当使用在线编辑功能时，要使PLC运行在编程或监视模式下，而不能在运行模式下。使用以下步骤进行在线编辑。

1）拖动鼠标，选择要编辑的梯级。

2）单击PLC工具栏中“与PLC比较”按钮，以确认编辑区域的内容和PLC内的相同。

3）单击程序工具栏中“转到在线编辑条”按钮，梯级的背景将改变，表明其现在已经是一个可编辑区，此时可以对梯级进行编辑。此区域以外的梯级不能改变，但是可以把这些梯级里面的元素复制到可编辑梯级中去。

4）当对编辑结果满意时，单击程序工具栏中“发送在线编辑修改”按钮，所编辑的内容将被检查并且被传送到PLC，一旦这些改变被传送到PLC，编辑区域再次变成灰色。

若想取消所做的编辑，单击程序工具栏中的“取消在线编辑”按钮，可以取消在确定改变之前所做的任何在线编辑，编辑区域也将变成灰色。在线编辑不能改变符号的地址和类型。

（7）程序监视 一旦程序运行，就可以对其进行监视。可按以下步骤启动和停止程序监视。

1）在工程工作区中双击某一程序段，在程序工作区显示梯形图程序。

2）单击PLC工具栏中的“在线工作”按钮，与PLC进行连接，将出现一个确定对话框，单击“是”按钮。

3）单击PLC工具栏中的“监视模式”或“运行模式”按钮，只能在这两种模式下进行程序监视。

4）单击 PLC 工具栏中的“切换 PLC 监视”按钮，可监视梯形图中数据的变化和程序的执行过程，再次单击“切换 PLC 监视”按钮停止监视。

（8）暂停监视　暂停监视能够将普通监视及时冻结在某一点，在检查程序的逻辑时很有用处。可以通过手动或者触发条件来触发暂停监视功能，下面介绍暂停监视操作。

确认打开“梯形图”程序，并处在监视模式下。

1）选择一定的梯级范围以便于监视。

2）单击 PLC 工具栏中的“以触发器暂停”按钮，出现“暂停监视设置”对话框，选择触发类型（手动或者触发器）。

手动：选择“手动”，单击“确定”按钮后，开始监视。等到屏幕上出现感兴趣内容时，单击 PLC 工具栏中的“暂停”按钮，暂停功能发生作用。要恢复监视，可再次单击“暂停”按钮，监视将被恢复，等待另一次触发暂停监视。

触发器：在“地址和姓名”文本框中输入一个地址，或者使用浏览器来定位一个符号。选择“条件”类型：“上升沿”、“下降沿”或输入触发的“值”。当暂停监视功能工作时，监视仅仅发生在所选区域，选择区域以外的地方无效。要恢复完全监视，可再次单击“以触发器暂停”按钮。

当使用触发器类型时，也可以通过单击 PLC 工具栏中的“暂停”按钮来手动暂停。

【任务实施】

任务书 1-3

项目名称	工业机器人搬运工作站系统集成			任务名称		搬运工作站 PLC 系统的设计	
班 级		姓 名		学 号		组 别	
任务内容	1. 有一控制系统需要开关量输入输出各 30 点，2 路脉冲输出，1 路高速计数，模拟量输入 4 路，同时可以和触摸屏通信，距离为 30m。某工程师采用了如下配置：CP1L-M40DT-D，扩展 I/O 模块 CP1W-40EDT（24 点输入、16 点输出），模拟量输入模块 CP1W-AD041（4 路），通信选件板型号 CP1W-CIF11，RS422/485 通信方式。试分析该配置是否合理？为什么？ 2. 画出 CP1L PLC 远程控制安川机器人 DX100 运行的接线图，并设计控制程序，控制要求为：按下启动按钮，机器人开始运行。						
任务目标	1. 掌握 PLC 系统的设计方法。 2. 掌握 PLC 与外围设备的连接技术。 3. 掌握 PLC 与机器人的接口技术。						

资料	工具	设备
工业机器人安全操作规程	常用工具	工业机器人搬运工作站
MH6 机器人使用说明书		
DX100 使用说明书		
DX100 维护要领书		
CP1L 操作手册		
工业机器人搬运工作站说明书		

任务完成报告书 1-3

项目名称	工业机器人搬运工作站系统集成		任务名称	搬运工作站 PLC 系统的设计		
班级		姓名		学号		组别	
任务内容							

任务四　搬运工作站外围控制系统的设计

PLC 是工业机器人搬运工作站的核心控制设备，除此以外，外围控制设备还有检测工件的传感器、控制输送线运行的变频器等设备。

【知识准备】

一、光敏传感器的选型

传感器种类繁多，例如光敏传感器、光纤传感器、位移传感器、视觉传感器、旋转编码器和超声波传感器等，每种传感器都有自身的特点和应用范围。

在工业机器人工作站中大量使用光敏传感器、光纤传感器，用于工件有无的检测、设备运行中位置的检测等。光敏传感器、光纤传感器以其无触点、无机械碰撞、响应速度快、控制精度高等特点在工业控制装置和机器人中得到了广泛的应用。

1. 光敏传感器的工作原理

光敏传感器是利用光的各种性质，检测物体的有无或表面状态的变化，若输出形式为开关量，则称之为光敏式接近开关，也简称为光敏传感器。

光敏传感器主要由光发射器（投光器）、光接收器（受光器）和检测电路构成。如果光发射器发射的光线因被检测物体不同而被遮掩或反射，到达光接收器的光将会发生变化。光接收器的敏感元件将检测出这种变化，并转换为电信号进行输出。大多使用可视光和红外光。

光纤传感器是一种放大器与敏感元件分离型的光敏传感器。光纤传感器把发光器发出的光用光纤引导到检测点，再把检测到的光信号用光纤引导到光接收器就组成了光纤传感器。

光纤传感器具有抗电磁干扰，可工作于恶劣环境，传输距离远，使用寿命长等优点，此外，由于光纤头具有较小的体积，所以可以安装在很小空间的地方。

光纤传感器放大器的灵敏度调节范围较大，当光纤传感器灵敏度调得较小时，反射性较差的黑色物体，光电探测器无法接收到其反射信号，而反射性较好的白色物体，光电探测器就可以接收到反射信号。反之，若调高光纤传感器灵敏度，则即使对反射性较差的黑色物体，光电探测器也可以接收到反射信号。

2. 光敏传感器的分类

按照检测方式分类，光敏传感器主要分为对射型、回归反射型和扩散反射型三大类，如图 1-95 所示。

其中扩散反射型还包括限定反射型和距离设定型。

(1) 对射型　对射型光敏传感器的投光器与受光器分开安装，为了使投光器发出的光能进入受光器，投光器与受光器对向设置。如果被检测物体进入投光器和受光器之间遮蔽了光线，进入受光器的光量将减少。根据这种光的变化，便可进行检测。

对射型光敏传感器工作原理如图 1-96 所示。

当光路中无物体遮挡时，受光器能接受投光器发出的光能，传感器输出 OFF（或 ON）；

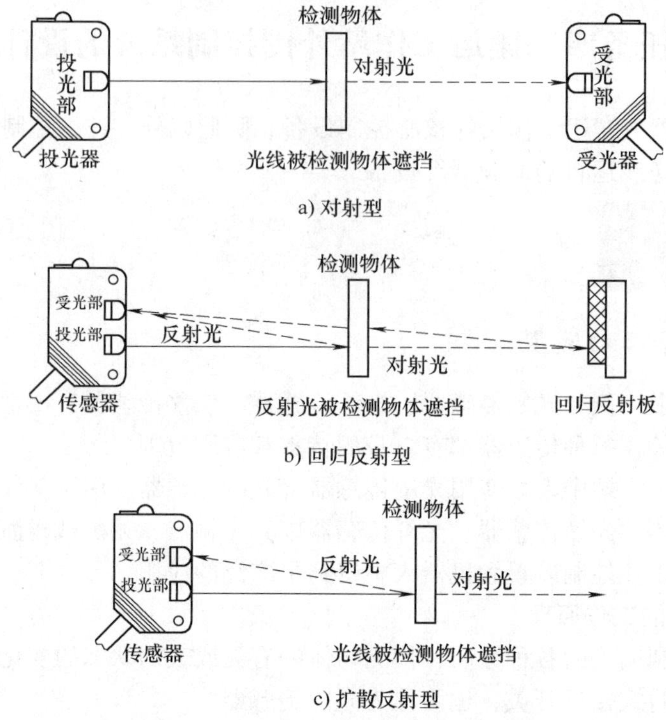

图 1-95　光敏传感器的类型

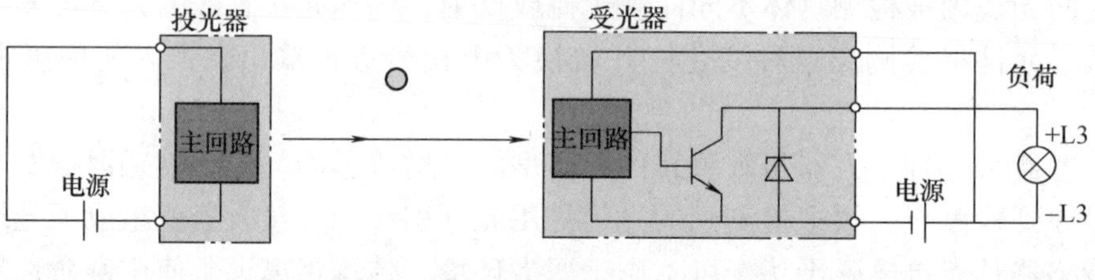

图 1-96　对射型光敏传感器工作原理

当光路中有物体遮挡时，受光器接受不到或接受很少投光器发出的光能，传感器输出信号发生反转，由 OFF（或 ON）反转为 ON（或 OFF），由此可以检测光路中有无物体。

对射型光敏传感器的特点：

1）动作的稳定度高，检测距离长（数厘米～数十米）。

2）即使检测物体的通过线路变化，检测状态也不变。

3）检测物体的光泽、颜色、倾斜等的影响很少。

对射型光敏传感器的应用如图 1-97 所示。

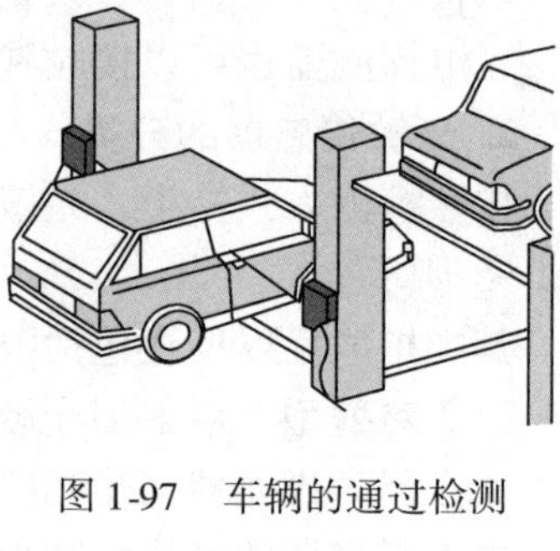

图 1-97　车辆的通过检测

（2）回归反射型　回归反射型光敏传感器的投光器与受光器装在同一个机壳里，通常投光器发出的光线将反射到相对设置的反射板上，回到受光器。如果检测物体遮蔽光线，进入受光器的光量将减少。根据这种光的变化，便可进行检测。

回归反射型光敏传感器工作原理如图 1-98 所示。

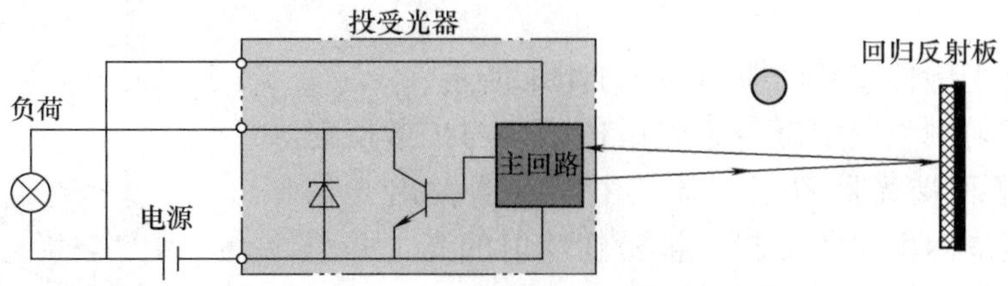

图 1-98　回归反射型光敏传感器工作原理

当光路中无物体遮挡时，投光器发出的光通量被反射板全部反射到受光器，传感器输出 OFF（或 ON）；当光路中有物体遮挡时，受光器接受不到或接受很少反射板反射的光能，传感器输出信号发生反转，由 OFF（或 ON）反转为 ON（或 OFF），由此可以检测光路中有无物体。

回归反射型光敏传感器的特点：

1）检测距离为数厘米至数米。

2）布线、光轴调整方便。

3）检测物体的颜色、倾斜等的影响很少。

4）光线通过检测物体 2 次，所以适合透明体的检测。

回归反射型光敏传感器的应用如图 1-99 所示。

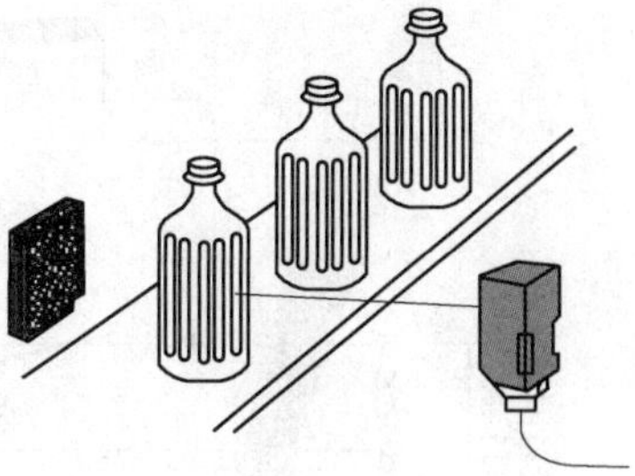

图 1-99　透明瓶的通过检测

（3）扩散反射型　扩散反射型又称为漫射型。扩散反射型光敏传感器的投光器与受光器也是装在同一个机壳里，但不需要反射板。通常光线不会返回受光部，如果投光器发出的光线碰到检测物体，检测物体反射的光线将进入受光器，受光量将增加。根据这种光的变化，便可进行检测。

扩散反射型光敏传感器工作原理如图 1-100 所示。

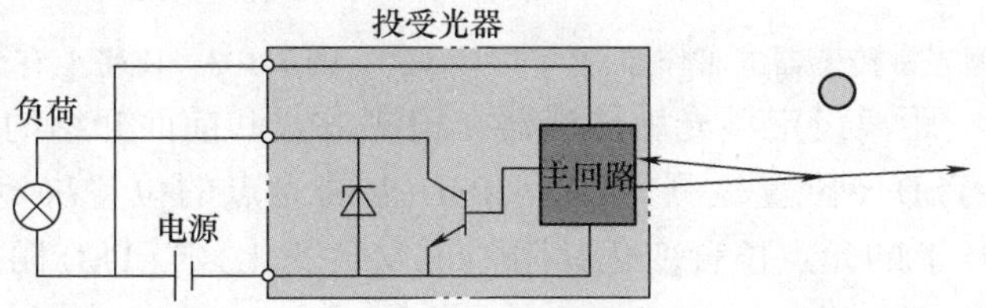

图 1-100　扩散反射型光敏传感器工作原理

当传感器前方一定距离内没有物体时，没有光被反射到受光器，传感器输出 OFF（或 ON）；反之当传感器的前方一定距离内出现物体，只要反射回来的光强度足够，受光器接收到足够的漫射光，传感器输出信号发生反转，由 OFF（或 ON）反转为 ON（或 OFF），由此可以检测传感器前方有无物体。

扩散反射型的工作距离被限定在光束的交点附近，以避免背景的影响。

扩散反射型光敏传感器的特点：

1）检测距离为数厘米至数米。

2）便于安装调整。

3）在检测物体的表面状态（颜色、凹凸）中光的反射光量会变化，检测稳定性也变化。

扩散反射型光敏传感器的应用如图 1-101 所示。

（4）限定反射型　限定反射型光敏传感器与扩散反射型一样，投光器和受光器置于一体。由发射器发出光信号，并在限定范围内由接收器接受被检物反射的光，并引起光敏传感器动作，输出开关控制信号。如图 1-102 所示，呈正反射光结构，检测距离限定于某个范围，不易受到背景物体的干扰。

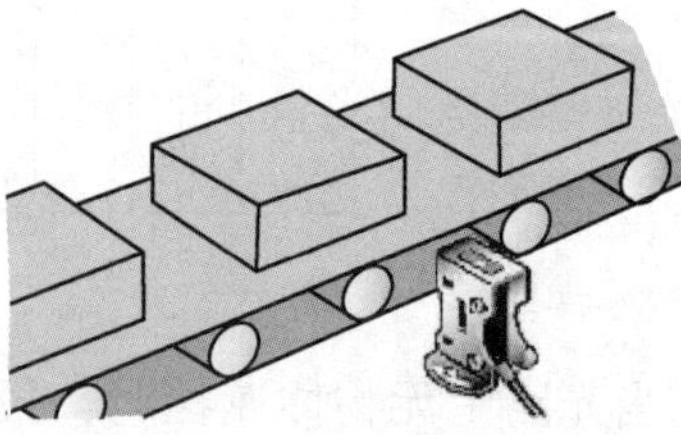

图 1-101　纸箱的通过检测

限定反射型光敏传感器的特点：

1）可检测微妙的段差。

2）限定与传感器的距离，只在该范围内有检测物体时进行检测。

3）不易受检测物体的颜色的影响。

4）不易受检测物体的光泽、倾斜的影响。

限定反射型光敏传感器的应用如图 1-103 所示。

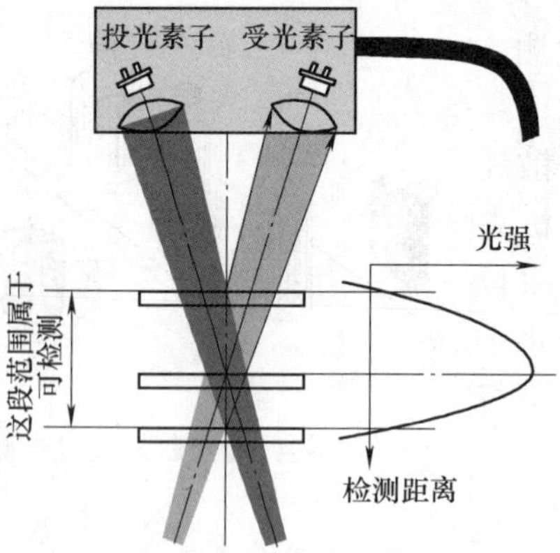

图 1-102　限定反射型光敏传感器的工作原理

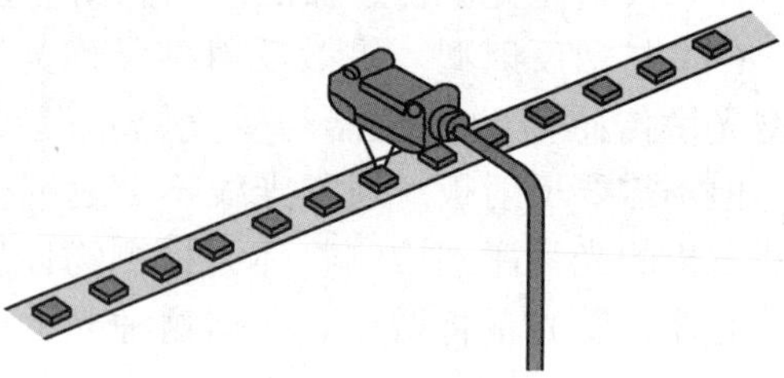

图 1-103　磁带上有无 IC 片部件检测

（5）距离设定型　距离设定型光敏传感器在检测方式和前面介绍的反射型光敏传感器一样，但是受光素子是 PSD（位置检测元件），PSD 上的光点的位置决定输出，而不是光量。如图 1-104 所示，PSD 上的光点位置变化其阻值也发生变化，当 PSD 阻值达到门槛值时，输出发生反转。

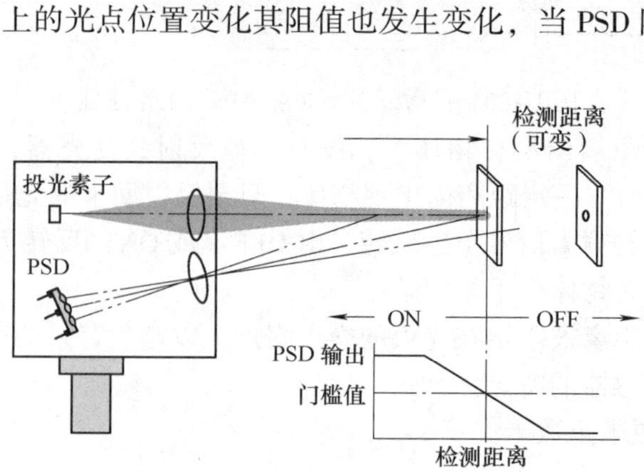

图 1-104　距离设定型光敏传感器的工作原理

距离设定型光敏传感器具有 BGS 和 FGS 两种功能。

BGS 具有不会对比设定距离更远的背景进行检测的功能；FGS 具有不会对比设定距离更近的物体，以及回到受光器的光量少于规定的物体进行检测的功能。

回到受光器光量少的物体是指检测物体的反射率极低，如比黑画纸更黑的物体；反射光几乎都回到投光侧，如镜子等物体；反射光量大，但向随机方向发散，如有凹凸的光泽面等物体。

有些情况下，根据检测物体的移动，有时反射光会暂时回到受光侧，所以需要通过 OFF 延迟定时器来防止高速颤动。

距离设定型光敏传感器的特点：

1）可对微小的段差进行检测。

2）不易受检测物体的颜色影响。

3）不易受背景物体的影响。

4）有时会受检测物体的斑点影响。

距离设定型光敏传感器的应用如图 1-105 所示。

3. 光敏传感器的技术参数

（1）检测距离　指被检测物体按一定方式移动，当开关动作时测得的基准位置（光敏开关的感应表面）到检测面的空间距离。

（2）额定动作距离　指接近开关动作距离的标称值。

（3）回差距离　指动作距离与复位距离之间的绝对值。

（4）响应频率　指在规定的 1s 的时间间隔内，允许光敏开关动作循环的次数。

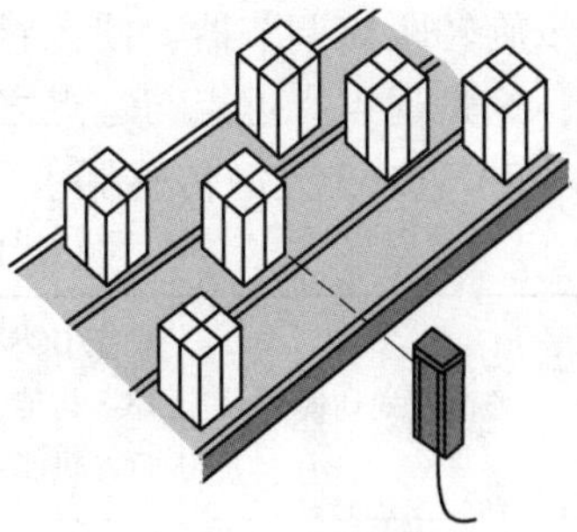

图 1-105　不同流水线上的瓦楞纸箱

（5）输出状态　分常开和常闭。当无检测物体时，常开型的光敏开关所接通的负载由于光敏开关内部的输出晶体管的截止而不工作；当检测到物体时，晶体管导通，负载得电工作。

（6）检测方式　根据光敏开关在检测物体时发射器所发出的光线被折回到接收器的途径的不同，可分为对射型、反射型和漫反射型等。

（7）输出形式　有 NPN、PNP 型；二线、三线、四线制；常开/常闭输出。

在选择光敏传感器时，要充分考虑检测对象的材质属性、检测距离、对象的大小、供电类型、输出类型、检测对象的前景或背景是否要抑制等。

4. 光敏传感器在搬运工作站中的应用

工业机器人搬运工作站所搬运的工件为有机玻璃，尺寸为 380mm × 270mm × 5mm，透明。传送带工件上料检测、落料台工件检测、平面仓库料满检测的检测距离分别为 15mm（正面检测）、32mm（侧面检测）、20mm（侧面检测）。

用于检测物体有无的传感器有很多种类，如超声波传感器、电感式接近开关、电容式接近开关等。超声波传感器检测距离远，但价格昂贵，并且反射型超声波传感器还存在检测盲区；电感式接近开关只能检测金属材质的物体。电容式接近开关可用于传送带工件上料检测、落料台工件检测，不适合用平面仓库料满检测。

搬运工作站传送带工件的上料检测、落料台的工件检测，选择的是欧姆龙 E3Z-LS63 距离设定型光敏传感器，平面仓库料满检测选择的是欧姆龙 E3X-NA11 通用型光纤传感器。

（1）E3Z-LS63 光敏传感器　E3Z-LS63 光敏传感器的实物外形如图 1-106 所示。传感器的正面是投光器和受光器；传感器上面是调节面板。

1）动作选择开关：用于选择受光动作模式（Light）或遮光动作模式（Drag）。开关旋转至“L”侧，则进入检测到工件输出为 ON 模式；开关旋转至“D”侧，则进入检测到工件输出为 OFF 模式。

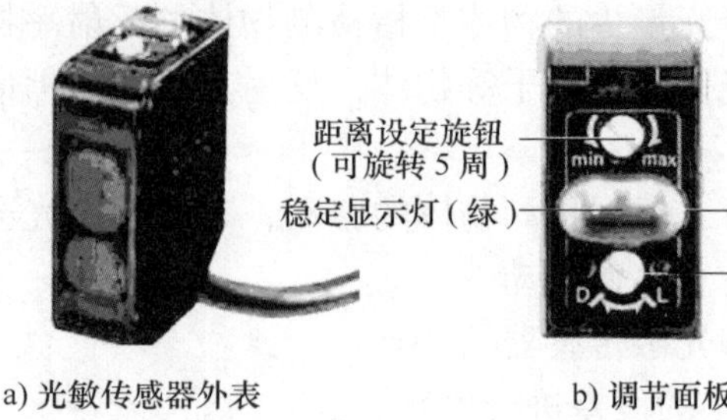

a) 光敏传感器外表　b) 调节面板

图 1-106　E3Z-LS63 光敏传感器的外形

2）距离设定旋钮：用于调整检测距离。调整的方法是，首先向“min”方向将距离调节器充分旋到最小检测距离，然后将工件放入输送线且靠近传感器一侧，向“max”方向逐步旋转距离调节器，直到传感器动作，这是近点；再将工件推向远离传感器一侧，继续向“max”方向进一步旋转距离调节器，使传感器再次动作，一旦动作，反方向旋转距离调节器直到传感器复位，这是远点。近点与远点之间的中点为稳定检测物体的最佳位置。

E3Z-LS63 光敏传感器主要技术参数见表 1-27。

表 1-27　E3Z-LS63 光敏传感器主要技术参数

检测模式切换		根据 BGS/FGS 转换方式，可以对应各种各样的检测物体/背景的结合 BGS 机能：开放或者连接 GND FGS 机能：连接 V_{CC}
设定距离范围		20～80mm
检测距离范围	BGS	2mm～设定距离
	FGS	设定距离～80mm 以上
控制输出		负载电源电压 DC26.4V 以下，负载电流 100mA 以下（残留电压 1V 以下），集电极开路输出 NPN，入光时 ON/遮光时 ON 开关切换模式
保护电路		电源反向连接保护、输出短路保护、防止相互干扰功能

图 1-107 所示为 E3Z-LS63 光敏传感器工作原理框图。搬运工作站传送带工件的上料检测、落料台的工件检测光敏传感器分别采用 FGS（粉色线接高电平）、BGS（粉色线不接或者接 0V）接法。

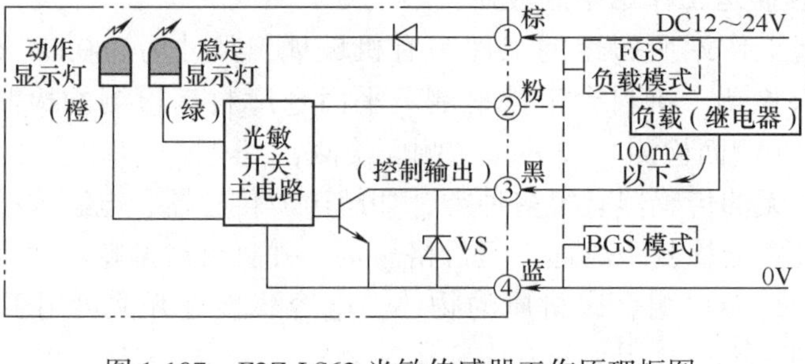

图 1-107　E3Z-LS63 光敏传感器工作原理框图

（2）E3X-NA11光纤传感器　E3X-NA11光纤传感器由光纤检测头、光纤放大器两部分组成，放大器和光纤检测头是分离的两个部分，光纤检测探头的尾部连接两根光纤，一根传送发射光、一根传送反射光，两根光纤分别插入放大器的两个光纤孔中。E3X-NA11光纤传感器为反射型光纤传感器，光纤传感器组件及示意图如图1-108、图1-109所示。

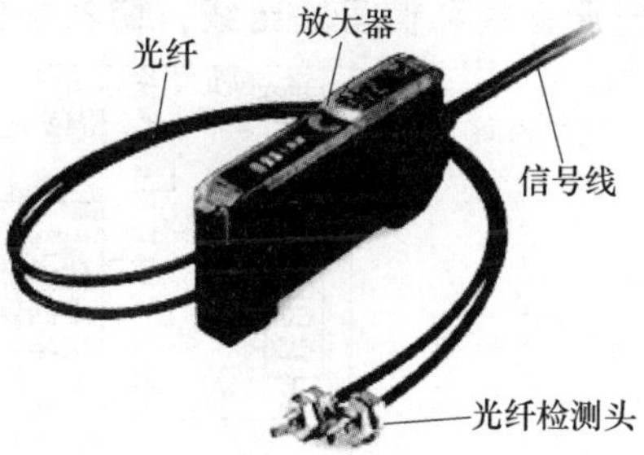

图1-108　E3X-NA11光纤传感器组件

1）放大器单元。E3X-NA11光纤传感器放大器单元的俯视图如图1-110所示。

① 8旋转灵敏度高速旋钮：可以对放大器灵敏度进行调节（顺时针旋转灵敏度增大），调节时，会看到

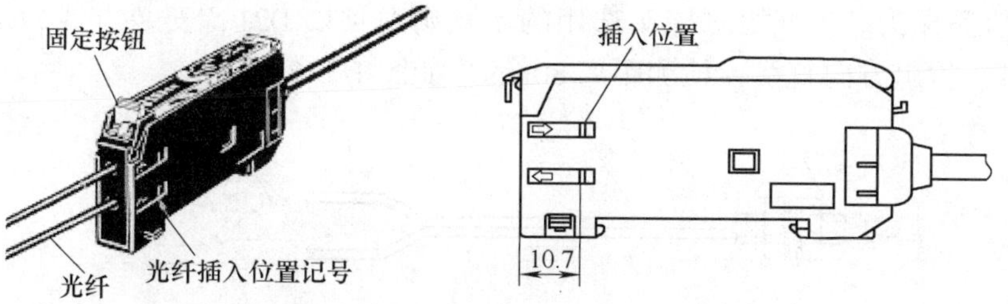

图1-109　E3X-NA11光纤传感器组件安装示意图

“入光量显示灯”发光的变化。当传感器检测到工件时，“动作显示灯”会亮，提示检测到物料。

② 动作状态切换开关：用于选择受光动作模式（Light）还是遮光动作模式（Drag），即开关拨至“L”侧，则检测到工件输出为ON模式；开关拨至“D”侧，则检测到工件输出为OFF模式。

③ 定时开关：用于设定对信号输出是否延时。

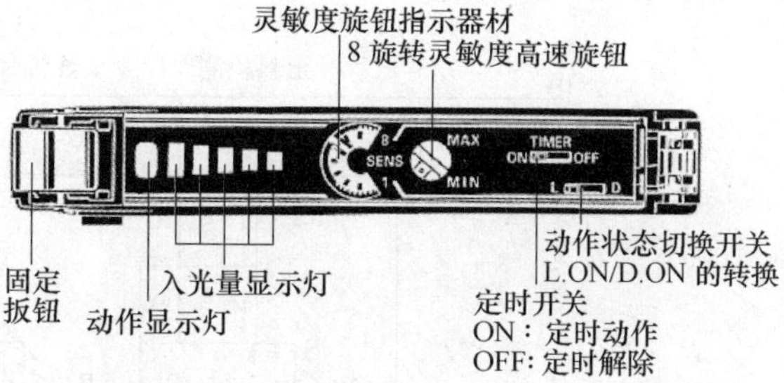

图1-110　光纤传感器放大器单元的俯视图

E3X-NA11光纤传感器主要技术参数见表1-28。

表1-28　E3X-NA11光纤传感器主要技术参数

电源电压	DC12～24V±10%　脉动10%以下
消耗电流	40mA以下
控制输出	NPN集电极开路输出型 负载电流50mA以下（剩余电压1V以下） 入光时ON/遮光时ON开关转换式
响应时间	动作、复位：各200μs以下，连接配置8台以上时，为350μs以下
灵敏度调节	8回转无终端旋钮（带指示器）
保护回路	电源逆向连接保护、输出短路保护
定时功能	无定时器、OFF延时定时器：40ms固定
连接方式	导线引出式（标准导线长2m）

E3X-NA11 型光纤传感器工作原理框图如图 1-111 所示。**接线时请注意根据导线颜色判断电源极性和信号输出线，切勿把信号输出线直接连接到电源 +24V 端。**

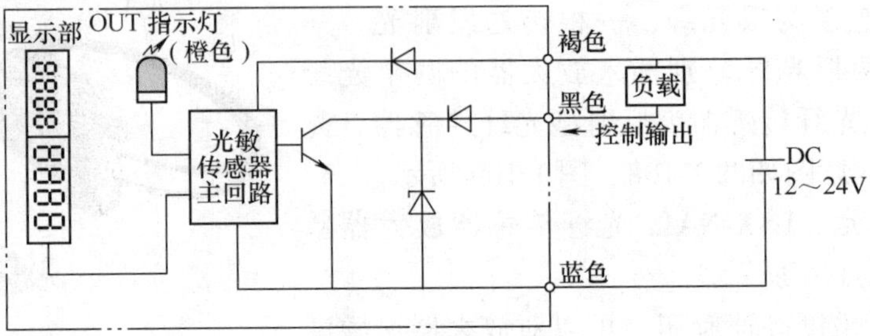

图 1-111　E3X-NA11 型光纤传感器工作原理框图

2）光纤检测探头。光纤检测探头选用的是欧姆龙 E32-D21，安装方式为螺纹型，检测方式为反射型，检出方向直线，检测距离 80mm，如图 1-112 所示。

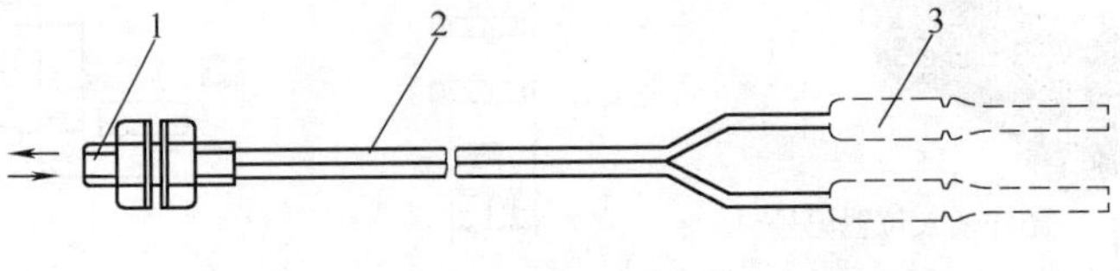

图 1-112　E32-D21 反射型光纤检测探头

1—检测头　2—光纤　3—插头

（3）传感器与 PLC 的连接　工业机器人搬运工作站中使用的光敏传感器与光纤传感器，选择的都是 NPN 型集电极开路输出，三线制。与 CP1L PLC 输入端的连接如图 1-113 所示。

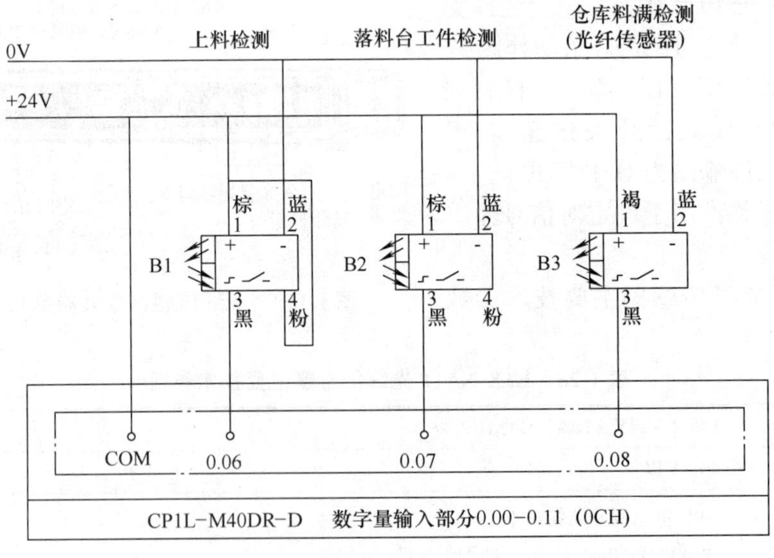

图 1-113　光敏传感器与 CP1L PLC 的连接图

二、变频器的选型

正确选择变频器对于控制系统的正常运行是非常关键的。选择变频器时必须要充分了解变频器所驱动的负载特性。

1. 负载特性的类型

人们在实践中常将生产机械分为三种类型：恒转矩负载、恒功率负载和风机类负载。

（1）恒转矩负载　恒转矩负载的特点是负载转矩 T_L 与转速 n 无关，任何转速下 T_L 总保持恒定或基本恒定。例如传送带、搅拌机，挤压机等摩擦类负载以及吊车、提升机等位能负载都属于恒转矩负载。

变频器拖动恒转矩性质的负载时，低速下的转矩要足够大，并且有足够的过载能力。如果需要在低速下稳速运行，应该考虑标准异步电动机的散热能力，避免电动机的温升过高。

（2）恒功率负载　机床主轴和轧机、造纸机、塑料薄膜生产线中的卷取机、开卷机等要求的转矩，大体与转速成反比，这就是所谓的恒功率负载。负载的恒功率性质应该是就一定的速度变化范围而言的。当速度很低时，受机械强度的限制，T_L 不可能无限增大，在低速下转变为恒转矩性质。

负载的恒功率区和恒转矩区对传动方案的选择有很大的影响。电动机在恒磁通调速时，最大容许输出转矩不变，属于恒转矩调速；而在弱磁调速时，最大容许输出转矩与速度成反比，属于恒功率调速。如果电动机的恒转矩和恒功率调速的范围与负载的恒转矩和恒功率范围相一致时，即所谓“匹配”的情况下，电动机的容量和变频器的容量均最小。

（3）风机类负载　在各种风机、水泵、油泵中，随叶轮的转动，空气或液体在一定的速度范围内所产生的阻力大致与速度 n 的 2 次方成正比。这种负载所需的功率与速度的 3 次方成正比。当所需风量、流量减小时，利用变频器通过调速的方式来调节风量、流量，可以大幅度地节约电能。由于高速时所需功率随转速增长过快，与速度的 3 次方成正比，所以通常不应使风机、泵类负载超工频运行。

2. 变频器的选型原则

选择变频器时，要充分考虑负载的特性、应用的场合等因素。

1）根据负载特性选择变频器。

2）选择变频器时应以电动机实际电流值作为变频器选择的依据，电动机的额定功率只能作为参考。另外应充分考虑变频器的输出含有高次谐波，会造成电动机的功率因数和效率都会变坏。因此，用变频器给电动机供电与用工频电网供电相比较，电动机的电流增加 10% 而温升增加约 20%。所以在选择电动机和变频器时，应考虑到这种情况，适当留有余量，以防止温升过高，影响电动机的使用寿命。

3）变频器与电动机之间的电缆过长时，应该采取措施抑制长电缆对地耦合电容的影响，避免变频器出力不够。所以变频器应放大一挡选择或在变频器的输出端安装输出电抗器。

4）当变频器用于控制并联的几台电动机时，一定要考虑变频器到电动机的电缆的长度总和应在变频器的容许范围内。如果超过规定值，要放大一挡或两挡来选择变频器。另外在此种情况下，变频器的控制方式只能为 V/F 控制方式，并且变频器无法实现电动机的过电流、过载保护，此时需在每台电动机上加熔断器和热继电器来实现保护。

5）对于一些特殊的应用场合，如高温度环境、高开关频率、高海拔高度等，此时会引起变频器的降容，变频器需放大一挡选择。

6）使用变频器控制高速电动机时，由于高速电动机的电抗小，高次谐波会增加输出电流值。因此，选择用于高速电动机的变频器时，应比普通电动机的变频器稍大一些。

7）变频器用于变极电动机时，应充分注意选择变频器的容量，使其最大额定电流在变频器的额定输出电流以下。另外，在运行中进行极数转换时，应先停止电动机工作，否则会造成电动机空转，恶劣时会造成变频器损坏。

8）驱动防爆电动机时，变频器没有防爆构造，应将变频器设置在危险场所之外。

9）使用变频器驱动齿轮减速电动机时，使用范围受到齿轮转动部分润滑方式的制约。润滑油润滑时，在低速范围内没有限制；在超过额定转速以上的高速范围内，有可能发生润滑油用光的危险。因此，不要超过最高转速容许值。

10）对于压缩机、振动机等转矩波动大的负载和油压泵等有峰值负载情况下，如果按照电动机的额定电流或功率值选择变频器，有可能发生因峰值电流使过电流保护动作现象。因此，应了解工频运行情况，选择比其最大电流更大的额定输出电流的变频器。变频器驱动潜水泵电动机时，因为潜水泵电动机的额定电流比通常电动机的额定电流大，所以选择变频器时，其额定电流要大于潜水泵电动机的额定电流。

11）当变频器控制罗茨风机时，由于其起动电流很大，所以选择变频器时一定要注意变频器的容量是否足够大。

12）选择变频器时，一定要注意其防护等级是否与现场的情况相匹配。否则现场的灰尘、水汽会影响变频器的长久运行。

13）单相电动机不适用变频器驱动。

3. 三菱 FR-D700 系列变频器

三菱 FR-D700 变频器是一种小型、高性能变频器，电源分为三相 AC380V 和单相 AC220V 两种类型，输出功率 0.1～7.5kW。

FR-D700 系列变频器的外观和型号的定义如图 1-114 所示。

a) 外观　　b) 型号定义

图 1-114　FR-D700 系列变频器

(1) 变频器接线端子

1）主电路接线端。FR-D700 系列变频器单相电源的主电路接线图如图 1-115 所示。

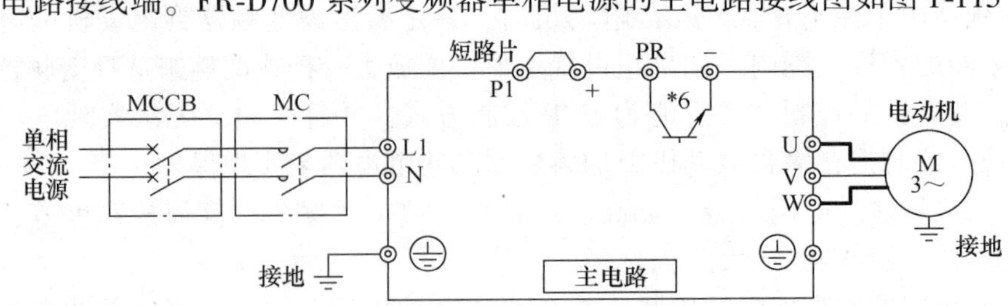

图 1-115　FR-D700 系列变频器单相电源的主电路接线图

交流接触器 MC 用作变频器安全保护的目的，不要通过此交流接触器来启动或停止变频器，否则可能降低变频器寿命，MCCB 为电源断路器。

主电路接线时，电源进线必须连接至 L1、N，绝对不能接 U、V、W，否则会损坏变频器。

主电路端子的功能见表 1-29。

表 1-29　主电路端子的功能

端子记号	端子名称	端子功能说明
L1、N	交流电源输入	连接工频电源
U、V、W	变频器输出	连接 3 相笼型异步电动机
+、PR	制动电阻器连接	在端子 + 和 PR 间连接选购的制动电阻器（FR-ABR、MRS）（0.1kW、0.2kW 不能连接）
+、-	制动单元连接	连接制动单元（FR-BU2）、共直流母线变流器（FR-CV）以及高功率因数变流器（FRHC）
+、P1	直流电抗器连接	拆下端子 + 和 P1 间的短路片，连接直流电抗器
⏚	接地	变频器机架接地用。必须接大地

2）控制电路接线端。FR-D720S 系列变频器控制电路接线图如图 1-116 所示。

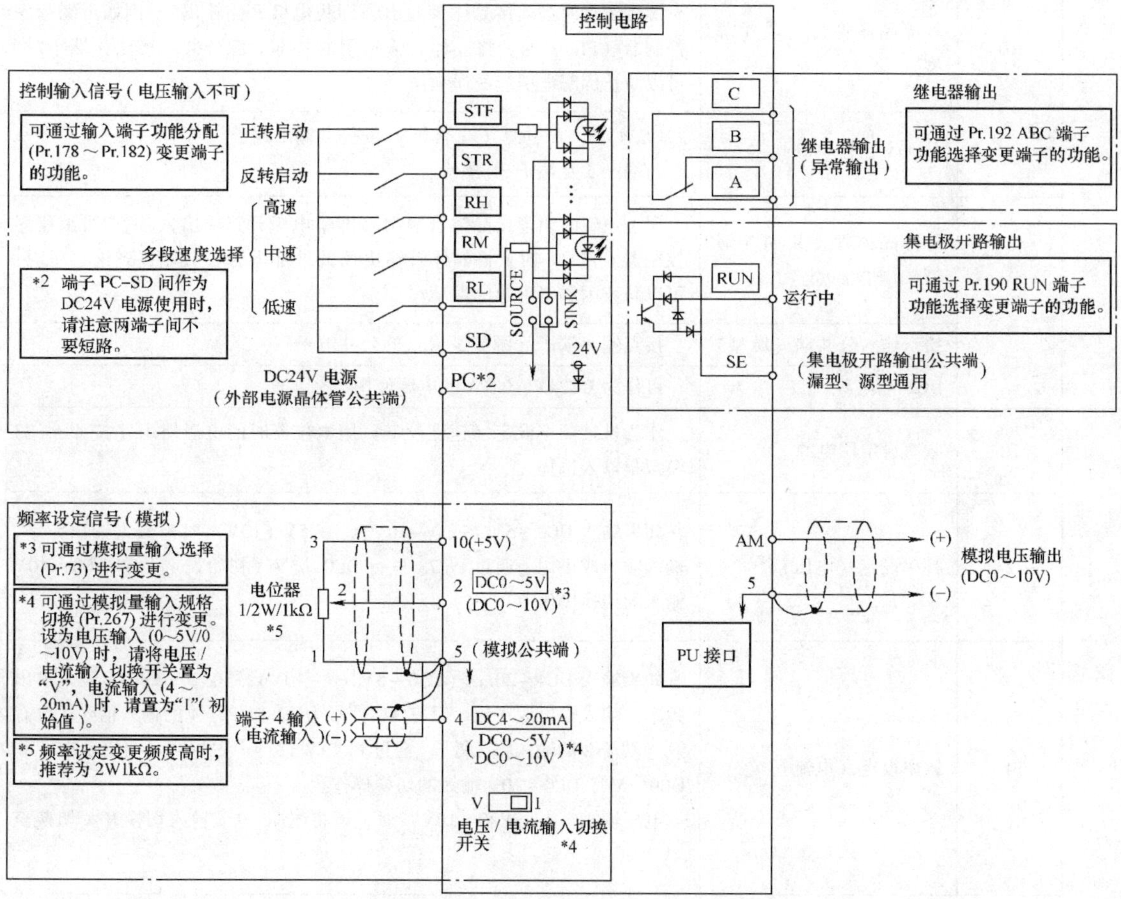

图 1-116　FR-D720S 系列变频器控制电路接线图

图中，控制电路端子分为控制输入、频率设定（模拟量输入）、继电器输出（异常输出）、集电极开路输出（状态检测）和模拟电压输出五部分区域，各端子的功能可通过调整相关参数的值进行变更。

控制电路端子的功能说明见表1-30、表1-31。

表1-30　控制电路输入端子的功能

<table>
<tr><th>种类</th><th>端子编号</th><th>端子名称</th><th colspan="2">端子功能说明</th></tr>
<tr><td rowspan="9">接点输入</td><td>STF</td><td>正转启动</td><td>STF 信号 ON 时为正转、OFF 时为停</td><td rowspan="2">STF、STR 信号同时 ON 时变成停止指令</td></tr>
<tr><td>STR</td><td>反转启动</td><td>STR 信号 ON 时为反转、OFF 时为停止指令</td></tr>
<tr><td>RH
RM
RL</td><td>多段速度选择</td><td colspan="2">用 RH、RM 和 RL 信号的组合可以选择多段速度</td></tr>
<tr><td rowspan="3">SD</td><td>接点输入公共端（漏型）（初始设定）</td><td colspan="2">接点输入端子（漏型逻辑）的公共端子</td></tr>
<tr><td>外部晶体管公共端（源型）</td><td colspan="2">源型逻辑时当连接晶体管输出（即集电极开路输出）、例如可编程序控制器（PLC）时，将晶体管输出用的外部电源公共端接到该端子时，可以防止因漏电引起的误动作</td></tr>
<tr><td>DC24V 电源公共端</td><td colspan="2">DC24V 0.1A 电源（端子 PC）的公共输出端子
与端子 5 及端子 SE 绝缘</td></tr>
<tr><td rowspan="3">PC</td><td>外部晶体管公共端（漏型）（初始设定）</td><td colspan="2">漏型逻辑时当连接晶体管输出（即集电极开路输出）、例如可编程序控制器（PLC）时，将晶体管输出用的外部电源公共端接到该端子时，可以防止因漏电引起的误动作</td></tr>
<tr><td>接点输入公共端（源型）</td><td colspan="2">接点输入端子（源型逻辑）的公共端子</td></tr>
<tr><td>DC24V 电源</td><td colspan="2">可作为 DC24V、0.1A 的电源使用</td></tr>
<tr><td rowspan="4">频率设定</td><td>10</td><td>频率设定用电源</td><td colspan="2">作为外接频率设定（速度设定）用电位器时的电源使用（按照 Pr.73 模拟量输入选择）</td></tr>
<tr><td>2</td><td>频率设定（电压）</td><td colspan="2">如果输入 DC0～5V（或 0～10V），在 5V（10V）时为最大输出频率，输入输出成正比。通过 Pr.73 进行 DC0～5V（初始设定）和 DC0～10V 输入的切换操作</td></tr>
<tr><td>4</td><td>频率设定（电流）</td><td colspan="2">如果输入 DC4～20mA（或 0～5V，0～10V），在 20mA 时为最大输出频率，输入输出成正比。只有 AU 信号为 ON 时端子 4 的输入信号才会有效（端子 2 的输入将无效）。通过 Pr.267 进行 4～20mA（初始设定）和 DC0～5V、DC0～10V 输入的切换操作
电压输入（0～5V/0～10V）时，请将电压/电流输入切换开关切换至“V”</td></tr>
<tr><td>5</td><td>频率设定公共端</td><td colspan="2">频率设定信号（端子 2 或 4）及端子 AM 的公共端子。请勿接大地</td></tr>
</table>

表 1-31　控制电路输出端子的功能

种类	端子记号	端子名称	端子功能说明	
继电器	A、B、C	继电器输出（异常输出）	指示变频器因保护功能动作时输出停止的接点输出。异常时：B-C 间不导通（A-C 间导通），正常时：B-C 间导通（A-C 间不导通）	
集电极开路	RUN	变频器正在运行	变频器输出频率大于或等于启动频率（初始值 0.5Hz）时为低电平，已停止或正在直流制动时为高电平 低电平表示集电极开路输出用的晶体管处于 ON（导通状态）。高电平表示处于 OFF（不导通状态）	
SE		集电极开路输出公共端	端子 RUN 的公共端子	
模拟	AM	模拟电压输出	可以从多种监视项目中选一种作为输出。变频器复位中不被输出。输出信号与监视项目的大小成比例	输出项目：输出频率（初始设定）

（2）控制输入信号端的接线方式　变频器控制输入信号端的接线方式根据电源的来源可分为内部电源和外部电源；根据电流的方向可分为漏型逻辑和源型逻辑。

内部电源：使用变频器自身的 DC24V 电源。

外部电源：使用外部 DC24V 电源供电。

漏型逻辑：电流从输入端子流出。

源型逻辑：电流从输入端子流入。

1）内部电源漏型逻辑。变频器“漏型、源型”开关选择漏型 SINK，使用变频器内部电源。接线图如图 1-117 所示。

2）内部电源源型逻辑。变频器“漏型、源型”开关选择源型 SOURCE，使用变频器内部电源。接线图如图 1-118 所示。

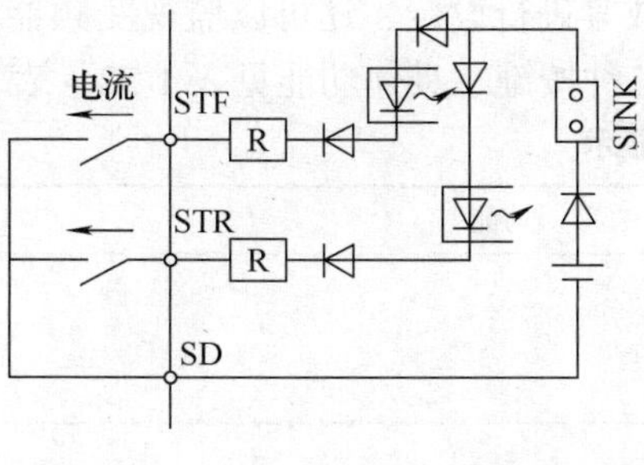

图 1-117　内部电源漏型逻辑接线图

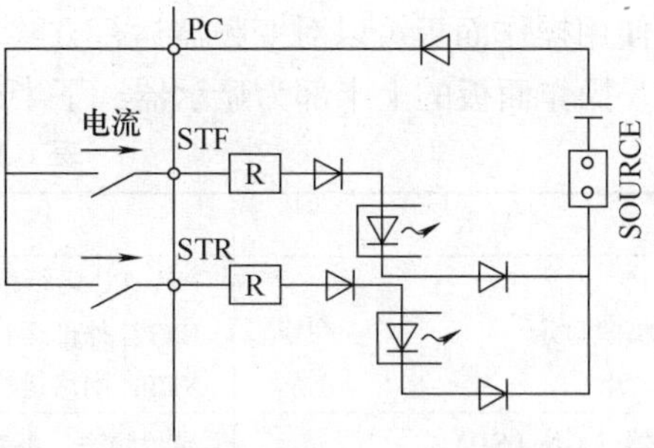

图 1-118　内部电源源型逻辑接线图

3）外部电源漏型逻辑。变频器“漏型、源型”开关选择漏型 SINK，使用外部电源。接线图如图 1-119 所示。

变频器的 SD 端子不能与外部电源的 0V 端子连接。另外，把端子 PC-SD 间作为 DC24V 电源使用时，变频器的外部不可以设置并联的电源，可能会因漏电流而导致误动作。

4）外部电源源型逻辑。变频器“漏型、源型”开关选择漏型 SOURCE，使用外部电源。接线图如图 1-120 所示。

变频器的 PC 端子不能与外部电源的 +24V 端子连接。另外，把端子 PC-SD 间作为

DC24V 电源使用时，变频器的外部不可以设置并联的电源，可能会因漏电流而导致误动作。

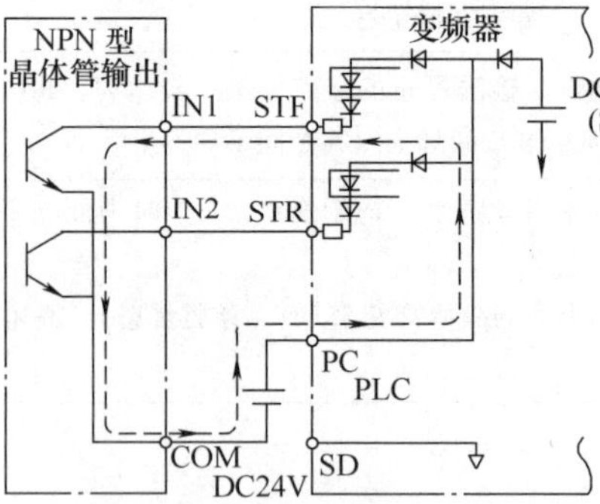

图 1-119　外部电源漏型逻辑接线图

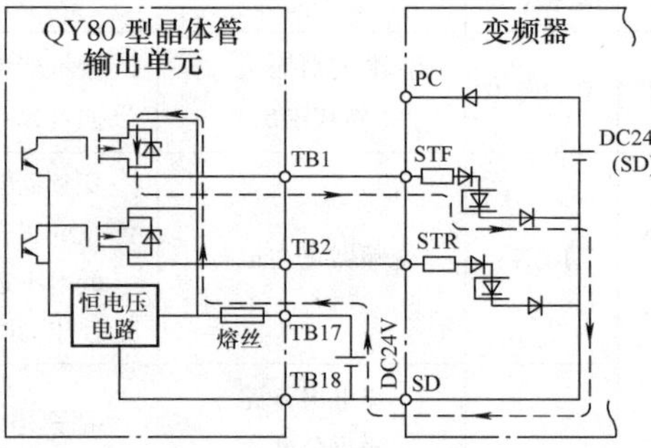

图 1-120　外部电源源型逻辑接线图

（3）变频器操作面板　FR-D700 变频器的操作面板如图 1-121 所示。

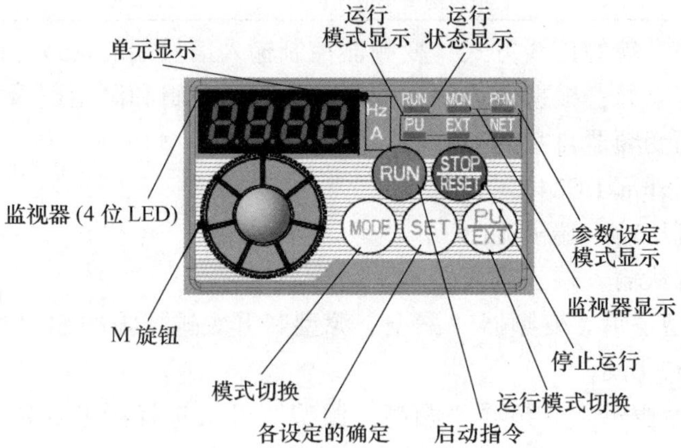

图 1-121　FR-D700 变频器操作面板

使用操作面板可以对变频器运行方式、频率、参数等进行设定，还可以监视变频器的运行状态。操作面板的上半部为显示器，下半部为旋钮和各种按键。具体功能见表 1-32、表 1-33。

表 1-32　运行状态显示

显示	功能
运行模式显示	PU：PU 运行模式时亮灯 EXT：外部运行模式时亮灯 NET：网络运行模式时亮灯
监视器（4 位 LED）	显示频率、参数编号等
监视数据单位显示 Hz、A	Hz：显示频率时亮灯；A：显示电流时亮灯 （显示电压时熄灯，显示设定频率监视时闪烁）
运行状态显示 RUN	当变频器动作中亮灯或者闪烁；其中： 亮灯——正转运行中 缓慢闪烁（1.4s 循环）——反转运行中 下列情况下出现快速闪烁（0.2s 循环）： · 按键或输入启动指令都无法运行时 · 有启动指令，但频率指令在启动频率以下时 · 输入了 MRS 信号时

（续）

显示	功能
参数设定模式显示 PRM	参数设定模式时亮灯
监视器显示 MON	监视模式时亮灯

表 1-33　旋钮、按键功能

旋钮和按键	功能
M 旋钮	旋动该旋钮用于变更频率设定、参数的设定值。按下该旋钮可显示以下内容： · 监视模式时的设定频率 · 校正时的当前设定值 · 报警历史模式时的顺序
模式切换键 MODE	用于切换各设定模式。和运行模式切换键同时按下也可以用来切换运行模式。长按此键（2s）可以锁定操作
设定确定键 SET	各设定的确定 此外，当运行中按此键则监视器出现“运行频率”、“输出电流”、“输出电压”循环显示
运行模式切换键 PU/EXT	用于切换 PU/外部运行模式 使用外部运行模式（通过外接的频率设定电位器和启动信号来控制变频器运行）时请按此键，使表示运行模式的 EXT 处于亮灯状态 切换至组合模式时，可同时按 MODE 键 0.5s，或者变更参数 Pr. 79
启动指令键 RUN	在 PU 模式下，按此键启动运行 通过 Pr. 40 的设定，可以选择旋转方向
停止运行键 STOP/RESET	在 PU 模式下，按此键停止运转 保护功能（严重故障）生效时，也可以进行报警复位

（4）变频器的运行模式　所谓变频器的运行模式，是指对变频器的启动指令和频率指令的来源进行指定。

一般来说，使用控制电路端子、外部设置电位器和开关来进行操作的是“外部运行模式”，使用操作面板或参数单元输入启动指令、频率指令的是“PU 运行模式”，通过 PU 接口进行 RS-485 通信或使用通信选件的是“网络运行模式（NET 运行模式）”。

FR-D700 系列变频器通过参数 Pr. 79 的值来指定变频器的运行模式，见表 1-34。

表 1-34　Pr. 79 设定值及其相对应的运行模式

Pr. 79 设定值	工作模式		
0	电源接通时为外部操作模式，通过 PU/EXT 可以在外部和 PU 间切换		
	运行模式	频率指令	启动指令
1	PU 运行模式	用操作面板，参数单元的按键进行设定	操作面板的 RUN（FWD，REV）键
2	外部运行模式	端子 2-4 的电压、电流信号以及多段速信号、JOG	外部信号输入（端子 STF，STR）

（续）

Pr. 79 设定值	工作模式		
3	外部/PU 组合操作模式 1	用操作面板、PU 设定或外部信号输入（多段速设定，端子 4-5 间（AU 信号 ON 时有效））	外部信号输入（端子 STF，STR）
4	外部/PU 组合操作模式 2	外部信号输入（端子 2、4、多段速、JOG 选择等）	操作面板的 RUN（FWD，REV）键
6	切换模式：在运行状态下，进行 PU 操作、外部运行、网络运行的切换		
7	外部操作模式（PU 操作互锁） X12 信号 ON：可切换到 PU 操作模式（正在外部运行时输出停止） X12 信号 OFF：禁止切换到 PU 操作模式		

1）PU 运行模式（Pr. 79 = 1）。“PU 运行模式”就是利用操作面板或参数单元进行操作，不需要控制端子的接线，完全用操作面板上的操作按键即可完成对变频器进行启停控制以及运行频率的设定，它是变频器的基本运行方式之一。

2）外部运行模式（Pr. 79 = 2）。外部运行模式，就是用变频器控制端子上的外部接线控制电动机启停以及设定运行频率的一种方法，此时参数单元操作无效，实际中这种操作模式应用较多。

① 频率给定方式。在 Pr. 79 = 2 的外部模式下，可以通过变频器的外部信号输入端子 2-5 之间的电压信号、4-5 之间的电流信号或多段速功能对变频器的运行频率进行设定。

a）电位器设定。如图 1-122 所示，在端子 10 与端子 5 之间连接一个 1kΩ、1/2W 的电位器，电位器的中间抽头接端子 2，给端子 2 提供 DC0 ~ 5V 或 DC0 ~ 10V 的电压信号。改变电位器的位置，可使变频器的运行频率从下限频率到上限频率之间变化。

5V 电压或 10V 电压可通过参数 Pr. 73 选择。

b）外部电压设定。如图 1-123 所示，在端子 2 与端子 5 之间连接一个 DC0 ~ 5V 或 DC0 ~ 10V 的电压信号。改变电压值，可使变频器的运行频率从下限频率到上限频率之间变化。

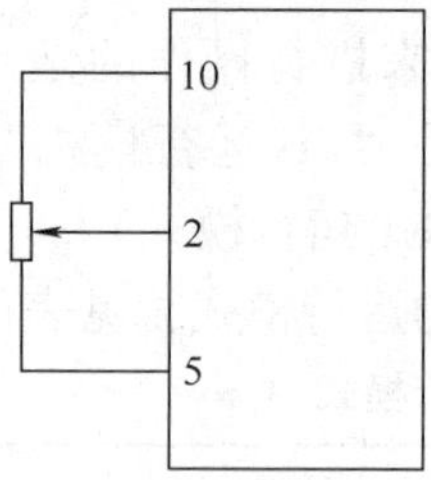

图 1-122 电位器

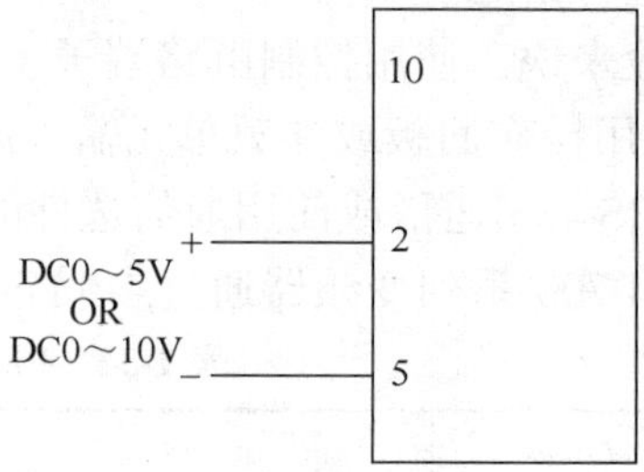

图 1-123 外部电压

5V 电压和 10V 电压通过参数 Pr. 73 选择。

c）外部电流设定。在端子 4 与端子 5 之间连接一个 DC4 ~ 20mA 电流信号。改变电流值，可使变频器的运行频率从下限频率到上限频率之间变化。

作为频率设定信号用于电流输入时，应将参数 Pr. 180 ~ Pr. 182（输入端子功能选择）的任一个设定为“4”，将其对应的端子 RL、RM、RH 中的一个设置为“AU”，即“电流输入选择”功能，并设置 Pr. 267 = 0（电流选择）。

例如，将端子 RL 作为电流信号输入的选择端子，设定参数 Pr. 180 ＝ 4，即端子 RL 被设定为“电流输入选择”AU 功能，再通过开关触点将端子 RL 与端子 SD 接通即可。如图 1-124 所示。

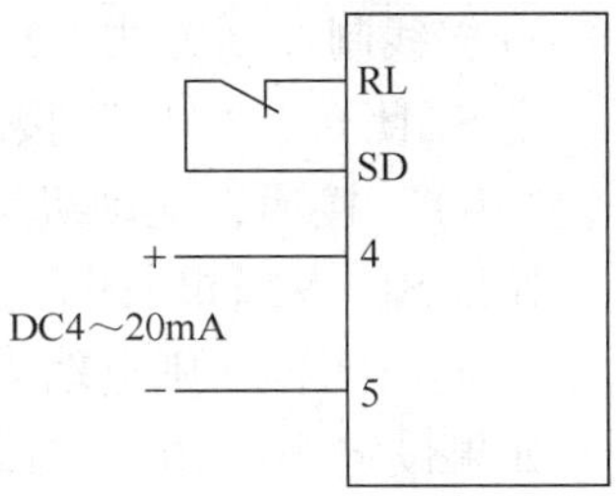

图 1-124 外部电流

外部电压设定与外部电流设定的信号一般来源于传感器的检测信号。

d）多段速选择设定。FR-D700 变频器的多段速度运行共有 15 种运行速度，通过外部输入端子的控制可以运行在不同的速度上。

由 RH、RM、RL 3 个输入端子的通断组合，可设置 7 段速度。速度由 Pr. 4 ~ Pr. 6 和 Pr. 24 ~ Pr. 27 共 7 个参数预先设定。

输入端子的状态与参数之间的对应关系见表 1-35。

表 1-35 7 段输入端子的状态与参数之间的对应关系表

输入端子状态	RH	RM	RL	RM. RL	RH. RL	RH. RM	RH. RM. RL
参数号	Pr. 4	Pr. 5	Pr. 6	Pr. 24	Pr. 25	Pr. 26	Pr. 27
速度	1 速	2 速	3 速	4 速	5 速	6 速	7 速

在以上 7 种速度的基础上，借助于端子 REX 信号，又可实现 8 种速度，其对应的参数是 Pr. 232 ~ Pr. 239，见表 1-36。

表 1-36 15 段输入端子的状态与参数之间的对应关系表

输入端子状态	REX	REX. RL	REX. RM	REX. RM. RL	REX. RH	REX. RH. RL	REX. RH. RM	REX. RH. RM. RL
参数号	Pr. 232	Pr. 233	Pr. 234	Pr. 235	Pr. 236	P. 237	Pr. 238	Pr. 239
速度	8 速	9 速	10 速	11 速	12 速	13 速	14 速	15 速

注：REX 端子功能通过 Pr. 180 ~ Pr. 182 的参数设定来确定。

多段速度运行与输入端子的关系如图 1-125 所示。

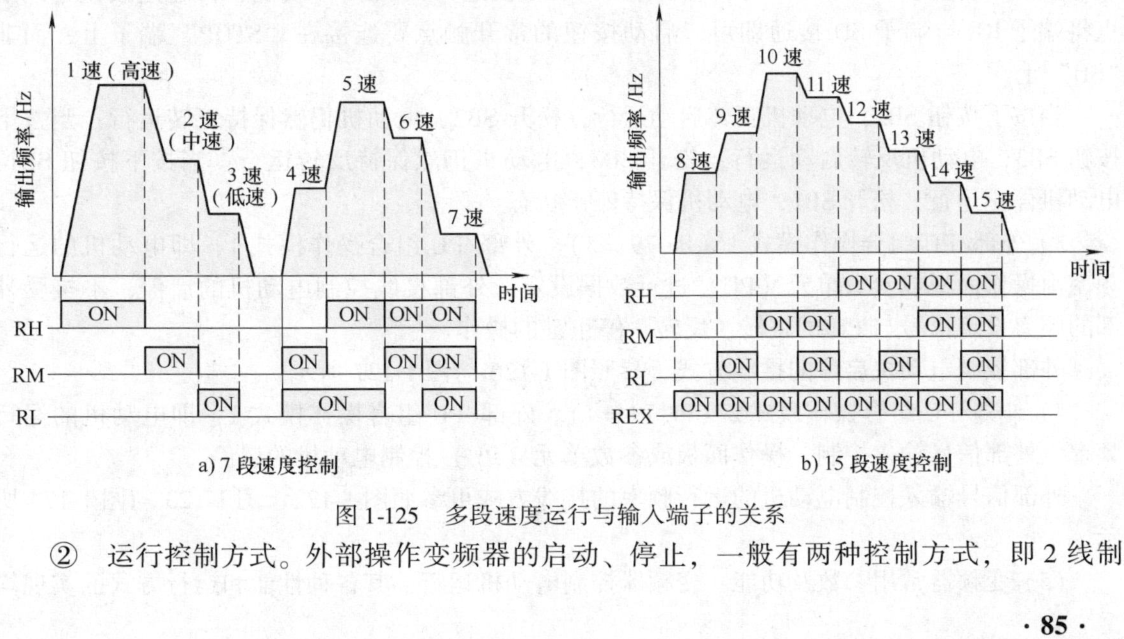

图 1-125 多段速度运行与输入端子的关系

② 运行控制方式。外部操作变频器的启动、停止，一般有两种控制方式，即 2 线制

（开关）和 3 线制（按钮自保持）控制方式。

a）2 线制控制方式。2 线制（开关）控制方式接线如图 1-126 所示。

当 S1 闭合，“STF”接通，电动机正转；S1 断开，“STF”断开，电动机停止；当 S2 闭合，“SRT”接通，电动机反转；S2 断开，“SRT”断开，电动机停止。

如果 S1、S2 同时闭合，“STF”和“SRT”同时接通，电动机不启动；如果在运行期间 S1、S2 同时闭合，则电动机减速至停止状态。

如果设定 Pr. 250 = “1000 ~ 1100、8888”，STF 信号则为启动指令，STR 信号则为正转、反转指令。

b）3 线制控制方式。3 线制（按钮自保持）控制方式如图 1-127 所示，启动与停止信号使用的元件均为按钮。

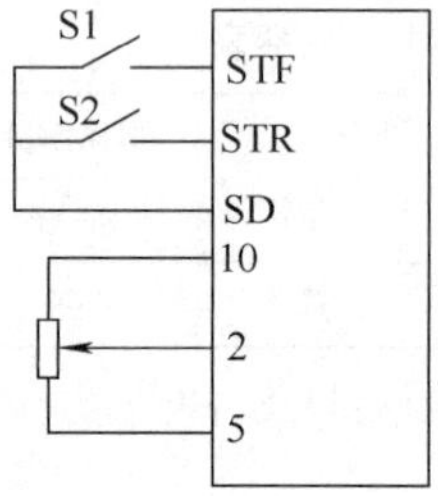

图 1-126　开关式外部运行接线图

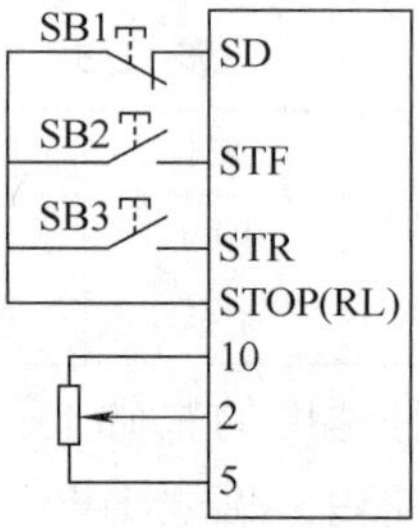

图 1-127　按钮自保持式外部运行接线图

所谓“按钮自保持控制方式”，就是启动与停止信号为瞬时信号，状态由变频器内部保持。

利用“按钮自保持控制方式”，需将参数 Pr. 180 ~ Pr. 182（输入端子功能选择）的任一个设定为“25”，将端子 RL、RM、RH 中的任一个端子设置为“STOP”即“停止”功能。

例如，设定参数 Pr. 180 = 25，即端子 RL 被设定为“STOP”功能，再通过按钮常闭触点将端子 RL 与端子 SD 接通即可。启动按钮的常开触点要连接在“STOP”端子上，而非“SD”上。

当按下按钮 SB2，电动机正转启动运行，松开 SB2，电动机仍然保持正转运行；当按下按钮 SB3，电动机反转启动运行，松开 SB3，电动机仍然保持反转运行；当按下按钮 SB1，电动机停止运行，松开 SB1，电动机保持停止状态。

3）外部/PU 组合操作模式 1（Pr. 79 = 3）。外部/PU 组合操作模式 1，即电动机的运行频率由操作面板或参数单元（PU）进行数据设定，外部接线控制电动机的启停，不接受外部的频率设定信号与 PU 的正转、反转、停止键的操作。

外部控制电动机启停的接线方式可参照图 1-126 与图 1-127 所示。

4）外部/PU 组合操作模式 2（Pr. 79 = 4）。外部/PU 组合操作模式 2，即电动机的运行频率由外部信号输入控制，操作面板或参数单元（PU）控制电动机的启停。

外部信号输入控制电动机的运行频率的接线方式可参照图 1-122、图 1-123 与图 1-124 所示。

（5）变频器常用参数及功能　变频器控制电动机运行，其各种性能和运行方式的实现均是通过参数设定来实现的，不同的参数都定义着某一个功能，不同的变频器，参数的多少是不一样的。总体来说，有基本功能参数、运行参数、定义控制端子功能参数、附加功能参数和运行模式参数等，理解这些参数的意义，是应用变频器的基础。

变频器常用参数见表 1-37。

表 1-37　变频器常用参数表

参数号 Pr.	参数名称	设定范围	出厂设定值
0	转矩提升	0% ~30 %	6/4/2 %
1	上限频率	0 ~ 120 Hz	120 Hz
2	下限频率	0 ~ 120 Hz	0 Hz
3	基准频率	0 ~ 400 Hz	50 Hz
4	多段速设定（高速）	0 ~ 400 Hz	50 Hz
5	多段速设定（中速）	0 ~ 400 Hz	30 Hz
6	多段速设定（低速）	0 ~ 400 Hz	10 Hz
7	加速时间	0 ~ 3600 s	5/10 s
8	减速时间	0 ~ 3600 s	5/10 s
9	电子过电流保护	0 ~ 500 A	变频器额定电流
13	启动频率	0 ~ 60 Hz	0. 5 Hz
14	适用负荷选择	0 ~ 3	0
19	基准频率电压	0 ~ 1000V、8888、9999	9999
20	加减速基准频率	1 ~ 400Hz	50 Hz
24	多段速度设定（速度 4）	0 ~ 400Hz，9999	9999
25	多段速度设定（速度 5）	0 ~ 400Hz，9999	9999
26	多段速度设定（速度 6）	0 ~ 400Hz，9999	9999
27	多段速度设定（速度 7）	0 ~ 400Hz，9999	9999
78	逆转防止选择	0，1，2	0
79	运行模式选择	0 ~ 4，6 ~ 7	0
178 ~ 179	STF/STR 端子功能选择	0 ~ 5、7、8、10、12、14、16、18、24、25、37、61、62、65 ~ 67、9 999	60/61
180 ~ 182	RL/RM/RH 端子功能选择	0 ~ 5、7、8、10、12、14、16、18、24、25、37、62、65 ~ 67、9 999	1/1/2

1）转矩提升（Pr. 0）。此参数主要用于设定电动机启动时的转矩大小，通过设定此参数，补偿电动机绕组上的电压降，改善电动机低速时的转矩性能，可以根据负载的情况调节低频时的电动机转矩，提高启动时的电动机转矩。

假定基准频率电压为 100%，用百分数设定频率为 0Hz 时的电压值。如果设定过大，将导致电动机过热；设定过小，启动力矩不够，一般最大值设定为 10%，如图 1-128 所示。

2）上/下限频率（Pr. 1/Pr. 2）。这是两个设定电动机运转上限和下限频率的参数。Pr. 1 设定输出频率的上限，如果运行频率设定值高于此值，则输出频率被钳位在上限频率；Pr. 2 设定输出频率的下限，若运行频率设定值低于这个值，运行时被钳位在下限频率值上。在这两个值确定之后，电动机的运行频率就在此范围内设定，如图 1-129 所示。

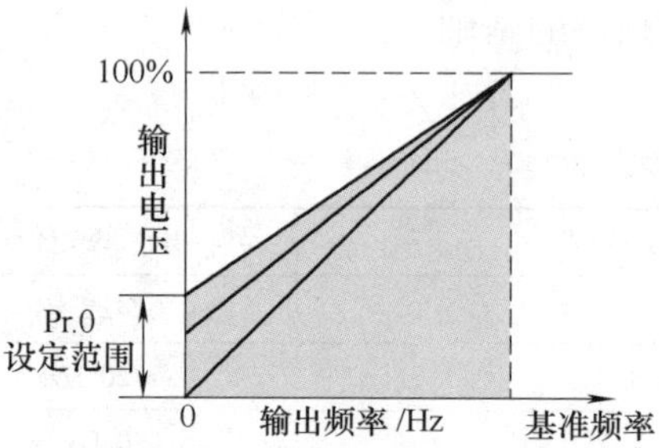

图 1-128 Pr. 0 参数意义图

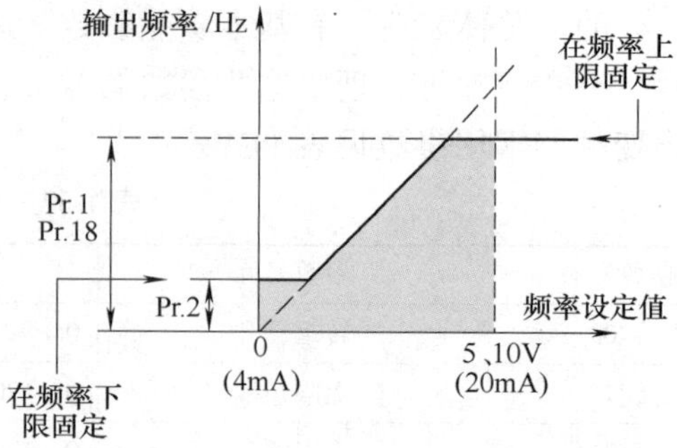

图 1-129 Pr. 1/Pr. 2 参数意义图

3）基准频率（Pr. 3）/基准频率电压（Pr. 19）。基准频率（Pr. 3）用于调整变频器输出到电动机频率的额定值。当使用标准电动机时，通常设定为电动机的额定频率，当需要电动机运行在工频电源与变频器切换时，设定与电源频率相同。电动机额定铭牌上记载的频率为"60Hz"时，必须设定为"60Hz"。

基准频率电压的设定（Pr. 19）用于对基准电压（电动机的额定电压等）进行设定。当基准频率电压的设定值低于电源电压时，变频器的最大输出电压就是 Pr. 19 中设定的电压。

当变频器的输出频率达到基准频率（Pr. 3）时，变频器的输出电压达到基准频率电压（Pr. 19）。如图 1-130 所示。

4）启动频率（Pr. 13）。此参数用于设定启动时的频率。需要启动转矩时、以及需要使启动时的电动机驱动更加顺畅时进行设定。启动频率能够在 0 ~ 60Hz 的范围内进行设定。如图 1-131 所示。

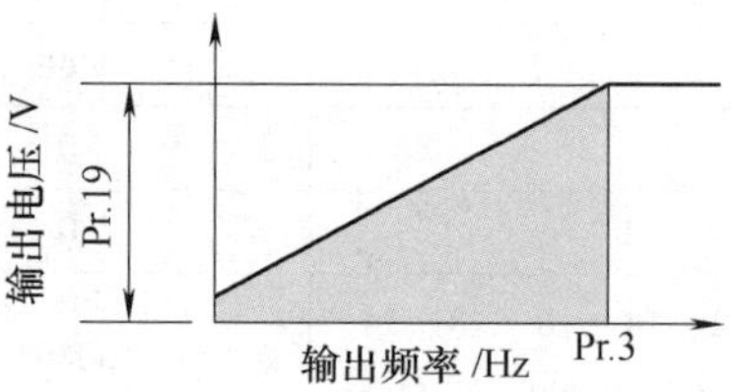

图 1-130 Pr. 3/Pr. 19 参数意义图

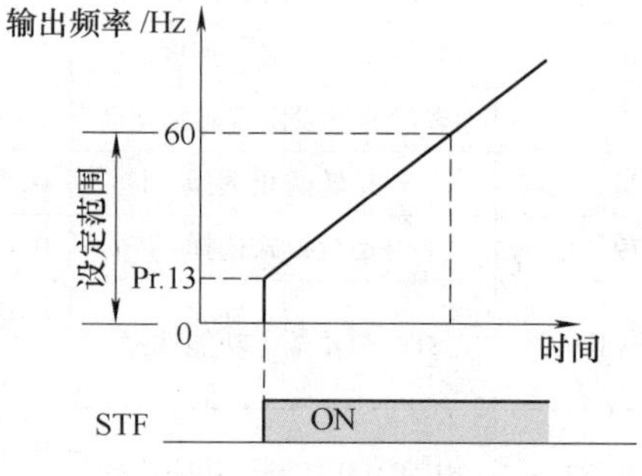

图 1-131 Pr. 13 参数意义图

频率设定信号未达到 Pr. 13 时，变频器不启动。例如，Pr. 13 设定为 5Hz 时，变频器输出则从频率设定信号变为 5Hz 时开始。

5）加/减速时间（Pr. 7/Pr. 8）/加减速基准频率（Pr. 20）。Pr. 7、Pr. 8 用于设定电动机加速、减速时间，Pr. 7 的值设定得越大，加速越慢；Pr. 8 的值设定得越大，减速越慢。

Pr. 20 是加、减速基准频率，Pr. 7 设的值就是从 0 加速到 Pr. 20 所设定的频率上的时间，Pr. 8 所设定的值就是从 Pr. 20 所设定的频率减速到 0 的时间，如图 1-132 所示。

可用 Pr. 21 设定加减速时间的单位和最小设定范围：

Pr. 21 = 0 为 0 ~ 3600s，最小设定单位：0. 1s；Pr. 21 = 1 为 0 ~ 360s，最小设定单位：

0.01s。

例　假设加减速基准频率 Pr.20 = 50Hz、启动频率 Pr.13 = 0.5Hz，从停止到最大使用频率 40Hz 的加速时间为 10s，求加速时间 Pr.7 的值。

$$加速时间设定值\ Pr.7=\frac{Pr.20}{最大使用频率-Pr.13}\times 从停止到最大使用频率的加速时间$$

$$Pr.7=\frac{50Hz}{40Hz-0.5Hz}\times 10s=12.7s$$

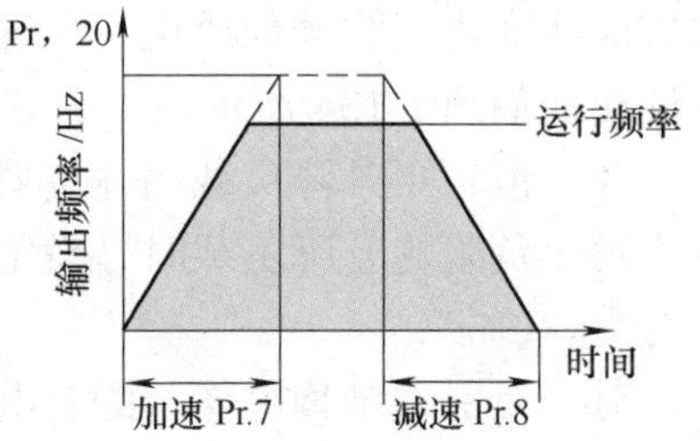

图 1-132　Pr.7/Pr.8/Pr.20 参数意义图

6）电子过电流保护（Pr.9）。设定电子过电流保护的电流值，进行电动机的过热保护，一般以电动机的额定电流为设定值。电动机的额定频率分为 50Hz 和 60Hz，当基准频率 Pr.3 设定为 60Hz 时，将 60Hz 的电动机额定电流设定为 1.1 倍。

电子过电流保护的设定值设定为变频器额定电流的 5% 以下时，电子过电流保护不动作。

7）适用负荷选择（Pr.14）。可以选择符合不同用途和负载特性的最佳的输出特性（V/F特性），在通用磁通矢量控制的情况下，适用负载选择无效。适用负荷选择（Pr.14）的设定范围见表 1-38。

表 1-38　适用负荷选择范围

参数编号	名称	初始值	设定范围	内容
14	适用负载选择	0	0	用于恒转矩负载
			1	用于低转矩负载
			2	用于恒转矩升降（反转时提升 0%）
			3	用于恒转矩升降（正转时提升 0%）

① 恒转矩负载用途（设定值“0”）。在基准频率以下，输出电压相对于输出频率呈直线变化。适用于像传送带、台车、辊驱动装置等即使转速变化负载转矩也保持恒定的设备时设定。V/F 特性曲线如图 1-133 所示。对于风机、泵类负载，如果短时间内对于转动惯量（J）较大的鼓风机进行加速时、回转泵、齿轮泵等恒转矩负载时、螺旋泵之类低速下负载转矩上升时，也应选择恒转矩负载用（设定值“0”）。

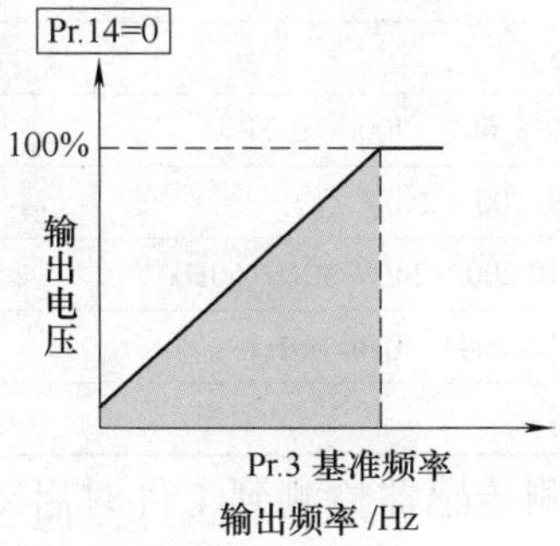

图 1-133　Pr.14 = 0 参数意义图

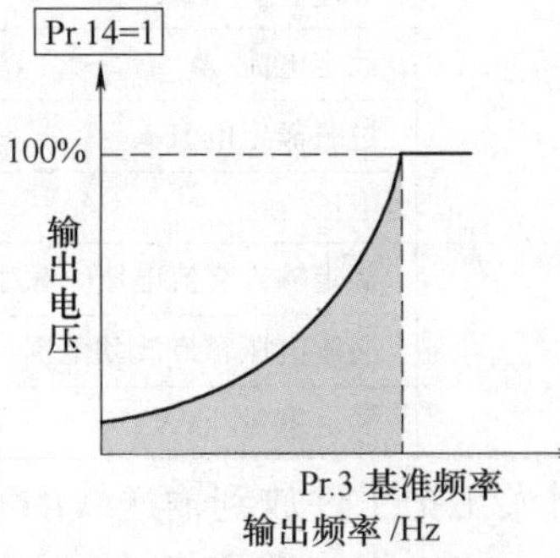

图 1-134　Pr.14 = 1 参数意义图

② 低转矩负载用途（设定值“1”）。在基准频率以下，输出电压相对于输出频率按 2

次方曲线变化。驱动如风机、泵等负载转矩与转速的 2 次方成正比变化的设备时设定。V/F 特性曲线如图 1-134 所示。

③　恒转矩升降负载用途（设定值“2、3”）。使用正转时固定为驱动负载、反转时固定为再生负载的升降负载时，设定为“2”。正转时 Pr. 0 转矩提升有效，反转时转矩提升自动变为“0%”。

对于曳引式结构电梯，配有电梯对重（平衡重），根据荷重不同，在反转时为驱动、正转时为再生负载时，设定为“3”。

V/F 特性曲线如图 1-135 所示。

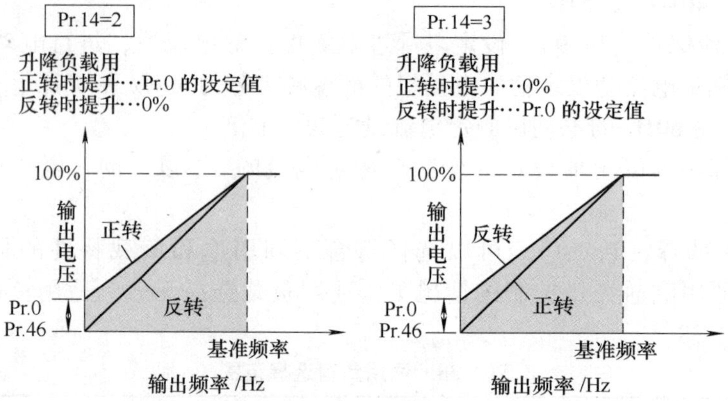

图 1-135　Pr. 14 = 2/3 参数意义图

8）逆转防止选择（Pr. 78）。能够防止由于错误输入启动信号而导致的反转事故。Pr. 78 = 0 正转和反转均可；Pr. 78 = 1 不可反转。Pr. 78 = 2 不可正转。

4. 变频器在搬运工作站中的应用

工业机器人搬运工作站中，输送线由变频器拖动，输送线的工作是运输工件，属于恒转矩负载，无其他特殊要求，选用三菱 D720S-0. 4K 变频器，其额定电压为单相 AC200 ~ 240V，适用于容量 0. 4kW 及以下的三相交流异步电动机。

三菱 D720S-0. 4K 变频器的技术参数见表 1-39。

表 1-39　D720S-0. 4K 变频器的技术参数

适用电动机容量/kW		0. 4
输出	额定容量/kVA	1. 0
	额定电流/A	2. 5
	过载额定电流 *	150% 60s、200% 0. 5s
	电压	3 相 200 ~ 240V
电源	额定输入交流电压 · 频率	单相 200 ~ 240V 50Hz/60Hz
	交流电压容许波动范围	170 ~ 264V 50Hz/60Hz
	额定容量/kVA	1. 5

运行时人工把工件放到输送线的上料位置，上料检测传感器检测到工件时启动变频器，输送线工作，将工件输送到落料台上，工件到达落料台时，落料检测传感器检测到工件后，停止变频器的运行。

欧姆龙 CP1L-M40DR PLC 控制变频器运行的电路图如图 1-136 所示。变频器采用外部电源漏型逻辑接法，PLC 的 100.03 控制变频器启动（正转）、100.04 对变频器的故障进行复位。

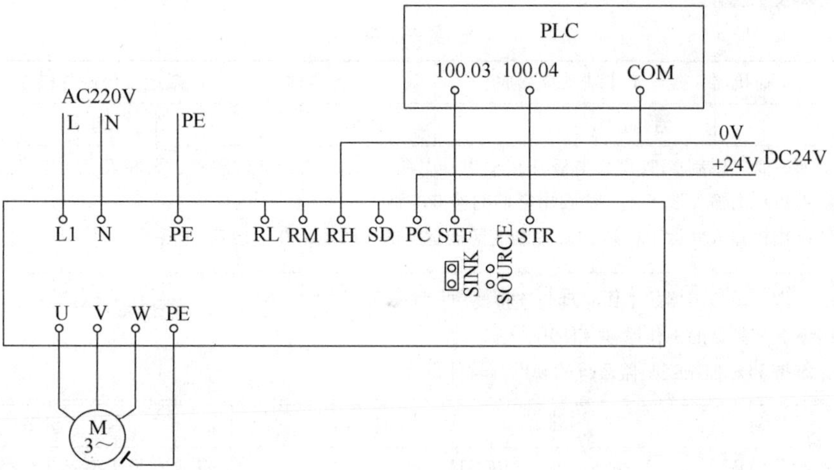

图 1-136　PLC 控制变频器运行电路图

变频器采用外部运行模式，Pr. 79 设置为 2。

STF 端子：出厂设定为正转，Pr. 178 = 60，现功能不变，不用修改参数。

STR 端子：STR 端子出厂设定是反转，Pr. 179 = 61；现改为变频器复位功能，故将 Pr. 179 设定为 62，这样 STR 端的功能被修改为 RES 即变频器复位功能。

RH 端子：出厂设定是多段速高速功能，Pr. 182 = 2，现功能不变，不用修改参数。输送线的速度只需要一个，不需要变化，所以 RH 端子接 DC24V 电源 0V 端，固定接通，变频器始终输出一个频率，其频率由参数 Pr. 4 设定。

搬运工作站变频器参数设置见表 1-40。

表 1-40　变频器参数设置

序号	参数	名称	数据	功能说明
1	Pr. 1	上限频率	50Hz	
2	Pr. 3	基准频率	50Hz	
3	Pr. 4	多段速设定（高速）	45Hz	RH 接通
4	Pr. 7	加速时间	0. 5s	
5	Pr. 8	减速时间	0. 5s	
6	Pr. 9	电子过电流保护	2. 5A	
7	Pr. 19	基准频率电压	220V	
8	Pr. 79	运行模式	2	外部运行模式
9	Pr. 178	STF 端子功能选择	60	正转指令
10	Pr. 179	STR 端子功能选择	62	变频器复位

【任务实施】

任务书 1-4

项目名称	工业机器人搬运工作站系统集成			任务名称	搬运工作站外围控制系统的设计		
班 级		姓 名		学 号		组 别	
任务内容	1. 有一个三线制 NPN 型集电极开路输出、电源 DC12V 的光纤传感器，要将其信号连接到欧姆龙 CP1L 系列 PLC 的输入端子上，请画出它们的连接电路。 2. 画出机器人搬运工作站 PLC 控制变频器运行的接线图，并叙述其工作原理。						
任务目标	1. 掌握光敏传感器的工作原理与连接要求。 2. 掌握变频器的工作原理及使用方法。 3. 掌握 PLC 控制变频器运行的硬件与软件设计。						

资料	工具	设备
工业机器人安全操作规程	常用工具	工业机器人搬运工作站
DX100 使用说明书		
DX100 维护要领书		
CP1L 操作手册		
FR-D700 使用手册（应用篇）		
FR-D700 使用手册（基础篇）		
工业机器人搬运工作站说明书		

任务完成报告书 1-4

项目名称	工业机器人搬运工作站系统集成			任务名称	搬运工作站外围控制系统的设计		
班级		姓名		学号		组别	
任务内容							

任务五　工业机器人搬运工作站的系统设计

工业机器人搬运工作站由机器人系统、PLC 控制柜、机器人安装底座、输送线系统、平面仓库和操作按钮盒等组成，如图 1-1 所示。

机器人搬运工作站系统在选择机器人、PLC 及相关控制设备后，应根据系统任务设计系统硬件电路、PLC 控制程序以及机器人运行程序。

工业机器人搬运工作站工作视频

【知识准备】

一、搬运工作站工作任务

1）设备上电前，系统处于初始状态，即输送线上料位置处及落料台上无工件、平面仓库里无工件；机器人选择远程模式、机器人在作业原点、无机器人报警错误、无机器人电池报警。

2）按启动按钮，系统运行，机器人启动。

① 当输送线上料检测传感器检测到工件时启动变频器，将工件传送到落料台上，工件到达落料台时变频器停止运行，并通知机器人搬运。

② 机器人收到命令后将工件搬运到平面仓库，搬运完成后机器人回到作业原点，等待下次的搬运请求。

③ 当平面仓库码垛了 7 个工件，机器人停止搬运，输送线停止输送。清空仓库后，按复位按钮，系统继续运行。

3）在搬运过程中，若按暂停按钮，机器人暂停运行；按复位按钮，机器人继续运行。

4）在运行过程中急停按钮一旦动作，系统立即停止；急停按钮恢复后，按复位按钮进行复位，选择示教器为“示教模式”，通过操作示教器使机器人回到作业原点。只有使系统恢复到初始状态，按启动按钮，系统才可重新启动。

二、搬运工作站硬件系统

搬运工作站硬件系统以 PLC 为核心，控制变频器、机器人的运行。变频器控制电路参见任务四中有关内容。

1. 接口配置

PLC 选用 OMRON CP1L-M40DR-D 型，机器人本体选用安川 MH6 型，机器人控制器选用 DX100。根据控制要求，机器人与 PLC 的 I/O 接口分配见表 1-41。

CN308 是机器人的专用 I/O 接口，每个接口的功能是固定的，如 CN308 的 B1 输入接口，其功能为“机器人启动”，当 B1 口为高电平时，机器人启动运行，开始执行机器人程序。

CN306 是机器人的通用 I/O 接口，每个接口的功能由用户定义，如将 CN306 的 B1 输入接口（IN9）定义为“机器人搬运开始”，当 B1 口为高电平时，机器人开始搬运工件。具体参见后面的机器人程序。

表 1-41 机器人与 PLC 的 I/O 接口信号

插头		信号地址	定义的内容	与 PLC 的连接地址
CN308	IN	B1	机器人启动	100.00
		A2	清除机器人报警和错误	101.01
	OUT	B8	机器人运行中	1.00
		A8	机器人伺服已接通	1.01
		A9	机器人报警和错误	1.02
		B10	机器人电池报警	1.03
		A10	机器人已选择远程模式	1.04
		B13	机器人在作业原点	1.05
CN306	IN	B1 IN#（9）	机器人搬运开始	100.02
	OUT	B8 OUT#（9）	机器人搬运完成	1.06

CN307 也是机器人的通用 I/O 接口，每个接口的功能由用户定义，如将 CN307 的 B8、A8 输出接口（OUT17）定义为吸盘 1、2 吸紧功能，当机器人程序使 OUT17 输出为 1 时，YV1 得电，吸盘 1、2 吸紧。CN307 的接口功能定义见表 1-42。

表 1-42 机器人 I/O 接口信号

插头	信号地址	定义的内容	负载
CN307	A8（OUT17+）/B8（OUT17-）	吸盘 1、2 吸紧	YV1
	A9（OUT18+）/B9（OUT18-）	吸盘 1、2 松开	YV2
	A10（OUT19+）/B10（OUT19-）	吸盘 3、4 吸紧	YV3
	A11（OUT20+）/B11（OUT20-）	吸盘 3、4 松开	YV4

MXT 是机器人的专用输入接口，每个接口的功能是固定的。如 EXSVON 为机器人外部伺服 ON 功能，当 29、30 间接通时，机器人伺服电源接通。搬运工作站所使用的 MXT 接口见表 1-43。

表 1-43 机器人 MXT 接口信号

插头	信号地址	定义的内容	继电器
MXT	EXESP1+（19）/EXESP1-（20）	机器人双回路急停	KA2
	EXESP2+（21）/EXESP2-（22）		
	EXSVON+（29）/EXSVON-（30）	机器人外部伺服 ON	KA1
	EXHOLD+（31）/EXHOLD-（32）	机器人外部暂停	KA3

PLC I/O 地址分配见表 1-44。

2. 硬件电路

1）PLC 开关量输入信号电路如图 1-137 所示。由于传感器为 NPN 电极开路型，且机器人的输出接口为漏型输出，故 PLC 的输入采用漏型接法，即 COM 端接 +24V。输入信号包括控制按钮和检测用传感器。

2）机器人输出与 PLC 输入接口电路如图 1-138 所示。CN303 的 1、2 端接外部 DC24V 电源，PLC 输入信号包括“机器人运行中”、“机器人搬运完成”等机器人的反馈信号。

表 1-44　PLC I/O 接口信号

输入信号			输出信号		
序号	PLC 输入地址	信号名称	序号	PLC 输出地址	信号名称
1	0.00	启动按钮	1	100.00	机器人启动
2	0.01	暂停按钮	2	100.01	清除机器人报警与错误
3	0.02	复位按钮	3	100.02	机器人搬运开始
4	0.03	急停按钮	4	100.03	变频器启停控制
5	0.06	输送线上料检测	5	100.04	变频器故障复位
6	0.07	落料台工件检测	6	101.00	机器人伺服使能
7	0.08	仓库工件满检测	7	101.01	机器人急停
8	1.00	机器人运行中	8	101.02	机器人暂停
9	1.01	机器人伺服已接通			
10	1.02	机器人报警/错误			
11	1.03	机器人电池报警			
12	1.04	机器人选择远程模式			
13	1.05	机器人在作业原点			
14	1.06	机器人搬运完成			

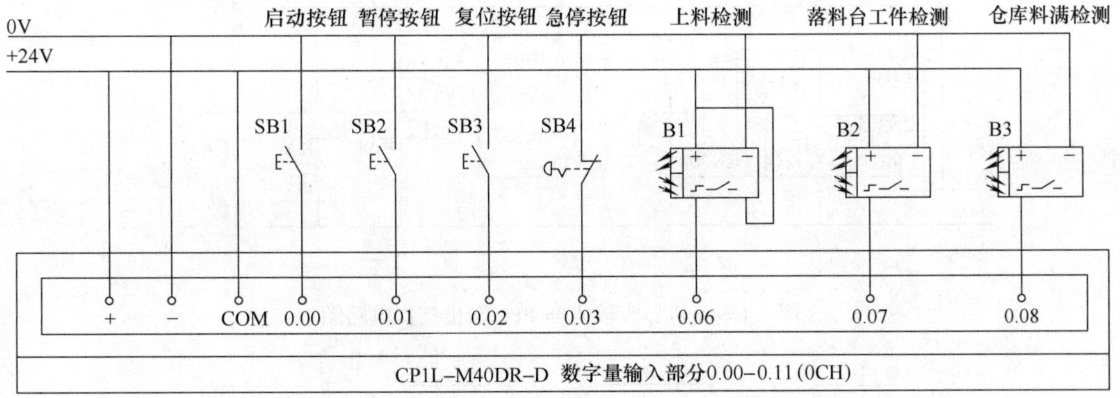

图 1-137　PLC 开关量输入信号电路图

3）机器人输入与 PLC 输出接口电路如图 1-139 所示。由于机器人的输入接口为漏型输入，PLC 的输出采用漏型接法。PLC 输出信号包括“机器人启动”、“机器人搬运开始” 等控制机器人运行、停止的信号。

4）机器人专用输入 MXT 接口电路如图 1-140 所示。继电器 KA2 双回路控制机器人急停、KA1 控制机器人伺服使能、KA3 控制机器人暂停。

5）机器人输出控制电磁阀电路图如图 1-141 所示。通过 CN307 接口控制电磁阀 YV1 ~

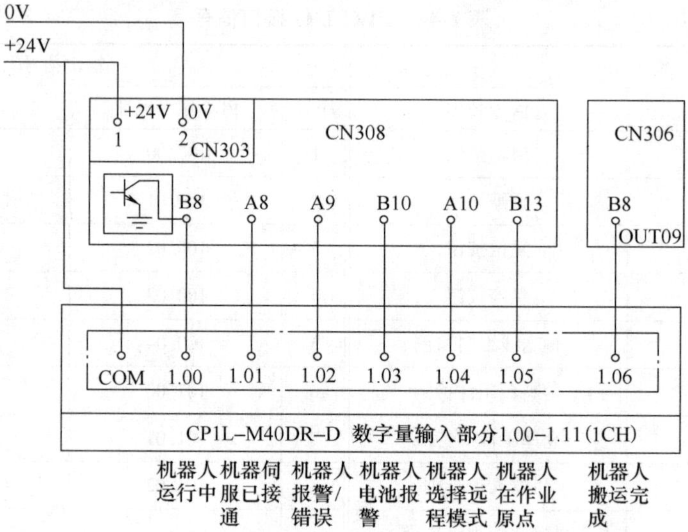

图1-138　机器人输出与PLC输入接口电路图

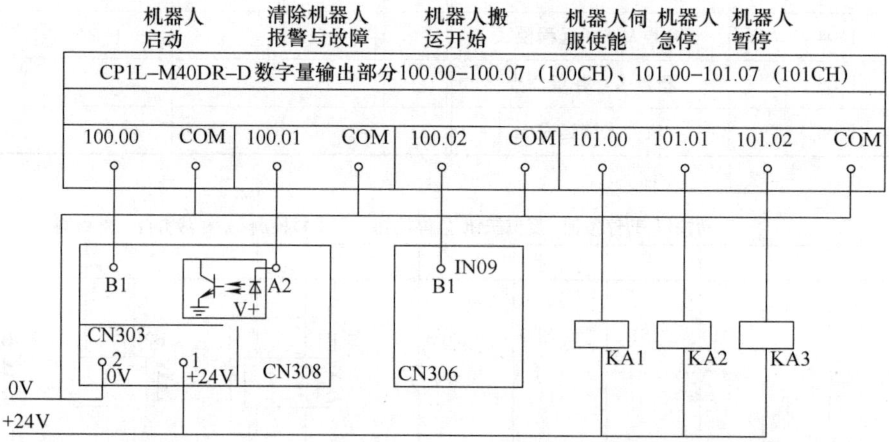

图1-139　机器人输入与PLC输出接口电路图

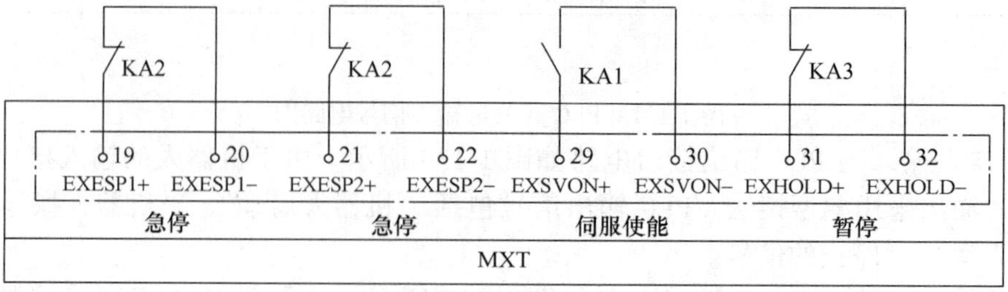

图1-140　机器人专用输入MXT接口电路图

YV4，用于抓取或释放工件。

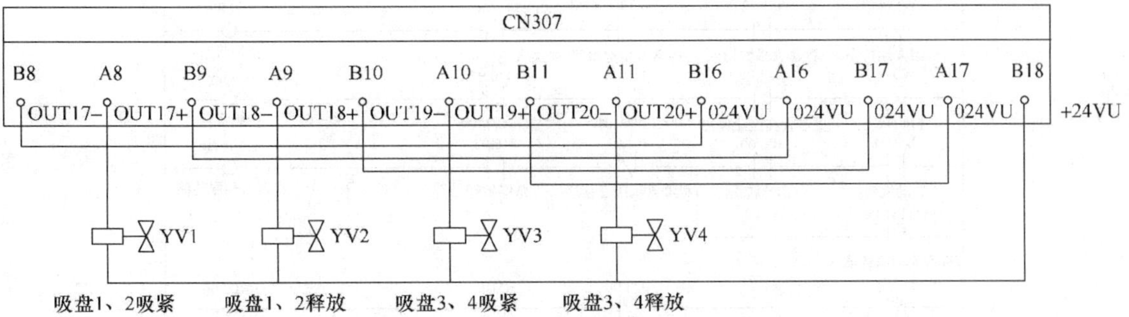

图 1-141　机器人输出控制电磁阀电路图

三、搬运工作站软件系统

1. 搬运工作站 PLC 程序

搬运工作站 PLC 参考程序如图 1-142 所示。

只有在所有的初始条件都满足时，W0.00 得电，按下启动按钮 0.00，101.00 得电，机器人伺服电源接通；如果使能成功，机器人使能已接通反馈信号 1.01 得电，101.00 断电，使能信号解除；同时 100.00 得电，机器人程序启动，机器人开始运行程序，同时其反馈信号 1.00 得电，100.00 断电，程序启动信号解除。

如果在运行过程中，按暂停按钮 0.01，则 101.02 得电，机器人暂停，其反馈信号 1.00 断电。此时机器人的伺服电源仍然接通，机器人只是停止执行程序。按复位按钮 0.02，则 101.02 断电机器人暂停信号解除，同时 100.00 得电，机器人程序再次启动，继续执行程序。

机器人程序启动后，如果落料台上有工件且仓库未满（7 个），则 100.02 得电，机器人将把落料台上的工件搬运到仓库里。

如果在运行过程中按急停按钮 0.03，则 101.01 得电，机器人急停，其反馈信号 1.00、1.01 断电。此时机器人的伺服电源断开、停止执行程序。

急停后，只有使系统恢复到初始状态，按启动按钮，系统才可重新启动。

2. 搬运工作站机器人程序

搬运工作站机器人参考程序见图 1-143。

当 PLC 的 100.00 输出“1”时，机器人 CN308 的 B1 输入口接受到该信号，机器人启动，开始执行程序。

执行到第 8 条指令时，机器人等待落料台传感器检测工件。当落料台上有工件时，PLC 的 100.02 输出“1”，向机器人发出“机器人搬运开始”命令，机器人 CN306 的 9 号输出口接受到该信号，继续执行后面的程序。

由于工件在仓库里是层层码垛的，所以机器人每搬运一个工件，末端执行器要逐渐抬高，抬高的距离大于一个工件的厚度。标号 * L0 ~ * L6 的程序分别为码垛 7 个工件时，末端执行器不同的位置。

机器人如果急停，急停按钮复位后，选择示教器为“示教模式”，通过操作示教器使机器人回到作业原点，并将程序指针指向第一条指令。

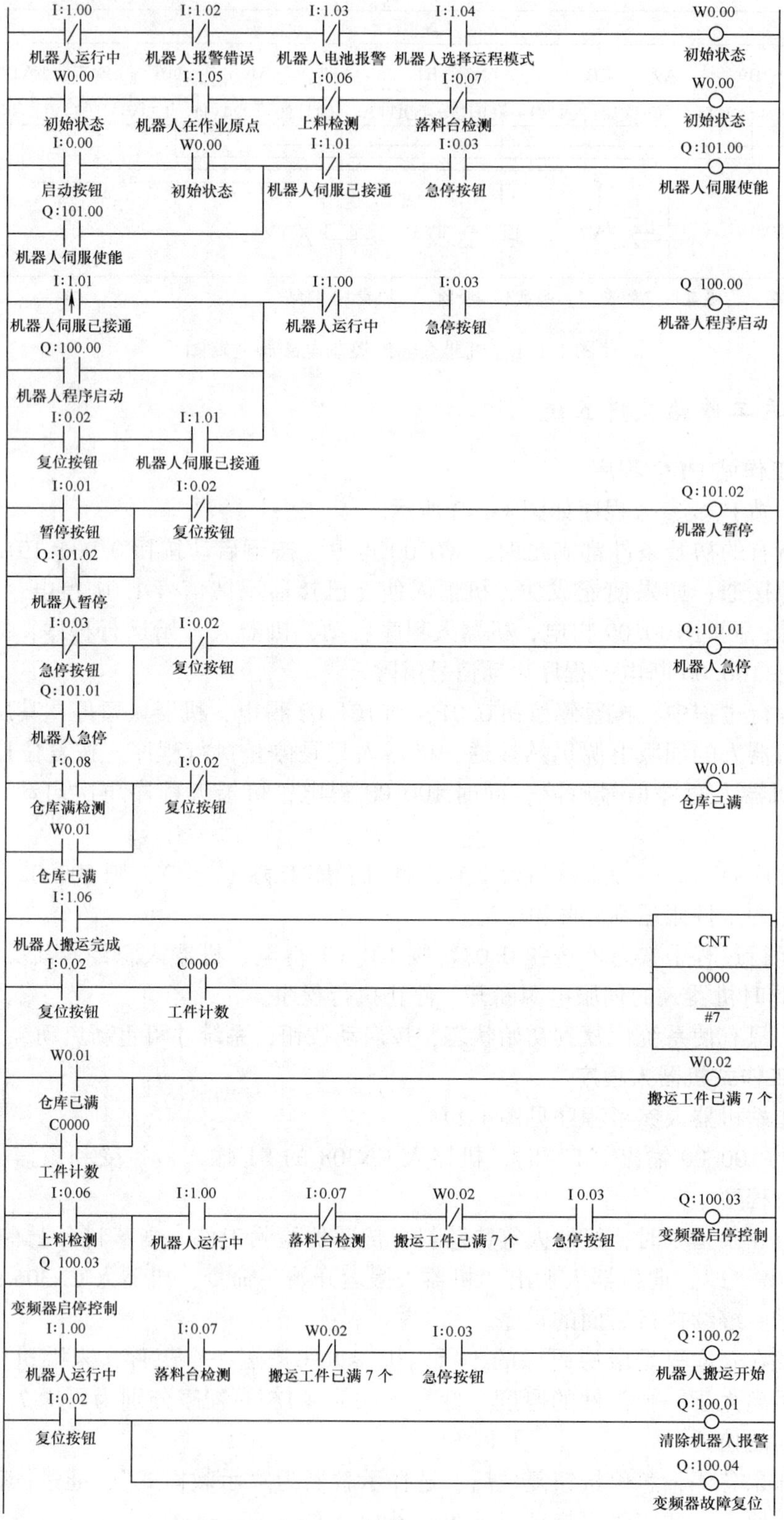

图 1-142　搬运工作站 PLC 参考程序

序号	程序	注释
1	NOP	
2	*L10	程序标号
3	CLEAR B000 1	置“搬运工件数”记忆存储器 B000 为 0；初始化
4	DOUT OT#（9）=OFF	清除“机器人搬运完成”信号；初始化
5	PULSE OT#（18）T=2.00	YV2 得电 2s，吸盘 1、2 松开；初始化
6	PULSE OT#（20）T=2.00	YV4 得电 2s，吸盘 3、4 松开；初始化
7	*L9	程序标号
8	WAIT IN#（9）=ON	等待 PLC 发出“机器人搬运开始”指令
9	MOVJ VJ=10.00 PL=0	机器人作业原点，关键示教点
10	MOVJ VJ=15.00 PL=3	中间移动点
11	MOVJ VJ=50.00 PL=3	中间移动点
12	MOVL V=83.3 PL=0	吸盘接近工件，关键示教点
13	PULSE OT#（17）T=2.00	YV1 得电 2s，吸盘 1、2 吸紧
14	PULSE OT#（19）T=2.00	YV3 得电 2s，吸盘 3、4 吸紧
15	MOVL V=166.7 PL=3	中间移动点
16	MOVJ VJ=10.00 PL=3	中间移动点
17	MOVJ VJ=15.00 PL=3	中间移动点
18	MOVJ VJ=10.00 PL=1	中间移动点
19	MOVL V=250.0 PL=1	到达仓库正上方（距离仓库底面在 7 块工件的厚度以上）
20	JUMP *L0 IF B000=0	如果搬运第一块工件，跳转至*L0
21	JUMP *L1 IF B000=1	如果搬运第二块工件，跳转至*L1
22	JUMP *L2 IF B000=2	如果搬运第三块工件，跳转至*L2
23	JUMP *L3 IF B000=3	如果搬运第四块工件，跳转至*L3
24	JUMP *L4 IF B000=4	如果搬运第五块工件，跳转至*L4
25	JUMP *L5 IF B000=5	如果搬运第六块工件，跳转至*L5
26	JUMP *L6 IF B000=6	如果搬运第七块工件，跳转至*L6
27	*L0	放置第 1 个工件时程序标号
28	MOVL V=83.3	放置第 1 个工件时，工件下降的位置。作为关键示教点
29	JUMP *L8	跳转至*L8
30	*L1	放置第 2 个工件时程序标号
31	MOVL V=83.3	放置第 2 个工件时，工件下降的位置
32	JUMP *L8	跳转至*L8
33	*L2	放置第 3 个工件时程序标号
34	MOVL V=83.3	放置第 3 个工件时，工件下降的位置
35	JUMP *L8	跳转至*L8
36	*L3	放置第 4 个工件时程序标号
37	MOVL V=83.3	放置第 4 个工件时，工件下降的位置
38	JUMP *L8	跳转至*L8
39	*L4	放置第 5 个工件时程序标号
40	MOVL V=83.3	放置第 5 个工件时，工件下降的位置
41	JUMP *L8	跳转至*L8
42	*L5	放置第 6 个工件时程序标号
43	MOVL V=83.3	放置第 6 个工件时，工件下降的位置
44	JUMP *L8	跳转至*L8
45	*L6	放置第 7 个工件时程序标号
46	MOVL V=83.3	放置第 7 个工件时，工件下降的位置
47	*L8	程序标号*L8
48	TIMER T=1.00	吸盘到位后，延时 1 秒
49	PULSE OT#（18）T=2.00	YV2 得电 2s，吸盘 1、2 松开
50	PULSE OT#（20）T=2.00	YV4 得电 2s，吸盘 3、4 松开
51	INC B000	“搬运工件数”加 1
52	MOVL V=83.3 PL=1	中间移动点
53	MOVJ VJ=20.00 PL=1	中间移动点
54	MOVJ VJ=20.00	回作业原点
55	PULSE OT#（9）T=1.00	向 PLC 发出 1s“机器人搬运完成”信号
56	JUMP *L9 IF B000<7	判断仓库是否已经满（7 个工件满）
57	JUMP *L10	跳转至*L10
58	END	

图 1-143　搬运工作站机器人参考程序

【任务实施】

任务书 1-5

项目名称	工业机器人搬运工作站系统集成			任务名称	工业机器人搬运工作站的系统设计		
班级		姓名		学号		组别	
任务内容	某搬运工作站由搬运机器人与输送线构成，输送线由变频器驱动三相交流异步电动机拖动，速度1000r/min，电动机额定功率1kW、额定转速1450r/min；机器人末端执行器及工件总重量2kg；搬运距离小于1m，回转角度小于180°；输送线供料位有工件时输送线启动；落料位有工件时输送线停止并通知机器人搬运；系统设有机器人启动按钮和暂停按钮；机器人暂停后，重新按启动按钮机器人继续工作。 设计要求： （1）选择搬运机器人；（2）选择检测传感器；（3）选择变频器； （4）设计系统硬件电路；（5）设定变频器参数；（6）编写 PLC 程序							
任务目标	1. 掌握 PLC 系统的设计方法。 2. 掌握 PLC 与外围设备的连接技术。 3. 掌握变频器系统的设计方法。 4. 掌握 PLC 与机器人的接口技术。						

资料	工具	设备
工业机器人安全操作规程	常用工具	工业机器人搬运工作站
DX100 使用说明书		
DX100 维护要领书		
CP1L 操作手册		
FR-D700 使用手册（应用篇）		
FR-D700 使用手册（基础篇）		
工业机器人搬运工作站说明书		

任务完成报告书 1-5

项目名称	工业机器人搬运工作站系统集成			任务名称	工业机器人搬运工作站的系统设计		
班级		姓名		学号		组别	
任务内容							

【考核与评价】

学生自评表 1 年 月 日

<table>
<tr><td>项目名称</td><td colspan="7">工业机器人搬运工作站系统集成</td></tr>
<tr><td>班 级</td><td></td><td>姓 名</td><td></td><td>学 号</td><td></td><td>组 别</td><td></td></tr>
<tr><td>评价项目</td><td colspan="4">评价内容</td><td colspan="3">评价结果（好/较好/一般/差）</td></tr>
<tr><td rowspan="5">专业能力</td><td colspan="4">能够正确选用工业机器人</td><td colspan="3"></td></tr>
<tr><td colspan="4">能够正确选用 PLC、传感器、变频器</td><td colspan="3"></td></tr>
<tr><td colspan="4">能够正确地设计机器人工作站外围系统</td><td colspan="3"></td></tr>
<tr><td colspan="4">能够编写 PLC 程序远程控制机器人运行</td><td colspan="3"></td></tr>
<tr><td colspan="4">能够正确设置变频器参数</td><td colspan="3"></td></tr>
<tr><td rowspan="4">方法能力</td><td colspan="4">能够遵守安全操作规程</td><td colspan="3"></td></tr>
<tr><td colspan="4">会查阅、使用说明书及手册</td><td colspan="3"></td></tr>
<tr><td colspan="4">能够对自己的学习情况进行总结</td><td colspan="3"></td></tr>
<tr><td colspan="4">能够如实对自己的情况进行评价</td><td colspan="3"></td></tr>
<tr><td rowspan="4">社会能力</td><td colspan="4">能够积极参与小组讨论</td><td colspan="3"></td></tr>
<tr><td colspan="4">能够接受小组的分工并积极完成任务</td><td colspan="3"></td></tr>
<tr><td colspan="4">能够主动对他人提供帮助</td><td colspan="3"></td></tr>
<tr><td colspan="4">能够正确认识自己的错误并改正</td><td colspan="3"></td></tr>
<tr><td colspan="8">自我评价及反思</td></tr>
<tr><td colspan="8"></td></tr>
</table>

学生互评表 1　　　　年　　月　　日

项目名称	工业机器人搬运工作站系统集成					
被评价人	班 级		姓 名		学 号	
评 价 人						
评价项目	评价标准				评价结果	
团队合作	A. 合作融洽					
	B. 主动合作					
	C. 可以合作					
	D. 不能合作					
学习方法	A. 学习方法良好，值得借鉴					
	B. 学习方法有效					
	C. 学习方法基本有效					
	D. 学习方法存在问题					
专业能力（勾选）	能够正确选用工业机器人					
	能够正确选用 PLC、传感器、变频器					
	能够正确地设计机器人工作站外围系统					
	能够编写 PLC 程序远程控制机器人运行					
	能够正确设置变频器参数					
	能够严格遵守安全操作规程					
	能够快速查阅、使用说明书及手册					
	能够按要求完成任务					
综合评价						

教师评价表 1　　　　年　　月　　日

<table>
<tr><td>项目名称</td><td colspan="6">工业机器人搬运工作站系统集成</td></tr>
<tr><td>被评价人</td><td>班 级</td><td></td><td>姓 名</td><td></td><td>学 号</td><td></td></tr>
<tr><td>评价项目</td><td colspan="4">评价内容</td><td colspan="2">评价结果（好/较好/一般/差）</td></tr>
<tr><td rowspan="6">专业
认知能力</td><td colspan="4">理解任务要求的含义</td><td colspan="2"></td></tr>
<tr><td colspan="4">了解工业机器人的结构、用途</td><td colspan="2"></td></tr>
<tr><td colspan="4">了解机器人搬运工作站的结构工作原理</td><td colspan="2"></td></tr>
<tr><td colspan="4">理解 PLC、传感器、变频器在系统中的作用</td><td colspan="2"></td></tr>
<tr><td colspan="4">了解机器人常用 I/O 接口的功能</td><td colspan="2"></td></tr>
<tr><td colspan="4">严格遵守安全操作规程</td><td colspan="2"></td></tr>
<tr><td rowspan="6">专业
实践能力</td><td colspan="4">能够正确选用工业机器人</td><td colspan="2"></td></tr>
<tr><td colspan="4">能够正确选用 PLC、传感器、变频器</td><td colspan="2"></td></tr>
<tr><td colspan="4">能够设计机器人工作站外围系统</td><td colspan="2"></td></tr>
<tr><td colspan="4">能够编写 PLC 程序远程控制机器人运行</td><td colspan="2"></td></tr>
<tr><td colspan="4">能够正确设置变频器参数</td><td colspan="2"></td></tr>
<tr><td colspan="4">能够快速查阅、使用说明书及手册</td><td colspan="2"></td></tr>
<tr><td rowspan="5">社会能力</td><td colspan="4">能够积极参与小组讨论</td><td colspan="2"></td></tr>
<tr><td colspan="4">能够接受小组的分工并积极完成任务</td><td colspan="2"></td></tr>
<tr><td colspan="4">能够主动对他人提供帮助</td><td colspan="2"></td></tr>
<tr><td colspan="4">能够正确认识自己的错误并改正</td><td colspan="2"></td></tr>
<tr><td colspan="4">善于表达和交流</td><td colspan="2"></td></tr>
<tr><td colspan="7">综合评价</td></tr>
<tr><td colspan="7"></td></tr>
</table>

【学习体会】

【思考与练习】

1. 简述工业机器人搬运工作站的工作过程。
2. 机器人末端执行器的作用是什么？
3. 机器人末端执行器有哪些类型？
4. 简述图 1-13 搬运工作站末端执行器的工作原理。
5. 工业机器人一般由哪些部分组成？
6. 列举工业机器人的应用场合。
7. 工业机器人的技术参数有哪些？
8. 安川 MH6 机器人属于哪种类型的机器人？共有几轴？末端执行器安装在哪个轴上？
9. 机器人控制柜 DX100 的功能是什么？
10. 外部设备如何与 DX100 控制柜交换信息？
11. 外部设备要控制机器人运行，应该如何实现？
12. 当外部暂停机器人时，机器人伺服是否保持接通？
13. 当外部急停机器人时，机器人伺服是否保持接通？
14. 为什么外部设备控制机器人急停用双回路电路？
15. 暂停和急停是接通有效还是断开有效？
16. E3X-NA11 型光纤传感器是什么形式输出？
17. E3X-NA11 型光纤传感器如何与 PLC 连接？
18. 变频器控制输入信号端的接线方式有哪几种？分别如何与外部信号连接？
19. 机器人搬运工作站中使用了机器人的哪些初始条件？
20. 机器人搬运工作站中使用了机器人的哪些输入输出端口？这些端口起什么作用？
21. 安川 DX200 控制系统与 DX100 有什么区别？

项目二 工业机器人弧焊工作站系统集成

焊接机器人是应用最广泛的一类工业机器人，在各国机器人应用比例中占总数的40% ~ 60%。我国目前有600台以上的焊接机器人用于实际生产。

采用机器人焊接是焊接自动化的革命性进步，它突破了传统的焊接刚性自动化方式，开拓了一种柔性自动化新方式。焊接机器人分弧焊机器人和点焊机器人两大类。

焊接机器人的主要优点如下：

1）易于实现焊接产品质量的稳定和提高，保证其均一性。

2）提高生产率，一天可24h连续生产。

3）改善工人劳动条件，可在有害环境下长期工作。

4）降低对工人操作技术难度的要求。

5）缩短产品改型换代的准备周期，减少相应的设备投资。

6）可实现批量产品焊接自动化。

7）为焊接柔性生产线提供技术基础。

弧焊机器人的应用范围很广，除汽车行业之外，在通用机械、金属结构等许多行业中都有广泛的应用。最常用的范围是结构钢和铬镍钢的熔化极活性气体保护焊（CO_2 焊、MAG焊）、铝及特殊合金熔化极惰性气体保护焊（MIC 焊）、铬镍钢和铝的惰性气体保护焊以及埋弧焊等。

【学习目标】

知识目标：

1）了解工业机器人弧焊工作站的组成。

2）掌握弧焊机器人接口技术。

3）掌握弧焊电源的基本应用。

技能目标：

1）能够正确选用弧焊机器人。

2）能够正确选用弧焊电源。

3）能够构建弧焊机器人工作站。

【工作任务】

任务一　工业机器人弧焊工作站的认识

任务二　弧焊机器人的选型

任务三　弧焊工作站焊接系统的设计

任务一　工业机器人弧焊工作站的认识

工业机器人弧焊工作站根据焊接对象性质及焊接工艺要求，利用焊接机器人完成电弧焊接过程。工业机器人弧焊工作站除了弧焊机器人外，还包括焊接系统和变位机系统等各种焊接附属装置。

【知识准备】

一、工业机器人弧焊工作站的工作任务

1. 焊接任务及工艺要求

工业机器人弧焊工作站的工作任务是将钢管焊接在底板上，材料形状如图 2-1 所示。

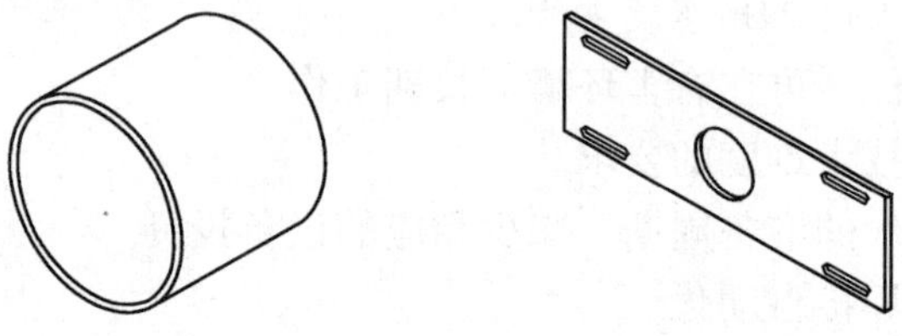

a) 钢管　　b) 底板

图 2-1　焊接材料形状

焊接工艺见表 2-1。

表 2-1　焊接工艺

	焊接方法	焊材/规格	电源极性	焊接电流/A	焊接电压/V	焊接速度/（cm/min）	导电嘴与母材间距/mm	气体流量/（L/min）
焊接工艺参数	MAG	ER50-6/ϕ1.2	直流正接	110 ~ 150	22 ~ 26	35 ~ 45	13 ~ 16	13 ~ 15
焊接技术要求	1）焊前准备：在坡口及坡口边缘各 20mm 范围内，将油、污、锈、垢、氧化皮清除，直至呈现金属光泽 2）焊缝表面无裂纹、气孔及咬边等缺陷为合格 3）焊缝余高：$e_1 \leqslant 1.5$mm							

焊缝坡口尺寸及熔敷图如图 2-2 所示。

2. MAG 焊接方法

熔化极电弧焊（GMAW）是采用连续等速送进可熔化的焊丝与被焊工件之间的电弧作为热源来熔化焊丝和母材金属，形成熔池和焊缝的焊接方法。为了得到良好的焊缝，利用外加气体作为电弧介质并保护熔滴、熔池金属及焊接区高温金属免受周围空气的有害作用。

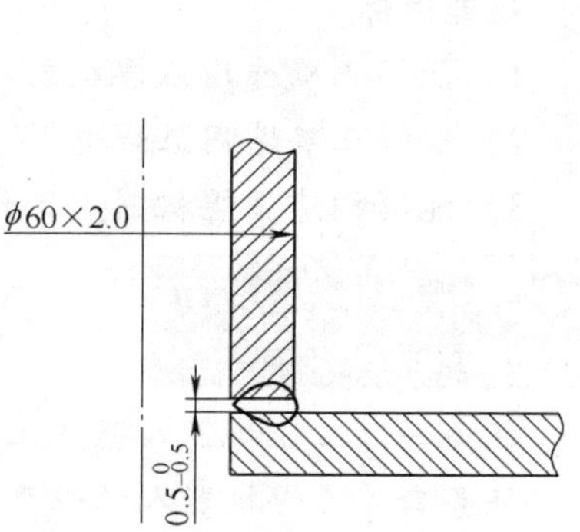

图 2-2　焊缝坡口尺寸及熔敷图

焊接时采用惰性气体与氧化性气体（活性气体），如 $Ar + CO_2$、$Ar + O_2$、$Ar + CO_2 + O_2$ 等混合气作为保护气体，

称为熔化极活性气体保护电弧焊，简称为 MAG 焊，尤其适用于碳钢、合金钢和不锈钢等黑色金属材料的焊接。

熔化极活性气体保护电弧焊熔敷速度快、生产效率高、易实现自动化，因而在焊接生产中得到日益广泛的应用。

二、工业机器人弧焊工作站的组成

工业机器人弧焊工作站由两套机器人焊接系统构成，可以各自单独焊接，也可协调焊接。整体布置如图 2-3 所示。

图 2-3　工业机器人弧焊工作站整体布置图

1—变位机　2—机器人　3—焊枪清理装置

一个完整的工业机器人弧焊系统由机器人系统、焊枪、焊接电源、送丝装置、焊接变位机等组成，如图 2-4 所示。

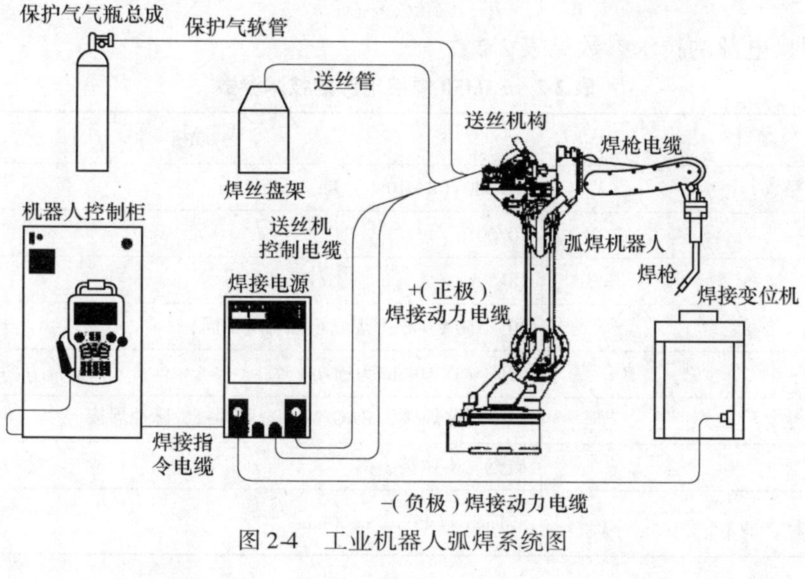

图 2-4　工业机器人弧焊系统图

1. 弧焊机器人

弧焊机器人包括安川 MA1400 机器人本体、DX100 控制柜以及示教器。安川 MA1400 机器人本体及焊枪如图 2-5所示。

安川 MA1400 为6轴弧焊专用机器人，由驱动器、传动机构、机械手臂、关节以及内部传感器等组成。它的任务是精确地保证机械手末端执行器（焊枪）所要求的位置、姿态和运动轨迹。焊枪与机器人手臂可直接通过法兰连接。

图 2-5　安川 MA1400 机器人本体及焊枪

1—焊枪　2—机器人本体

2. 弧焊焊接电源

弧焊焊接电源是为电弧焊提供电源的设备。超低飞溅全数字化机器人专用焊接电源 RD350 如图 2-6 所示。

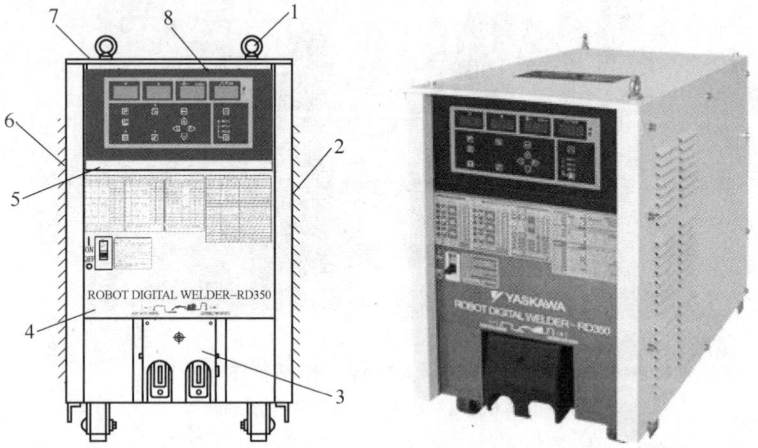

图 2-6　RD350 焊接电源

1—吊环螺栓　2—右侧盖板　3—端子盖　4—前面板　5—操作面板　6—左侧盖板　7—上盖板　8—面板

RD350 焊接电源的技术参数见表 2-2。

表 2-2　RD350 焊接电源的技术参数

项目	规格
额定输入电压、相数	AC 380（1±10%）V，三相
额定频率	50/60Hz
额定输入功率	18kVA
输出电流范围	30~350A（根据焊丝粗细有所不同）
额定使用率	60%（以 10min 为周期）
熔接法（焊接方法）	CO_2 短路焊接、MAG/MIG 短路焊接、脉冲焊接
适用母材	碳钢、不锈钢、铝
外形尺寸（宽×深×高）	371mm×645mm×600mm

机器人控制柜 DX100 通过焊接指令电缆向焊接电源发出控制指令，如焊接参数（焊接电压、焊接电流）、起弧、息弧等。

3. 焊枪

焊枪将焊接电源的大电流产生的热量聚集在焊枪的终端来熔化焊丝，熔化的焊丝渗透到需焊接的部位，冷却后，被焊接的物体牢固地连接成一体。

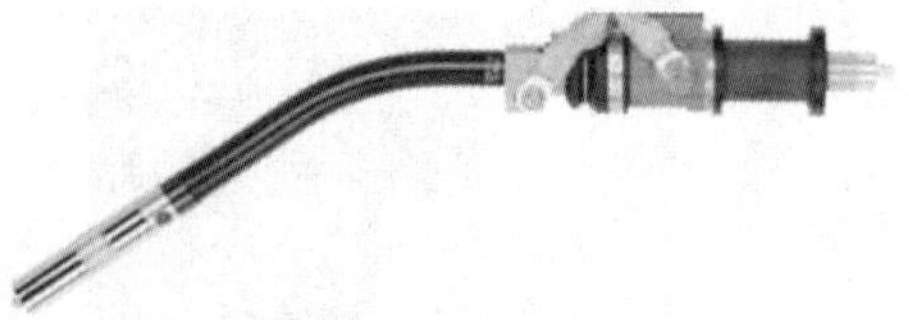

图 2-7　SRCT-308R 型焊枪外观

安川 MA1400 机器人安装的焊枪型号为 SRCT-308R，内置防撞传感器，外观如图 2-7 所示。

SRCT-308R 型焊枪的技术参数见表 2-3。

表 2-3　SRCT-308R 型焊枪的技术参数

项目	参数
额定电流（CO_2）	350A
额定电流（MAG）	300A
使用率	60%
适用焊丝直径	0.8 ~ 1.2mm
冷却方式	空冷
电缆长度	0.8 ~ 5m

4. 送丝机

安装在机器人 U 轴上的送丝机是为焊枪自动输送焊丝的装置。送丝机如图 2-8 所示，主要由送丝电动机、压紧机构、送丝滚轮（主动轮、从动轮）等组成。

送丝电动机驱动主动轮旋转，为送丝提供动力，从动轮将焊丝压入送丝轮上的送丝槽，增大焊丝与送丝轮的摩擦，将焊丝修整平直，平稳送出，使进入焊枪的焊丝在焊接过程中不会出现卡丝现象。

图 2-8　送丝机

1—送丝软管（进）　2—加压控制柄　3—送丝电动机　4—送丝滚轮　5—送丝软管（出）

5. 焊丝盘架

盘状焊丝可装在机器人 S 轴上，也可装在地面上的焊丝盘架上。焊丝盘架用于焊丝盘的固定，如图 2-9 所示。焊丝从送丝套管中穿入，通过送丝机构送入焊枪。

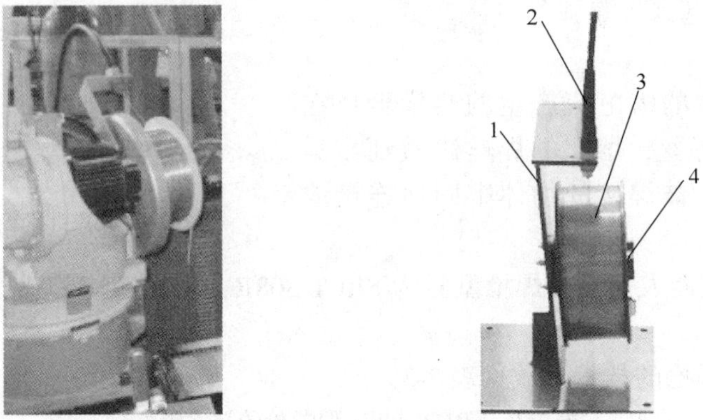

a) 盘状焊丝装在机器人 S 轴上　　b) 盘状焊丝装在地面上的焊丝盘架上

图 2-9　焊丝盘的安装

1—盘架　2—送丝套管　3—焊丝　4—从动轴

6. 焊接变位机

焊接变位机承载工件及焊接所需工装，主要作用是实现焊接过程中将工件进行翻转变位，以便获得最佳的焊接位置，可缩短辅助时间，提高劳动生产率，改善焊接质量，是机器人焊接作业不可缺少的周边设备。焊接变位机如图 2-10 所示。

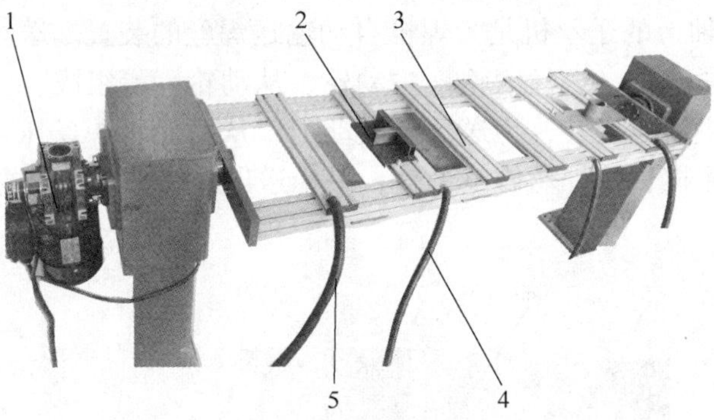

图 2-10　焊接变位机

1—三相异步电动机　2—焊接母材　3—焊接台　4—母材侧电压检出线

5—母材侧焊接动力电缆（负极）

如果采用伺服电动机驱动变位机翻转，焊接变位机可作为机器人的外部轴，与机器人实现联动，达到同步运行的目的。

7. 保护气气瓶总成

气瓶总成由气瓶、减压器、PVC 气管等组成，如图 2-11 所示。气瓶出口处安装了减压器，减压器由减压机构、加热器、压力表和流量计等部分组成。气瓶中装有 80% CO_2 + 20% Ar的保护焊气体。

8. 焊枪清理装置

工业机器人焊枪经过焊接后，内壁会积累大量的焊渣，影响焊接质量，因此需要使用焊枪清理装置定期清除；焊丝过短、过长或焊丝端头成球状，也可以通过焊枪清理装置进行处理。

焊枪清理装置主要包括剪丝、沾油、清渣以及喷嘴外表面的打磨装置。剪丝主要用于用焊丝进行起始点检出的场合，以保证焊丝的干伸出长度一定，提高检出的精度；沾油是为了使喷嘴表面的飞溅易于清理；清渣是清除喷嘴内表面的飞溅，以保证气体的畅通；喷嘴外表面的打磨装置主要是清除外表面的飞溅。焊枪清理装置如图 2-12 所示。

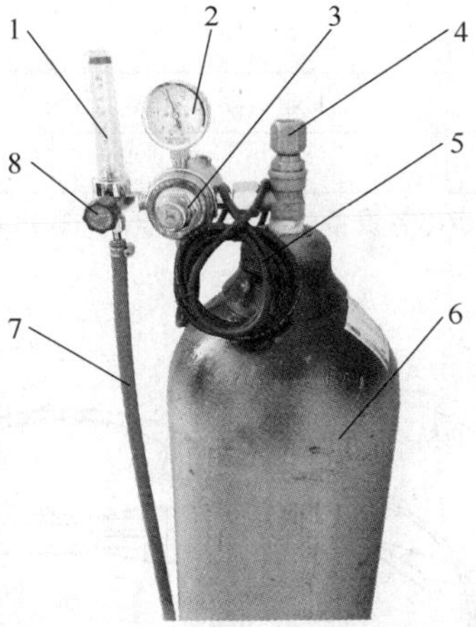

图 2-11　气瓶总成

1—流量计　2—压力表　3—减压机构　4—气瓶阀　5—加热器电源线　6—40L 气瓶　7—PVC 气管　8—流量调整旋钮

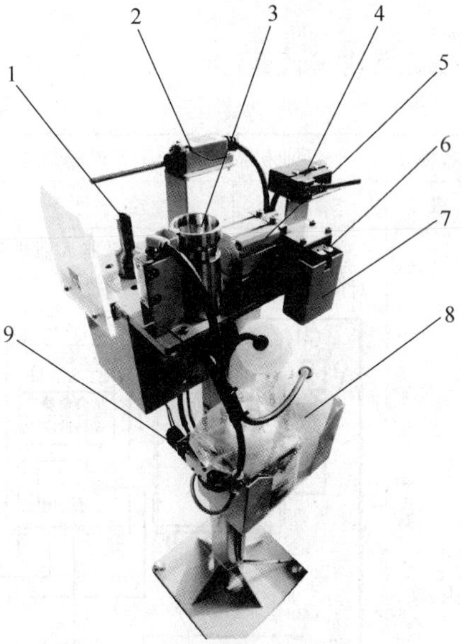

图 2-12　焊枪清理装置

1—清渣头　2—清渣电动机开关　3—喷雾头　4—剪丝气缸开关　5—剪丝气缸　6—剪丝刀　7—剪丝收集盒　8—润滑油瓶　9—电磁阀

用焊枪清理装置清理前后的焊枪喷嘴对比如图 2-13 所示。

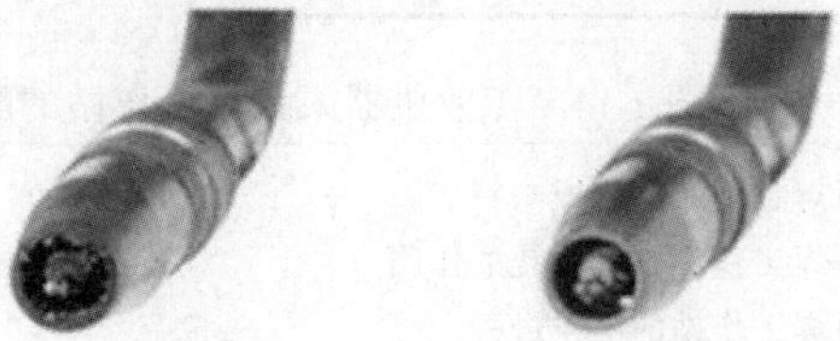

a）清理前　　b）清理后

图 2-13　焊枪喷嘴清理前后的对比

三、工业机器人弧焊工作站的工作过程

（1）系统启动

1）机器人控制柜 DX100 主电源开关合闸，等待机器人启动完毕。

2）打开气瓶、焊机电源、焊枪清理装置电源。

3）在“示教模式”下选择机器人焊接程序，然后将模式开关转至“远程模式”。

4）若系统没有报警，启动完毕。

（2）生产准备

1）选择要焊接的工件。

2）将工件安装在焊接台上。

（3）开始生产　按下启动按钮，机器人开始按照预先编制的程序与设置的焊接参数进行焊接作业。当机器人焊接完毕回到作业原点后，更换母材，开始下一个循环。

【任务实施】

任务书 2-1

<table>
<tr><td>项目名称</td><td colspan="3">工业机器人弧焊工作站系统集成</td><td>任务名称</td><td colspan="3">工业机器人弧焊工作站的认识</td></tr>
<tr><td>班　级</td><td></td><td>姓　名</td><td></td><td>学　号</td><td></td><td>组　别</td><td></td></tr>
<tr><td>任务内容</td><td colspan="7">根据图 2-14 所示工业机器人弧焊工作站的配置图，请指出各设备的名称及功能，并找出真实工作站对应的设备。
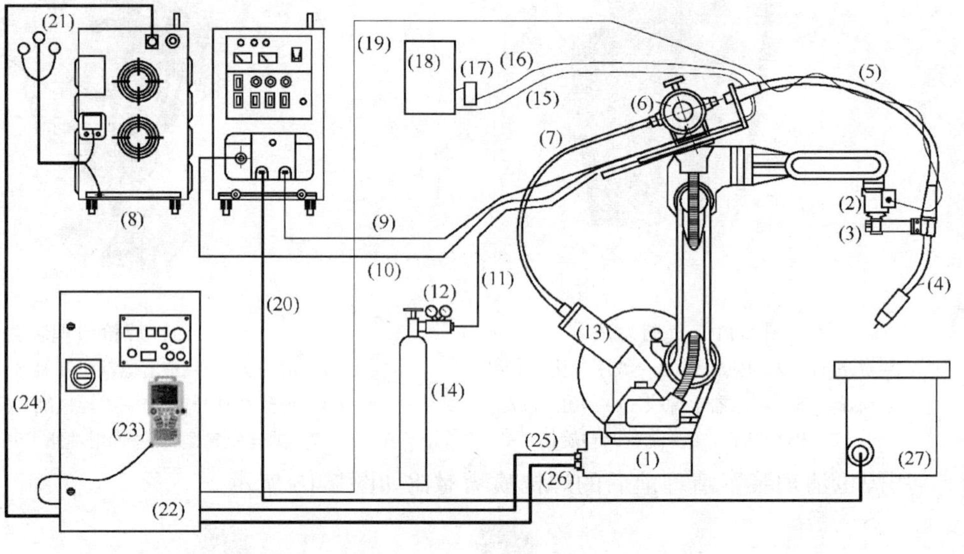

图 2-14　工业机器人弧焊工作站的配置图</td></tr>
<tr><td>任务目标</td><td colspan="7">1. 了解工业机器人弧焊工作站的组成与特点。
2. 熟悉工业机器人弧焊工作站外围系统的作用。
3. 熟悉工业机器人弧焊工作站的工作过程。</td></tr>
</table>

资料	工具	设备
工业机器人安全操作规程	常用工具	工业机器人弧焊工作站
MA1400 机器人使用说明书		
DX100 焊接篇使用说明书		
DX100 维护要领书		
MOTOMAN 专用数字式逆变焊接电源 RD350 使用说明书		
工业机器人弧焊工作站说明书		

任务完成报告书 2-1

项目名称	工业机器人弧焊工作站系统集成			任务名称	工业机器人弧焊工作站的认识		
班　级		姓　名		学　号		组　别	
任务内容							

任务二　弧焊机器人的选型

焊接机器人是应用最为广泛的工业机器人，要选择合适的焊接机器人，了解焊接机器人的性能显得非常重要。

【知识准备】

一、弧焊机器人的选择依据

选择弧焊机器人时，应根据焊接工件的形状和大小来选择机器人的工作范围，一般保证一次将工件上的所有焊点都焊到为准；其次考虑效率和成本，选择机器人的轴数和速度以及负载能力。

在其他情况同等的情况下，应优先选择具备内置弧焊程序的工业机器人，便于程序的编制和调试；应优先选择能够在上臂内置焊枪电缆，底部还可以内置焊接地线电缆、保护气气管的工业机器人，这样在减少电缆活动空间的同时，也延长了电缆的寿命。

对于焊接机器人，还要考虑焊接用的专用技术指标。

（1）可以适用的焊接方法　这对弧焊机器人尤为重要。这实质上反映了机器人控制和驱动系统抗干扰的能力。一般弧焊机器人只采用熔化极气体保护焊方法，因为这些焊接方法不需采用高频引弧起焊，机器人控制和驱动系统没有特殊的抗干扰措施。能采用钨极氩弧焊的弧焊机器人是近几年的新产品，它有一套特殊的抗干扰措施。

（2）摆动功能　关系到弧焊机器人的工艺性能。目前弧焊机器人的摆动功能差别很大，有的机器人只有固定的几种摆动方式，有的机器人只能在 x-y 平面内任意设定摆动方式和参数。最佳的选择是能在空间（x-y，z）范围内任意设定摆动方式和参数。

（3）焊接工艺故障自检和自处理功能　对于常见的焊接工艺故障，如弧焊的粘丝、断丝等，如不及时采取措施，则会发生损坏机器人或报废工件等大事故。因此，机器人必须具有检出这类故障并实时自动停车报警的功能。

（4）引弧和收弧功能　焊接时起弧、收弧处特别容易产生气孔、裂纹等缺陷。为确保焊接质量，在机器人焊接中，通过示教应能设定和修改引弧和收弧参数，这是弧焊机器人必不可少的功能。

（5）焊接尖端点示教功能　这是一种在焊接示教时十分有用的功能，即在焊接示教时，先示教焊缝上某一点的位置，然后调整其焊枪或焊钳姿态，在调整姿态时，原示教点的位置完全不变。

工业机器人弧焊工作站选择的弧焊机器人分别是安川 MA1400 和 MH6，DX100 控制器中内置了弧焊专用功能。

二、安川 MA1400 焊接机器人

1. MA1400 机器人本体结构

MA1400 是安川专用弧焊工业机器人，焊枪可直接通过法兰盘安装在机器人的腕部，上臂内置焊枪电缆，预留送丝机构安装位置。

MA1400 机器人本体由 6 个高精密伺服电动机按特定关系组合而成，机器人各部和动作轴名称如图 2-15 所示。

MA1400 工业机器人本体的技术参数见表 2-4。

表 2-4　MA1400 机器人技术参数

安装方式	地面、壁挂、倒挂	
自由度	6	
负载	3kg	
垂直可达距离	1 434mm	
水平可达距离	1 743	
重复定位精度	±0.08mm	
最大动作范围	S 轴（旋转）	-170° ~ +170°
	L 轴（下臂）	-90° ~ +150°
	U 轴（上臂）	-175° ~ +190°
	R 轴（手腕旋转）	-150° ~ +150°
	B 轴（手腕摆动）	-45° ~ +180°
	T 轴（手腕回转）	-200° ~ +200°
最大速度	S 轴（旋转）	220°/s
	L 轴（下臂）	200°/s
	U 轴（上臂）	220°/s
	R 轴（手腕旋转）	410°/s
	B 轴（手腕摆动）	410°/s
	T 轴（手腕回转）	610°/s

2. MA1400 机器人的特点

（1）启动和停止瞬间的颤动小　MA1400 机器人的轻型机体与具备轨迹精度控制和振动抑制控制的 DX100 控制柜有机结合，减弱了机器人启动和停止瞬间的颤动，从而缩短了机器人的运行周期。

（2）可焊工件的范围大　MA1400 机器人采用同轴焊枪，将焊丝、焊枪电缆和冷却水管内置于机器人手臂内，消除了焊枪电缆与工件及周边设备的干涉。使机器人可以实现以前被认为比较困难的工件内部的焊接以及连续焊接和圆周焊接。

（3）送丝顺畅　送丝机构安装在最佳位置，焊丝送入焊枪电缆内时比较平直，腕部B轴仰起时焊枪电缆仅有轻微的弯曲，如图2-16所示。机器人末端姿态变化时，焊接电缆弯曲小，保障送丝平稳，保证始终具有良好的焊接质量。

（4）结构设计紧凑　机器人采用安川的扁平型交流伺服电动机，结构紧凑、响应快、可靠性高、运动平滑灵活，效率高，动作范围大。送丝机安装在机器人手臂上，位置的优化使送丝机与周边设备的干涉半径降低，仅为R325mm，而机器人最大可达半径为R1 743mm。

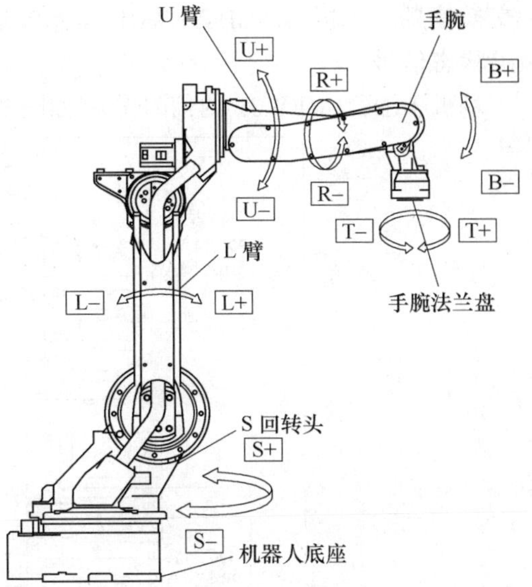

图2-15　MA1400机器人各部和动作轴名称

3. DX100控制柜的特点

弧焊用DX100除了具有通用DX100的功能外，还内置了弧焊功能。可以根据预定的焊接程序，完成焊接参数输入、焊接程序控制及焊接系统的故障诊断。

弧焊用DX100控制柜具有以下特点：

1）通过专用的弧焊基板与所配套的焊接电源进行通信，有2路模拟量通道实现电流及电压参数的实时传输，这样，就可以方便地实现焊接过程中的焊接电流和电压的更改。

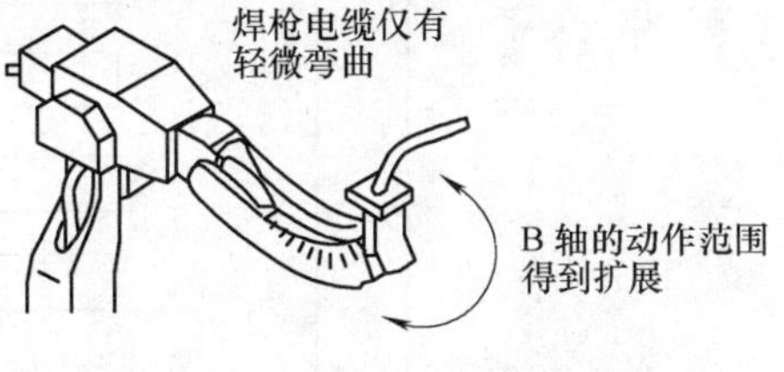

图2-16　B轴的动作范围得到扩展

2）具有专门的“焊机特性文件”，设定焊接电流/电压值与焊接电流/焊接电压指令值之间的对应关系，操作者可以直观地设定使用的焊接电流（A）/电压（V）值。

3）可以提供48个“引弧条件文件”、12个“熄弧条件文件”，可以对每条焊缝分别设定不同引弧和熄弧条件。

4）具有“弧焊管理功能”，可以对导电嘴的更换及清枪等机器人的焊接辅助工作进行管理。

5）示教器具有焊接专用操作键，在输入焊接指令、送丝、退丝等操作时非常方便。

6）在再现模式下，可以在焊接进行的同时实现焊接电流/焊接电压的调节，这样，可以大大缩短焊接规范的调整时间。

4. DX100控制柜的接口

（1）DX100控制柜与焊接电源的接口信号类型　机器人与焊接电源的接口信号一般要实现三种功能。

①　对焊接电源状态的控制：送气、送丝、退丝和焊接。

②　对焊接参数的控制：输出电压控制、送丝速度控制。

③　焊接电源给机器人的反馈信号：起弧成功信号、电弧电压信号、焊接电流信号和粘丝信号等。

（2）弧焊专用基板　DX100控制柜通过弧焊专用基板JANCD-YEW01与焊接电源连接

来交换信息。基板 JANCD-YEW01 具备 2 路模拟输出、2 路模拟输入，以及焊接电源的输入输出状态信号。

基板 JANCD-YEW01 的信号分配如图 2-17 所示。

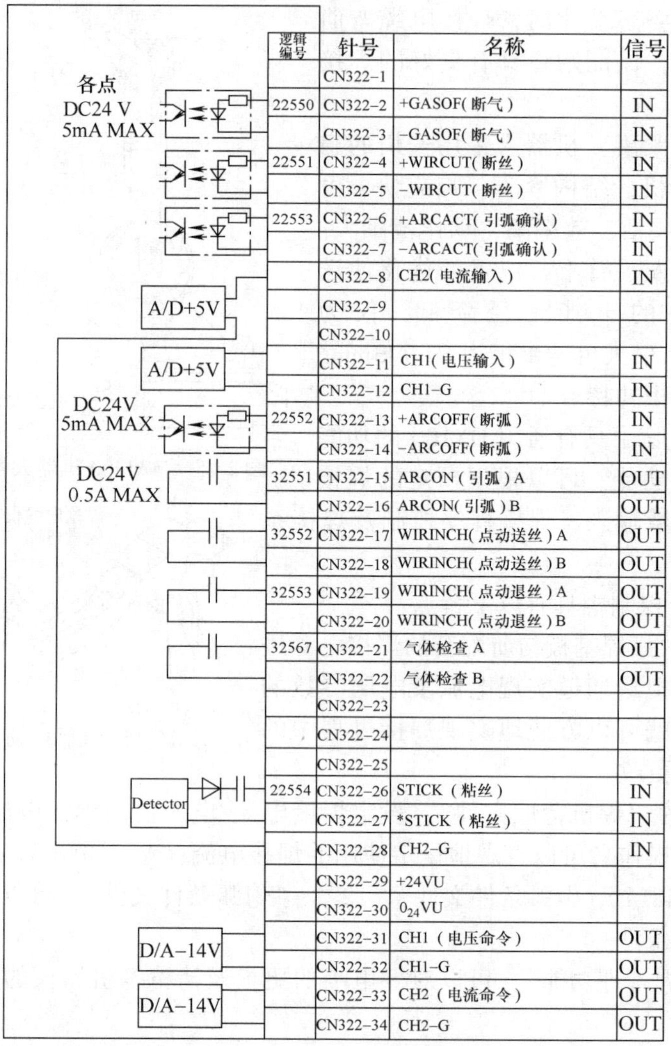

图 2-17　基板 JANCD-YEW01 的信号分配

基板 JANCD-YEW01 主要 I/O 信号说明见表 2-5。

表 2-5　基板 JANCD-YEW01 主要 I/O 信号说明

针号	名称	信号含义	功能	信号形态
31 32	CH1（电压命令） CH1. G	焊接电压指令	给出焊接电压的自动数据的修正值（电压个别调节时为焊接电压指令）	0～14V 模拟量电压输出
33 34	CH2（电流命令） CH2. G	焊接电流指令	给出焊接电源输出电流（送丝量）的设定值	0～14V 模拟量电压输出
15 16	ARCOM（引弧）A ARCOM（引弧）B	焊接起动/停止指令	指令焊接的起动与停止	触点输出 闭：起动

（续）

针号	名称	信号含义	功能	信号形态
17 18	WIRINCH（点动送丝）A WIRINCH（点动送丝）B	点动送丝指令	实现点动送丝	触点输出闭：有效
19 20	WIRINCH（点动退丝）A WIRINCH（点动退丝）B	点动退丝指令	实现点动退丝	触点输出闭：有效
21 22	气体检查 A 气体检查 B	气体检查	对保护气电磁阀门进行开关（ON/OFF）操作	触点输出
11 12	CH1（电压输入） CH1. G	焊接电压输入	焊接电压的反馈值，用于监视	0 ~ 5V 模拟量电压输入
8 28	CH2（电流输入） CH2. G	焊接电流输入	焊接电流反馈值，用于监视	0 ~ 5V 模拟量电压输入
26 27	STICK（粘丝） STICK（粘丝）	焊丝粘丝检测	焊丝粘着检测电压（约 15V）。发生粘丝时按照设定的条件，在粘丝的暂停中，自动进行粘丝的解除处理	焊接电源输出电压（模拟量值）
2 3	+ GASOF（断气） - GASOF（断气）	气体压力不足检测	检测气体压力是否不足	触点输入闭：有效
4 5	+ WIRCUT - WIRCUT	断丝检测	检测焊丝余额是否不足	触点输入闭：有效
6 7	+ ARCACT（引弧确认） - ARCACT（引弧确认）	电弧发生检测	检测引弧是否成功	触点输入闭：有效
13 14	+ ARCOFF（断弧） - ARCOFF（断弧）	断弧检测	检测是否断弧或焊机是否异常	触点输入闭：有效

三、焊接机器人标准弧焊功能

1. 再引弧功能

在工件引弧点处有铁锈、油污、氧化皮等杂物时，可能会导致引弧失败。通常，如果引弧失败，机器人会发出“引弧失败”的信息，并报警停机。当机器人应用于生产线时，如果引弧失败，便有可能导致整个生产线的停机。为此，可利用再引弧功能来有效地防止这种情况的发生。

再引弧实现的步骤如图 2-18 所示。与再引弧功能相关的最大引弧次数、退丝时间、平移量以及焊接速度、电流、电压等参数均可在焊接辅助条件文件中设定。

2. 再启动功能

因为工件缺陷或其他偶然因素，有可能出现焊接中途断弧的现象，并导致机器人报警停机。若在机器人停止位置继续焊接，焊缝容易出现裂纹。

利用再启动功能可有效地预防产生焊缝裂纹。利用再启动功能后，将按照在“焊接辅助条件文件”中指定的方式继续动作。断弧后的再启动方法有三种。

1）不再引弧，但输出异常信号，输出“断弧、再启动中”的信息，机器人继续动作。

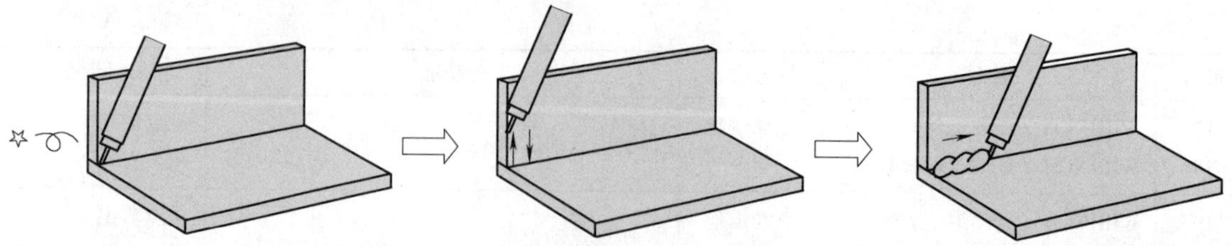

a) 引弧点引弧失败　　b) 从引弧失败点处移开一点，进行再引弧　　c) 引弧成功，返回引弧点，之后继续以正常焊接条件进行焊接作业

图 2-18　再引弧实现的步骤

走完焊接区间后，输出“断弧、再启动处理完成”的信息，之后继续正常的焊接动作。如图 2-19 所示。

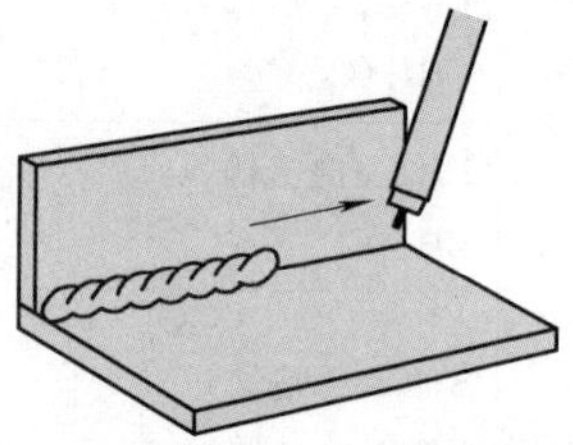

图 2-19　断弧后的再启动方法 1

2）引弧后，以指定搭接量返回一段，之后以正常焊接条件继续动作。如图 2-20 所示。

3）如果断弧是由机器人不可克服的因素导致的，则停机后必须由操作者手工介入。手工介入解决问题后，使机器人回到停机位置，然后按“启动”按钮，使其以预先设定的搭接量返回，之后再进行引弧、焊接等作业。如图 2-21 所示。

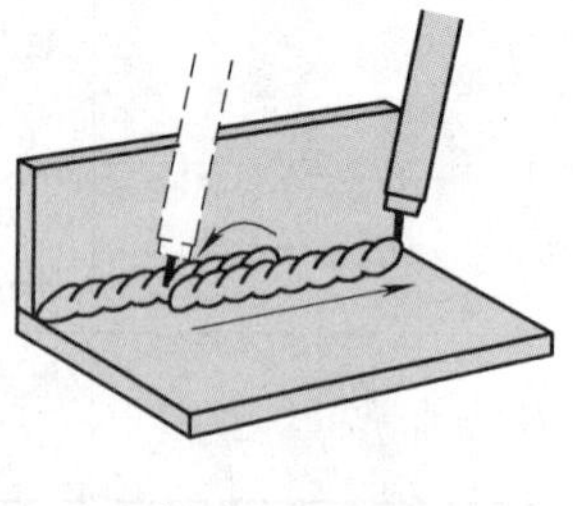

图 2-20　断弧后的再启动方法 2

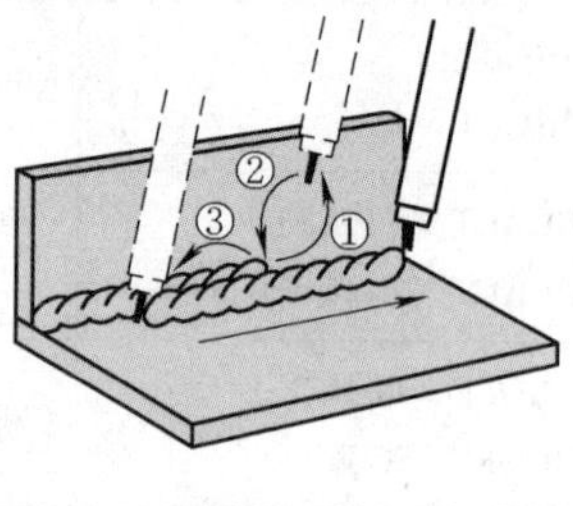

图 2-21　断弧后的再启动方法 3

3. 自动解除粘丝的功能

对于大多数的自动焊机来说，都具有防粘丝功能。即：在熄弧时，焊机会输出一个瞬间相对高电压以进行粘丝解除。尽管如此，在焊接生产中仍会出现粘丝的现象，这就需要利用机器人的自动解除粘丝功能进行解除。若使用该功能，即使检测到粘丝，也不会马上输出“粘丝中”信号，而是自动施加一定的电压，进行解除粘丝的处理。

自动解除粘丝功能也是利用一个瞬间相对高电压以使焊丝粘连部位爆断。至于自动解除粘丝的次数、电流、电压和时间等参数均可在“焊接辅助条件文件”中设定。

在未使用粘丝自动解除的功能时，若发生粘丝，或者自动解除粘丝的处理失败的情况下，机器人就会进入暂停状态，停机。暂停状态时，示教编程器“HOLD”显示灯亮。并且外部输出信号（专用）输出“粘丝中”的信息。

自动解除粘丝功能的实现步骤如图 2-22 所示。

4. 渐变功能

所谓渐变功能是指在焊接的执行中，逐渐改变焊接条件的功能。即在某一区段内将电流/电压由某一数值渐变至另一数值。示意说明如图 2-23 所示。

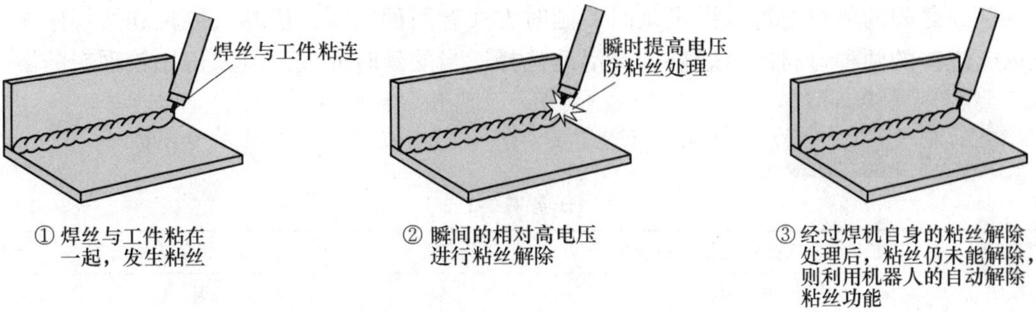

图 2-22　自动解除粘丝功能的实现步骤

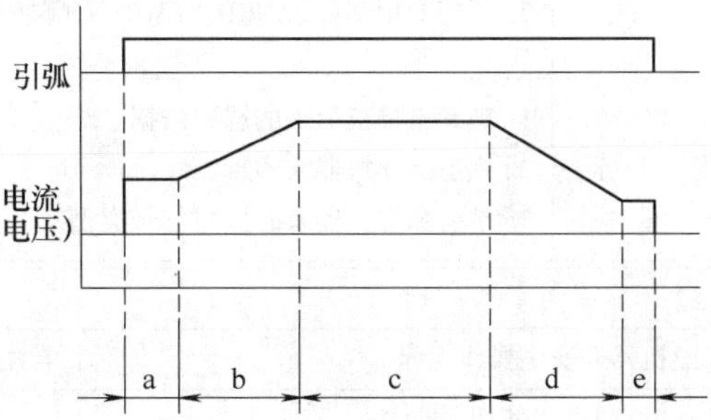

图 2-23　渐变功能

a 段：以引弧条件文件中设定的规范参数引弧。

b 段：焊接电流（电压）由小渐变大。

c 段：以恒定的规范参数焊接。

d 段：焊接电流（电压）由大渐变小。

e 段：以熄弧条件文件中设定的规范参数熄弧。

对于铝材、薄板以及其他特殊材料的焊接，由于其容易导热，特别是焊接到结束点附近时，工件容易发生断裂、烧穿。若在结束焊接前，逐渐降低焊接条件，则可防止工件断裂、烧穿。

5. 摆焊功能

摆焊功能的利用提高了焊接生产效率，改善了焊缝表面质量。摆焊条件可在“摆焊条件文件”中设定，例如：形态、频率、摆幅以及角度等。摆焊条件文件最多可输入 16 个。

摆焊的动作形态有单振摆、三角摆、L 摆，并且其尖角可被设定为有/无平滑过渡。图 2-24 所示为摆焊的动作形态示意图。

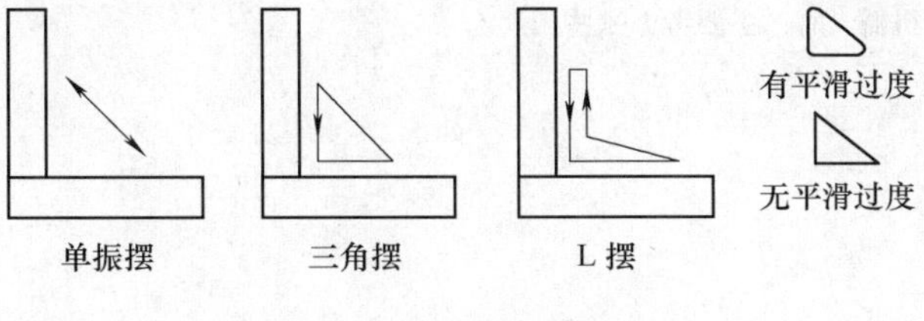

图 2-24　摆焊的动作形态示意图

摆焊动作的一个周期可以分为四个或三个区间，如图 2-25 所示。

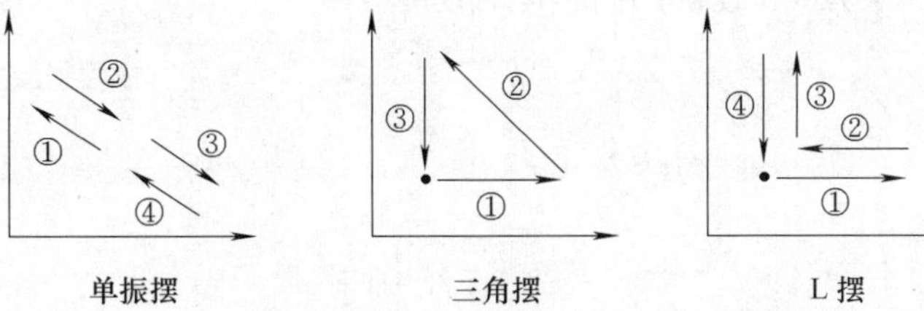

图 2-25　摆焊动作的一个周期

在区间之间的节点上可以设定延时，延时方式有两种，即：机器人停止和摆焊停止。可以根据要焊接的两种母材的可熔性，灵活地选择适当的延时方式，以取得比较理想的熔深。

【任务实施】

任务书 2-2

<table>
<tr><td>项目名称</td><td colspan="3">工业机器人弧焊工作站系统集成</td><td>任务名称</td><td colspan="3">弧焊机器人的选型</td></tr>
<tr><td>班　级</td><td></td><td>姓　名</td><td></td><td>学　号</td><td></td><td>组　别</td><td></td></tr>
<tr><td>任务内容</td><td colspan="7">1. 选型弧焊机器人时，主要考虑哪些因素？
2. 弧焊专用基板 JANCD-YEW01 有哪些接口信号？</td></tr>
<tr><td>任务目标</td><td colspan="7">1. 熟悉弧焊机器人的选型依据。
2. 熟悉弧焊机器人的特点。
3. 掌握弧焊机器人的接口信号类型。</td></tr>
</table>

资料	工具	设备
工业机器人安全操作规程	常用工具	工业机器人弧焊工作站
MA1400 机器人使用说明书		
DX100 焊接篇使用说明书		
DX100 维护要领书		
MOTOMAN 专用数字式逆变焊接电源 RD350 使用说明书		
工业机器人弧焊工作站说明书		

任务完成报告书 2-2

<table>
<tr><td>项目名称</td><td colspan="3">工业机器人弧焊工作站系统集成</td><td>任务名称</td><td colspan="3">弧焊机器人的选型</td></tr>
<tr><td>班　级</td><td></td><td>姓　名</td><td></td><td>学　号</td><td></td><td>组　别</td><td></td></tr>
<tr><td rowspan="2">任务内容</td><td colspan="7">1. 选型弧焊机器人时，主要考虑哪些因素？</td></tr>
<tr><td colspan="7">2. 弧焊专用基板 JANCD-YEW01 有哪些接口信号？</td></tr>
</table>

任务三　弧焊工作站焊接系统的设计

弧焊机器人一般较多采用熔化极气体保护焊（MIG 焊、MAG 焊、CO_2 焊）或非熔化极气体保护焊（TIG 焊、等离子弧焊）方法。机器人弧焊系统主要包括弧焊电源、送丝机和焊枪等。

【知识准备】

一、弧焊电源的选型

弧焊电源是用来对焊接电弧提供电能的一种专用设备。弧焊电源的负载是电弧，它必须具有弧焊工艺所要求的电气性能，如合适的空载电压，一定形状的外特性，良好的动态特性和灵活的调节特性等。

1. 弧焊电源的类型

弧焊电源有各种分类方法。按输出的电流分，有直流、交流和脉冲三类；按输出外特性特征分，有恒流特性、恒压特性和介于这两者之间的缓降特性三类。

2. 弧焊电源的特点和适用范围

（1）弧焊变压器式交流弧焊电源

特点：将网路电压的交流电变成适于弧焊的低压交流电，结构简单，易造易修，耐用，成本低，磁偏吹小，空载损耗小，噪声小，但其电流波形为正弦波，电弧稳定性较差，功率因数低。

适用范围：酸性焊条电弧焊、埋弧焊和 TIG 焊。

（2）矩形波式交流弧焊电源

特点：网路电压经降压后运用半导体控制技术获得矩形波的交流电，电流过零点极快，其电弧稳定性好，可调节参数多，功率因数高，但设备较复杂、成本较高。

适用范围：碱性焊条电弧焊、埋弧焊和 TIG 焊。

（3）直流弧焊发电机式直流弧焊电源

特点：由柴（汽）油发动机驱动发电而获得直流电，输出电流脉动小，过载能力强，但空载损耗大，效率低，噪声大。

适用范围：适用于各种弧焊。

（4）整流器式直流弧焊电源

特点：将网路交流电经降压和整流后获得直流电，与直流弧焊发电机相比，制造方便，省材料，空载损耗小，节能，噪声小，由电子控制的近代弧焊整流器的控制与调节灵活方便，适应性强，技术和经济指标高。

适用范围：适用于各种弧焊。

（5）脉冲型弧焊电源

特点：输出幅值大小周期变化的电流，效率高，可调参数多，调节范围宽而均匀，热输入可精确控制，设备较复杂，成本高。

适用范围：TIG、MIG、MAG 焊和等离子弧焊。

二、数字式逆变焊接电源 RD350

机器人焊接工作站选用 MOTOMAN 焊接机器人专用数字式逆变焊接电源 RD350。

1. RD350 弧焊电源额定规格

RD350 的额定规格见表 2-6。

表 2-6　RD350 的额定规格

焊接电源名称		全功能逆变式脉冲气体保护焊机
额定输入电压、相数	/V	AC 380（1±10%）V，三相
额定频率	/Hz	50/60 通用
额定输入	/kVA	18
	/kW	15
输出电流范围	/A	30～350（根据焊丝粗细而有所不同）
输出电压范围	/V	12～36（根据焊丝粗细而有所不同）
额定使用率	%	60（以 10min 为周期）
熔接法（焊接方法）	—	CO_2 短路焊接、MAG/MIG 短路焊接、脉冲焊接
适用母材	—	普钢、不锈钢、铝
送丝机构	—	初始设定为四轮机械伺服电动机，也可以采用伺服焊接使用的小惯量电动机、印刷电路式伺服电动机
送丝速度	/（m/min）	1.5～18
送丝速度减慢	/（m/min）	3：CO_2 短路焊接（可调整范围：1.5～6） 2：MAG/MIG 短路焊接、脉冲焊接（可调整范围：1～4）
编码器电缆	/m	标准 5、最大 7（通过电缆延长单元，最大可达 25m）
保护气体调整时间	/s	大约 20（可调整）
预送气时间（起弧前的送气时间）	/s	大约 0.06（可调整）
滞后气时间（熄弧后的送气时间）	/s	大约 0.5（可调整）
粘丝防止时间	/s	大约 0.2（可调整）
侦测电压（选型）	/V	波峰值 220（1±20%）（为全波整流波线）
外形尺寸（宽×进深×高）	/mm	371×645×600（不包括螺丝及吊环螺栓等起部分）
质量	/kg	大约 67
焊接电压设定方法	—	通过自动/个别按钮切换
接触起弧功能	—	D-2 参数选择 2、3、4，进行有效设定
使用者内容	—	文件数 3 个；D-1 参数选择 11 时，进行面板/机器人切换
电流、电压波形控制的调整	—	可通过使用者内容中的 P 参数进行调整
机器人接口	—	有
输出设定（模拟量指令输入）	/V	0～14（在面板上显示所设定的电压、电流以及送丝速度）
异常信号的输出	—	向机器人侧输出断弧信号（异常内容将在面板上显示出来）
电弧监视用的输出	—	向机器人侧输出电流/电压相应信号。此外，还包括模拟量仪表用输出端子台
保护气压力调整器用加热电源	—	无

2. RD350 弧焊电源容量配备及接线规格

焊接电源的额定输入电压为三相 380V/400V，应尽可能使用稳定的电源电压，电压波动范围在额定输入电压值 ±10% 以上时，将不能满足所要求的焊接条件，还会导致焊接电源出现故障。

为了安全起见，每个焊接电源均须安装无熔管的断路器或带熔管的开关；母材侧电源电缆必须使用焊接专用电缆，并避免电缆盘卷，否则因线圈的电感储积电磁能量，二次侧切断时会产生巨大的电压突波，从而导致电源出现故障。

电源容量配备及接线规格见表 2-7。

表 2-7　电源容量配备及接线规格

配电设备容量/kVA	20
熔管额定电流/A	45（额定电压 380V）
输入侧电缆/mm^2	14 以上
母材侧电缆/mm^2	60 以上
接地电缆/mm^2	14 以上

3. RD350 弧焊电源电气系统接线

（1）电源侧接线　电源侧接线如图 2-26 所示。电源线及接地线连接在焊接电源背面的输入端子台上，线缆规格要符合表 2-7 的规定。

（2）焊接侧接线　焊接侧接线如图 2-27 所示。

① 焊接电缆：焊枪与电源输出端子（+）之间接线。

② 母材侧电缆：母材与输出电源（–）之间接线。

③ 焊接电压检出线：母材与插口 CON7 之间接线。

如果不连接焊接电压检出线，将会出现错误提示 Err702（电压检出线异常），致使无法焊接。

（3）控制电缆接线　各种控制电缆与焊接电源背面的插口相连接，如图 2-26 所示。

① 将机器人控制柜的控制电缆与插口 CON3 相连接。

② 将送丝机构的电动机电缆与插口 CON4 相连接。

③ 将送丝机构的编码器电缆与插口 CON5 相连接。

（4）接地　为了安全使用，在焊接电源背面下部设计了接地端子，使用 $14mm^2$ 以上的电缆按 D 种接地施工接线。

母材侧的接地如图 2-27“焊接电源正面接线”所示，对母材侧单独接地（D 种接地施工）。如果没有接地线，在母材中会产生电压，从而引起危险。

4. 焊接电压检出线的接线

（1）单台焊接电源单工位焊接　在进行焊接电压检出线的接线作业时，务必严格遵守以下各项内容，否则焊接时飞溅量可能会增加。

① 焊接电压检出线应连接到尽可能靠近焊接处。

② 尽可能将焊接电压检出线与焊接输出电缆分开，间隔至少保持在 100mm 以上。

③ 焊接电压检出线的接线须避开焊接电流通路。

（2）单台焊接电源多工位焊接　采用多工位焊接时，如图 2-28“多工位焊接时焊接电

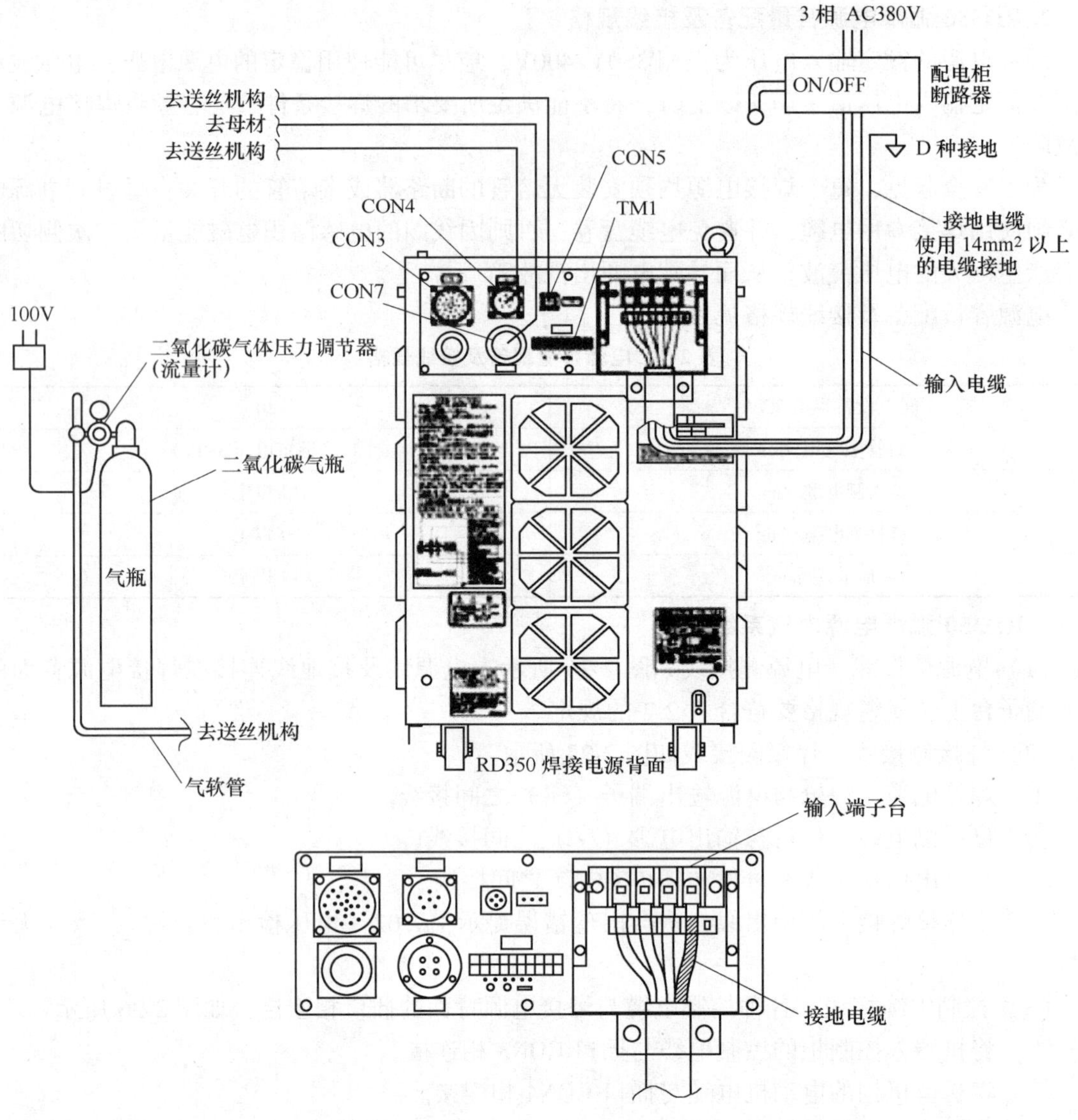

图 2-26　焊接电源背面接线

压检出线的连接”所示，将焊接电压检出线连接到距离焊接电源最远的工位。

（3）多台焊接电源单工位焊接　使用多台焊接电源进行焊接时，如图 2-29 所示。将各自母材侧焊接输出电缆配至焊接工件附近；母材侧电压检出线须避开焊接电流通路进行接线，尤其是焊接输出电缆 A⇔电压检出线 B、焊接输出电缆 B⇔电压检出线 A，至少保持 100mm 以上的距离。

5. 焊接保护气系统的连接

（1）混合气及二氧化碳气体保护焊

① 确认气体的质量及所使用的气瓶的种类无误。清除气瓶安装口的杂物，安装上二氧化碳气体、混合气体（MAG 气体）及氩气兼用的压力调整器。

② 送丝机构附带的气体软管与压力调整器的出口相联接，使用管夹以确保气管切实连接。

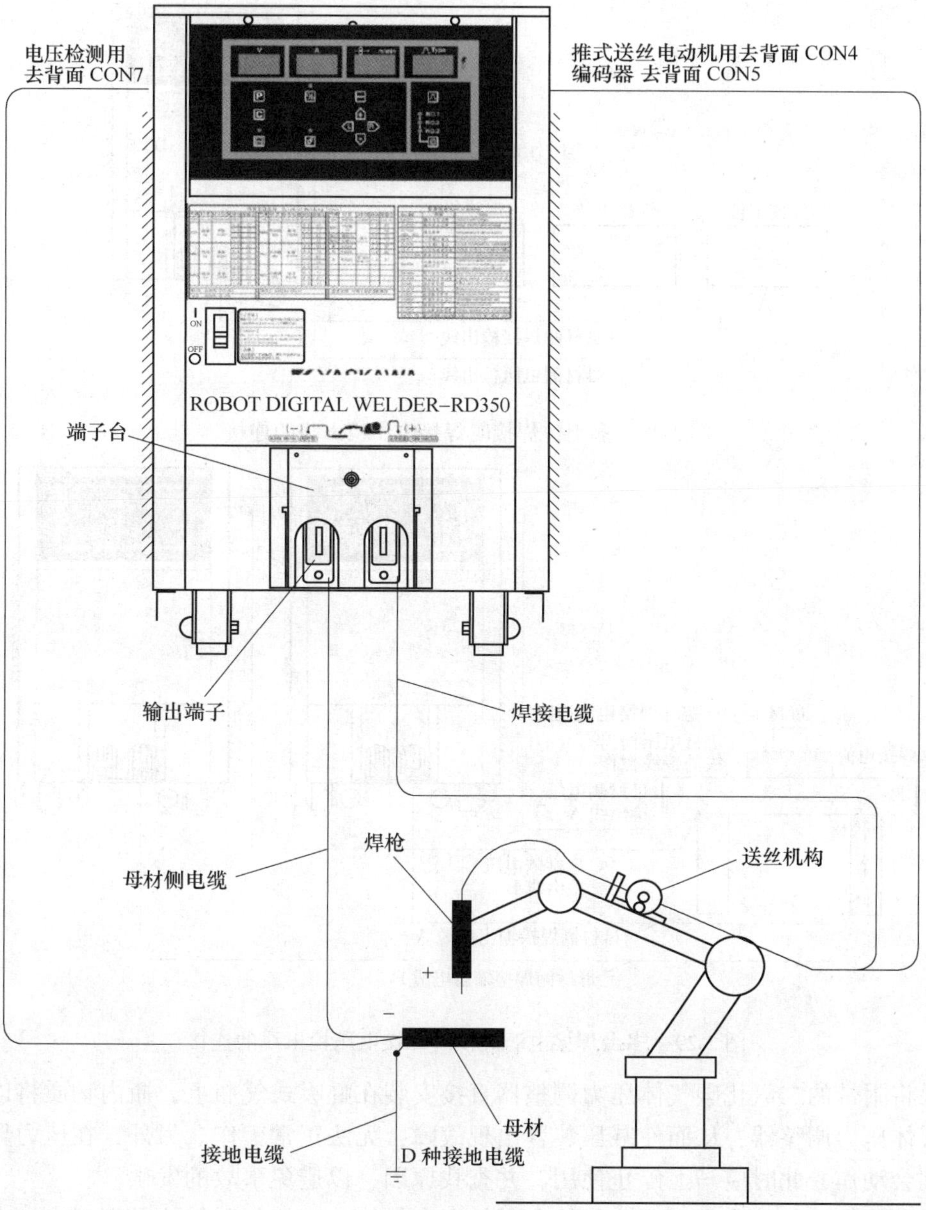

图 2-27　焊接电源正面接线

③　使用二氧化碳气体保护焊时，气体压力调整器加热所需要的电源为 AC100V。

（2）焊接用气体与气瓶的注意事项　气瓶属于高压容器，一定要妥善安放。气体压力调整器的安装要根据相应的“使用说明书”小心操作。

①　气瓶的放置场所。要将气瓶安放在指定的“气体容器放置地点”并且要避免阳光直射。必须放置于在焊接现场时，一定要把气瓶垂直立放使用气瓶固定板并加以固定，以免翻倒。同时，要避免焊接电弧的辐射及周围其他物体的热影响。

②　气瓶的种类。盛放二氧化碳气体的气瓶一般分为两种：一种是“非虹吸式”，一种是“虹吸式”。

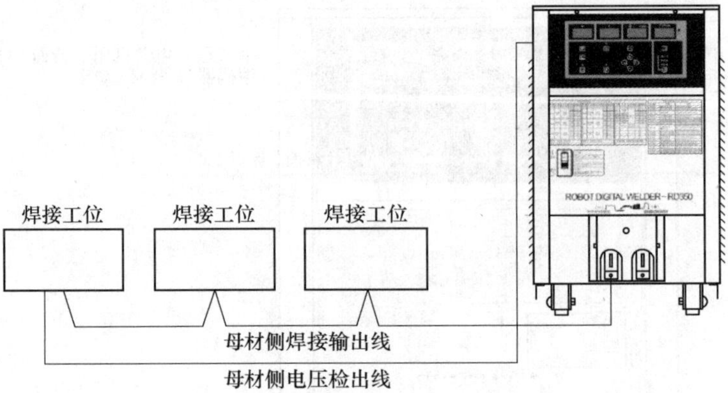

图 2-28　多工位焊接时焊接电压检出线的连接

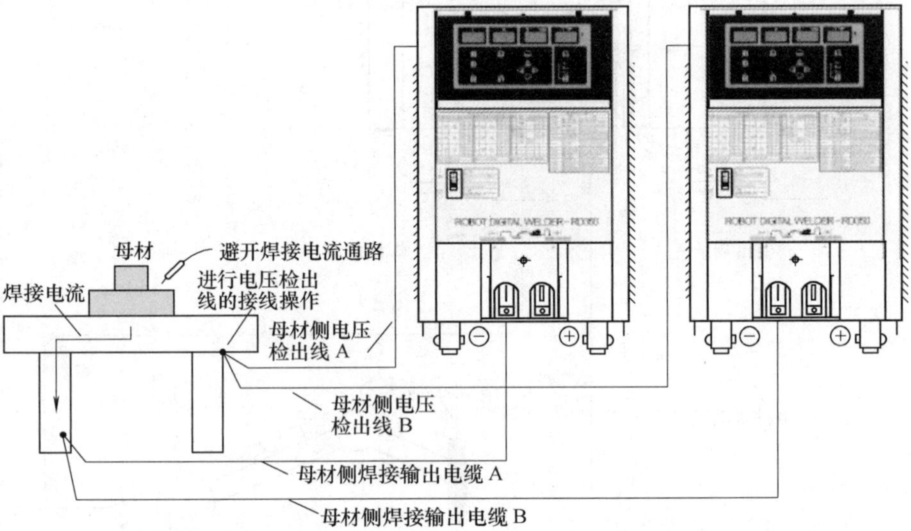

图 2-29　多台焊接电源焊接时焊接电压检出线的连接

如果将附带的二氧化碳气体压力调整器直接安装在虹吸式气瓶上，瓶内物质将以液态形式进入气体压力调整器，从而使减压装置出现故障，无法正常工作。另外，在压力异常高时安全阀则会动作，此时应马上停止使用，并查找原因，以避免事故的发生。

③　焊接保护气的质量。用于保护电弧的混合气体、二氧化碳气体及氩气中有水分或杂质时，会造成焊接质量下降，因此，须使用含水分少的高纯度气体。

混合气体：使用 80% 氩气 + 20% 二氧化碳的混合气体（MAG 气体）。混合气体的混合比例恒定，有利于焊接质量的稳定性。特别是使用脉冲焊接时，氩气的比例少于 80% 时，脉冲焊接的质量将难以得到保证。

二氧化碳气体：使用“焊接专用”二氧化碳气体或与 JIS-K1106 第 3 种（水分含有率在 0.005% 以下或更少）同等以上的二氧化碳气体。如果二氧化碳气体中水分过多，则会导致出现焊接缺陷，甚至还可能在气体压力调整器中出现结冰现象，从而影响保护气的流出。

④　气体压力调整器。气体压力调整器兼作流量计使用，应与所使用的保护气相匹配。气体压力调整器的示例见表 2-8。

表 2-8　气体压力调整器

规格	适合气体	备注
FCR-2505A	CO_2、MAG	仪表：二次压力显示、兼用于显示流量；加热：AC100V、190W
FCR-225	CO_2、MAG、Ar	仪表：一次压力显示，浮球式流量计；加热：AC100V、190W

6. 焊接准备

焊接准备的步骤见表 2-9。

表 2-9　焊接准备步骤

序号	项目	内容
1	焊丝的安装	将适合焊接的焊丝正确安装入送丝机构，确保焊丝的直径与所使用的送丝轮的直径相一致
2	焊枪的确认	确认所使用的导电嘴是否与焊丝直径相一致
3	配电柜的断路器闭合	先确认配电柜的电源接线是否正确，检查无误后闭合断路器
4	焊接电源的接通	合上焊接电源的开关，焊接电源的前面板上的指示灯点亮，背面的冷却扇开始运转。在不起弧的状态下，冷却扇约5min后将停止运行；一旦起弧焊接，冷却扇将会自动开始运转
5	送丝电动机设定	对送丝电动机的种类进行设定（印制电路式伺服电动机；伺服焊枪；机械伺服电动机）
6	焊接电压指令方法的设定	按自动/个别按钮，对焊接电源的自动/个别进行设定
7	机器人侧的设定	对机器人的焊接机特性文件（包括自动/个别）进行设定
8	熔接法（焊接方法）的选择	通过面板上的“熔接法/Type”设定熔接法的编号。根据保护气的类别、焊丝的类别、短路焊接/脉冲焊接，来选择熔接法
9	面板显示值的确认	确认焊接机面板数字式仪表中电压、电流、线速（送丝速度）的设定值及熔接法的设定。修改从机器人侧发出的指令值，确认面板显示值的变化
10	点动送丝	机器人发出点动送丝指令，送丝焊丝一直到其从焊枪前端露出（在机器人示教器上可点动控制焊丝进退）
11	调整保护气的流量	将气体调整按钮打开，LED灯点亮，气体流出可持续20s，20s后自动停止送出气体（可通过参数调整时间） 将气瓶上的阀门向左旋转，打开气阀；旋转气体调整上的旋钮，将流量调整至焊接所需要的流量。一般而言，流量在10～25L/min较为适合，焊接电流越大，所需保护气流量也应当越大
12	条件记忆（焊接条件的登录）	在关闭焊接电源前，执行“条件记忆”，登录焊接条件。焊接条件登录完毕后，面板上的LED灯会再次点亮
13	准备完毕	

7. 焊接电源面板

焊接电源面板如图 2-30 所示。

(1) 仪表　焊接电源面板上①、②、③、④仪表的显示内容见表 2-10。状态不同显示也将有所不同。

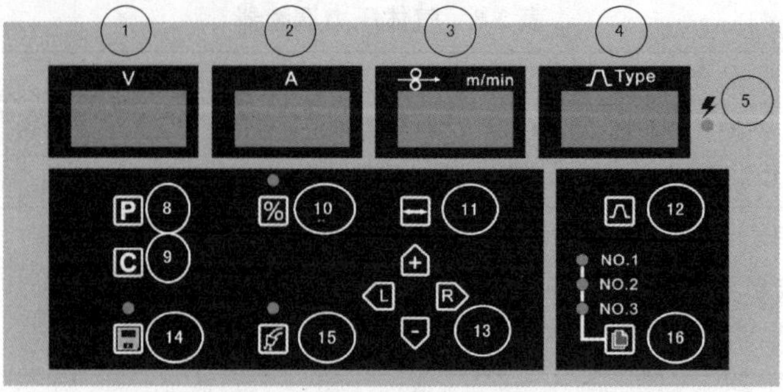

图 2-30　焊接电源面板

表 2-10　焊接电源面板上仪表显示内容

状态	电压 /V 25.0	电流 /A 150	线速 (m/min) Wire m/min 5.0	溶接法 /Type 11
	①电压表	②电流表	③送丝速度表	④熔接法表
待机时　参数 C32 =0 时（指令值显示）	显示设定的焊接电压值（V）	显示设定的焊接电流值（A）	显示设定的焊接电流所对应的送丝速度（m/min）	显示熔接法（焊接方法）（Type）
待机时　参数 C32 =1 时（待机显示）	显示 0.0	显示 0	显示 0.0	显示熔接法
焊接时 点动时	显示反馈回的焊接中实时焊接电压值（V）	显示反馈回的焊接中实时焊接电流值（A）	显示反馈回的送丝电动机送丝速度或者显示电动机电流	显示熔接法（焊接方法）（Type）
参数设定时	显示参数编号	通常显示为“---”	显示 P 参数的比率“%”，或者 C、D 参数值	显示熔接法（焊接方法）（Type）

（2）电源指示灯　焊接电源面板上电源指示灯⑤的状态见表 2-11。

表 2-11　焊接电源面板上指示灯状态

项目	内容	说明
⑤	电源指示灯	焊接电源接通后，该灯点亮

（3）设定按钮　焊接电源面板上设定按钮的功能见表 2-12。

表 2-12　焊接电源面板上按钮功能

项目	内容	说明
⑧	参数选择（P 参数）	待机时，按“参数选择”进入设定状态。①中显示“P. 00”、③中显示参数的设定值，再次按“参数设定”则退回到待机状态（仅在“使用者内容选择”时有效）
⑨	共通参数选择（C 参数）	待机时，按“共通参数选择”进入设定状态。①中显示“C. 00”、③中显示共通参数的设定值，按“共通参数选择”退回到待机状态

（续）

项目	内容	说明
⑩	自动/个别的切换	切换焊接电压设定方法 自动设定：（从机器人控制柜侧，将输出电压设定为%）LED 亮灯 个别设定：（从机器人控制柜侧，通过焊接电压指令设定输出电压）LED 熄灯
⑪	参数设定	进行参数设定时，对参数序号与参数设定值的选择状态进行切换 点闪的仪表为所选项目
⑫	熔接法（焊接方法）的选择	待机时，按"熔接法（焊接方法）选择"进入设定状态，此时可对熔接法（焊接方法）（Type）进行变更。④处开始点闪。再次按下后，进入确定熔接法（焊接方法）（Type）的设定状态，④处停止点闪
⑬	上下左右按钮	对设定进行修改时可使用该处按钮。使用 L、R 进行数位移动，使用 +、- 可进行数值增减的操作
⑭	条件记忆	用于保存设定内容。对设定内容进行修改时，LED 灯将会点闪。要想保存设定内容，则须持续 3s 以上按下条件记忆按钮。此时，如果关闭电源，则会造成保存失败，务必等待面板上的灯再次点亮。对设定内容进行保存后，即使关闭焊接电源后再通电，所设定的内容也能得以再次确认而不会丢
⑮	气体调整	对气体进行确认。按下气体调整按钮，LED 灯点亮，气体将持续放气 20s。（初始设定值为 20s，通过 C00 参数可对时间进行调整）在此过程中再次按下气体调整按钮，气体将停止释放
⑯	使用者内容选择	可通过该按钮选择保存 P 参数设定修改内容的文件。按下按钮，显示文件序号"File No."的 LED 指示灯将轮流点亮。 （无文件→File No. 1→File No. 2→File No. 3） 在无文件的状态下，将不能对 P 参数进行修改和保存

8. 机器人与焊接电源的接口信号

（1）焊接电源接口信号　RD350 弧焊电源的 CON3（26 芯）是与安川机器人 DX100 控制柜弧焊专用基板 JANCD-YEW01 连接的接口。CON3 的针号与信号的对应关系见表 2-13。

表 2-13　CON3 针号与信号的对应关系

针号	信号含义	功能	信号形态
A-B（0V 端）	焊接电压指令	给出焊接电压的自动数据的修正值（电压个别调节时为焊接电压指令）	0～14V 的模拟量电压输入
C-D（0V 端）	焊接电流指令	给出焊接电源输出电流（送丝量）的设定值	0～14V 的模拟量电压输入
F-G	点动送丝指令	实现点动送丝	触点输入（闭：有效）
H-J	点动退丝指令	实现点动退丝	触点输入（闭：有效）
K-L	焊接起动/停止指令	指令焊接的起动与停止	触点输入（闭：起动）
M-N	焊丝粘丝检测线	送出焊接电源的输出端子电压。焊丝粘着检测电压（约 15V）	焊接电源输出电压（模拟量值）

（续）

针号	信号含义	功能	信号形态
P-E（COM）	电弧发生检测	焊接起动预送气（提前送气）后，持续16ms检查电流并输出信号。之后，如果连续48ms以上没检查到电流时停止输出。如此反复。焊丝粘着防止电压结束的同时停止输出	触点输出（闭：有效）
R-E（COM）	断弧检测	1）焊接起动预送气（提前送气）后，超过1.5s没有检查到电弧发生时输出信号 2）1.5s以内检查到电弧发生后0.6s以上检查到没有连续的电弧发生时输出信号 3）检查到后1）和2）信号保持到起动命令解除（检测后的信号保持到起动命令解除） 4）焊接机异常（输出错误提示）时，也会输出“断弧”信号	触点输出（闭：有效）
S-E（COM）	气体压力不足检测	当保护气体压力不足时，继电器输出一个信号	触点输出（闭：有效）
T-E（COM）	断丝检测	当焊丝余额不足时，继电器输出一个信号	触点输出（闭：有效）
W-X	输出电流/监视输出	送出输出电流的监视信号3.0V/600A	模拟量电压（输出）
U-V	输出电压监视输出	送出输出电压的监视信号3V/60V（66V以上时66V）	模拟量电压（输出）
a-Z	气体检查	对保护气电磁阀门进行开关（ON/OFF）操作	+24（1±10%）V 电流容量50mA以上（输入）

（2）机器人与焊接电源接口电路　机器人与焊接电源接口电路如图2-31所示。

三、机器人送丝机构的选型

弧焊机器人配备的送丝机构包括送丝机、送丝软管和焊枪三部分。弧焊机器人的送丝稳定性是关系到焊接能否连续稳定进行的重要问题。

1. 送丝机的选择

（1）送丝机的类型

1）送丝机按安装方式分为一体式和分离式两种。将送丝机安装在机器人的上臂的后部上面与机器人组成一体为一体式；将送丝机与机器人分开安装为分离式。

由于一体式的送丝机到焊枪的距离比分离式的短，连接送丝机和焊枪的软管也短，所以一体式的送丝阻力比分离式的小。从提高送丝稳定性的角度看，一体式比分离式要好一些。

一体式的送丝机，虽然送丝软管比较短，但有时为了方便换焊丝盘，而把焊丝盘或焊丝桶放在远离机器人的安全围栏之外，这就要求送丝机有足够的拉力从较长的导丝管中把焊丝从焊丝盘（桶）拉过来，再经过软管推向焊枪，对于这种情况，和送丝软管比较长的分离式送丝机一样，应选用送丝力较大的送丝机。忽视这一点，往往会出现送丝不稳定甚至中断送丝的现象。

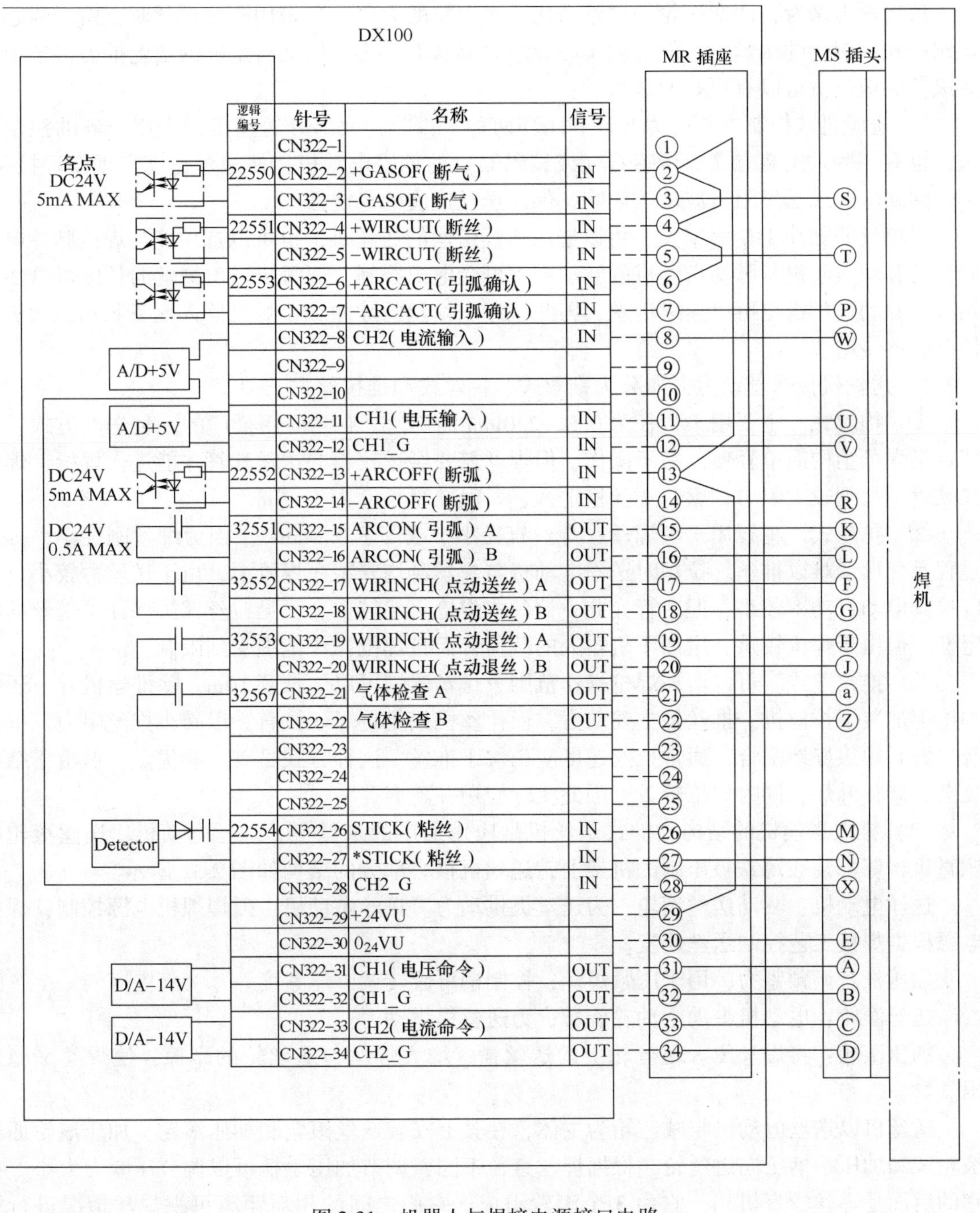

图 2-31　机器人与焊接电源接口电路

目前，弧焊机器人的送丝机采用一体式的安装方式已越来越多了，但对要在焊接过程中进行自动更换焊枪（变换焊丝直径或种类）的机器人，必须选用分离式送丝机。

2）送丝机按滚轮数分为一对滚轮和两对滚轮两种。送丝机的结构有一对送丝滚轮的，也有两对滚轮的；有只用一个电动机驱动一对或两对滚轮的，也有用两个电动机分别驱动两对滚轮的。

从送丝力来看，两对滚轮的送丝力比一对滚轮的大些。当采用药芯焊丝时，由于药芯焊丝比较软，滚轮的压紧力不能像用实心焊丝时那么大，为了保证有足够的送丝推力，选用两对滚轮的送丝机可以有更好的效果。

3）送丝机按控制方式分为开环和闭环两种。目前，大部分送丝机仍采用开环的控制方法，也有一些采用装有光敏传感器（或编码器）的伺服电动机，使送丝速度实现闭环控制，不受网路电压或送丝阻力波动的影响，保证送丝速度的稳定性。

对填丝的脉冲TIG焊来说，可以选用连续送丝的送丝机，也可以选用能与焊接脉冲电流同步的脉动送丝机。脉动送丝机的脉动频率可受电源控制，而每步送出焊丝的长度可以任意调节。脉动送丝机也可以连续送丝，因此，近来填丝的脉冲TIG焊机器人配备脉动送丝机的情况已逐步增多。

4）送丝机按送丝动力方向分为推丝式、拉丝式和推拉丝式三种。

① 推丝式。主要用于直径为0.8～2.0mm的焊丝，它是应用最广的一种送丝方式。其特点是焊枪结构简单轻便，易于操作，但焊丝需要经过较长的送丝软管才能进入焊枪，焊丝在软管中受到较大阻力，影响送丝稳定性，一般软管长度为3～5m。

② 拉丝式。主要用于细焊丝（焊丝直径小于或等于0.8mm），因为细丝刚性小，推丝过程易变形，难以推丝。拉丝时送丝电动机与焊丝盘均安装在焊枪上，由于送丝力较小，所以拉丝电动机功率较小，但尽管如此，拉丝式焊枪仍然较重。可见拉丝式虽保证了送丝的稳定性，但由于焊枪较重，增加了机器人的载荷，而且焊枪操作范围受到限制。

③ 推拉丝式。可以增加焊枪操作范围，送丝软管可以加长到10m。除推丝机外，还在焊枪上加装了拉丝机。推丝是主要动力，而拉丝机只是将焊丝拉直，以减小推丝阻力。推力与拉力必须很好地配合，通常拉丝速度应稍快于推丝。这种方式虽有一些优点，但由于结构复杂，调整麻烦，同时焊枪较重，因此实际应用并不多。

（2）推式送丝机的结构　推式送丝机是应用最广的送丝机，送丝电动机、送丝滚轮和矫直机构等都装在薄铁板压制的机架上，送丝机核心部分的结构如图2-32所示。

送丝电动机：驱动送丝滚轮，为送丝提供动力。送丝电动机由弧焊焊机电源控制，焊机电源根据焊接工艺控制送丝速度。

加压杆：调预紧力，用于压紧焊丝，控制柄可旋转调节压紧度。

送丝滚轮：电动机带动主动轮旋转，为送丝提供动力。

加压滚轮：将焊丝压入送丝轮上的送丝槽，增大焊丝与送丝轮的摩擦，使焊丝平稳送出。

送丝机以送丝电动机与减速箱为主体，在其上安装送丝滚轮和加压滚轮，加压滚轮通过滚轮架和加压手柄压向送丝轮，根据焊丝直径不同，调节加压手柄可以调节压紧力大小。在它的后面是焊丝校直机构，它由3个滚轮组成，它们之间的相对距离可视焊丝情况进行调整。

在送丝轮的前面是焊丝导向部分，它由导向衬套和出口导向管组成。焊丝从送丝轮的沟槽内送出，正对着导向管入口，以保证焊丝始终从送丝轮的沟槽内顺利地进入送丝软管。为了固定导向衬套，机体上还设有压簧。

送丝滚轮的槽一般有ϕ0.8mm、ϕ1.0mm、ϕ1.2mm三种，应按照焊丝的直径选择相应的输送滚轮。

一般采用他激直流伺服电动机作为送丝电动机，其机械特性平硬并可无级调节。

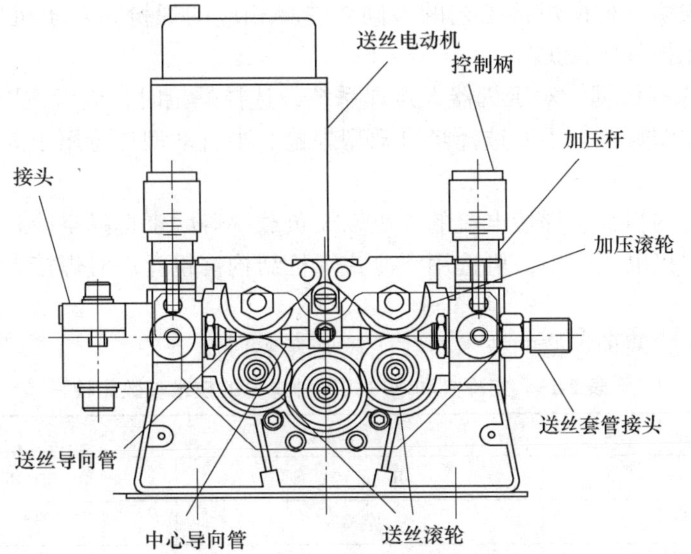

图 2-32　送丝机结构图

2. 送丝软管的选择

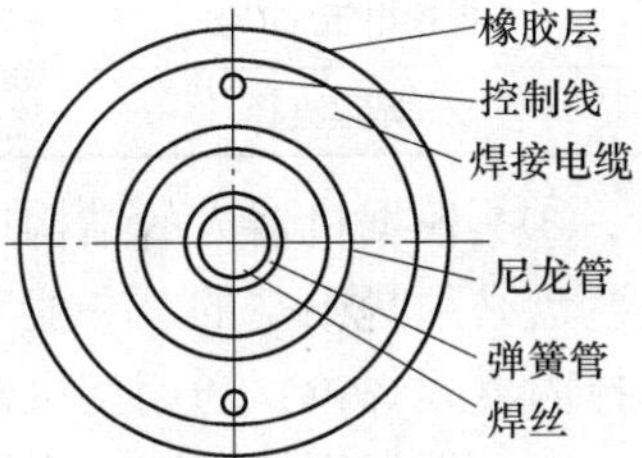

图 2-33　软管结构

送丝软管是集送丝、导电、输气和通冷却水为一体的输送设备。

(1) 软管结构　软管结构如图 2-33 所示。软管的中心是一根通焊丝同时也起输送保护气作用的导丝管，外面缠绕导电的多芯电缆，有的电缆中央还有两根冷却水循环的管子，最外面包敷一层绝缘橡胶。

焊丝直径与软管内径要配合恰当。软管直径过小，焊丝与软管内壁接触面增大，送丝阻力增大，此时如果软管内有杂质，常常造成焊丝在软管中卡死；软管内径过大，焊丝在软管内呈波浪形前进，在推式送丝过程中将增大送丝阻力。焊丝直径与软管内径匹配见表 2-14。

表 2-14　焊丝直径与软管内径匹配

焊丝直径/mm	软管直径/mm	焊丝直径/mm	软管直径/mm
0.8～1.0	1.5	1.4～2.0	3.2
1.0～1.4	2.5	2.0～3.5	4.7

(2) 送丝不稳的因素　软管阻力过大是造成弧焊机器人送丝不稳定的重要因素。原因有以下几个方面：

① 选用的导丝管内径与焊丝直径不匹配。

② 导丝管内积存由焊丝表面剥落下来的铜末或钢末过多。

③ 软管的弯曲程度过大。

目前越来越多的机器人公司把安装在机器人上臂的送丝机稍为向上翘，有的还使送丝机能作左右小角度自由摆动，目的都是为了减少软管的弯曲，保证送丝速度的稳定性。

3. 焊枪的选择

焊枪的种类很多，根据焊接工艺的不同，选择相应的焊枪。对于机器人弧焊工作站而言，采用的是熔化极气体保护焊。

（1）焊枪的选择依据　对于机器人弧焊系统，选择焊枪时，应考虑以下几个方面：

① 选择自动型焊枪，不要选择半自动型焊枪。半自动型焊枪用于人工焊接，不能用于机器人焊接。

② 根据焊丝的粗细、焊接电流的大小以及负载率等因素选择空冷式或水冷式的结构。

细丝焊时因焊接电流较小，可选用空冷式焊枪结构；粗丝焊时焊接电流较大，应选用水冷式的焊枪结构。

空冷式和水冷式两种焊枪的技术参数比较见表2-15。

表2-15　空冷式和水冷式两种焊枪的技术参数比较

技术参数		
型号	Robo　7G	Robo　7W
冷却方式	空冷	水冷
暂载率（10min）	60%	100%
焊接电流（Mix）	325A	400A
焊接电流（CO_2）	360A	450A
焊丝直径	1.0～1.2mm	1.0～1.6mm

③ 根据机器人的结构选择内置式或外置式焊枪。内置式焊枪安装要求机器人末端轴的法兰盘必须是中空的。一般专用焊接机器人如安川MA1400，其末端轴的法兰盘是中空，应选择内置式焊枪；通用型机器人如安川MH6应选择外置式焊枪。

④ 根据焊接电流、焊枪角度选择焊枪。焊接机器人用焊枪大部分和手工半自动焊用的鹅颈式焊枪基本相同。鹅颈的弯曲角一般都小于45°。根据工件特点选不同角度的鹅颈，以改善焊枪的可达性。若鹅颈角度选得过大，送丝阻力会加大，送丝速度容易不稳定，而角度过小，一旦导电嘴稍有磨损，常会出现导电不良的现象。

⑤ 从设备和人身安全方面考虑应选择带防撞传感器的焊枪。

（2）焊枪的结构　焊枪一般由喷嘴、导电嘴、气体分流环、绝缘套、枪管（枪颈）及防碰撞传感器（可选）等部分组成，如图2-34所示。

为了更稳定地将电流导向电弧区，在焊枪的出口装一个紫铜导电嘴。导电嘴的孔径和长度因不同直径的焊丝而不同。既要保证导电可靠，又要尽可能减小焊丝在导电嘴中的行进路程，以减少送丝阻力，保证送丝的通畅。导电嘴有成锥形、椭圆形、镶套形、锥台形、圆柱形、半圆形和滚轮形七种形式。

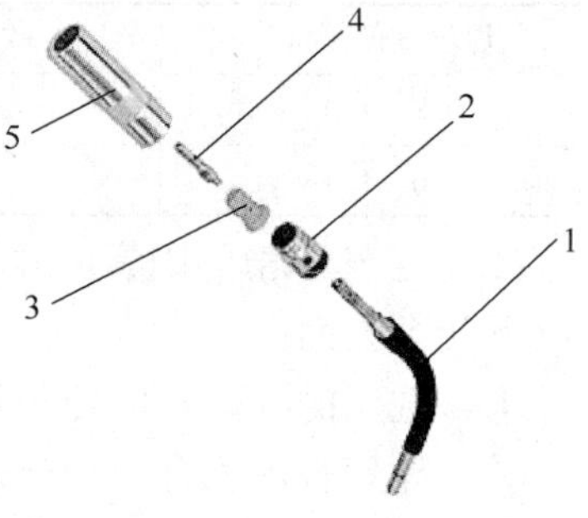

图2-34　焊枪的结构

1—枪颈　2—绝缘套　3—分流环　4—导电嘴　5—喷嘴

喷嘴是焊枪上的重要零件，其作用是向焊接区域输送保护气体，防止焊丝末端、电弧和熔池与空气接触。喷嘴的材料、形状和尺寸对气体保护效果和焊接质量有着十分密切的关系。为了减少飞溅物的粘结，喷嘴应由熔点较高、导热性较好的材料（如紫铜）制造，有些表面还需镀铬，以提高其表面光洁度和熔点。

（3）防撞传感器　对于弧焊机器人除了要选好焊枪以外，还必须在机器人的焊枪把持架上配备防撞传感器，防撞传感器的作用是当机器人在运动时，万一焊枪碰到障碍物，能立即使机器人停止运动（相当于急停开关），避免损坏焊枪或机器人。

四、弧焊系统故障诊断

1. 故障检查点

在焊接过程中出现异常状况时，按照表2-16的要点进行检查。

表2-16　焊接异常时的检查要点

熔接法（焊接方法）	确认选择的熔接法（焊接方法）与使用的焊丝材料、焊丝直径和焊接保护气相匹配
参数	确认是否因为修改参数而引起焊接异常。记下修改参数后，返回初始数据，对焊接进行确认
焊接电压指令方法自动/个别	确认焊接电源的“自动/个别”选择与机器人的“自动/个别”是否相一致。焊接电源的自动/个别选择由“自动/个别”按钮进行设定。设定为“自动”时，自动LED指示灯点亮。如果两者不对应的话，面板上将显示异常焊接电压值
电动机选择	确认电动机种类的选择是否正确，确认C09的设定值（0：印制电路式伺服电动机；1：伺服焊枪；2：机械伺服电动机。电动机选择出现错误，送丝量将偏离指令值，从而无法进行正常的焊接
电压检出线	电压检出线未连接或断路时，焊接中的电压表将显示约0V，并输出错误提示Err702（电压检出线异常）
编码器电缆	编码器电缆断路或A、B相接反时，送丝速度将会异常加快。送丝速度将显示为“0”，并发出错误提示“Err501（送丝异常）”

2. 电气回路故障

电气回路部分的异常状态、原因及对策见表2-17。

表2-17　电气回路部分的异常状态、原因及对策

<table>
<tr><th>序号</th><th colspan="2">异常状态</th><th>原因</th><th>措施与检查</th></tr>
<tr><td>1</td><td colspan="2">电源开关接通后，电源指示灯不点亮</td><td>电源指示灯发生故障、接触不良</td><td>更换电源指示灯、检查导电接触情况、确认输入电压</td></tr>
<tr><td rowspan="4">2</td><td rowspan="4">电源开关接通，冷却扇不运转</td><td rowspan="3">电源指示灯点亮</td><td>冷却扇、控制电路故障</td><td>检查冷却扇、印制电路板Pr（MB）-030，Pr（SD）-006</td></tr>
<tr><td>熔管F1、F2（2A）烧断</td><td>调查原因，然后更换熔管</td></tr>
<tr><td>Pr（SD）-006基板上的熔管（10A）烧断</td><td>调查原因，更换Pr（SD）-006基板上的熔管（10A）</td></tr>
<tr><td>电源指示灯不亮</td><td>电源指示灯发生故障、接触不良</td><td>更换电源指示灯、检查接触情况</td></tr>
</table>

（续）

序号	异常状态		原因	措施与检查
3	有起动信号但不起弧		起动信号没有传递给焊接电源	确认焊接指令电缆、检查印制基板上的插头 Pr（MB）-030（AIFI）插入情况
4	有起动信号但电动机不运转	电动机端子（插口 CON4 的端子 A 与端子 B）中施加电压	电动机故障	更换电动机
		电动机端子（插口 CON4 的端子 A 与端子 B）中没有施加电压	设备控制电缆断路、插口接触不良；Pr（SD）-006 基板上的熔管（10A）烧断	更换设备控制电缆、检查接触情况；调查原因后，更换 Pr（SD）-006 基板上的熔管（10A）
			基板 Pr（SD）-006 故障	检查并更换基板 Pr（SD）-006
5	无法调节焊接电流	来自机器人的焊接电流指令不能进行调节	来自机器人的模拟量指令不正常	检查机器人侧的模拟量指令输出情况
6	无法调节焊接电压	来自机器人的焊接电压指令无法进行调节	来自机器人的模拟量指令不正常	检查机器人侧的模拟量指令输出情况
7	数字仪表显示异常		参照故障代码	请参照故障代码
8	电源开关跳闸，不能接通电源		输入二极管损坏	与厂家联系
			主电路晶体管（IGBT）损坏	
9	不能气体调节，不能停止		气体电磁阀出现故障	对送气系统进行调查
			Pr（SD）-006 基板上的熔管（10A）烧断	调查原因后，更换Pr（SD）-006 基板上的熔管（10A）
			基板（SD）-006 出现问题	检查基板（SD）-006 并进行更换
			基板（SD）-006 的安装不正确（基板（SD）-006 无法使用）	更换基板（SD）-006

【任务实施】

任务书 2-3

项目名称	工业机器人弧焊工作站系统集成			任务名称	弧焊工作站焊接系统的设计		
班　级		姓　名		学　号		组　别	
任务内容	1. 弧焊电源有哪几种？各有什么特点？ 2. 画出安川机器人 DX100 控制柜弧焊专用基板 JANCD-YEW01 与 RD350 弧焊电源的接口电路。						
任务目标	1. 掌握机器人弧焊系统的构建与特点。 2. 熟悉机器人弧焊系统的工作原理。 3. 掌握机器人与弧焊电源的接口电路。						

资料	工具	设备
工业机器人安全操作规程	常用工具	工业机器人弧焊工作站
MA1400 机器人使用说明书		
DX100 焊接篇使用说明书		
DX100 维护要领书		
MOTOMAN 专用数字式逆变焊接电源 RD350 使用说明书		
工业机器人弧焊工作站说明书		

任务完成报告书 2-3

项目名称	工业机器人弧焊工作站系统集成			任务名称	弧焊工作站焊接系统的设计		
班　级		姓　名		学　号		组　别	
任务内容	1. 弧焊电源有哪几种？各有什么特点？						
任务内容	2. 画出安川机器人 DX100 控制柜弧焊专用基板 JANCD-YEW01 与 RD350 弧焊电源的接口电路。						

【考核与评价】

学生自评表 2　　年　月　日

<table>
<tr><td>项目名称</td><td colspan="7">工业机器人弧焊工作站系统集成</td></tr>
<tr><td>班　级</td><td></td><td>姓　名</td><td></td><td>学　号</td><td></td><td>组　别</td><td></td></tr>
<tr><td>评价项目</td><td colspan="2">评价内容</td><td colspan="5">评价结果（好/较好/一般/差）</td></tr>
<tr><td rowspan="4">专业能力</td><td colspan="2">能够正确选用弧焊机器人</td><td colspan="5"></td></tr>
<tr><td colspan="2">能够正确选用弧焊电源</td><td colspan="5"></td></tr>
<tr><td colspan="2">能够正确构建机器人弧焊系统</td><td colspan="5"></td></tr>
<tr><td colspan="2">能够绘制机器人与弧焊电源的接口电路</td><td colspan="5"></td></tr>
<tr><td rowspan="4">方法能力</td><td colspan="2">能够遵守安全操作规程</td><td colspan="5"></td></tr>
<tr><td colspan="2">会查阅、使用说明书及手册</td><td colspan="5"></td></tr>
<tr><td colspan="2">能够对自己的学习情况进行总结</td><td colspan="5"></td></tr>
<tr><td colspan="2">能够如实对自己的情况进行评价</td><td colspan="5"></td></tr>
<tr><td rowspan="4">社会能力</td><td colspan="2">能够积极参与小组讨论</td><td colspan="5"></td></tr>
<tr><td colspan="2">能够接受小组的分工并积极完成任务</td><td colspan="5"></td></tr>
<tr><td colspan="2">能够主动对他人提供帮助</td><td colspan="5"></td></tr>
<tr><td colspan="2">能够正确认识自己的错误并改正</td><td colspan="5"></td></tr>
<tr><td colspan="8">自我评价及反思</td></tr>
<tr><td colspan="8"></td></tr>
</table>

学生互评表 2　　年　月　日

<table>
<tr><td>项目名称</td><td colspan="6">工业机器人弧焊工作站系统集成</td></tr>
<tr><td>被评价人</td><td>班　级</td><td></td><td>姓　名</td><td></td><td>学　号</td><td></td></tr>
<tr><td>评　价　人</td><td colspan="6"></td></tr>
<tr><td>评价项目</td><td colspan="2">评价标准</td><td colspan="4">评价结果</td></tr>
<tr><td rowspan="4">团队合作</td><td colspan="2">A. 合作融洽</td><td colspan="4" rowspan="4"></td></tr>
<tr><td colspan="2">B. 主动合作</td></tr>
<tr><td colspan="2">C. 可以合作</td></tr>
<tr><td colspan="2">D. 不能合作</td></tr>
<tr><td rowspan="4">学习方法</td><td colspan="2">A. 学习方法良好，值得借鉴</td><td colspan="4" rowspan="4"></td></tr>
<tr><td colspan="2">B. 学习方法有效</td></tr>
<tr><td colspan="2">C. 学习方法基本有效</td></tr>
<tr><td colspan="2">D. 学习方法存在问题</td></tr>
</table>

（续）

评价项目	评价标准	评价结果
专业能力（勾选）	能够正确选用弧焊机器人	
	能够正确选用弧焊电源	
	能够正确构建机器人弧焊系统	
	能够绘制机器人与弧焊电源的接口电路	
	能够严格遵守安全操作规程	
	能够快速查阅、使用说明书及手册	
	能够按要求完成任务	
综合评价		

教师评价表2　　　　年　月　日

项目名称	工业机器人弧焊工作站系统集成					
被评价人	班　级		姓　名		学　号	
评价项目	评价内容		评价结果（好/较好/一般/差）			
专业认知能力	理解任务要求的含义					
	了解弧焊机器人的结构、用途					
	熟悉工业机器人弧焊工作站系统的构建					
	熟悉机器人弧焊电源的接口					
	掌握机器人与弧焊电源的信号					
	严格遵守安全操作规程					
专业实践能力	能够正确选用弧焊机器人					
	能够正确选用弧焊电源					
	能够正确构建机器人弧焊系统					
	能够绘制机器人与弧焊电源的接口电路					
	能够快速查阅、使用说明书及手册					
社会能力	能够积极参与小组讨论					
	能够接受小组的分工并积极完成任务					
	能够主动对他人提供帮助					
	能够正确认识自己的错误并改正					
	善于表达和交流					
综合评价						

【学习体会】

【思考与练习】

1. 简述工业机器人弧焊工作站的工作过程。
2. 弧焊机器人的末端执行器是什么？
3. 安川 MA1400 是几轴机器人？是否是弧焊专用机器人？
4. 工业机器人弧焊工作站中的送丝机安装在什么位置？
5. 焊接变位机在焊接系统中起什么作用？
6. 为什么焊接系统中需要配置焊枪清理装置？
7. 安川 MA1400 机器人负载能力是多大？定位精度是多少？
8. 安川 MA1400 机器人有何特点？
9. 弧焊用 DX100 控制柜有何特点？
10. 焊接机器人主要有哪些标准弧焊功能？
11. 什么是再引弧功能？
12. 脉冲型弧焊电源有何特点？
13. RD350 型焊接机器人专用电源属于何种类型的焊接电源？
14. RD350 型焊接机器人专用电源与外部连接的电力线和控制信号线具体有哪些？
15. 焊接电源为何要接地？采用何种接地？
16. 为了减少焊接时的飞溅量，在焊接电压检出线的接线作业时应遵守什么原则？
17. 单台焊接电源多工位焊接时，焊接电压检出线该如何连接？
18. 焊接机器人弧焊系统一般采用什么类型的送丝机？
19. 推丝式送丝机主要用于多大直径的焊丝输送？
20. 焊枪的冷却方式有哪几种？选择依据是什么？
21. 在焊接过程中发生异常状况时，检查的要点是什么？
22. 对弧焊机器人示教时，是否要进行工具坐标的设定？为什么？
23. 列举任一种使用国产焊接电源的机器人弧焊系统构成及应用场合，其使用的国产弧焊电源品牌有什么特点？

项目三 工业机器人点焊工作站系统集成

点焊是电阻焊的一种。电阻焊接是通过焊接设备的电极施加压力并在接通电源时，在工件接触点及邻近区域产生电阻热加热工件，在外力作用下完成工件的联结。

点焊广泛应用于汽车、土木建筑、家电产品、电子产品和铁路机车等相关领域。点焊比较擅长于薄板焊接领域，更适合运用于工业机器人的自动化生产。

【学习目标】

知识目标：

1）了解电阻焊的基础知识。

2）熟悉工业机器人点焊工作站的组成。

3）熟悉点焊控制装置的工作原理。

4）熟悉焊钳的结构与工作原理。

5）掌握点焊机器人接口技术。

技能目标：

1）能够正确选用点焊工业机器人。

2）能够正确选用点焊设备。

3）能够构建点焊机器人工作站。

【工作任务】

任务一　工业机器人点焊工作站的认识

任务二　点焊机器人的选型

任务三　点焊工作站点焊系统的设计

任务一　工业机器人点焊工作站的认识

工业机器人点焊工作站根据焊接对象性质及焊接工艺要求，利用点焊机器人完成点焊过程。工业机器人点焊工作站除了点焊机器人外，还包括电阻焊控制系统、焊钳等各种焊接附属装置。

【知识准备】

一、点焊的基础知识

1. 点焊的分类

点焊是电阻焊的一种。电阻焊（resistance welding）是将被焊母材压紧于两电极之间，并施以电流，利用电流流经工件接触面及邻近区域产生的电阻热效应将其加热到塑性状态，使得母材表面相互紧密连接，生成牢固的接合部。主要用于薄板焊接。

点焊的工艺过程：

1）预压。保证工件接触良好。

2）通电。使焊接处形成熔核及塑性环。

3）断电锻压。使熔核在压力持续作用下冷却结晶，形成组织致密、无缩孔裂纹的焊点。

点焊的通电方式按照焊接电流在电极-接合部-电极间以何种回路进行流动，而分成4大类。

(1) 直接点焊　直接点焊如图3-1所示。这是最基本的、也是可靠度最高的焊接方法。

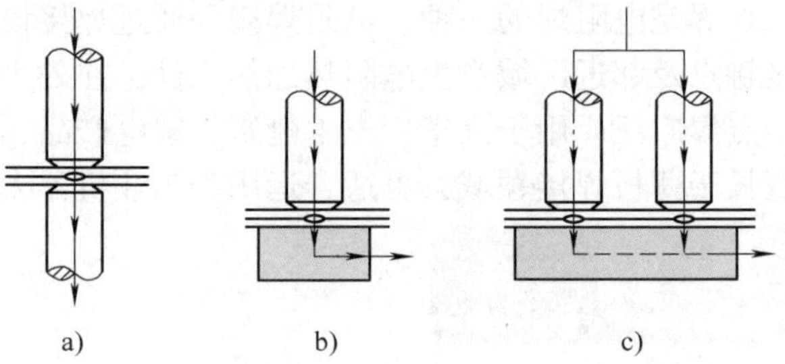

图3-1　直接点焊

相对的一对电极夹住被焊接物并施压，其中一个电极通过被焊接物的接合部向另一个电极直接导通焊接电流。当然也有像图3-1c一样将电极分成2根进行焊接的方法，但是由于很难使加压力和接触部位的电阻完全相同，所以与图3-1a、b的方式相比，在工作效率上是得到了提高，但是焊接部位的可靠性变差了。

(2) 间接点焊　间接点焊如图3-2所示。被焊接物的接合部位电流，从一个电极通过被焊接物的一个部位分流通到另外一个电极的焊接方式。有时候不需要将电极相向设置，只要在单侧设置就可以进行焊接了，因此适用于焊接大型物体。

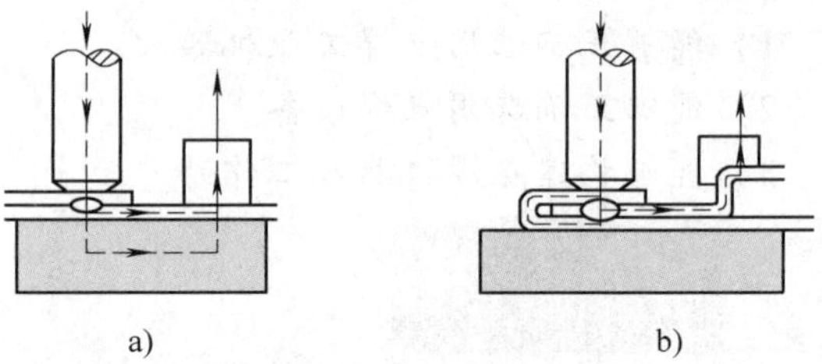

图3-2　间接点焊

(3) 单边多点点焊　单边多点点焊如图3-3所示。当一个焊接电流回路中有2个接合部时，电流将顺序依次流过这两个焊点部位并进行点焊，这是一个高效的方式。但是如图3-3b、c所示，在这些方式中，电流将在被焊接物内部进行分流，由此会产生一些根本无利于接合部发热的无效电流，因此不仅仅造成了电的效率低下，有时还会对焊接质量造成坏的影响。

所以为了尽量减少分流，需要尽量加大电极。而当板厚不同时，需要将厚板材放在下方。

(4) 双点焊（推挽点焊）　双点焊（推挽点焊）如图3-4所示。在上下都配置焊接变压器，可以同时进行2点焊接的方式。

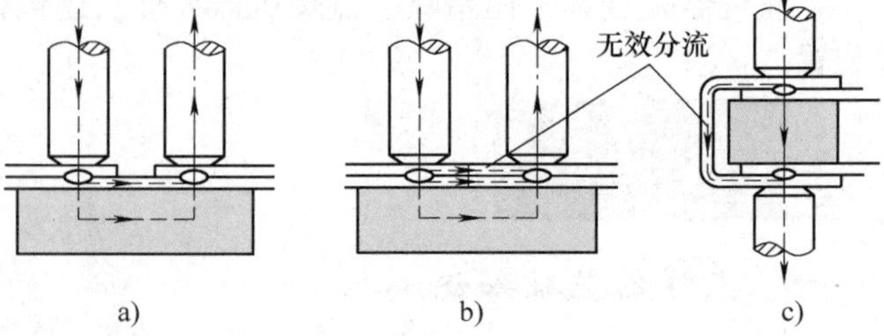

图3-3　单边多点点焊

与图3-3所示的单边多点点焊相

比，在相当程度上抑制了分流电流，具有利于用在厚板材焊接的优点。

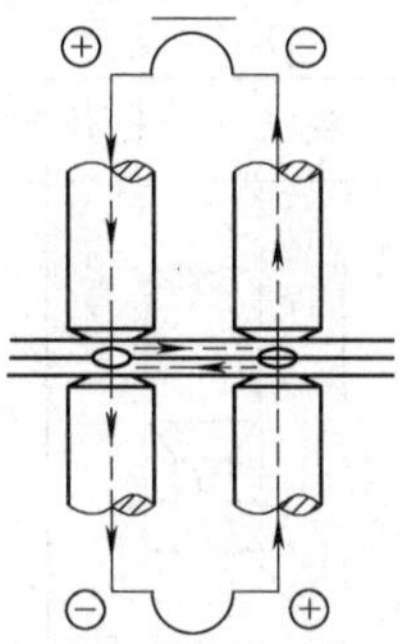

图 3-4　双点焊（推挽点焊）

2. 点焊的条件

焊接电流、通电时间以及电极加压力被称为电阻焊接的三大条件。在电阻焊接中，这些条件互相作用，具有非常紧密的联系。

（1）焊接电流　焊接电流是指电焊机中的变压器的二次回路中流向焊接母材的电流。在普通的单相交流式电焊机中，在变压器的一次侧流通的电流，将乘以与变压器线匝比（是指一次侧的线匝数 N1 和二次侧的线匝 N2 的比，即 N1/N2）后流向二次侧。在合适的电极加压力下，大小合适的电流在合适的时间范围内导通后，接合母材间会形成共同的熔合部，在冷却后形成接合部（熔核）。但是，如果电流过大会导致熔合部飞溅出来（飞溅）以及电极粘结在母材上（熔敷）等故障现象。此外，也会导致熔接部位变形过大。

（2）通电时间　通电时间是指焊接电流导通的时间。在电流值固定的情况下改变通电时间，会导致焊接部位所能够达到的最高温度不同，从而导致形成的接合部大小不一。一般而言，选择低的电流值、延长通电时间不仅仅会造成大量的热量损失，而且也会导致对不需要焊接的地方进行加热。特别是对像铝合金等热传导率好的材料以及小零件等进行焊接时，必须使用充分大的电流，在较短的时间内焊接。

（3）电极加压力　电极加压力是指加载在焊接母材上的压力。电极加压力既起到了决定接合部位位置的夹具的作用，同时电极本身也起到了保证导通稳定的焊接电流的作用；此外，还具备冷却后的锻压效果以及防止内部开裂等作用。在设定电极加压力时，有时也会采用在通电前进行预压、在通电过程中进行减压、然后在通电末期再次增压等特殊的方式。

加压力具体作用包括：破坏表面氧化污物层、保持良好接触电阻、提供压力促进焊件熔合、热熔时形成塑性环、防止周围气体侵入、防止液态熔核金属沿板缝向外喷溅。

此外，还有一个影响到熔核直径大小的条件，那就是电极顶端直径。电流值固定不变时，电极顶端直径（面积）越大，电流的密度则越小，在相同时间内可以形成的熔核直径也就越小。好的焊接条件是指选择合适的焊接电流、通电时间以便能够形成与电极顶端直径相同的熔核。此外，焊接母材的板材厚度的组合在某种程度上也决定了熔核直径的大小。因此，只要板材厚度的组合决定了，则将要使用的电极顶端直径也就决定了，相关的电极加压力、焊接电流以及通电时间的组合也可以决定了。如果想要形成比板材厚度还大的熔核，则需要选择具有更大顶端面积的电极，当然同时还需要使用较大的焊接电流以保证所需的电流密度。

二、工业机器人点焊工作站的工作任务

工业机器人点焊工作站工作任务是完成 L 形工件和车身门框处的点焊工作。

L 形工件的材料是低碳钢，双层厚度 2mm；车身门框的材料是镀锡，双层厚度 3mm。

焊接规范见表 3-1 ~ 表 3-4。

表 3-1 低碳钢的点焊（$C \leqslant 0.3\%$）

板厚		mm	0.5	0.8	1	1.5	2	2.5	3
电极形式和电极直径	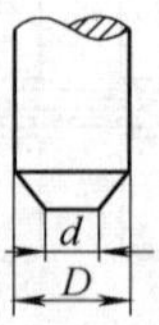	D（mm）	12.5	12.5	16	16	16	16	25
	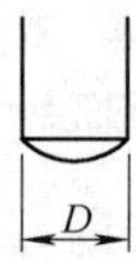	d（mm）	3.5	4.5	5	6.2	7	8	8.5
硬规范	电极加压力	N	1 350	1 900	2 300	3 500	4 800	6 100	7 700
	焊接时间	周波	6	8	10	14	18	21	24
	焊接电流	A	6 100	8 100	9 300	11 500	13 500	15 000	16 600
软规范	电极加压力	N	600	1 000	1 200	1 700	2 300	3 000	3 500
	焊接时间	周波	10	15	20	35	45	70	85
	焊接电流	A	3 700	4 500	5 700	6 800	8 200	8 700	9 500
最小搭接宽度	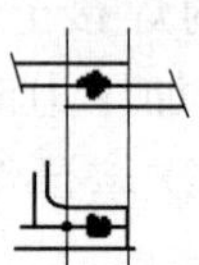	mm	11	11	12	16	18	19	22
最小焊点间距	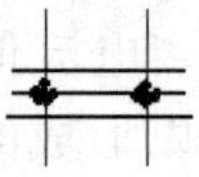	mm	10	13	19	26	32	38	45
焊点直径	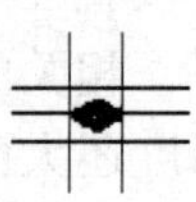	mm	3.3	4	4.8	5.7	6.8	7.8	8.5

注：1. 材料表面应没有锈、氧化物、油漆、油脂和油。

2. 对于不同板厚材料焊接，参见表 3-2。

3. 电极材料应根据板材状况选用。

4. 对于 3 层板焊接，最小间距应增加 30%。

5. 对于镀锌板而言，一般参数上应增加 15% ~20%。

6. 对于有铜板保护的焊接点而言，一般参数上应增加 15% ~20%。

7. 焊接时间：当焊接电流频率为 50Hz 时，1 个周波 = 1/50s = 0.02s，焊接时间 = 周波数 ×0.02s。

表 3-2　对于 2 或 3 层相同或不同板厚的工件焊接参数的选择标准

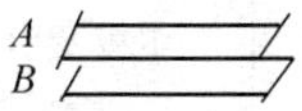	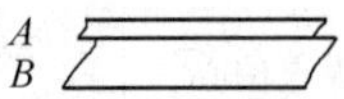	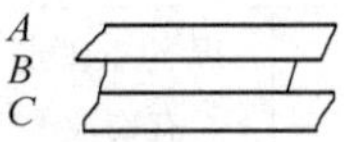	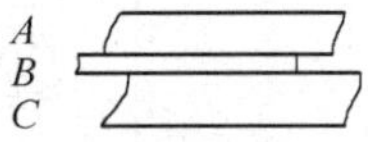	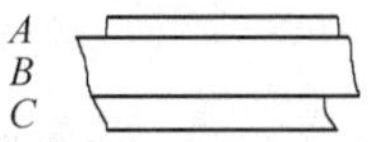
$A=B$	$A<B$	$A=B=C$	$C>A>B$	$B>C>A$
根据板厚 A 选择参数	根据板厚 A 选择参数	根据板厚 A 选择参数	根据板厚 A 选择参数	根据板厚 C 选择参数
	Max $A/B=1/4$		Max $A/C=1/2.5$	Max $A/C=1/2.5$
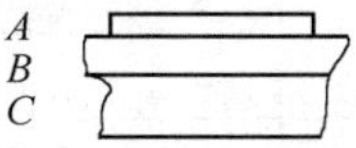	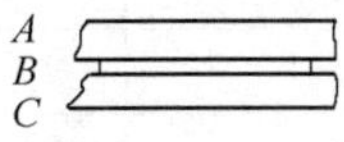	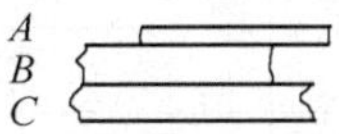	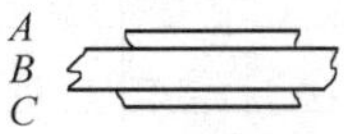	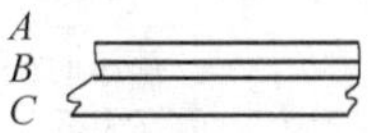
$C>B>A$	$A=C>B$	$B=C>A$	$A=C<B$	$A=B<C$
根据板厚 B 选择参数	根据板厚 A 选择参数	根据板厚 B 选择参数	根据板厚 A 选择参数	根据板厚 A 选择参数
Max $A/C=1/2.5$		Max $A/C=1/2.5$		Max $A/C=1/2.5$

表 3-3　点焊过程中导致缺陷的主要原因 1

可能的原因		缺陷类型				
		焊点不圆	压痕过深	压痕颜色太明显	工件表面的飞溅	工件之间的飞溅
		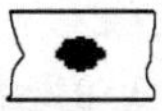	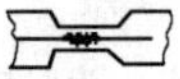	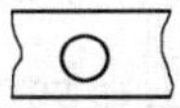		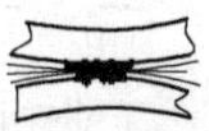
参数调整	焊接电流		+	+	+	+
	焊接时间		+	+		+
	电极加压力		−	−	−	−
	预压时间				−	−
	维持时间			−	−	
保养维护	电极队列	≠				
	电极头部状况	≠			≠	
	电极头部直径		≠			
	电极冷却状况			−		
	焊接原理的准备	≠	≠		≠	≠

表 3-4　点焊过程中导致缺陷的主要原因 2

可能的原因		缺陷类型				
		焊点过小	焊点开裂或有裂痕	焊点偏心	焊点附近板材开裂	电极变形过大
		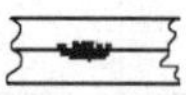	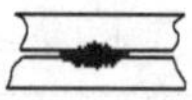	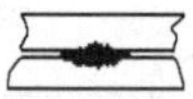	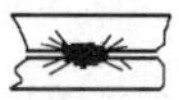	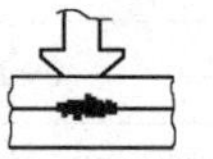
参数调整	焊接电流	−	+	−		+
	焊接时间	−				+
	电极加压力	+	−	+	+	−
	预压时间	−	−			
	维持时间		−		−	
保养维护	电极队列			≠		
	电极头部状况	≠				
	电极头部直径	≠			≠	−
	电极冷却状况		−		−	−
	焊接原理的准备	≠	≠	≠		

注：“+”指比标准值大；“−”指比标准值小；“≠”指不符合标准。

表 3-3、表 3-4 表示了防止部分焊接缺陷的可能的原因，这仅对两层相同板厚的普通钢材焊接的情况有效。

三、工业机器人点焊工作站的组成

工业机器人点焊工作站由机器人系统、伺服机器人焊钳、冷却水系统、电阻焊接控制装置和焊接工作台等组成，采用双面单点焊方式。整体布置如图 3-5 所示，点焊系统如图 3-6 所示。

点焊机器人系统图中各部分说明见表 3-5。

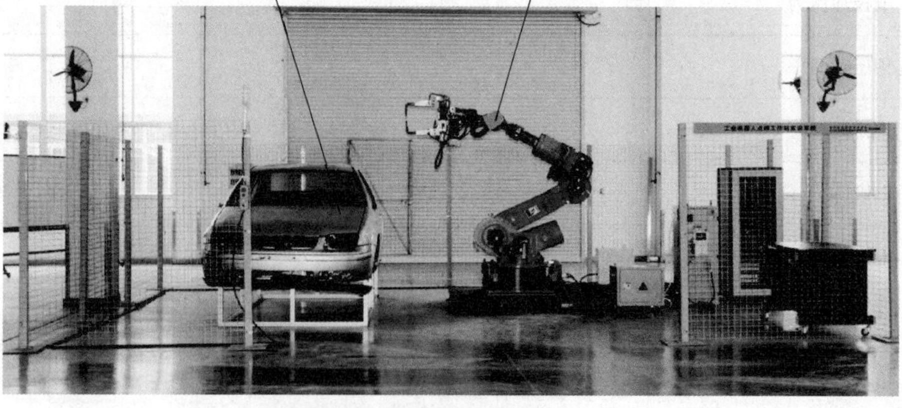

图 3-5　整体布置图

1—点焊机器人　2—工件

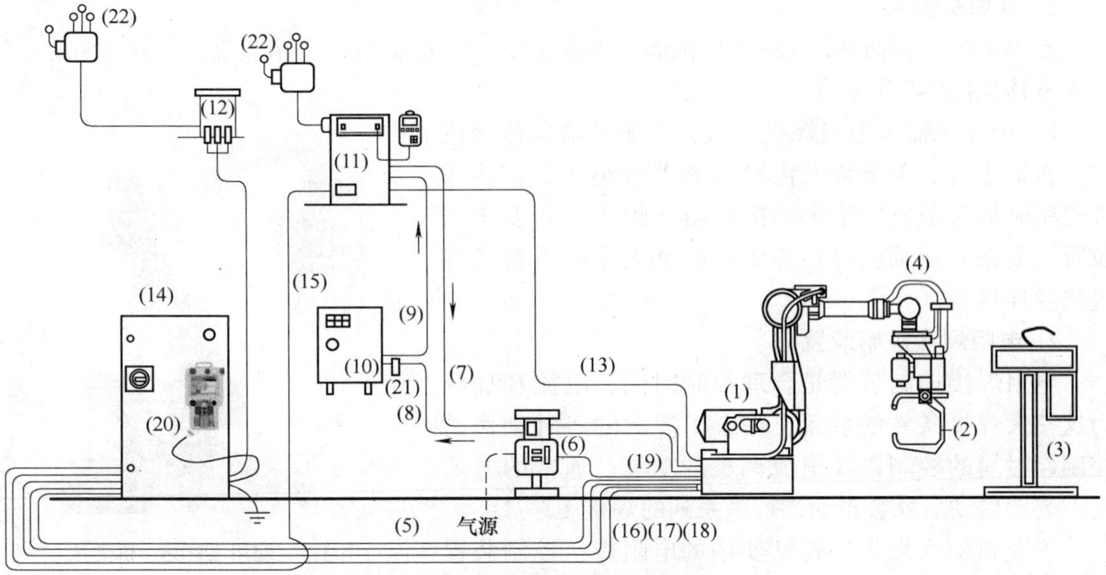

图 3-6　点焊机器人系统图

表 3-5　点焊机器人系统图中各部分说明

设备代号	设备名称	设备代号	设备名称
(1)	机器人本体（ES165D）	(12)	机器人变压器
(2)	伺服焊钳	(13)	焊钳供电电缆
(3)	电极修磨机	(14)	机器人控制柜 DX100
(4)	手首部集合电缆（GISO）	(15)	点焊指令电缆（I/F）
(5)	焊钳伺服控制电缆 S1	(16)	机器人供电电缆 2BC
(6)	气/水管路组合体	(17)	机器人供电电缆 3BC
(7)	焊钳冷水管	(18)	机器人控制电缆 1BC
(8)	焊钳回水管	(19)	焊钳进气管
(9)	点焊控制箱冷水管	(20)	机器人示教器（PP）
(10)	冷水阀组	(21)	冷却水流量开关
(11)	点焊控制箱	(22)	电源提供

图 3-6 中列出了点焊机器人系统功能性的完整配备，各部分的功能见表 3-6。

表 3-6　点焊机器人系统各部分功能说明

类型	设备代号	功能及说明
机器人相关	(1)（4）（5）（13）（14）（15）（16）(17)（18）(20)	焊接机器人系统以及与其他设备的联系
点焊系统	(2)（3）(11)	实施点焊作业
供气系统	(6)（19）	如果使用气动焊钳时，焊钳加压气缸完成点焊加压，需要供气。当焊钳长时间不用时，须用气吹干焊钳管道中残留的水
供水系统	(7)（8）（10）	用于对设备（2）（11）的冷却
供电系统	(12)（22）	系统动力

1. 点焊机器人

点焊机器人包括安川 ES165D 机器人本体、DX100 控制柜以及示教器。安川 ES165D 机器人本体如图 3-7 所示。

ES165D 机器人为点焊机器人，由驱动器、传动机构、机械手臂、关节以及内部传感器等组成。它的任务是精确地保证机械手末端执行器（焊钳）所要求的位置、姿态和运动轨迹。焊钳与机器人手臂可直接通过法兰连接。

图 3-7　安川 ES165D 机器人本体及焊钳

1—机器人本体　2—伺服机器人焊钳　3—机器人安装底板

2. 电阻焊接控制装置

电阻焊接控制装置是合理控制时间、电流和加压力这三大焊接条件的装置，综合了焊钳的各种动作的控制、时间的控制以及电流调整的功能。通常的方式是，装置启动后就会自动进行一系列的焊接工序。

工业机器人点焊工作站使用的电阻焊接控制装置型号为 IWC5-10136C，是采用微电脑控制，同时具备高性能和高稳定性的控制器。

IWC5-10136C 电阻焊接控制装置，具有按照指定的直流焊接电流进行定电流控制功能、步增功能、各种监控以及异常检测功能。电阻焊接控制器如图 3-8 所示。

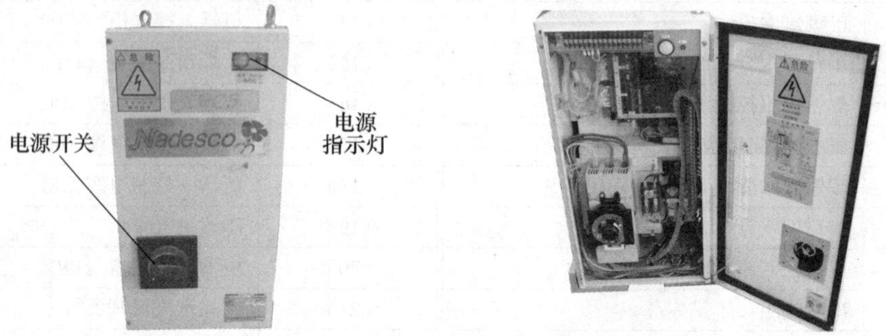

a) 关门　　b) 开门

图 3-8　电阻焊接控制器

IWC5-10136C 电阻焊接控制器配套有编程器和复位器，如图 3-9、图 3-10 所示。

图 3-9　编程器

图 3-10　复位器

编程器用于焊接条件的设定；复位器用于异常复位和各种监控。

3. 变压器

三相干式变压器为安川机器人 ES165D 提供电源，变压器参数为输入三相 380V，输出三相 220V，功率 12kVA，如图 3-11 所示。

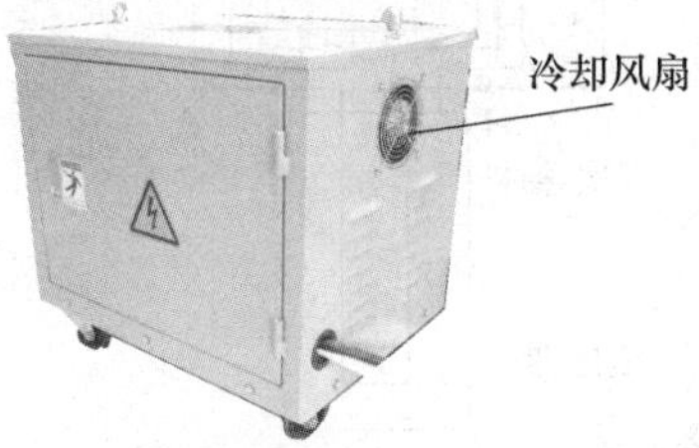

a) 变压器箱体

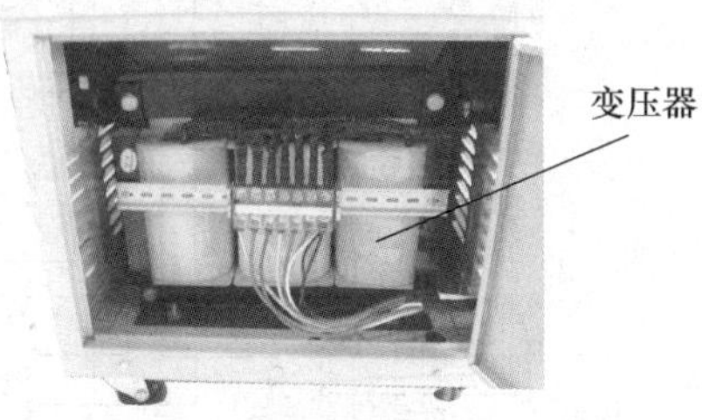

b) 变压器箱内

图 3-11　三相变压器

4. 伺服机器人焊钳

焊钳是指将点焊用的电极、焊枪架和加压装置等紧凑汇总的焊接装置。工业机器人点焊工作站采用电溶机电品牌的 X 型伺服机器人焊钳，焊钳变压器和焊钳一体化，焊钳变压器为点焊过程提供通过焊钳电极的电流。X 型伺服机器人焊钳如图 3-12 所示。

伺服机器人焊钳安装在机器人末端，由伺服电动机驱动可动焊接臂，是受焊接控制器与机器人控制器控制的一种焊钳。伺服机器人焊钳具有环保，焊接时轻柔接触工件、低噪声，能提高焊接质量，有超强的可控性等特点。

a) 实物图

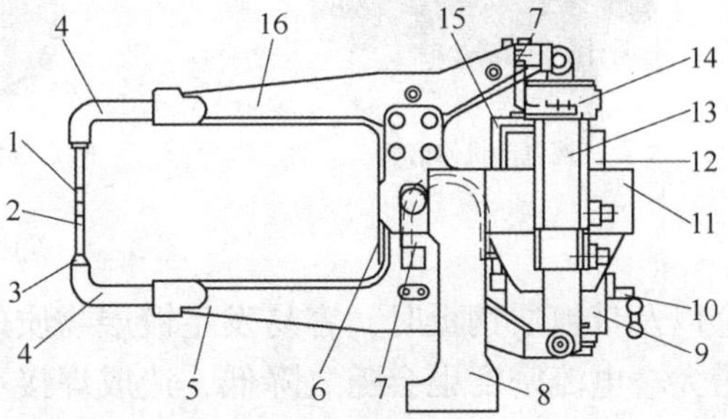

b) 结构图

图 3-12　X 型伺服机器人焊钳

1—电极帽　2—电极杆　3—电极座　4—电极臂　5—可动焊接臂　6—飞溅挡板　7—软连接　8—支架　9—接线盒　10—冷却水多歧管　11—支架　12—变压器　13—伺服电动机　14—驱动部组合　15—二次导体　16—固定焊接臂

5. 冷却水阀组

由于点焊是低压大电流焊接，在焊接过程中，导体会产生大量的热量，所以焊钳、焊钳变压器需要水冷。冷却水系统图如图 3-13 所示。

6. 其他辅助设备工具

其他辅助设备工具主要有高速电动机修磨机（CDR）、点焊机压力测试仪 SP-236N、焊机专用电流表 MM-315B，分别如图 3-14a、b、c 所示。

(1) 高速电动机修磨机　对焊接生产中磨损的电极进行打磨。

当连续进行点焊操作时，电极顶端会被加热，氧化加剧、接触电阻增大，特别是当焊接

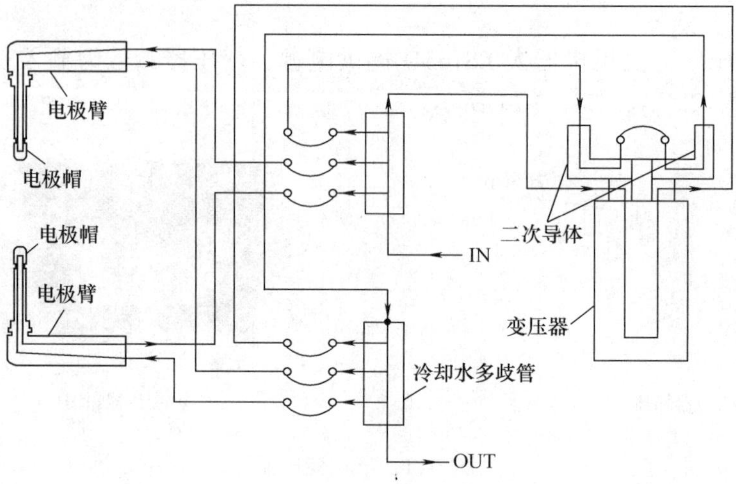

图 3-13　冷却水系统图

a) 高速电动机修磨机

b) 点焊机压力测试仪

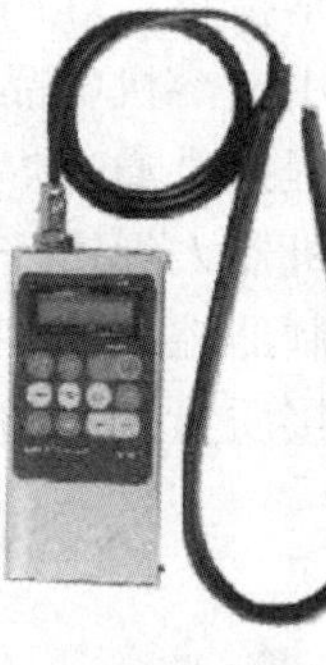

c) 专用电流表

图 3-14　辅助设备工具

铝合金以及带镀层钢板时，容易发生镀层物质的粘着。即便保持焊接电流不变，随着顶端面积的增大，电流密度也会随之降低，造成焊接不良。因此需要在焊接过程中定期打磨电极顶端，除去电极表面的污垢，同时还需要对顶端部进行整形，使顶端的形状与初始时的形状保持一致。

（2）点焊机压力测试仪　用于焊钳的压力校正。

在电阻焊接中为了保证焊接质量，电极加压力是一个重要的因素，需要对其进行定期测量。

电极加压力测试仪分为三种：音叉式加压力仪、油压式加压力仪和负载传感器式加压力仪。

压力测试仪 SP-236N 为模拟型油压式加压力测量仪。

（3）焊机专用电流表　专用电流表用于设备的维护、测试焊接时二次短路电流。

在电阻焊接中，焊接电流的测量对于焊接条件的设定以及焊接质量的管理起到重要的作用。由于焊接电流是短时间、高电流导通的方式，因此使用通常市场上销售的电流计是无法测量的。需要使用焊机专用焊接电流表。在测量电流时，有使用环形线圈，在焊机的二次线路侧缠绕环形线圈，利用此线圈测量出磁力线的时间变化，并对此时间变化进行积分计算求取电流值。

四、工业机器人点焊工作站的工作过程

（1）系统启动

1）设备启动前，打开冷却水、焊机电源。

2）机器人控制柜 DX100 主电源开关合闸，等待机器人启动完毕。

3）在“示教模式”下选择机器人焊接程序，然后将模式开关转至“远程模式”。

4）若系统没有报警，启动完毕。

（2）生产准备

1）选择要焊接的产品。

2）将产品安装在焊接台上。

（3）开始生产　按下启动按钮，机器人开始按照预先编制的程序与设置的焊接参数进行焊接作业。当机器人焊接完毕，回到作业原点后，更换母材，开始下一个循环。

【任务实施】

任务书 3-1

<table>
<tr><td>项目名称</td><td colspan="3">工业机器人点焊工作站系统集成</td><td>任务名称</td><td colspan="3">工业机器人点焊工作站的认识</td></tr>
<tr><td>班级</td><td></td><td>姓名</td><td></td><td>学号</td><td></td><td>组别</td><td></td></tr>
<tr><td>任务内容</td><td colspan="7">根据图 3-6 工业机器人点焊工作站的基本配置图，指出各设备的名称及功能，并找出真实工作站对应的设备。</td></tr>
<tr><td>任务目标</td><td colspan="7">1. 了解工业机器人点焊工作站的组成与特点。
2. 熟悉工业机器人点焊工作站外围系统的作用。
3. 熟悉工业机器人点焊工作站的工作过程。</td></tr>
</table>

资料	工具	设备
工业机器人安全操作规程	常用工具	工业机器人点焊工作站
ES165D 机器人使用说明书		
DX100 点焊篇使用说明书		
DX100 维护要领书		
IWC5-10136C 电阻焊接控制装置使用说明书		
工业机器人点焊工作站说明书		

任务完成报告书 3-1

<table>
<tr><td>项目名称</td><td colspan="3">工业机器人点焊工作站系统集成</td><td>任务名称</td><td colspan="3">工业机器人点焊工作站的认识</td></tr>
<tr><td>班　级</td><td></td><td>姓　名</td><td></td><td>学　号</td><td></td><td>组　别</td><td></td></tr>
<tr><td>任务内容</td><td colspan="7"></td></tr>
</table>

任务二　点焊机器人的选型

电阻焊接机广泛运用于各产业的生产线中，这也就意味着电阻焊接机与其他焊接方法相比，更适合运用于机器人进行自动化生产。

选择点焊机器人，必须考虑母材的特点以及生产节拍，例如在汽车的生产工序中，每台车的焊接点数达到数千点之多，如何能够快速地进行焊接已经成为缩短生产节拍的关键原因。

【知识准备】

一、点焊机器人的选择依据

1）必须使点焊机器人实际可达到的工作空间大于焊接所需的工作空间。焊接所需的工作空间由焊点位置及焊点数量确定。

2）点焊速度与生产线速度必须匹配。首先由生产线速度及待焊点数确定单点工作时间，而机器人的单点焊接时间（含加压、通电、维持、移位等）必须小于此值，即点焊速度应大于或等于生产线的生产速度。

3）应选内存容量大、示教功能全、控制精度高的点焊机器人。

4）机器人要有足够的负载能力。点焊机器人需要有多大的负载能力，取决于所用的焊钳形式。对于变压器分离的焊钳，30～45kg 负载的机器人就足够了；对于一体式焊钳，焊钳连同变压器质量在 70kg 左右。

5）点焊机器人应具有与焊机通信的接口。如果组成由多台点焊机器人构成的柔性点焊焊接生产系统，点焊机器人还应具有网络通信接口。

6）需采用多台机器人时，应研究是否采用多种型号，并与多点焊机及简易直角坐标机器人并用等问题。当机器人间隔较小时，应注意动作顺序的安排，可通过机器人群控或相互间联锁作用避免干涉。

工业机器人点焊工作站选择的弧焊机器人是安川 ES165D 机器人，DX100 控制柜中内置了点焊专用功能。

二、安川 ES165D 机器人

1. ES165D 机器人本体结构

安川 ES165D 机器人属于大型工业机器人，负载能力达到 165kg，主要用于搬运和点焊。

ES165D 机器人本体由 6 个高精密伺服电动机按特定关系组合而成，机器人各部和动作轴名称如图 3-15 所示。

ES165D 工业机器人本体的技术参数见表 3-7。

2. ES165D 机器人的特点

1）点焊只需点位控制，至于焊钳在点与点之间的移动轨迹没有严格要求。

2）ES165D 机器人不仅有足够的负载能力，而且在点与点之间移位时速度快捷，动作平稳，定位准确，以减少移位的时间，提高机械臂工作效率。

3）在机器人基座设有电缆、气管、水管的接入接口，如图 3-16 所示。焊钳连接的气管、水管、I/O 电缆及动力电缆都已经被内置安装于机器人本体的手臂内，通过接口与外部连接。这样机器人在进行点焊生产时，焊钳移动自由，可以灵活地变动姿态，同时可以避免电缆与周边设备的干涉。

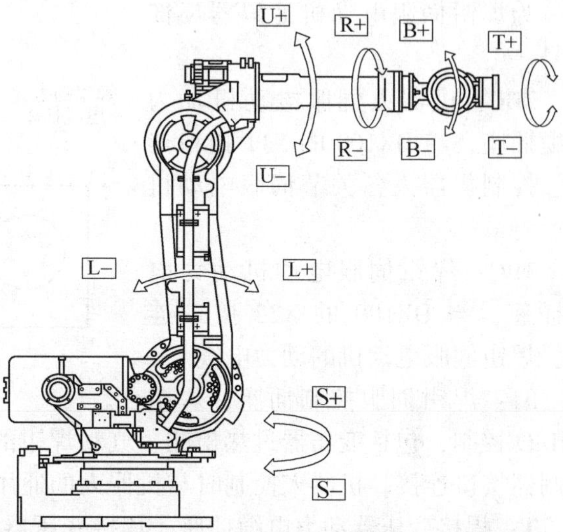

图 3-15　ES165D 机器人各部和动作轴名称

表 3-7　ES165D 机器人本体的技术参数

安装方式	地面	
自由度	6	
负载	165kg	
垂直可达距离	3 372mm	
水平可达距离	2 651mm	
重复定位精度	±0. 2mm	
最大动作范围	S 轴（旋转）	-180° ~ +180°
	L 轴（下臂）	-60° ~ +76°
	U 轴（上臂）	-142. 5° ~ +230°
	R 轴（手腕旋转）	-205° ~ +205°
	B 轴（手腕摆动）	-120° ~ +120°
	T 轴（手腕回转）	-200° ~ +200°
最大速度	S 轴（旋转）	110°/s
	L 轴（下臂）	110°/s
	U 轴（上臂）	110°/s
	R 轴（手腕旋转）	175°/s
	B 轴（手腕摆动）	150°/s
	T 轴（手腕回转）	240°/s
本体重量	1 100kg	
电源容量	7. 5kVA	

1BC：机器人/焊钳控制信号电缆插座，与 DX100 的 X21 接口连接，为焊钳伺服电动机编码器反馈信号。

2BC：机器人伺服电动机动力电缆插座，与 DX100 的 X11 接口连接，控制机器人各关节伺服电动机的运行。

3BC：焊钳伺服电动机动力电缆插座，与 DX100 的 X22 接口连接，焊钳伺服电动机的动力电缆。

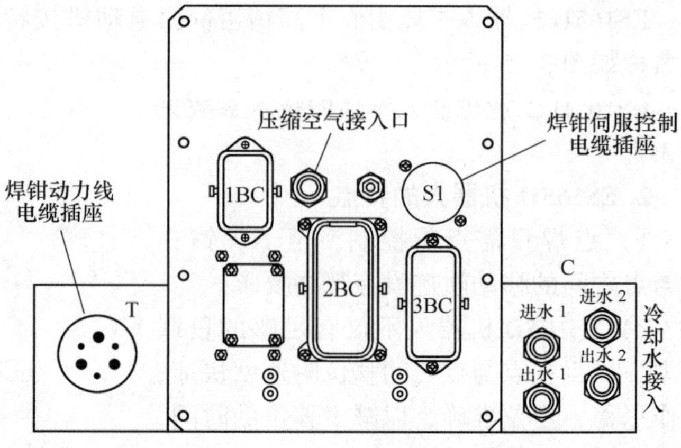

图 3-16　电缆、气管、水管的接入接口

S1：焊钳伺服控制插座，焊钳的 I/O 控制，包括变压器过热检测、气动焊钳的开合控制等信号。点焊控制器控制时与点焊控制器接口连接，机器人控制时与机器人的通用接口连接。

T：焊接变压器动力电缆插座，焊接变压器的一次侧线，与点焊控制器接口连接。

C：冷却水接入口，为焊钳电极、变压器提供冷却水。

4）在机器人 U 臂上设有焊钳轴电动机动力电缆插座、焊钳轴电动机编码器电缆插座、焊钳控制 I/O 信号电缆插座以及压缩空气出口，与设备的连接非常方便。如图 3-17 所示。

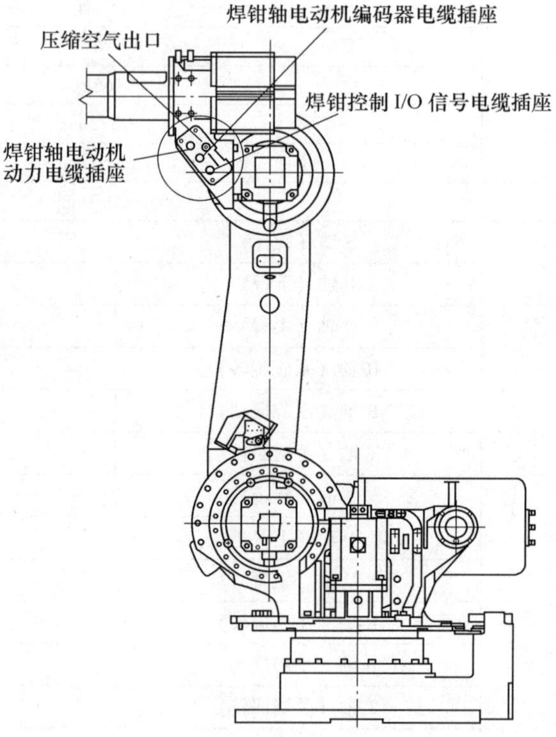

图 3-17　机器人 U 臂连接部

3. DX100 控制柜

点焊用 DX100 控制柜除了机器人通用控制功能外，还内置了点焊专用功能。包括点焊用 I/O 接口、点焊控制命令、点焊特性文件设置、伺服焊钳开度设置、伺服焊钳压力设置、电极磨损检测与补偿等，使得点焊机器人的操作与使用非常方便与灵活。

点焊 DX100 控制柜 I/O 接口包括 CN306、CN307、CN308、CN309，其 I/O 信号定义、接线图参见附录 C。

常用专用输入输出信号功能见表 3-8。

表 3-8　专用输入输出信号功能

逻辑号码/名称	功能
20010 外部启动	与再现操作盒的“启动”键具有同样的功能。此信号只有上升沿有效，可使机器人开始运转（再现）。但是在再现状态下如禁止外部启动，则此信号无效
20012 调出主程序	只有上升沿有效，调出机器人程序的首条，即调出主程序的首条。但是在再现过程中、禁止再现调出主程序时此信号无效
20013 清除报警/错误	发生报警或错误时（在排除了主要原因的状态下），此信号一接通可解除报警及错误的状态
20022 焊接通/断信号（自 PLC）	输入来自联锁控制柜如 PLC 的焊接通/断选择开关的状态。根据此状态及机器人的状态可给焊机输出焊接通/断信号，信号输出时给焊机的焊接通/断信号置为断，则不进行点焊
20023 焊接中断（自 PLC）	在焊机及焊钳发生异常需将机器人归复原位时，输入此信号 输入此信号时，机器人可忽略点焊命令进行再现操作
20050 焊机冷却水异常	监视焊机冷却水的状态。本信号输入时，机器人显示报警并停止作业。但伺服电源仍保持接通状态
20051 焊钳冷却水异常	监视焊钳冷却水的状态。本信号输入时，机器人显示报警并停止作业。但伺服电源仍保持接通状态
20052 变压器过热	将焊钳变压器的异常信号直接传送给机器人控制器。此信号为常闭输入信号（NC），信号切断时则报警。伺服电源仍保持接通状态
20053 气压低	气压低，此信号接通并报警 伺服电源仍保持接通状态
30057 电极更换要求	设定电极更换时的打点次数和实际打点次数不同时显示
30022 作业原点	当前的控制点在作业原点立方体区域时，此信号接通。依此可以判断出机器人是否在可以启动的位置上

【任务实施】

任务书 3-2

项目名称	工业机器人点焊工作站系统集成			任务名称	点焊机器人的选型		
班　级		姓　名		学　号		组　别	
任务内容	1. 选型点焊机器人时，主要考虑哪些因素？ 2. ES165D 机器人有哪些特点？ 3. 点焊 DX100 与通用 DX100 的专用 I/O 接口信号有哪些区别？						
任务目标	1. 熟悉点焊机器人的选型依据。 2. 熟悉点焊机器人的特点。 3. 掌握点焊机器人的接口信号类型。						

资料	工具	设备
工业机器人安全操作规程	常用工具	工业机器人点焊工作站
ES165D 机器人使用说明书		
DX100 点焊篇使用说明书		
DX100 维护要领书		
IWC5-10136C 电阻焊接控制装置使用说明书		
工业机器人点焊工作站说明书		

任务完成报告书 3-2

项目名称	工业机器人点焊工作站系统集成			任务名称	点焊机器人的选型		
班级		姓名		学号		组别	
任务内容	1. 选型点焊机器人时，主要考虑哪些因素？						
	2. ES165D 机器人有哪些特点？						
	3. 点焊 DX100 与通用 DX100 的专用 I/O 接口信号有哪些区别？						

任务三　点焊工作站点焊系统的设计

点焊机器人系统的主要选择指标在点焊设备。点焊设备由电源及控制装置（点焊控制器）、能量转换装置（焊接变压器）和焊接执行机构（点焊钳）三大部分组成。

【知识准备】

一、点焊控制器的选型

点焊控制器是点焊机器人辅助设备中最重要的设备。

1. 点焊控制器的定义

焊接用控制装置是合理控制时间、电流、加压力这三大焊接条件的装置，综合了机械的各种动作的控制、时间的控制以及电流调整的功能。点焊设备的主回路结构示意图如图3-18所示。

（1）动作以及时间的控制　焊接工序如图3-19通电模式中所示，由启动开关（启动）→加压时间（电极加压）→焊接时间（通电）→保持时间→结束时间（电极打开）构成。

控制装置除具备控制上述一系列动作顺序（序列）的功能之外，还具备控制时间（计时器）的功能。

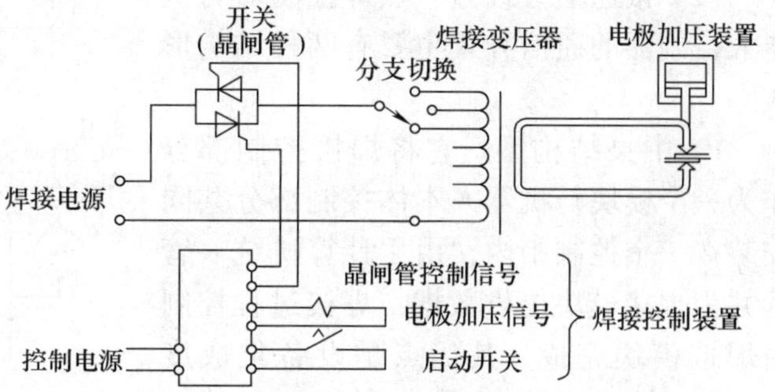

图3-18　点焊设备主回路结构示意图

在控制焊接时间时，对焊接电流进行“通、断”控制的装置叫做开关（开闭器），现在通常使用晶闸管（半导体元件）。

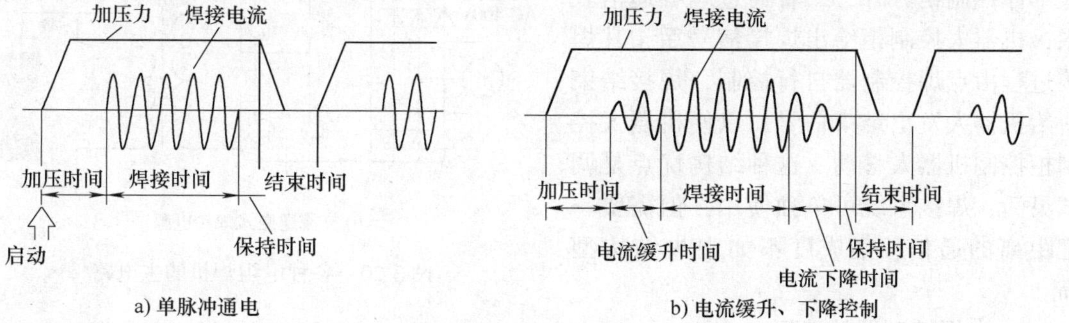

图3-19　点焊通电模式

控制装置将设定的时间和信号传递给晶闸管，在此期间，主回路一次侧处于导电状态，可以获得焊接电流。

（2）焊接电流的控制　安装在焊接变压器一次侧的晶闸管，除了用于控制电流的“通、断”以外，还可被用于控制一次输入电压的相位以及调整电流。

除此以外，电流调整的方法还有更改焊接变压器的一次线卷的匝数（分支切换）的方法。但是由于此方法无法简单地实现自动切换（调整），因此除了特别要求的特殊焊机以外，一般都不常使用。

2. 点焊控制器的种类

点焊控制器的主要功能是完成点焊时的焊接参数输入，点焊程序控制，焊接电流控制、及焊接系统故障自诊断，并实现与机器人控制器的通信联系。

（1）按供能方式分　按焊接变压器供能方式分，有交流式工频焊机、大电容储能式焊机和逆变式焊机等。主电路如图 3-20 所示。

目前产量最多、应用最广泛的是交流式焊接电源，其使用容易，价格便宜，但负载功率因数低，输入功率大，不适合超精密焊接。近年来逐渐发展了逆变式电阻焊机，它将成为今后发展的主流。

（2）按通信方式分　点焊控制器与机器人控制器的通信方式主要有两种结构形式。

1）中央结构型。它将焊接控制部分作为一个模块与机器人本体控制部分共同安装在一个控制柜内，由主计算机统一管理并为焊接模块提供数据，焊接过程控制由焊接模块完成。其优点是设备集成度高，便于统一管理。

2）分散结构型。点焊控制器与机器人本体控制柜分开，二者通过应答通信联系，机器人控制柜给出焊接信号后，其焊接过程由点焊控制器自行控制，焊接结束后给机器人发出结束信号，以便机器人控制柜控制机器人移动。这种结构优点是调试灵活，焊接系统可单独使用，但需要一定距离的通信，集成度不如中央结构型高。

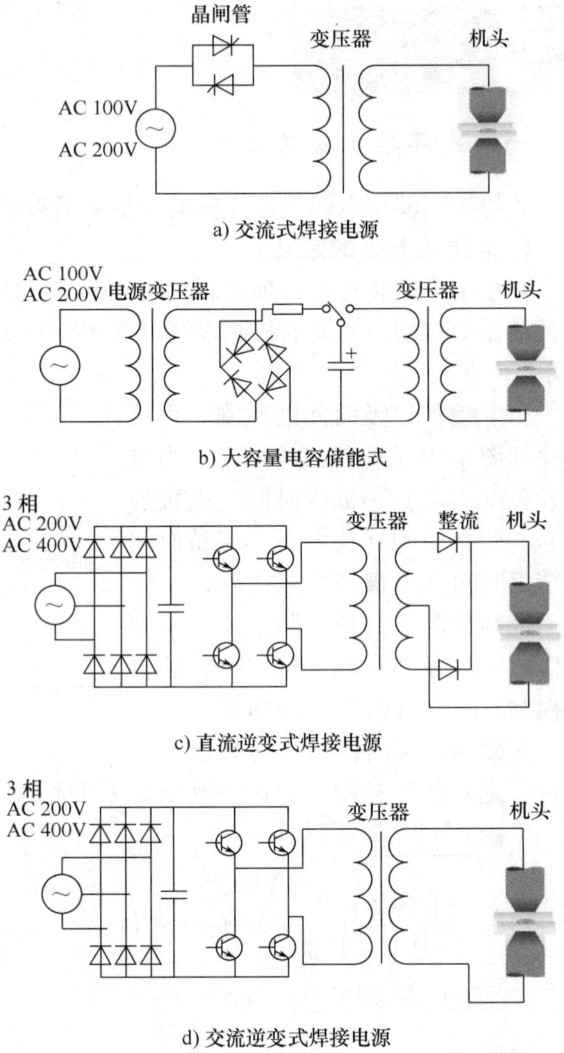

图 3-20　各种电阻焊机的主电路

3. 点焊控制器的选择

（1）按焊接材料选择

1）黑色金属工件的焊接。一般选用交流点焊机。因为交流点焊机是采用交流电放电焊接，特别适合电阻值较大的材料，同时交流点焊机可通过运用单脉冲、多脉冲信号、周波、时间、电压、电流、程序各项控制方法，对被焊工件实施单点、双点连续、自动控制、人为控制焊接。适用于钨、钼、铁、镍、不锈钢等多种金属的片、棒、丝料的焊接。

其优点是：

① 综合效益较好，性价比较高。

② 焊接条件范围大。

③ 焊接回路小型轻量化。

④ 可以广泛点焊异种金属。

其缺点是：

① 受电网电压波动影响较大，即交流点焊机焊接电流会随电网电压波动而波动，从而影响焊接的一致性。

② 交流点焊机焊接放电时间最短通常为1/2周波即0.01s，不适合一些特殊合金材料的高标准焊接。

2）有色金属工件的焊接。一般选用储能点焊机。因为储能点焊机是利用储能电容放电焊接，具有对电网冲击小、焊接电流集中、释放速度快、穿透力强、热影响区域小等特点。广泛适合于银、铜、铝、不锈钢等各类金属的片、棒、丝的焊接加工。

其优点是：

① 电流输出更精确、稳定，效率更高。

② 焊接热影响区更小。

③ 较交流点焊机更节约能耗。

其缺点是：

① 设备造价较高。

② 储能点焊机焊接放电时间受储能量和焊接变压器影响，设备定型后，放电时间不可调整。

③ 储能点焊机的放电电容经过长期使用会自动衰减，需要更换。

3）需要高精度高标准焊接的特殊合金材料可选择中频逆变点焊机。

（2）按焊机的技术参数选择

① 电源额定电压、电网频率、一次电流、焊接电流、短路电流、连续焊接电流和额定功率。

② 最大、最小及额定电极压力或顶锻压力、夹紧力。

③ 额定最大、最小臂伸和臂间开度。

④ 短路时的最大功率及最大允许功率，额定级数下的短路功率因数。

⑤ 冷却水及压缩空气耗量。

⑥ 适用的焊件材料、厚度或断面尺寸。

⑦ 额定负载持续率。

⑧ 焊机重量、焊机生产率、可靠性指标、寿命及噪声等。

二、电阻焊接控制装置IWC5-10136C

IWC5-10136C电阻焊接控制装置为逆变式焊接电源，采用微电脑控制，具备高性能和高稳定性的特点，可以按照指定的直流电流进行定电流控制，具有步增机能以及各种监控及异常检测机能。

1. IWC5焊接电源的技术参数

IWC5-10136C电阻焊接控制装置的技术参数见表3-9。

表 3-9　IWC5-10136C 电阻焊接控制装置技术参数

额定电压及周波数	额定电压	3 相 AC380V、400V、415V、440V、480(1 ±15%) V
	焊接电源周波数	50Hz/60Hz（自动切换）
	控制电源	在控制器内部从焊接电源引出
	消耗功率	约 80VA（无动作时）
冷却条件	本体	强制式空气冷却
	IGBT 单元	水冷式，给水侧温度 30℃以下 冷却水量 5L/min 以上 冷却水压 300kPa 以下 电阻率 5 000Ωcm 以上
控制主电路	IGBT	集电极-发射极间电压 1 200V 集电极电流 400A
适用焊接变压器	逆变式直流变压器	
控制方式	IGBT 采用桥式 PWM 逆变控制	
	逆变周波数	700 ~ 1 800Hz （从 700、1 000、1 200、1 500、1 800Hz 中选择一种进行控制）
焊接电流控制方式	额定电流控制	一次电流循环反馈方式控制 设定精度 ±3% 或 300A 以内 重复精度 在焊接电源电压及负荷变动 ±10% 以内时，±2% 或 300A 以内，上升及下降周期除外
存储数据的保存	数据保存电源	超电容或锂电池（选配件）
	程序数据保存期限	半永久
	监控数据保存期限	电源切断后、保存 15 天以上，加装锂电池时保存 10 年
	异常历史数据保存期限	电源切断后、保存 15 天以上，加装锂电池时保存 10 年
	数据写擦次数	闪存 10 万次
控制范围	一次电流控制范围	50 ~ 400A（根据使用率的情况有限制）
	二次电流控制范围	2. 0 ~ 25. 5kA
	焊接变压器卷数比	4. 0 ~ 200. 0
	加压力控制范围	100 ~ 800kPa（使用加压力控制选配件时）
使用率		400A 10% 以下

2. IWC5 焊接电源的优点

IWC5-10136C 电阻焊接装置的主回路结构和焊机电流波形如图 3-21 所示。

直流逆变式电阻焊接装置与传统的交流工频电阻焊机相比具有以下突出优势。

1）直流焊接。逆变式焊机一般采用 1kHz 左右逆变中频电源，经变压器次级整流，可提供连续的直流焊接电流，电流单方向加热工件，热效率提高；无输出感抗影响，大大提高焊接质量。

2）焊接变压器小型化。焊接变压器的铁心截面积与输入交流频率成反比，故中频输入可减小变压器铁心截面积，减小了变压器的体积和重量。尤其适合点焊机器人的配套需要，

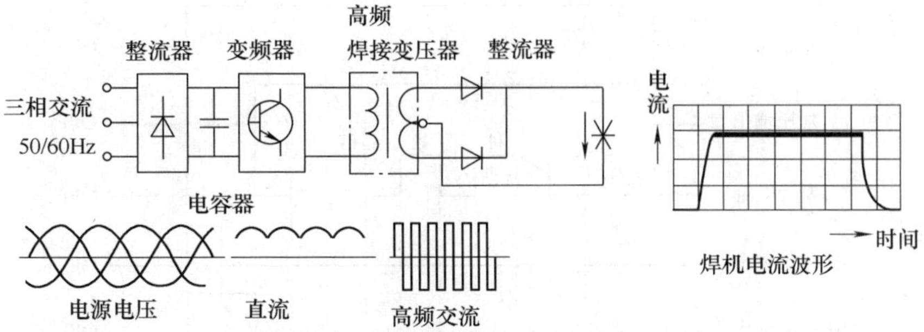

图 3-21　主回路结构和焊机电流波形

焊机轻量化，减小机器人的驱动功率，提高性价比。

3）电流控制响应速度提高。1kHz 左右频率电流控制响应速度为 1ms，比工频电阻焊机响应速度提高 20 倍，从而可以方便地实现焊接电流实时控制，形成多种焊接电流波形，适合各种焊接工艺需要，飞溅减少，电极寿命提高，焊点质量稳定。

4）三相电源输入，三相负载平衡，功率因数高，输入功率减少，节能效果好。

由于逆变式电阻焊接控制装置的优越性能，在用普通工频焊机焊接难度加大甚至焊接质量无法保证的场合，如焊接铝合金、钛合金、镁合金等导热性好的金属焊接，异种金属材料焊接，高强度钢板焊接，多层板、厚钢板焊接中独具优势。

3. 焊接过程

点焊的焊接过程一般由四个基本阶段构成一个循环。

1）预压阶段。电极下降到电流接通阶段，确保电极压紧工件，使工件间有适当压力。

2）焊接时间。焊接电流通过工件，产热形成熔核。

3）维持时间。切断焊接电流，电极压力继续维持至熔核凝固到足够强度。

4）休止时间。电极开始提起到电极再次开始下降，开始下一个焊接循环。

焊接基本动作时序如图 3-22 所示。图中所示为脉冲波动次数 1 次的情况，实际焊接时按设定的脉冲波动次数反复运行 CT1、W2。

图中各参数含义如下。S0：预加压时间；S1：加压时间；S2：加压力稳定时间；US：上升周期；W1：通电时间 1；CT1：冷却时间 1；W2：通电时间 2；CT2：冷却时间 2；W3：通电时间 3；DS：下降周期；H：保持时间；WCD：焊接完成延迟时间。

上升时间过程初期电流值为 I1 × 1/2，最终电流值为 I1；下降时间过程初期电流值为 I3，最终电流值为 I3 × 1/2，焊接电流为 I2。

4. 步增机能

随着电极帽的损耗，增加电流可以延长焊接打点的寿命。通过最终步增信号输出和步增完了信号的输出，也可以了解到电极帽研磨和更换的时期。

步增机能的动作分阶梯式升级和线性上升两种，分别如图 3-23、图 3-24 所示。

5. 电流控制方式

（1）焊接电流变动原因　导致焊接电流变动的主要原因有以下几种。

①　供电电源电压变动。

②　电阻负荷的变动（由于焊接部位发热而造成电阻负荷变动，由于被焊接物电阻率

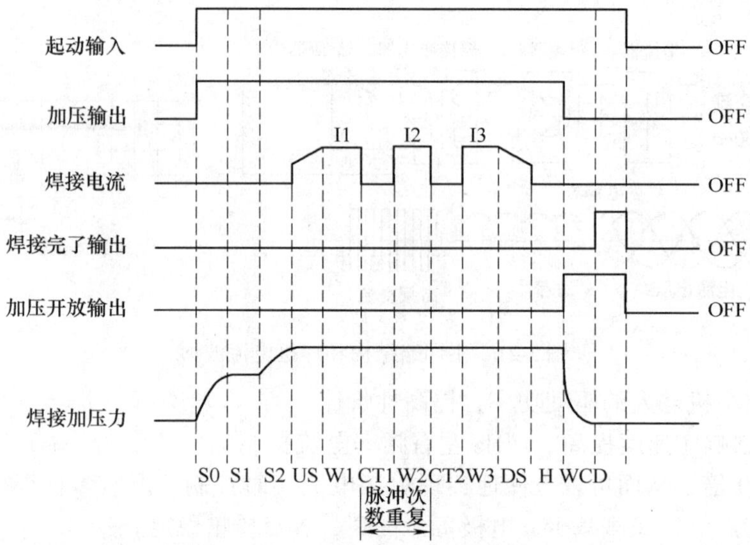

图 3-22　焊接基本动作时序

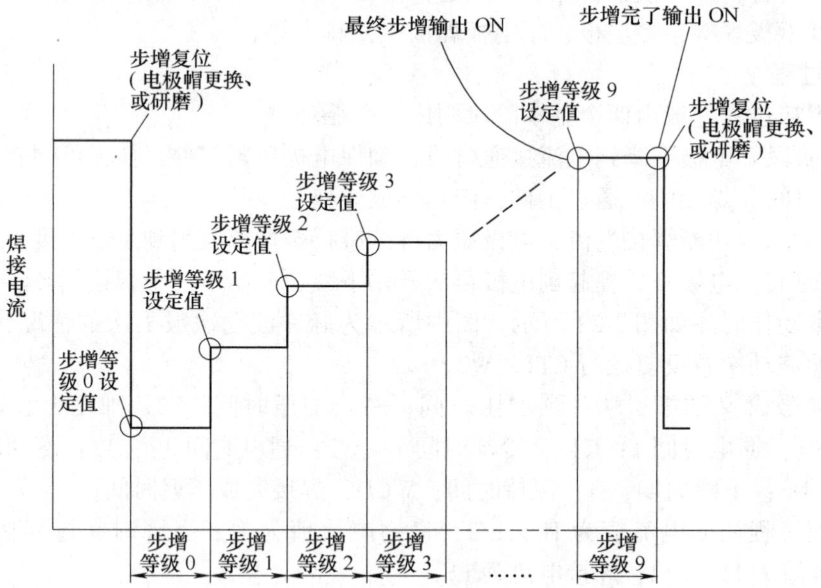

图 3-23　阶梯式升级

不同而导致电阻负荷变动等）。

③　电抗的变动（当各种大小的磁性被焊接物进入焊机的悬臂内时，造成电抗变动）。

（2）电流控制方式

1）定电流控制。测定 1 次电流并基于此数值计算控制使实际通过的电流接近指定电流值，对电源电压的变动和负载的变动进行高速应答。使用此种方式，不论输入电源的电压变动如何，也不论由于电阻负荷的变动或者电抗的变动造成二次侧负荷如何改变，只要焊接变

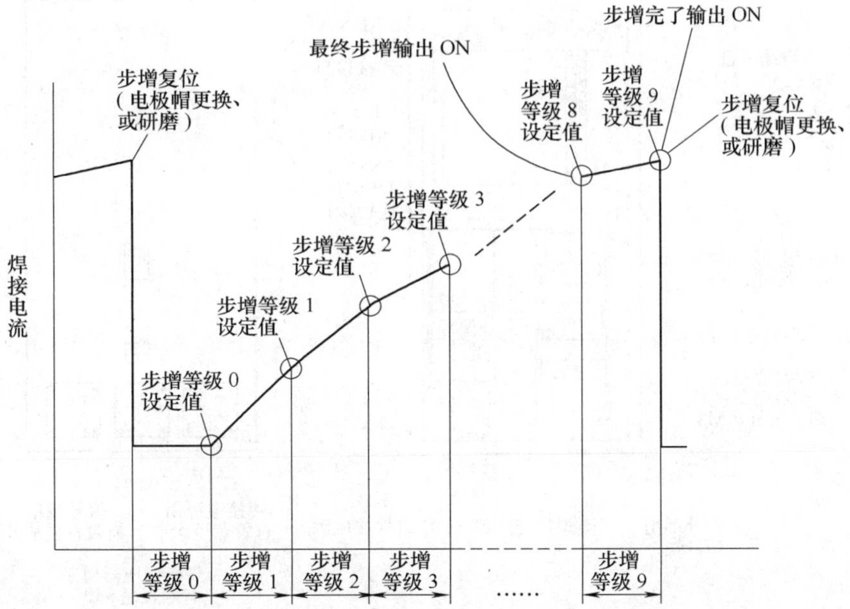

图 3-24　线性上升

压器还有余量，就能够控制几乎完全相同的电流。

随着点焊的焊接数量的增加，电极顶端直径也在扩大，但是由于电流固定不变，会造成电流密度的降低，由此会导致焊接缺陷。但与步增机能相结合，会减少焊接缺陷。

2）恒定热量控制。在点焊中，随着焊接点数的增加，电极顶端的直径就会增大，以及电极的氧化，导致电极间的电压下降。通过恒定热量控制，使焊接电流随着电极的损耗而逐步加大，保证两者乘积也就是功率的值不变。

恒定热量控制与定电流控制相比，其优点是发生的飞溅比较少。但是恒定热量控制方式无法像定电流控制方式一样直接设定焊接电流，因此使用比较麻烦。

6. IWC5 焊接电源系统连接

（1）IWC5 焊接电源的配线　IWC5 焊接电源的配线如图 3-25 所示。

在焊接电源的背面设有“焊接电源用”、“焊接变压器用”和“信号线用”的配线方孔。“焊接电源用”为焊接电源进线孔；“焊接变压器用”为焊接变压器一次侧电源输出孔；“信号线用”为各种外部控制信号线进线孔。

IWC5 焊接电源设有多种与外部设备的通信接口，包括离散式接口、DeviceNet 接口和 EtherNet 接口。

离散式接口的输入信号电源可使用焊接电源基板的内部电源，也可选择外部电源。当使用内部电源时，将带有“INTERNAL ROWER”标贴接头连接到输入电路电源切换接头上；当使用外部电源时，将带有“EXTERNAL ROWER”标贴接头连接到输入电路电源切换接头上。如图 3-26 所示。

（2）离散式输入信号端口的配线　共有 14 点离散式输入信号，各信号端的功能见表 3-10。

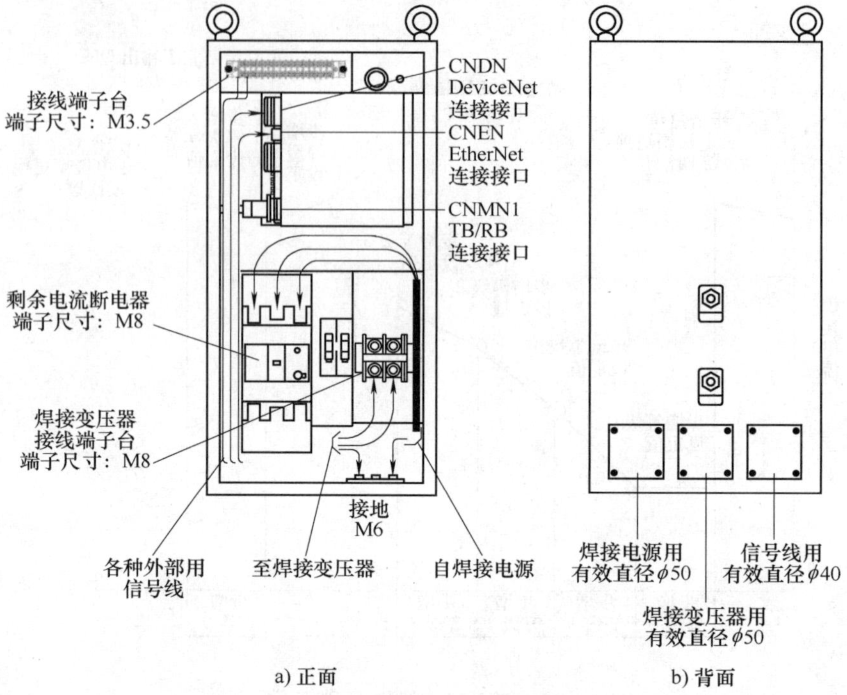

图 3-25　IWC5 焊接电源的配线

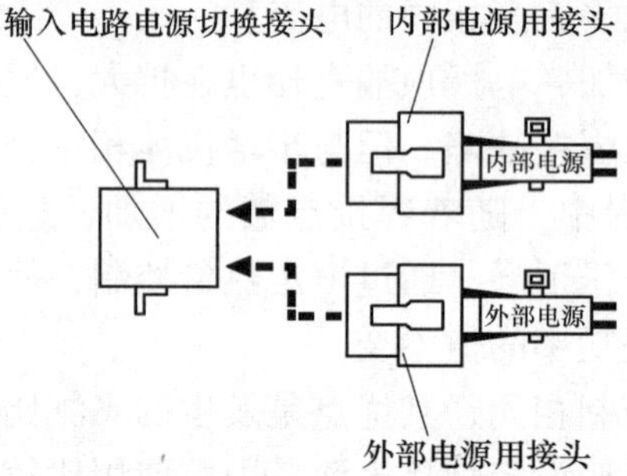

图 3-26　输入信号电源的切换

表 3-10　离散式输入信号功能

端子号	名称	功能	规格
DI2	启动（焊接条件）1	8 个启动（焊接条件）信号，单独有效时，启动相应的焊接程序； 可组合选择 128 个焊接程序，利用多个启动信号时，信号必须同时开启，不能有偏差，否则将接受第一个启动信号，或发生启动输入异常	DC24V 10mA
DI3	启动（焊接条件）2		
DI4	启动（焊接条件）4		
DI5	启动（焊接条件）8		
DI7	启动（焊接条件）16		
DI8	启动（焊接条件）32		
DI9	启动（焊接条件）64		
DI10	启动（焊接条件）128		
DI12	焊接/试验	ON 时为焊接动作状态，OFF 时为试验动作状态	
DI13	异常复位	收到异常复位信号后，将异常输出关闭，为下一次启动做好准备	

（续）

端子号	名称	功能	规格
DI14	步增复位	对步增进行复位	DC24V 10mA
DI15	通电许可输入	用于焊接电源内部的继电器控制输入。输入信号 ON 时，继电器 ON，输入信号 OFF 时，继电器 OFF 继电器为可选择件，无继电器时，信号必须常置为 ON	
IC	输入公共端		
E24N	外接电源 -	外部 DC24V 电源连接端。若使用内部电源，则不需要接线	
E24P	外接电源 +		

离散式输入信号接线方式如图 3-27 所示。公共端 IC 与 DC24V 电源的 0V 端等电位。

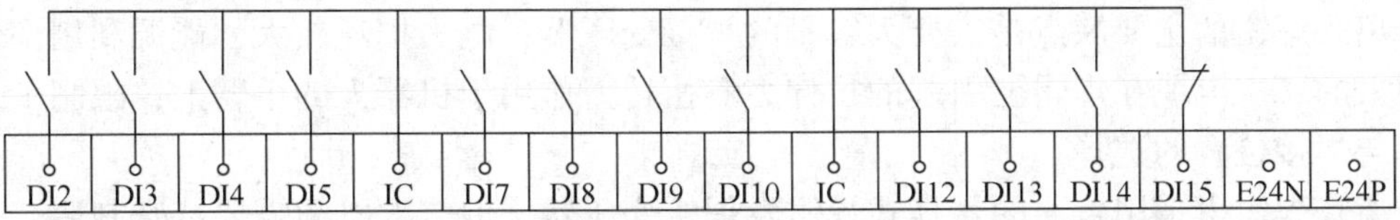

图 3-27　采用内部电源离散式输入信号接线图

（3）离散式输出信号端口的配线　共有 7 点离散式输入信号，各信号端的功能见表 3-11。

表 3-11　离散式输出信号功能

端子号	名称	功能	规格
DO2	焊接完成	焊接动作完成时处于 ON 状态，启动信号 OFF 时切换到 OFF 状态	最大负荷 DC30V 100mA
DO3	异常	当发生异常时，该信号切换至 ON 状态。当异常复位输入信号 ON 时，该信号输出 OFF	
DO4	报警	当发生报警时，该信号切换至 ON 状态，但对焊接动作无影响	
DO5	准备完成	具备以下条件时，该信号处于 ON 状态，可以开始焊接，以防止试验状态下控制器误识别为正常焊接而进入之后的一次焊接 1）未发生异常 2）焊接/试验输入信号处于 ON 状态 3）连接状态下的编程器处于焊接模式	
DO7	步增完成	步增系列完成时，输出约为 6 个周期的脉冲信号	
DO8	最终步增中	步增系列达到最终步增等级时，输出约为 6 个周期的脉冲信号	
DO9	加压开放	保压时间结束时，切换至 ON 状态；焊接完成信号 OFF 时，切换至 OFF 状态	
DOC	输出公共端		

离散式输出信号接线方式如图 3-28 所示。

三、机器人焊钳的选型

1. 焊钳的种类

1）从焊接变压器与焊钳的结构关系上可将焊钳分为分离式、内藏式和一体式。

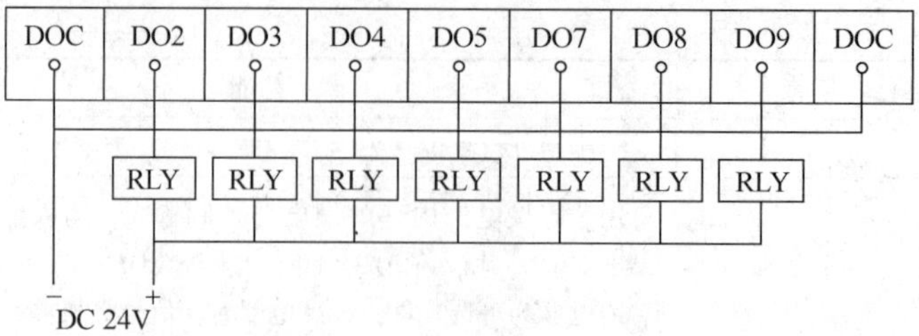

图 3-28　离散式输出信号接线方式

①　分离式焊钳。该焊钳的特点是焊接变压器与钳体相分离，钳体安装在机器人手臂上，而焊接变压器悬挂在机器人的上方，可在轨道上沿着机器人手腕移动的方向移动，二者之间用二次电缆相连，如图 3-29 所示。其优点是减小了机器人的负载，运动速度高，价格便宜。

分离式焊钳的主要缺点是需要大容量的焊接变压器，电力损耗较大，能源利用率低。此外，粗大的二次电缆在焊钳上引起的拉伸力和扭转力作用于机器人的手臂上，限制了点焊工作区间与焊接位置的选择。

分离式焊钳可采用普通的悬挂式焊钳及焊接变压器。但二次电缆需要特殊制造，一般将两条导线做在一起，中间用绝缘层分开，每条导线还要做成空心的，以便通水冷却。此外，电缆还要有一定的柔性。

②　内藏式焊钳。这种结构是将焊接变压器安放到机器人手臂内，使其尽可能地接近钳体，变压器的二次电缆可以在内部移动，如图 3-30 所示。

当采用这种形式的焊钳时，必须同机器人本体统一设计。其优点是二次电缆较短，变压器的容量可以减小，但是使机器人本体的设计变得复杂。

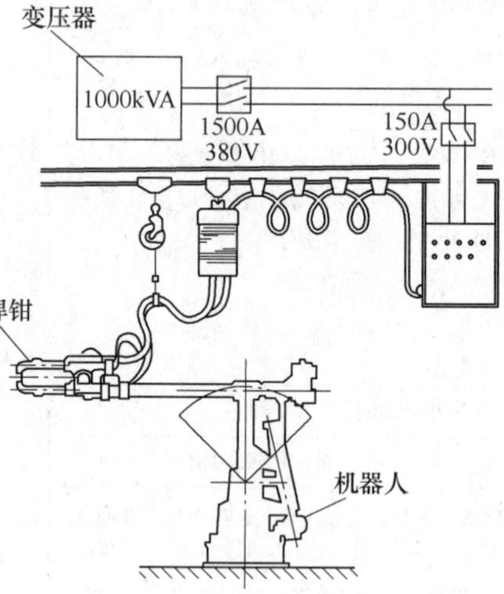

图 3-29　分离式焊钳点焊机器人

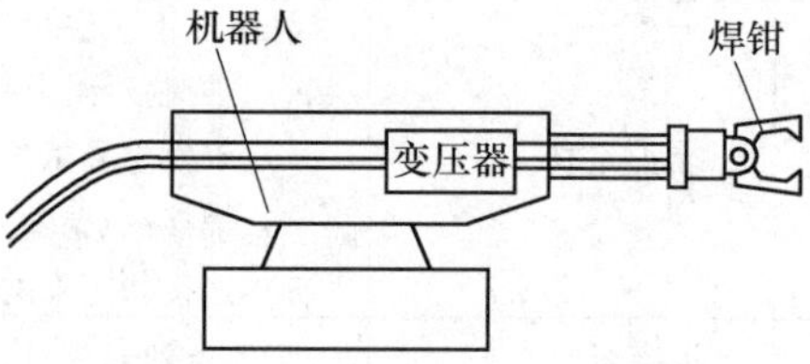

图 3-30　内藏式焊钳点焊机器人

③　一体式焊钳。所谓一体式就是将焊接变压器和钳体安装在一起，然后共同固定在机器人手臂末端的法兰盘上，如图 3-31 所示。

其主要优点是省掉了粗大的二次电缆及悬挂变压器的工作架，直接将焊接变压器的输出端连到焊钳的上下机臂上，另一个优点是节省能量。例如，输出电流 12 000A，分离式焊钳需 75kVA 的变压器，而一体式焊钳只需 25kVA。

一体式焊钳的缺点是焊钳重量显著增大，体积也变大，要求机器人本体的承载能力大于60kg。此外，焊钳重量在机器人活动手腕上产生惯性力易于引起过载，这就要求在设计时，尽量减小焊钳重心与机器人手臂轴心线间的距离。

2）点焊机器人焊钳从用途上可分为X型和C型两种，如图3-32所示。

X型焊钳主要用于点焊水平及近于水平倾斜位置的焊缝；C型焊钳用于点焊垂直及近于垂直倾斜位置的焊缝。

3）按焊钳的行程，焊钳可以分为单行程和双行程。

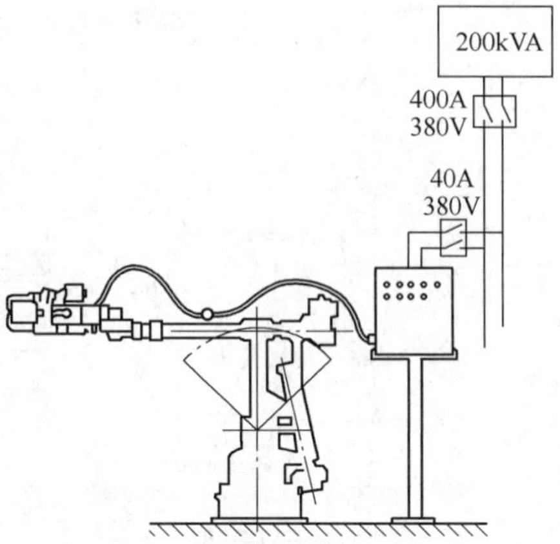

图3-31　一体式焊钳点焊机器人

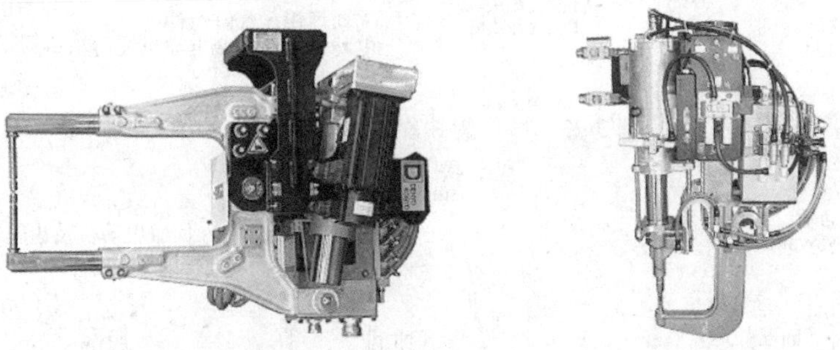

a)X 型焊钳　　b)C 型焊钳

图3-32　机器人一体式焊钳

4）按加压的驱动方式，焊钳可以分为气动焊钳和电动焊钳。

5）按焊钳变压器的种类，焊钳可以分为工频焊钳和中频焊钳。

6）按焊钳的加压力大小，焊钳可以分为轻型焊钳和重型焊钳，一般地，电极加压力在450kg以上的焊钳称为重型焊钳，450kg以下的焊钳称为轻型焊钳。

2. 焊钳的结构

点焊机器人用的焊钳都是所谓的“一体式”焊钳。这样的焊钳，无论是C型还是X型，在结构上大致都可分为：焊臂、变压器、气缸或伺服电动机、机架和浮动机构等。

C型焊钳结构及部件名称图如图3-33所示。X型焊钳结构及部件名称图如图3-34所示。

（1）焊臂　点焊机器人焊钳的焊臂按照使用材质分类主要有铸造焊臂、铬镐铜焊臂和铝合金焊臂三种形式。由于材质的不同，所以相应的结构形式也有所区别。

（2）变压器　与焊接机器人连接的焊钳，按照焊钳的变压器形式，可分为中频焊钳和工频焊钳。中频焊钳是利用逆变技术将工频电转化为1 000Hz的中频电。这两种焊钳最主要的区别就是变压器本身，焊钳的机械结构原理完全相同。

（3）电极臂　按电极臂驱动形式的不同，可分为“气动”和“电动机伺服驱动”。

“气动”是使用压缩空气驱动加压气缸活塞，然后由活塞的连杆驱动相应的传递机构带动两电极臂闭合或张开。

“电动机伺服驱动”的焊钳简称为“伺服焊钳”，是利用伺服电动机替代压缩空气作为

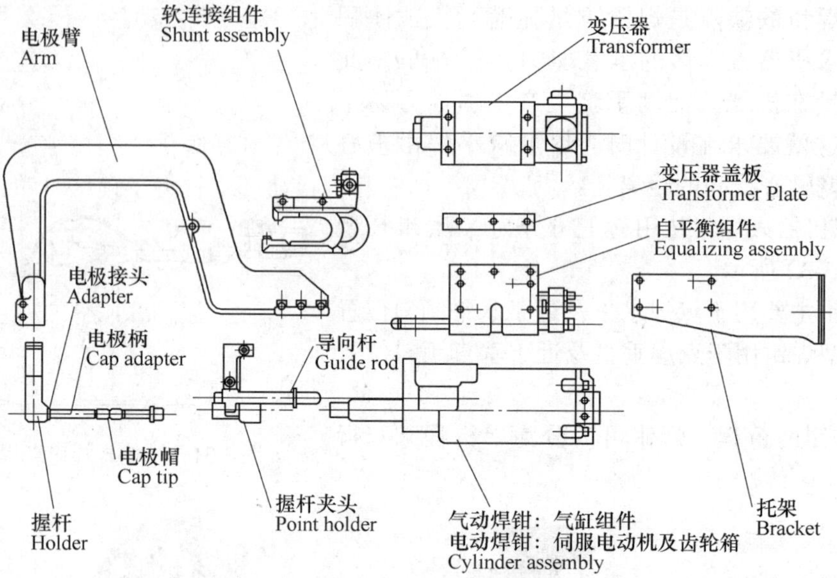

图 3-33　C 型焊钳结构及部件名称图

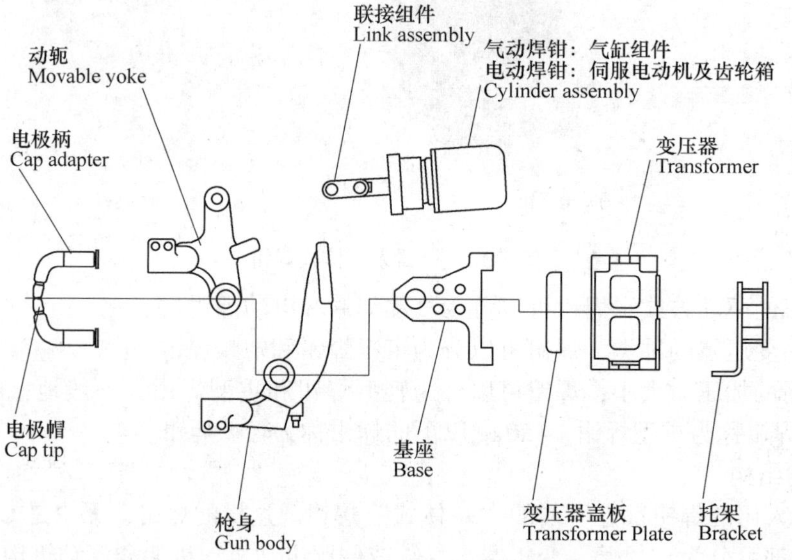

图 3-34　X 型焊钳结构及部件名称图

动力源的一种焊钳。焊钳的张开和闭合由伺服电动机驱动，脉冲码盘反馈，这种焊钳的张开度可以根据实际需要任意选定并预置，而且电极间的压紧力也可以无极调节，是一种可提高焊点质量、性能较高的机器人用焊钳。

电动机伺服点焊钳具有如下优点：

1）提高工件的表面质量。伺服焊钳由于采用的是伺服电动机，电极的动作速度在接触到工件前，可由高速准确调整到低速。这样就可以形成电极对工件软接触，减轻电极冲击所造成的压痕，从而也减轻了后续工件表面修磨处理量，提高了工件的表面质量。而且，利用伺服控制技术可以对焊接参数进行数字化控制管理，可以保证提供最合适的焊接参数数据，确保焊接质量。

2）提高生产效率。伺服焊钳的加压、开放动作由机器人来自动控制，每个焊点的焊接周期可大幅度降低。机器人在点与点之间的移动过程中，焊钳就开始闭合，在焊完一点后，焊钳一边张开，机器人一边位移，不必等机器人到位后焊钳才闭合或焊钳完全张开后机器人再移动。与气动焊钳相比，伺服焊钳的动作路径可以控制到最短化，缩短生产节拍，在最短的焊接循环时间建立一致性的电极加压力。由于在焊接循环中省去了预压时间，该焊钳比气动加压快 5 倍，提高了生产率。

3）改善工作环境。焊钳闭合加压时，不仅压力大小可以调节，而且在闭合时两电极是轻轻闭合，电极对工件是软接触，对工件无冲击，减少了撞击变形，平稳接触工件无噪声，更不会出现在使用气动加压焊钳时的排气噪声。因此，该焊钳清洁、安静，改善了操作环境。

3. 焊钳的选择

无论是手工悬挂点焊钳或是机器人点焊钳，必须与点焊工件所要求的焊接规范相适应，基本原则是：

1）根据工件的材质和板厚，确定焊钳电极的最大短路电流和最大加压力。

2）根据工件的形状和焊点在工件上的位置，确定焊钳钳体的喉深、喉宽、电极握杆、最大行程和工作行程等。

3）综合工件上所有焊点的位置分布情况，确定选择何种焊钳，通常有四种焊钳比较普遍，即：C 型单行程焊钳、C 型双行程焊钳、X 型单行程焊钳和 X 型双行程焊钳。

4）在满足以上条件的情况下，尽可能地减小焊钳的重量。对悬挂点焊来说，可以减轻操作者的劳动强度，对机器人而言，可以选择低负载的机器人，并可提高生产效率。

如图 3-35 所示，提供了焊钳选择时的一些要点。

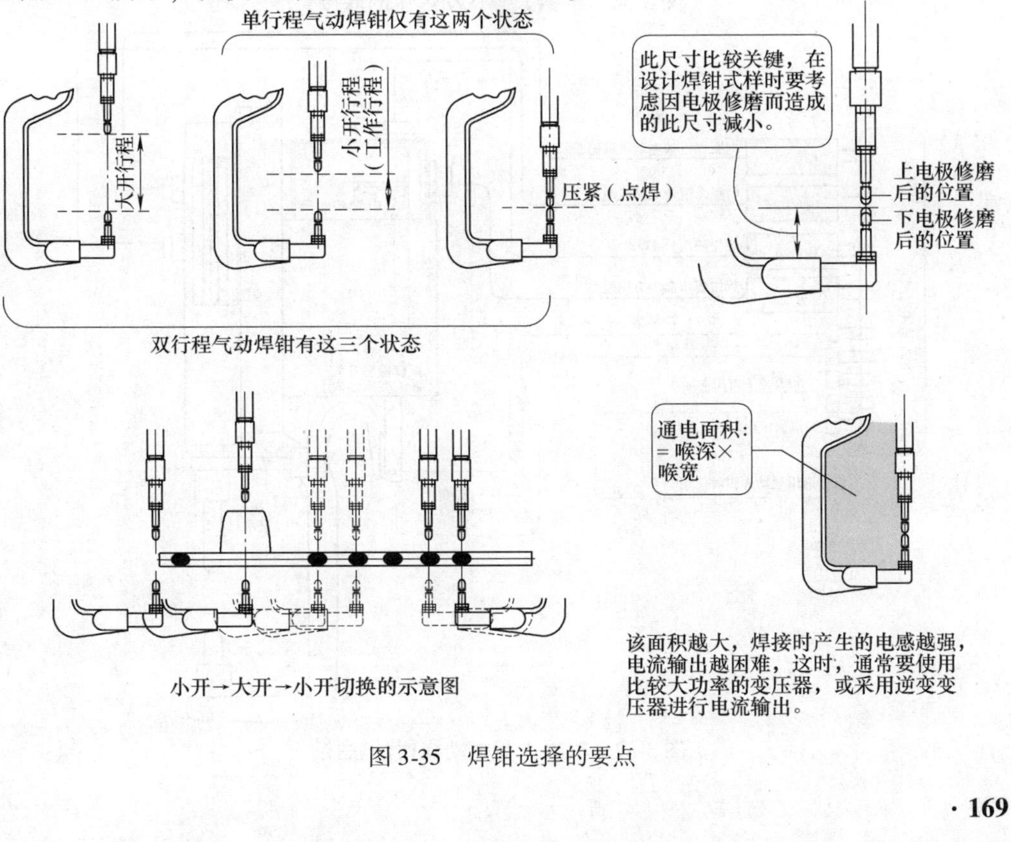

图 3-35　焊钳选择的要点

4. 机器人与焊钳的联接

（1）气动焊钳 机器人与气动焊钳的联接如图 3-36 所示。

（2）电动焊钳 机器人与电动焊钳的联接如图 3-37 所示。

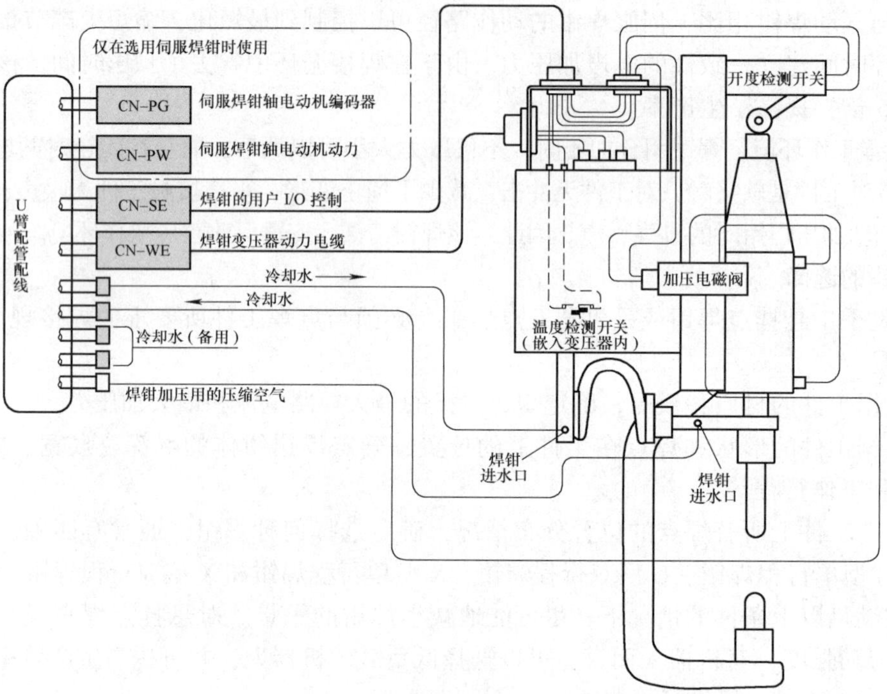

图 3-36 机器人与气动焊钳的联接

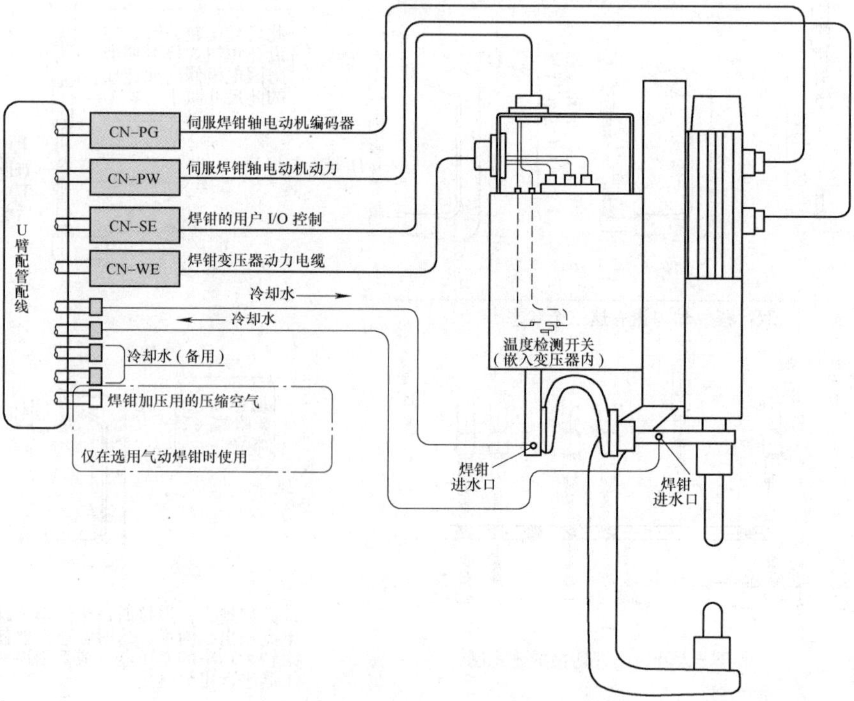

图 3-37 机器人与电动焊钳的联接

【任务实施】

任务书 3-3

项目名称	工业机器人点焊工作站系统集成			任务名称	点焊工作站点焊系统的设计		
班 级		姓 名		学 号		组 别	
任务内容	画出 ES165D 点焊机器人与 IWC5 电阻焊接控制装置离散式输入/输出信号的接线图。 机器人的控制命令有：焊接通/断、焊接异常复位、选择焊接条件 1。 焊机的反馈信号有：焊接完成、焊接异常。						
任务目标	1. 掌握机器人点焊系统的构建与特点。 2. 熟悉机器人点焊系统的工作原理。 3. 熟悉点焊控制器的接口信号。						

资料	工具	设备
工业机器人安全操作规程	常用工具	工业机器人点焊工作站
ES165D 机器人使用说明书		
DX100 点焊篇使用说明书		
DX100 维护要领书		
IWC5-10136C 电阻焊接控制装置使用说明书		
工业机器人点焊工作站说明书		

任务完成报告书 3-3

项目名称	工业机器人点焊工作站系统集成			任务名称	点焊工作站点焊系统的设计		
班 级		姓 名		学 号		组 别	
任务内容							

【考核与评价】

教师评价表 3　　　　年　　月　　日

<table>
<tr><td>项目名称</td><td colspan="7">工业机器人点焊工作站系统集成</td></tr>
<tr><td>班 级</td><td></td><td>姓 名</td><td></td><td>学 号</td><td></td><td>组别</td><td></td></tr>
<tr><td>评价项目</td><td colspan="4">评价内容</td><td colspan="3">评价结果（好/较好/一般/差）</td></tr>
<tr><td rowspan="4">专业能力</td><td colspan="4">能够正确选用点焊机器人</td><td colspan="3"></td></tr>
<tr><td colspan="4">能够正确选用点焊控制装置与焊钳</td><td colspan="3"></td></tr>
<tr><td colspan="4">能够正确构建机器人点焊系统</td><td colspan="3"></td></tr>
<tr><td colspan="4">能够绘制机器人与点焊设备的接口电路</td><td colspan="3"></td></tr>
<tr><td rowspan="4">方法能力</td><td colspan="4">能够遵守安全操作规程</td><td colspan="3"></td></tr>
<tr><td colspan="4">会查阅、使用说明书及手册</td><td colspan="3"></td></tr>
<tr><td colspan="4">能够对自己的学习情况进行总结</td><td colspan="3"></td></tr>
<tr><td colspan="4">能够如实对自己的情况进行评价</td><td colspan="3"></td></tr>
<tr><td rowspan="4">社会能力</td><td colspan="4">能够积极参与小组讨论</td><td colspan="3"></td></tr>
<tr><td colspan="4">能够接受小组的分工并积极完成任务</td><td colspan="3"></td></tr>
<tr><td colspan="4">能够主动对他人提供帮助</td><td colspan="3"></td></tr>
<tr><td colspan="4">能够正确认识自己的错误并改正</td><td colspan="3"></td></tr>
<tr><td colspan="8">自我评价及反思</td></tr>
<tr><td colspan="8"></td></tr>
</table>

学生互评表 3　　　　年　　月　　日

<table>
<tr><td>项目名称</td><td colspan="6">工业机器人点焊工作站系统集成</td></tr>
<tr><td>被评价人</td><td>班 级</td><td></td><td>姓 名</td><td></td><td>学 号</td><td></td></tr>
<tr><td>评 价 人</td><td colspan="6"></td></tr>
<tr><td>评价项目</td><td colspan="5">评价标准</td><td>评价结果</td></tr>
<tr><td rowspan="4">团队合作</td><td colspan="5">A. 合作融洽</td><td rowspan="4"></td></tr>
<tr><td colspan="5">B. 主动合作</td></tr>
<tr><td colspan="5">C. 可以合作</td></tr>
<tr><td colspan="5">D. 不能合作</td></tr>
<tr><td rowspan="4">学习方法</td><td colspan="5">A. 学习方法良好，值得借鉴</td><td rowspan="4"></td></tr>
<tr><td colspan="5">B. 学习方法有效</td></tr>
<tr><td colspan="5">C. 学习方法基本有效</td></tr>
<tr><td colspan="5">D. 学习方法存在问题</td></tr>
</table>

（续）

评价项目	评价标准	评价结果
专业能力（勾选）	能够正确选用点焊机器人	
	能够正确选用点焊控制装置与焊钳	
	能够正确构建机器人点焊系统	
	能够绘制机器人与点焊设备的接口电路	
	能够严格遵守安全操作规程	
	能够快速查阅、使用说明书及手册	
	能够按要求完成任务	
综合评价		

教师评价表 3　　　　年　　月　　日

项目名称	工业机器人点焊工作站系统集成					
被评价人	班 级		姓 名		学 号	
评价项目	评价内容				评价结果（好/较好/一般/差）	
专业认知能力	理解任务要求的含义					
	了解点焊机器人的结构、用途					
	熟悉工业机器人点焊工作站系统的构建					
	熟悉机器人点焊系统的接口					
	掌握机器人与点焊设备的信号					
	严格遵守安全操作规程					
专业实践能力	能够正确选用点焊机器人					
	能够正确选用点焊控制装置与焊钳					
	能够正确构建机器人点焊系统					
	能够绘制机器人与点焊系统的接口电路					
	能够快速查阅、使用说明书及手册					
社会能力	能够积极参与小组讨论					
	能够接受小组的分工并积极完成任务					
	能够主动对他人提供帮助					
	能够正确认识自己的错误并改正					
	善于表达和交流					
综合评价						

【学习体会】

【思考与练习】

1. 点焊的工艺过程包括哪些步骤？
2. 点焊的条件是什么？
3. 点焊机器人的末端执行器是什么？
4. 安川 ES165D 是几轴机器人？
5. 电阻焊接控制装置的功能是什么？
6. 电阻焊接控制装置的配套装置有什么？
7. X 型伺服机器人焊钳的主要构件有哪些？
8. 点焊系统的冷却水给哪些部件冷却？
9. 点焊系统为什么要配置修磨机？
10. 安川 ES165D 机器人负载能力是多大？定位精度是多少？
11. 点焊用 DX100 控制柜有何特点？
12. 点焊控制器有哪些种类？
13. 选择点焊控制器时应考虑哪些因素？
14. IWC5 系列电阻焊接控制装置属于何种类型的焊接电源？
15. IWC5 系列电阻焊接控制装置提供的焊接电流是直流还是交流？
16. IWC5 系列电阻焊接控制装置电源有何优点？
17. 画出焊接基本动作时序图。
18. IWC5 系列电阻焊接控制装置有哪些离散式输入输出信号？
19. 什么是一体式焊钳？
20. 一体式焊钳有何优缺点？
21. X 型焊钳与 C 型焊钳分别用于什么场合？
22. 焊钳电极臂的驱动形式有哪两种？

项目四 工业机器人自动生产线系统集成

自动生产线是由工件传送系统和控制系统将一组自动机床和辅助设备按照工艺顺序联结起来，自动完成产品全部或部分制造过程的生产系统，简称自动线。

自动生产线在无人干预的情况下按规定的程序或指令自动进行操作或控制的过程，其目标是“稳，准，快”。采用自动生产线不仅可以把人从繁重的体力劳动、部分脑力劳动以及恶劣、危险的工作环境中解放出来，而且能扩展人的器官功能，极大地提高劳动生产率，增强人类认识世界和改造世界的能力。

在机床切削加工中过程自动化不仅与机床本身有关，而且也与连接机床的前后生产装置有关。工业机器人能够适合所有的操作工序，能完成诸如传送、质量检验、剔除有缺陷的工件、机床上下料、更换刀具、加工操作、工件装配和堆垛等任务。

【学习目标】

知识目标：

1）熟悉工业机器人自动生产线工作站的组成。

2）掌握工业机器人与外围系统的接口技术。

3）掌握工业机器人外围系统的应用。

技能目标

1）能够正确选用工业机器人。

2）能够集成工业机器人工作站系统。

3）能够设计、安装、调试工业机器人工作站。

【工作任务】

任务一 工业机器人自动生产线工作站的认识

任务二 NJ PLC 的基本使用

任务三 自动生产线伺服控制系统的设计

任务四 伺服系统 NJ 控制的设计

任务五 数控机床接口电路的设计

任务六 工业机器人自动生产线工作站的系统设计

任务一 工业机器人自动生产线工作站的认识

工业机器人自动生产线工作站的任务是数控机床进行工件加工，工件的上下料由工业机器人完成，机器人将加工完成的工件搬运到输送线上，由输送线输送到装配工位；在输送过程中机器视觉在线检测工件的加工尺寸，合格工件在装配工位由工业机器人进行零件的装配，并搬运至成品仓库，而不合格工件则不进行装配，由机器人直接放入废品箱中。

【知识准备】

一、工业机器人自动生产线工作站的组成

工业机器人自动生产线工作站由机器人上下料工作站、机器人装配工作站组成，两个工作站由工件输送线相连接。整体布置如图 4-1 所示。

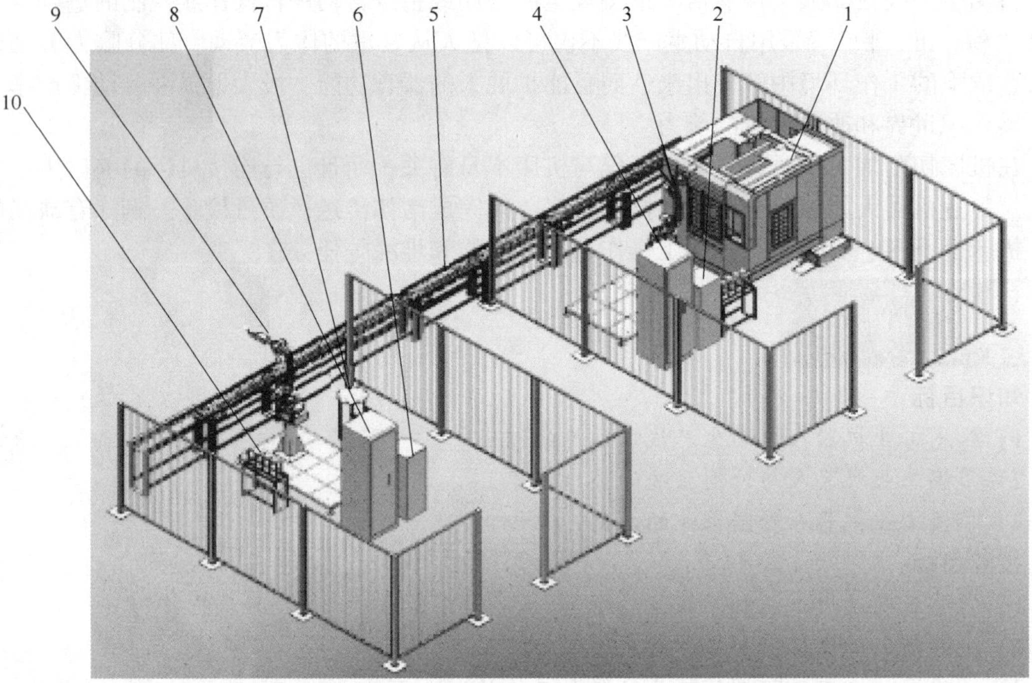

图 4-1　工业机器人自动生产线工作站整体布置图

1—数控机床　2—上下料机器人控制柜　3—上下料机器人　4—上下料单元 PLC 控制柜　5—输送线　6—装配机器人控制柜　7—装配零件供给台　8—装配单元 PLC 控制柜　9—装配机器人　10—成品立体仓库

1. 工业机器人上下料工作站的组成

工业机器人上下料工作站由上下料机器人、数控机床、PLC 控制柜及输送线等组成。

（1）数控机床　数控机床如图 4-2 所示。数控机床的任务是对工件进行加工，而工件的上下料则由上下料机器人完成。

图 4-2　数控机床

（2）上下料机器人及控制柜　数控机床加工的工件为圆柱体，重量≤1kg，机器人动作范围≤1 300mm，故机床上下料机器人选用的是安川 MH6 机器人，如图 4-3 所示。

末端执行器采用气动机械式二指单关节手爪来夹持工件，控制手爪动作的电磁阀安装在MH6机器人本体上。

机器人控制系统为安川DX100控制柜及示教编程器，如图4-4所示。

（3）PLC控制柜　PLC控制柜用来安装断路器、PLC、开关电源、中间继电器和变压器等元器件。PLC为OMRON公司NJ301-1100控制器，上下料机器人的启动与停止、输送线的运行等均由其控制。PLC控制柜内部图如图4-5所示。

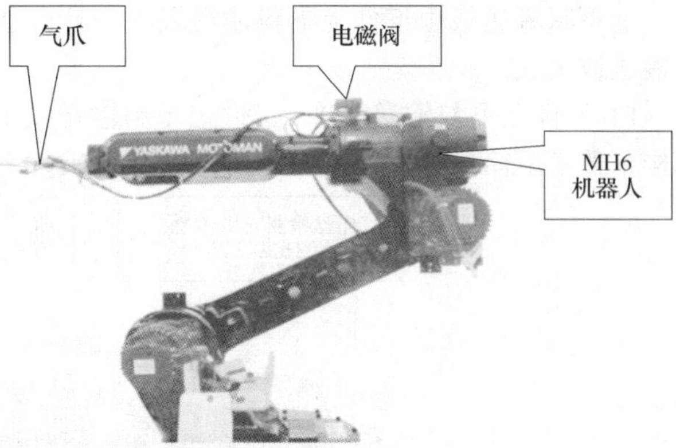

图4-3　安川MH6机器人

（4）上下料输送线　上下料输送线的功能是将载有待加工工件的托盘输送到上料工位，机器人将工件搬运至数控机床进行加工，再将加工完成的工件搬运到托盘上，由输送线将加工完成的工件输送到装配工作站进行装配。上下料输送线如图4-6所示。

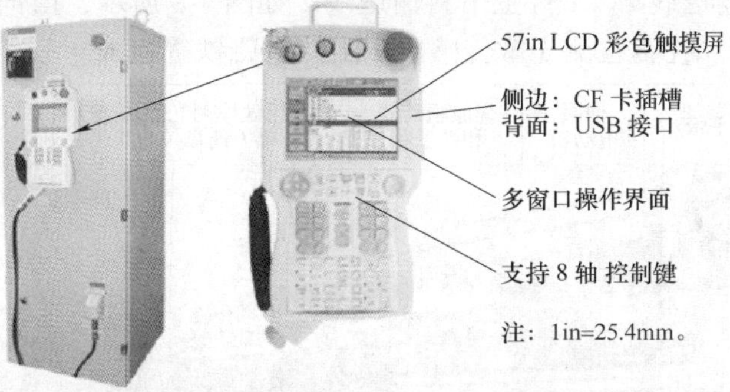

图4-4　安川DX100控制柜及示教编程器

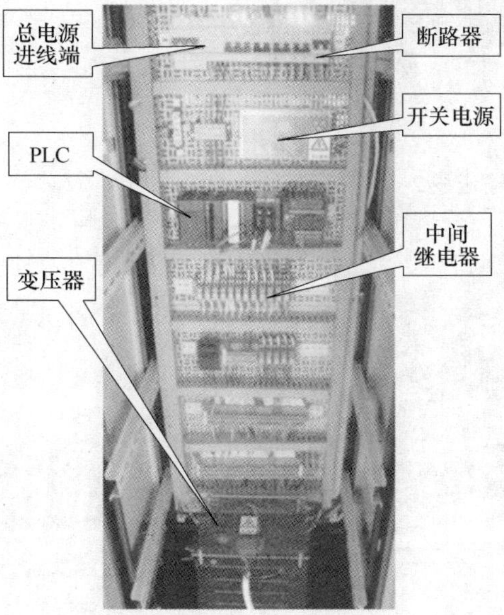

图4-5　PLC控制柜内部图

图4-6　上下料输送线

上下料输送线由工件上下料输送线1、工件上下料输送线2、工件上下料输送线3等3节输送线组成。

1）工件上下料输送线1。工件上下料输送线1如图4-7所示，由直流减速电动机、传动机构、传送滚筒、托盘检测光敏传感器等组成。

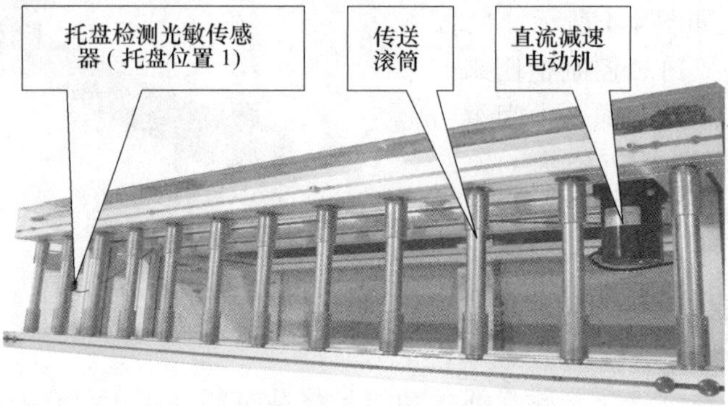

图4-7 工件上下料输送线1

2）工件上下料输送线2。工件上下料输送线2如图4-8所示，由伺服电动机、伺服驱动器、传动机构、平带、托盘检测光敏传感器和阻挡电磁铁等组成。

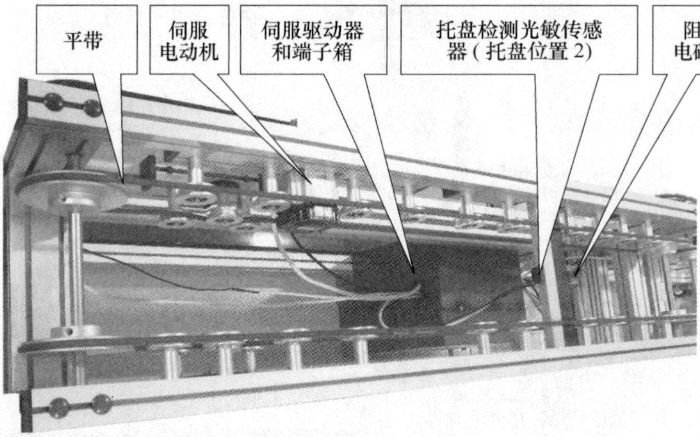

图4-8 工件上下料输送线2

3）工件上下料输送线3。工件上下料输送线3如图4-9所示，由传动机构、平皮带等组成，工件上下料输送线3与工件上下料输送线2通过皮带轮连接，由同一台伺服电动机拖动。

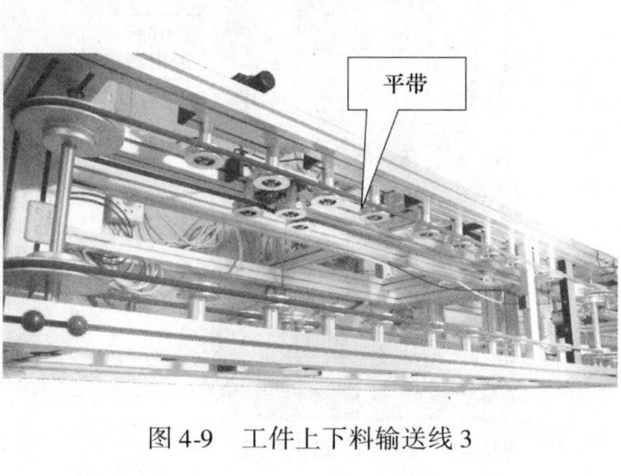

图4-9 工件上下料输送线3

4）上下料输送线工作过程。当托盘放置在输送线的起始位置（托盘位置1）时，托盘检测光敏传感器检测到托盘，启动直流减速电动机和伺服电动机，3节输送线同时运行，将托盘向工件上料位置

“托盘位置 2”处输送。

当托盘达到上料位置（托盘位置 2）时，被阻挡电磁铁挡住，同时托盘检测光敏传感器检测到托盘，直流电动机与伺服电动机停止。等待机器人将托盘上的工件搬运至数控机床进行加工，再将加工完成的工件搬运到托盘上。

当机器人将加工完成的工件搬运到托盘上后，电磁铁得电，挡铁缩回，伺服电动机起动，工件上下料输送线 2 和工件上下料输送线 3 运行，将装有工件的托盘向装配工作站输送。

上下料输送线工作流程如图 4-10 所示。

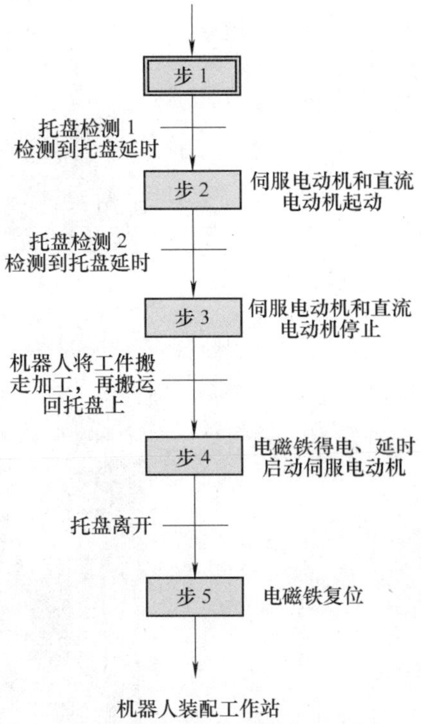

图 4-10　上下料输送线工作流程

2. 工业机器人装配工作站的组成

工业机器人装配工作站由装配机器人、PLC 控制柜、输送线和工件立体仓库等组成。

（1）装配机器人及控制柜　装配机器人的工作任务是对正品进行零件装配，并存储到仓库单元，把废品直接搬运到废品箱。与上下料机器人系统相同，其选用的也是安川 MH6 机器人和 DX100 控制柜。装配机器人所夹取的工件与零件都是圆柱体，所以末端执行器与上下料机器人的末端执行器也相同。

（2）PLC 控制柜　PLC 控制柜用来安装断路器、PLC、开关电源、中间继电器和变压器等元器件，其中 PLC 是机器人装配工作站的控制核心。装配机器人的启动与停止、输送线的运行等均由 PLC 控制。PLC 控制柜内部图参见图 4-5。

（3）装配输送线　装配输送线的功能是将上下料工作站输送过来的工件输送到装配工位，以便机器人进行装配与分拣。装配输送线如图 4-11 所示。

1）装配输送线的组成。装配输送线由 3 节输送线拼接而成，分别由 3 台伺服电动机驱动，如图 4-12 所示。

2）装配输送线工作过程。装配工作站系统启动后，伺服电动机 1、2、3 启动，3 节输送线同时运行，输送装有工件的托盘。在第一节输送线的正上方装有机器视觉系统，托盘上的工件经过视觉检测区域时进行拍照、分析，判断工件的加工尺寸是否符合要求，并把检测的结果通过通信的方式反馈给 PLC，PLC 再将结果反馈给机器人。

图 4-11　装配输送线

当托盘输送到第二节输送线的工件装配处时被电磁铁阻挡定位，光敏传感器检测到托盘，伺服电动机 2 停止。

若工件是正品，则机器人去零件库将零件搬运到托盘处，与工件进行装配。装配完成

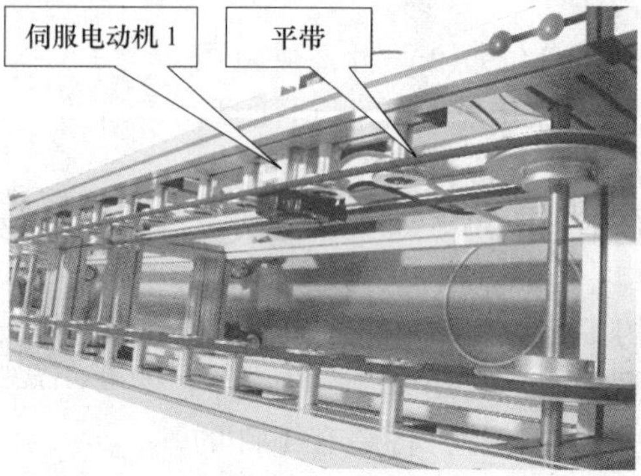

a) 第一节装配输送线

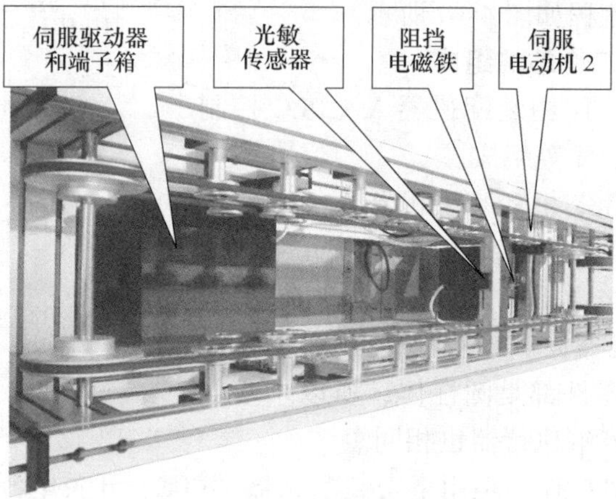

b) 第二节装配输送线

c) 第三节装配输送线

图 4-12　装配输送线组成

后，再将装配完成的成品搬运到成品仓库中。

若工件是废品，则机器人直接去托盘处把废品搬运到废品区。

机器人搬运完成后，阻挡电磁铁得电，解除对托盘的阻挡，伺服电动机 2 启动，托盘离开后电磁铁复位。

当空托盘输送到第三节输送线的末端时，被阻挡块阻挡，同时光敏传感器检测到托盘，伺服电动机 3 停止。取走托盘，伺服电动机 3 重新启动。

装配输送线的工作流程如图 4-13 所示。

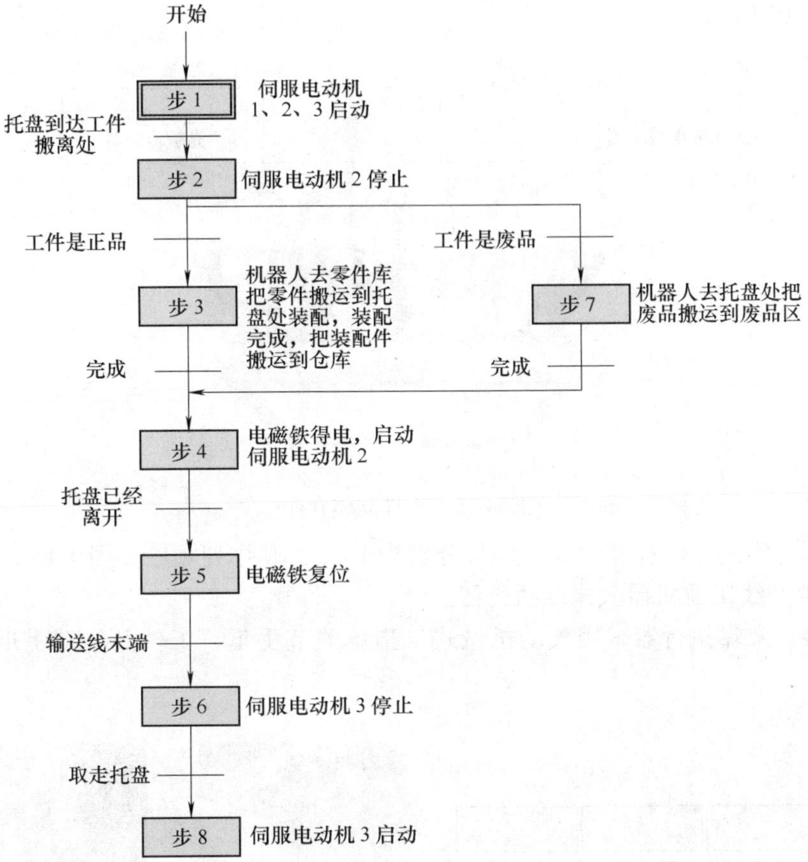

图 4-13　装配输送线工作流程

(4) 机器视觉系统　机器视觉系统用于工件尺寸的在线检测，机器人根据检测结果，对工件进行处理。

机器视觉系统选用欧姆龙机器视觉系统，由视觉控制器、彩色相机、镜头、LED 光源、光源电源、相机电缆、24V 开关电源和液晶显示器等组成，如图 4-14 所示。

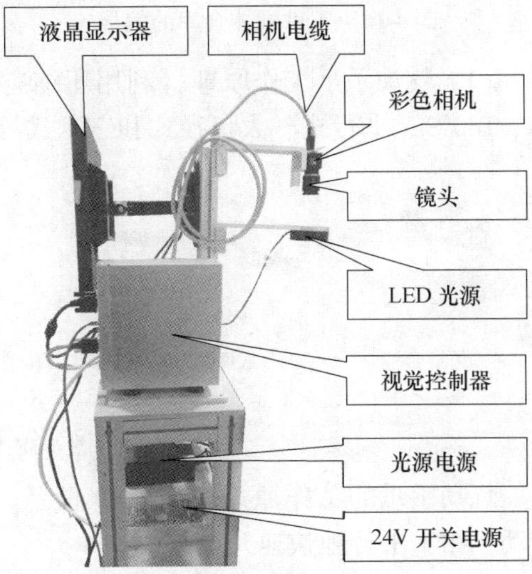

图 4-14　机器视觉系统

机器视觉系统安装在第一节装配输送线旁，镜头正对输送线中央，托盘上的工件经过视觉检测区域时进行拍照、分析，判断工件的加工尺寸是否符合要求，并把检测的结果通过通信的方式反馈给 PLC，PLC 再将结果反馈给机器人，由机器人对工件进行处理。

(5) 工件立体仓库　工件立体仓库用于存放待加工工件，立体仓库分两层四列共 8 个存储单元，编号分别为 1 ~ 8，每个存储单元配置一个光敏传感器用于检测工件的有无。工件立体仓库如图 4-15 所示。

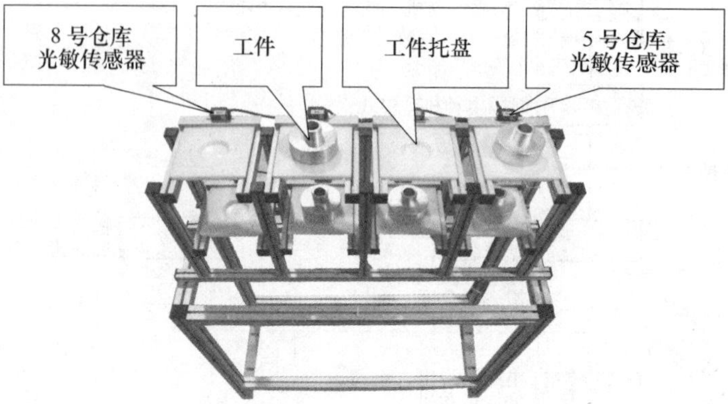

图 4-15　工件立体仓库

工件立体仓库的 8 个存储单元，编号分别为 1 ~ 8，其排列顺序如图 4-16 所示。

3. 自动生产线工业机器人末端执行器

工业机器人末端执行器采用气动机械式二指单关节手爪，工件及气动手爪如图 4-17 所示。

8	7	6	5
4	3	2	1

图 4-16　工件立体仓库的编号

a) 工件

b) 气动手爪

图 4-17　工件及气动手爪

（1）气动手爪工作原理　利用压缩空气驱动手爪抓取、松开工件。气动手爪通常有 Y 形、180℃、平行式、大口径式和三爪式等类型，如图 4-18 所示。

Y 形　180 ℃　平行式　大口径式　三爪式

图 4-18　气动手爪的类型

气动手爪的工作原理如图 4-19 所示。气缸 4 中压缩空气推动活塞杆 3 使转臂 2 运动，带动爪钳 1 平行地快速开合。

（2）气动手爪的选择　选择气动手爪要考虑夹取对象的形状与重量，根据夹取对象的形状和重量来选择确认手爪的开闭行程和把持力。

上下料机器人与装配机器人的末端执行器选用的是气立可 HDS-20Y 形气动手爪，其技术参数见表 4-1。

(3) 气动控制回路　考虑到失电安全，失电后夹紧的工件不应掉落，故电磁阀采用双电控。末端执行器气动控制回路如图 4-20 所示。

气动控制回路工作原理：当 YV1 电磁阀线圈得电时，气动手爪收缩，夹紧工件；当 YV2 电磁阀线圈得电时，气动手爪松开，释放工件；当 YV1、YV2 电磁阀线圈都不得电时，气动手爪保持原来的状态。电磁阀不能同时得电。

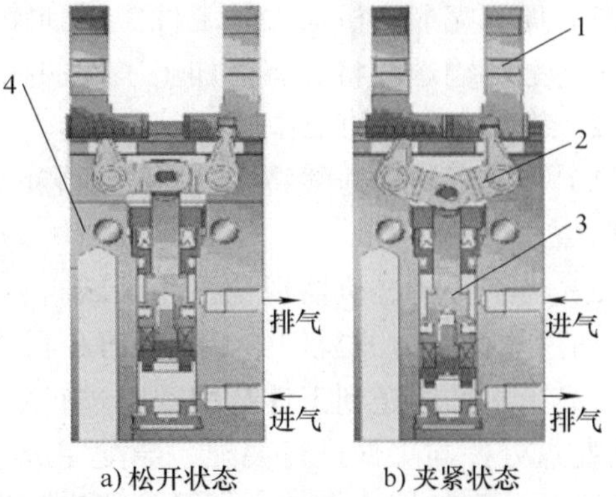

图 4-19　气动手爪的工作原理

1—爪钳　2—转臂　3—活塞杆　4—气缸

表 4-1　HDS-20Y 形气动手爪技术参数

动作形式		复动式
缸径		20mm
开闭角度		−10° ~ +30°
把持力	开	2.3kgf（23N）
	闭	3.5kgf（34N）
使用压力范围		1.5 ~ 7.0kgf/cm^2（150 ~ 700kPa）

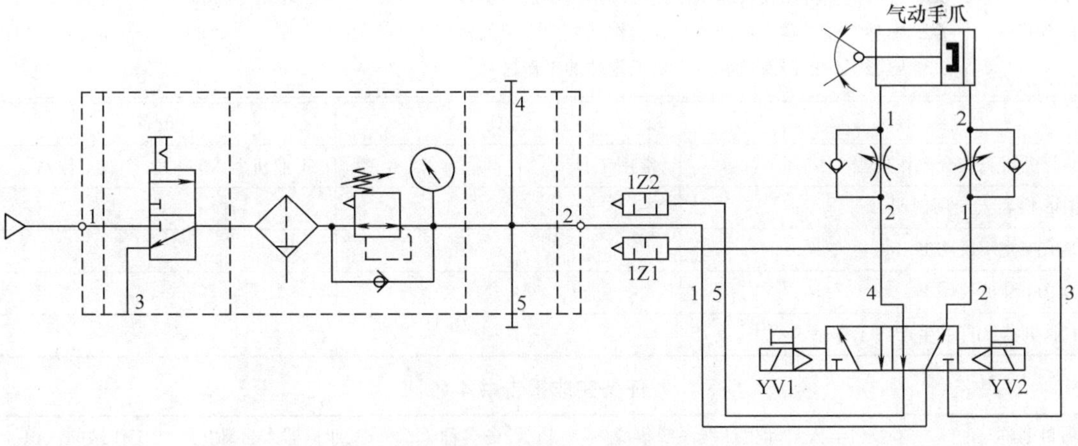

图 4-20　末端执行器气动控制回路

二、自动生产线工作站的工作过程

1. 上下料工作站的工作过程

1）当载有待加工工件的托盘输送到上料位置后，机器人将工件搬运到数控机床的加工台上。

2）数控机床进行加工。

3）加工完成，机器人将工件搬运到输送线上料位置的托盘上。

4）上料输送线将载有已加工工件的托盘向装配工作站输送。

2. 装配工作站的工作过程

1）当上下料输送线将工件输送到装配输送线上时，装配输送线继续将工件向装配工位输送。

2）当工件经过机器视觉检测区域时，机器视觉系统对工件进行拍照检查，并把检测的结果通过通信的方式反馈给PLC，PLC再将结果反馈给机器人。

3）当工件输送到工件装配处时进行定位。若工件是正品，则机器人去零件库将零件搬运到托盘处，与工件进行装配。装配完成后，再将装配完成的成品搬运到成品仓库中。若工件是废品，则机器人直接去托盘处把废品搬运到废品箱。

4）机器人搬运完成后，空托盘被输送到输送线的末端。

【任务实施】

任务书 4-1

项目名称	工业机器人自动生产线系统集成			任务名称	工业机器人自动生产线工作站的认识		
班 级		姓 名		学 号		组 别	
任务内容	对照图4-1所示机器人自动生产线工作站布置图，找出真实工作站对应的设备，并说明各设备在系统中的功能；简述工业机器人自动生产线工作站的工作过程。						
任务目标	1. 了解工业机器人自动生产线工作站的组成与特点。 2. 熟悉工业机器人自动生产线工作站外围系统的作用。 3. 熟悉工业机器人自动生产线工作站的工作过程。						

资料	工具	设备
工业机器人安全操作规程	常用工具	工业机器人自动生产线工作站
MH6机器人使用说明书		
DX100使用说明书		
DX100维护要领书		
工业机器人自动生产线工作站说明书		

任务完成报告书 4-1

项目名称	工业机器人自动生产线系统集成			任务名称	工业机器人自动生产线工作站的认识		
班 级		姓 名		学 号		组 别	
任务内容							

任务二　NJ PLC 的基本使用

NJ PLC 是欧姆龙公司 2011 年推出的基于 Sysmac 自动化平台的核心控制器，集运动、PLC、视觉控制一体化，兼具 PLC 的可靠性、牢固性与高速性，具有对控制的广泛适应性与软件库灵活的扩展性。

NJ PLC 集成了运动控制、顺序和网络功能，与之配合使用的新型软件 Sysmac Studio 则融合了配置、编程、仿真以及监控功能，通过其采用的高速机器网络 EtherCAT 还可实现运动、视觉、传感器及执行器控制功能。

工业机器人自动生产线工作站中工业机器人的远程控制以及输送线的控制等采用 NJ PLC 来实现。

【知识准备】

一、NJ PLC 简介

NJ 系列 PLC 是新一代的控制器，兼具机械控制所需的功能和高速性能以及作为工业用控制器的安全性、可靠性和维护性，其包括以往的 PLC 的功能。作为附加了运动控制所需的各种功能的整合型控制器，NJ PLC 可在高速 EtherCAT 上同步控制视觉装置、运动装置等设备。

1. NJ PLC 的硬件特点

（1）标配控制使用 EtherCAT 网络　CPU 单元配置 EtherCAT 通信主站功能端口。EtherCAT 是以 Ethernet 系统为基础，实现更高速、更高效通信的高性能工业用网络系统；各节点以高速传送以太网帧，因此可实现较短固定周期的通信周期；可在单一网络内连接机器控制所需的 I/O 系统、伺服驱动器、变频器和机器视觉等设备。

（2）支持 CJ 系列用单元　除 EtherCAT 网络的各种从站以外，还可在 I/O 总线系统上安装各种 CJ 系列用单元（基本 I/O 单元、高功能单元）进行使用。

（3）标配 EtherNet/IP 通信功能端口　CPU 单元标配 EtherNet/IP 通信功能端口。EtherNet/IP 是使用 Ethernet 的工业用多供应商网络，可用作控制器间的网络和现场网络。由于使用了标准的 Ethernet 技术，因此可与各种通用 Ethernet 设备混合使用。

（4）标配 USB 端口　可通过 USB 将支持软件直接连接至 CPU 单元。

2. NJ PLC 的软件特点

（1）整合时序控制与运动控制　一个 CPU 单元兼具时序控制和运动控制，因此可同时实现时序控制和多轴同步控制。在相同控制周期内执行时序控制、运动控制及 I/O 刷新，控制周期与 EtherCAT 的过程数据通信周期一致，因此，可在固定周期内实现波动较少的高精度时序控制和运动控制。

NJ 借助高速 EtherCAT 通信进行运动控制，最多可扩展到 64 轴伺服驱动。各从站节点间通过分布时钟功能达到 1μs 内同步。EtherCAT 具有 100Mbit/s 超高速通信，可实现 1ms 周期的运动控制。

（2）支持多任务　可为多个任务分配 I/O 刷新和执行用户程序等，分别指定执行条件和执行顺序，通过对其进行组合，根据应用程序灵活控制。

（3）依照国际标准 IEC61131-3 的编程语言标准　配备依照 IEC61131-3 的语言标准，部分内容进行了欧姆龙特有的改动，备有依照 PLCopen 的运动控制指令和依照 IEC 标准的各种指令组（POU）。指令体系不再是欧姆龙独立封闭的，而是可以各个品牌 PLC 通用。

（4）无需存储器映射，通过变量进行编程　与计算机上使用高级语言的变量时的情况相同，所有数据通过变量访问。生成的变量自动分配至 CPU 单元的存储器中，无需用户操作。

（5）丰富的安全功能　备有操作权限的设定、基于 ID 的用户程序的执行限制等丰富的安全功能。

（6）自动化软件 Sysmac Studio　Sysmac Studio 是通过一个软件涵盖控制器、周边设备及 EtherCAT 设备的整合开发环境，向不同的设备提供统一的操作性。支持从设计到调试、模拟、启动、开始运行后的变更等所有工序。

二、NJ PLC 的系统构成

NJ PLC 硬件构成分为基本构成和网络构成两种。

1. 基本构成

NJ PLC 的基本构成包括 EtherCAT 网络构成和 CJ 单元构成。

（1）EtherCAT 网络构成　使用 NJ 系列 CPU 单元的内置 EtherCAT 主站端口，连接至 EtherCAT 各从站。可连接数字 I/O、模拟 I/O 等通用从站及伺服驱动器/编码器输入从站。通过使用该构成，可实现固定周期且波动较少、高精度的时序控制和运动控制。

NJ PLC 的 EtherCAT 网络构成如图 4-21 所示。

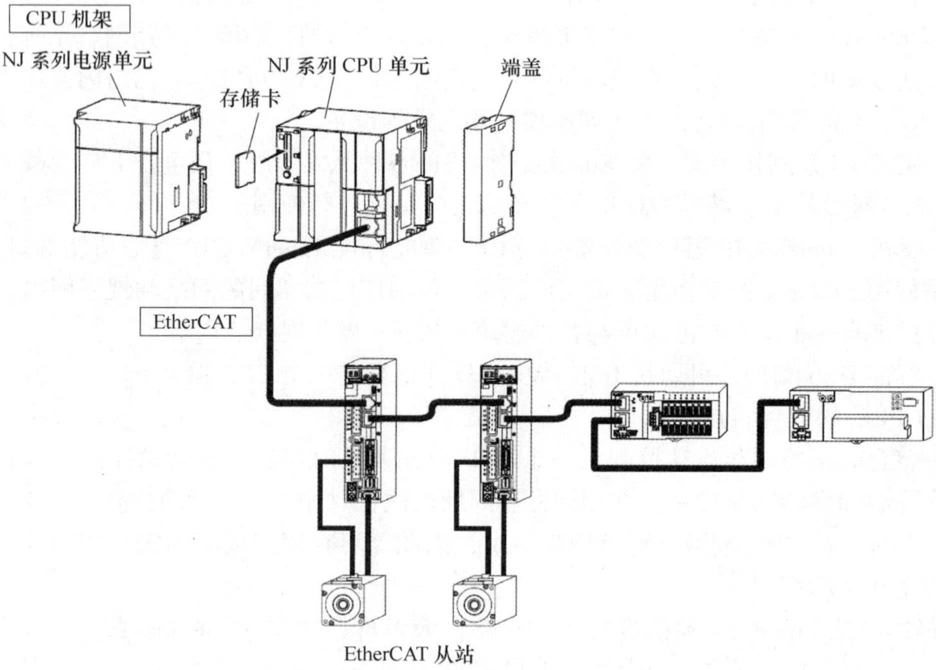

图 4-21　NJ PLC 的 EtherCAT 网络构成

（2）CJ 单元构成　除 EtherCAT 网络以外，还可安装 CJ 系列单元（基本 I/O 单元、高功能单元）。除装有 CPU 单元的 CPU 机架以外，还可使用扩展机架增设 CJ 系列单元。

1）CPU 机架。CPU 机架由 NJ 系列 CPU 单元、NJ 系列电源单元、CJ 系列单元、I/O 控制器单元（连接扩展机架时需使用）和端盖等构成。

2）扩展机架。扩展机架用来增设 CJ 系列单元，由 NJ 系列电源单元、CJ 系列单元、I/O 接口单元（连接 NJ 系列 CPU 机架或其他扩展机架时需使用）和端盖等构成。

NJ PLC 的 CJ 单元构成如图 4-22 所示。

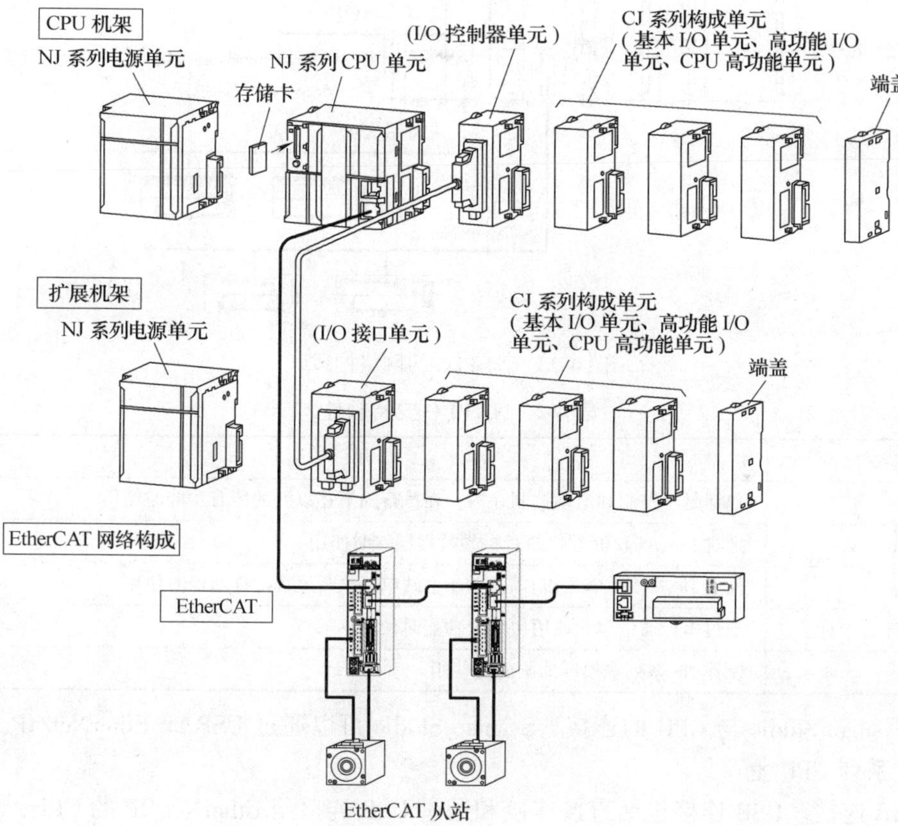

图 4-22　NJ PLC 的 CJ 单元构成

2. 网络构成

CPU 单元内置的 EtherNet/IP 端口和 EtherNet/IP 单元（CJ1W-EIP21）连接上位计算机、触摸屏、NJ PLC；DeviceNet 连接 DeviceNet 单元；串行通信连接串行通信单元。

NJ PLC 的网络构成如图 4-23 所示。

3. 支持软件

（1）Sysmac Studio　NJ PLC 将 Sysmac Studio 用作 PLC 构成和设定、编程、调试、模拟的支持软件。

（2）其他支持软件　除 Sysmac Studio 以外，Sysmac Studio 标准版中还包含了 Network Configurator 等软件，见表 4-2。

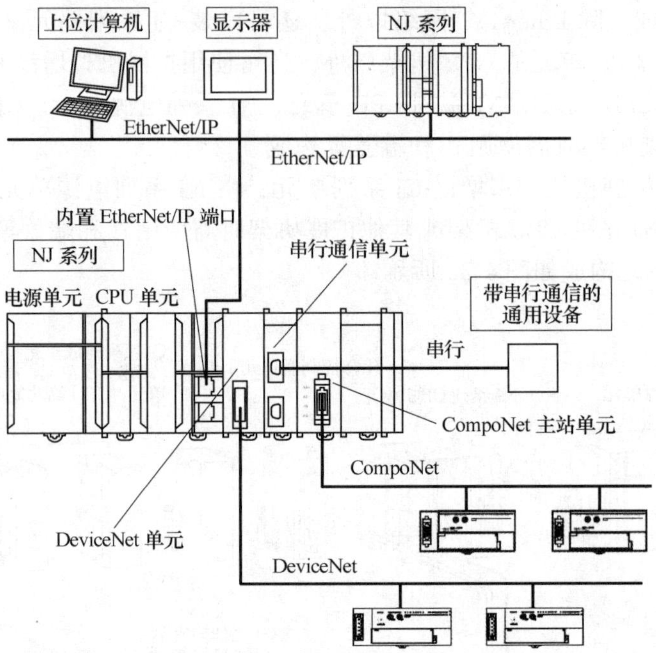

图 4-23　NJ PLC 的网络构成

表 4-2　NJ PLC 支持软件

构成软件	用　途
Sysmac Studio	包括时序控制和运动控制在内，在执行除下述以外的所有功能时使用
Network Configurator	通过 EtherNet/IP 端口执行标签数据链接时使用
CX-Integrator	通过 DeviceNet 单元和 CompoNet 主站单元执行远程 I/O 通信时使用
CX-Protocol	通过串行通信单元使用协议宏功能时使用
CX-Designer	制作 NS 系列触摸屏的画面时使用

（3）Sysmac Studio 与 CPU 的连接　Sysmac Studio 可以通过 USB 或 EtherNet/IP 形式在线连接至 NJ 系列 CPU 上。

1）USB 连接。USB 连接包括直接连接和通过 USB 连接至 EtherNet/IP 的 CPU，如图 4-24 所示。

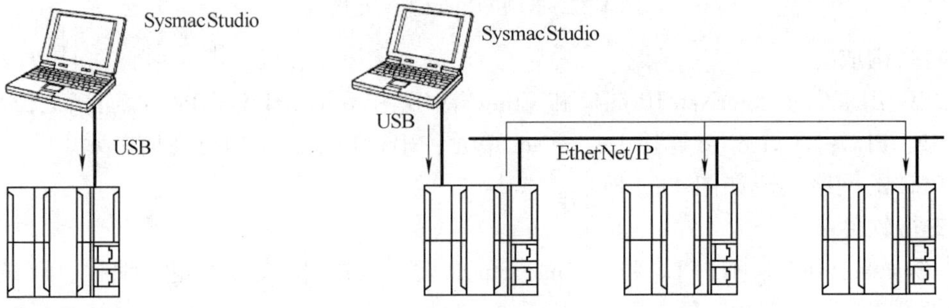

a)直接连接　　b)通过 USB 连接至 EtherNet/IP 的 CPU

图 4-24　CPU 与 Sysmac Studio 的连接——USB 连接

① 直接连接：无需指定连接设备。

② 通过 USB 连接至 EtherNet/IP 的 CPU：直接指定连接对象的 IP 地址或通过节点一览表指定。

2）EtherNet/IP 连接。EtherNet/IP 连接包括 1∶1 连接和 1∶N 连接，如图 4-25 所示。

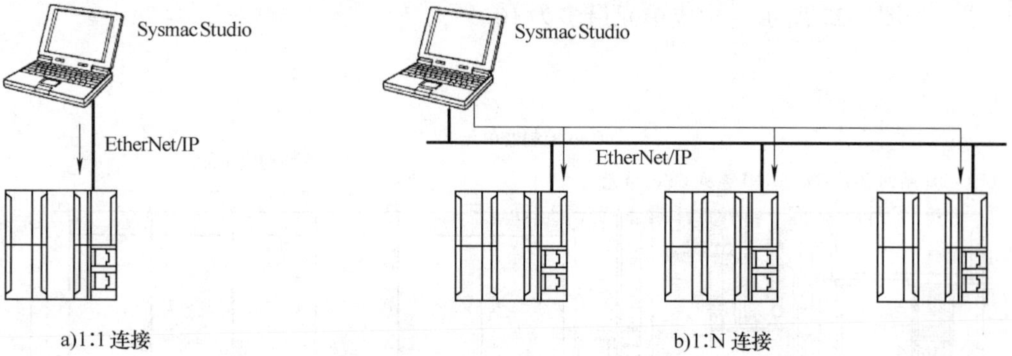

图 4-25 CPU 与 Sysmac Studio 的连接——EtherNet/IP 连接

① 1∶1 连接：直接从 Sysmac Studio 连接，无需指定 IP 地址和连接设备，无论有无交换式集线器均可连接，支持 Auto-MDI。直接连接时可使用交叉电缆、直连电缆中的任意一种。

② 1∶N 连接：直接指定连接对象的 IP 地址或通过节点一览表指定。

4. 网络系统

NJ PLC 可构成信息系统网络、控制器间网络、现场网络等 3 层网络系统，如图 4-26 所示。

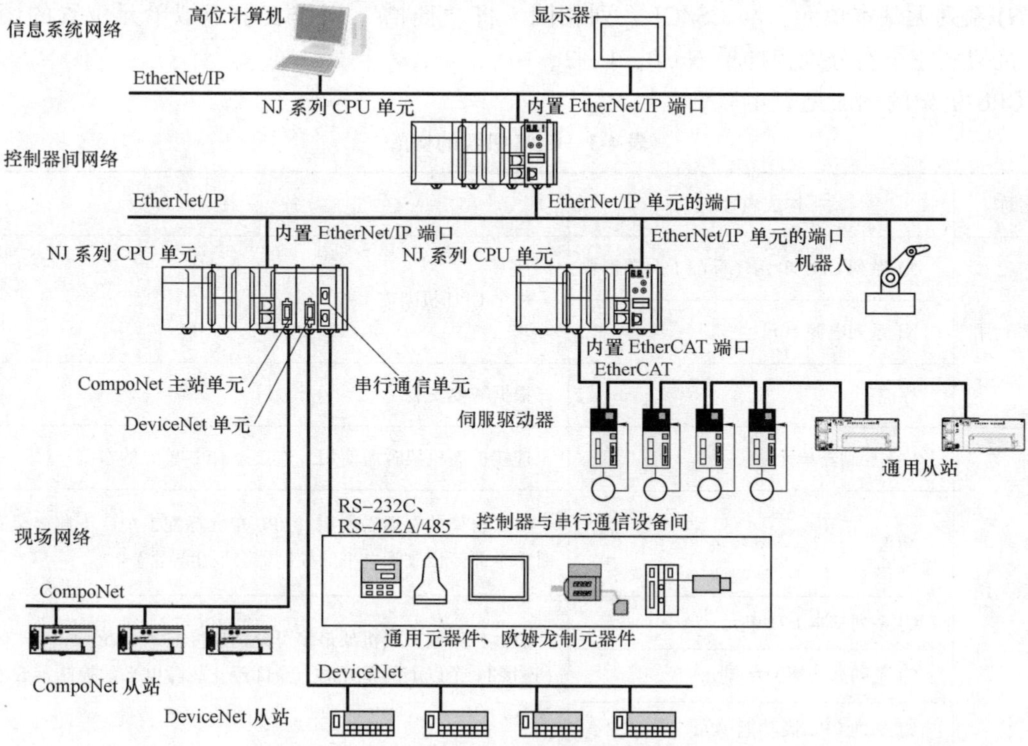

图 4-26 NJ PLC 的网络系统

三、CJ 系列单元构成

1. CPU 机架

CPU 机架由 NJ 系列 CPU 单元、NJ 系列专用电源单元、CJ 系列的各构成单元及 CJ 系列端盖构成，如图 4-27 所示，构成单元最多为 10 个。

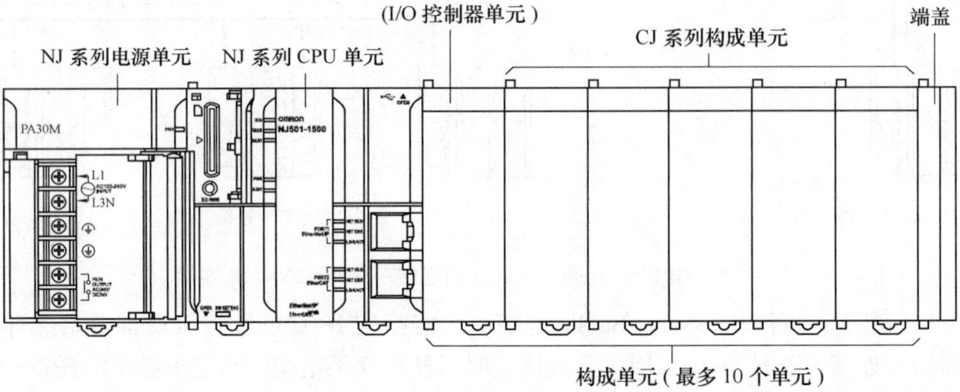

图 4-27　CPU 机架

NJ 系列无基本单元，与 CS/CJ 系列相同，将“插槽”用作表示虚拟单元位置的用语。CPU 机架从左至右分别为插槽 No. 0、1、2、…。

CPU 机架的构成见表 4-3。

表 4-3　CPU 机架的构成

名称	构成内容	备　注
NJ 系列用	NJ 系列 CPU 单元（标配 1 个端盖）	每个 CPU 机架需 1 个
	NJ 系列电源单元	
	存储卡	根据需要安装
CJ 系列用	I/O 控制器单元	连接扩展机架时需使用。连接至 CPU 单元的右侧
	端盖	CPU 机架的右端需使用（CPU 单元标配 1 个。不连接至右端时，全部停止故障电平的控制器会发生异常）
	CJ 系列基本 I/O 单元	CPU 机架或扩展机架最多可分别连接 10 个单元（连接 11 个以上的单元时，全部停止故障电平的控制器会发生异常）
	CJ 系列高功能 I/O 单元	
	CJ 系列 CPU 高功能单元	

（1）NJ 系列 CPU 单元　NJ 系列 CPU 单元如图 4-28 所示。

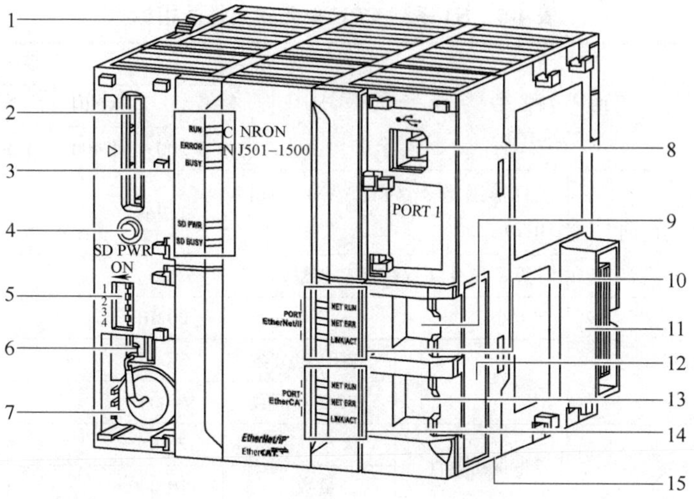

图 4-28　NJ 系列 CPU 单元

CPU 各部分的名称及功能见表 4-4。

表 4-4　CPU 各部分名称及功能

编号	名称	功能
1	滑块	在单元之间进行固定
2	SD 存储卡安装连接器	安装 SD 存储卡
3	CPU 单元的动作显示 LED	以多个 LED 显示 CPU 单元的动作状态
4	SD 存储卡供电停止按钮	拔下 SD 存储卡时停止供电
5	拨码开关	用于安全模式和备份功能等。通常均设定为 OFF
6	电池连接器	安装备份用电池的连接器
7	电池	备份用电池
8	外接（USB）	端口通过 USB 电缆连接 Sysmac Studio
9	内置 EtherNet/IP 端口（PORT1）	通过 Ethernet 电缆连接内置 EtherNet/IP
10	内置 EtherNet/IP 端口的动作显示 LED	显示内置 EtherNet/IP 的动作状态
11	单元连接器	与单元连接的连接器
12	识别信息标签	显示 CPU 单元的识别信息
13	内置 EtherCAT 端口（PORT2）	通过 Ethernet 电缆连接内置 EtherCAT
14	内置 EtherCAT 端口的动作显示 LED	显示内置 EtherCAT 的动作状态
15	DIN 导轨安装销	将单元固定在 DIN 导轨上

NJ 系列 CPU 单元主要性能指标见表 4-5。

表 4-5 NJ 系列 CPU 单元主要性能指标

<table>
<tr><th colspan="4" rowspan="3">项 目</th><th colspan="5">型 号</th></tr>
<tr><th colspan="3">NJ501</th><th colspan="2">NJ301</th></tr>
<tr><th>1 500</th><th>1 400</th><th>1 300</th><th>1 200</th><th>1 100</th></tr>
<tr><td rowspan="2">处理时间</td><td rowspan="2">指令执行时间</td><td colspan="2">梯形图指令（LD、AND、OR、OUT）</td><td colspan="3">1.9ns</td><td colspan="2">3.0ns</td></tr>
<tr><td colspan="2">算术指令（双精度实数型）</td><td colspan="3">26ns</td><td colspan="2">42ns</td></tr>
<tr><td rowspan="13">编程</td><td rowspan="3">程序容量</td><td colspan="2">大小</td><td colspan="3">20MB</td><td colspan="2">5MB</td></tr>
<tr><td rowspan="2">数量</td><td>POU 定义数</td><td colspan="3">3 000</td><td colspan="2">750</td></tr>
<tr><td>POU 实例数</td><td colspan="3">6 000</td><td colspan="2">3 000</td></tr>
<tr><td rowspan="4">变量容量</td><td rowspan="2">带保持属性</td><td>大小</td><td colspan="3">2MB</td><td colspan="2">0.5MB</td></tr>
<tr><td>变量数</td><td colspan="3">10 000</td><td colspan="2">5 000</td></tr>
<tr><td rowspan="2">无保持属性</td><td>大小</td><td colspan="3">4MB</td><td colspan="2">2MB</td></tr>
<tr><td>变量数</td><td colspan="3">90 000</td><td colspan="2">22 500</td></tr>
<tr><td>数据类型</td><td colspan="2">数据类型数</td><td colspan="3">2 000</td><td colspan="2">1 000</td></tr>
<tr><td rowspan="5">CJ 单元用存储器（通过变量的 AT 指定进行指定）</td><td colspan="2">通道 I/O</td><td colspan="5">6 144 通道</td></tr>
<tr><td colspan="2">工作继电器</td><td colspan="5">512 通道</td></tr>
<tr><td colspan="2">保持继电器</td><td colspan="5">1 536 通道</td></tr>
<tr><td colspan="2">数据寄存器</td><td colspan="5">32 768 通道</td></tr>
<tr><td colspan="2">扩展数据存储区</td><td colspan="3">32 768 通道 ×25 个存储单元</td><td colspan="2">32 768 通道 × 4 个存储单元</td></tr>
<tr><td rowspan="7">单元构成</td><td rowspan="2">可安装的单元数</td><td colspan="2">每个机架 CJ 单元最大数量</td><td colspan="5">10</td></tr>
<tr><td colspan="2">整个系统 CJ 单元最大数量</td><td colspan="5">40</td></tr>
<tr><td colspan="3">扩展机架最大数量</td><td colspan="5">3</td></tr>
<tr><td>输入输出点数</td><td colspan="2">CJ 单元最大输入输出点数</td><td colspan="5">2 560</td></tr>
<tr><td rowspan="3">电源（CPU 机架或增设机架）</td><td colspan="2">型号</td><td colspan="5">NJ-PA3001 NJ-PD3001</td></tr>
<tr><td rowspan="2">电源断开判定时间</td><td>AC 电源</td><td colspan="5">30 ~ 45ms</td></tr>
<tr><td>DC 电源</td><td colspan="5">22 ~ 25ms</td></tr>
<tr><td rowspan="6">运动控制</td><td rowspan="4">控制轴数</td><td colspan="2">控制轴最大数量</td><td>64</td><td>32</td><td>16</td><td>8</td><td>4</td></tr>
<tr><td colspan="2">单轴控制最大数量</td><td>64</td><td>32</td><td>16</td><td>8</td><td>4</td></tr>
<tr><td colspan="2">线性插补控制最大数量</td><td colspan="5">每轴组 4 轴</td></tr>
<tr><td colspan="2">圆弧插补控制轴数</td><td colspan="5">每轴组 2 轴</td></tr>
<tr><td colspan="3">最大轴组数</td><td colspan="5">32</td></tr>
<tr><td colspan="3">位置单位</td><td colspan="5">脉冲、mm、μm、nm、degree、in</td></tr>
</table>

（2）电源单元　电源单元用作 NJ 系列 CPU 机架或扩展机架的供电电源。电源单元规格见表 4-6。

电源单元各部分的名称和功能如图 4-29 所示。

表 4-6　电源单元规格

项　目	规　格	
电源单元型号	NJ-PA3001	NJ-PD3001
电源电压	AC100～240V，50/60Hz	DC24V
容许电源电压/频率变动范围	AC85～264V/47～63Hz	DC19.2～28.8V
消耗功率	120VA 以下	60W 以下
电源输出容量	DC5V 6.0A（使用 CPU 机架时包括向 CPU 单元供给） DC5V 6.0A（使用扩展机架时） DC24V 1.0A 合计最大 30W	
运行中输出（仅连接 CPU 机架时有效）	触点构成：1a 开关能力：AC250V 2A（阻性负载） AC250V 0.5A（感性负载） DC24V 2A（阻性负载）	

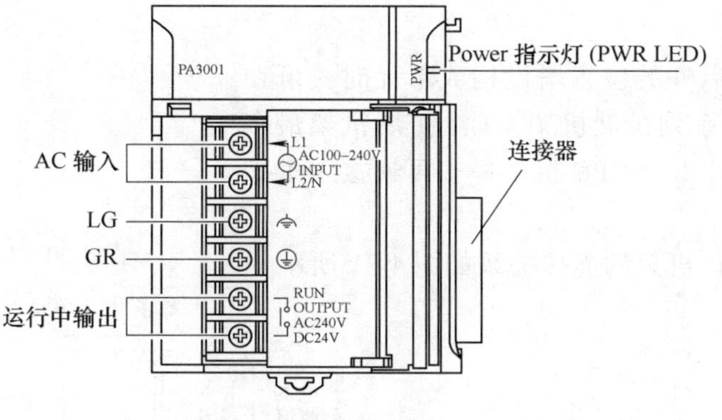

a) NJ–PA3001 电源单元

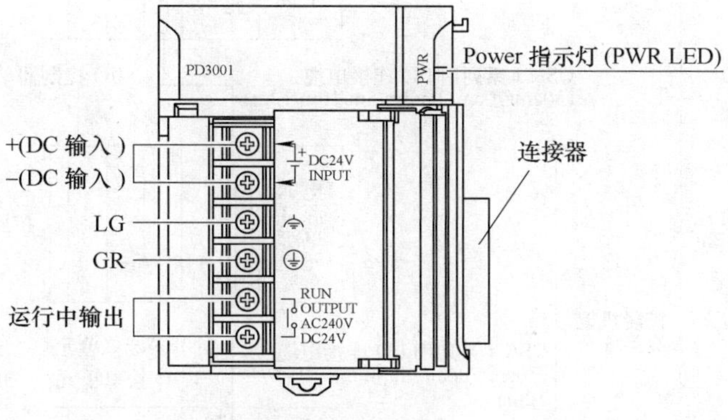

b) NJ–PD3001 电源单元

图 4-29　电源单元的名称和功能

仅安装在 CPU 机架上的电源单元，在 CPU 单元处于运行状态时（运行模式），“运行中输出”内部触点 ON。

在启动中（根据电源接通后和电源接通时的动作模式设定切换至运行状态）、运行停止中（程序模式）、全部停止故障电平的控制器异常发生时，“运行中输出”内部触点均为

OFF。

（3）I/O 控制器单元 NJ PLC 构建扩展系统时，将 I/O 控制器单元连接至 NJ 系列 CPU 单元的右侧，将 I/O 接口单元连接至 CJ 系列扩展机架侧，使用连接电缆将它们连接起来，实现 NJ PLC 系统的扩展。

CJ 系列 I/O 控制器单元规格见表 4-7。

表 4-7 CJ 系列 I/O 控制器单元规格

型号	规格
CJ1W-IC101	NJ 系列 CPU 机架连接 CJ 系列扩展机架时需使用，连接至 CPU 单元的右侧。使用 CS/CJ 系列用 I/O 连接电缆，连接至 CJ 系列扩展机架上的 I/O 接口单元（CJ1W-II101）

I/O 控制器单元如图 4-30 所示。

（4）端盖 端盖型号为 CJ1W-TER01，连接至 NJ 系列 CPU 机架的右端。未连接时，会发生“未连接端盖”异常（全部停止故障电平的控制器异常）。

2. 扩展机架

需在 CPU 机架以外的位置增设构成单元时，可在 CPU 机架上连接 CJ 系列扩展机架。1 个扩展机架最多增设 10 个构成单元。1 个 CPU 机架最多可连接 3 个扩展机架。

扩展机架与 CPU 机架的连接关系如图 4-31 所示。

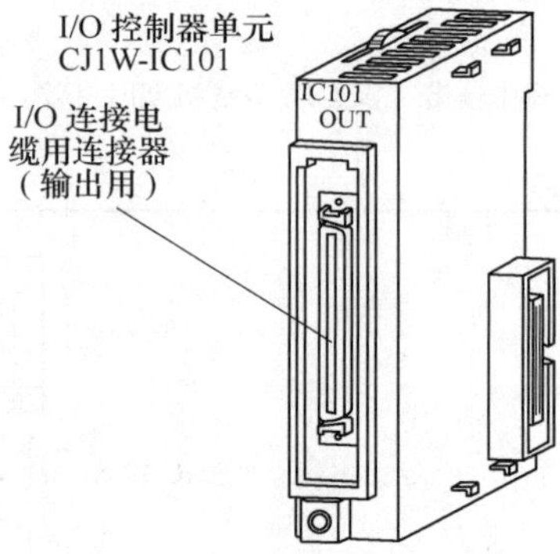

图 4-30 I/O 控制器单元

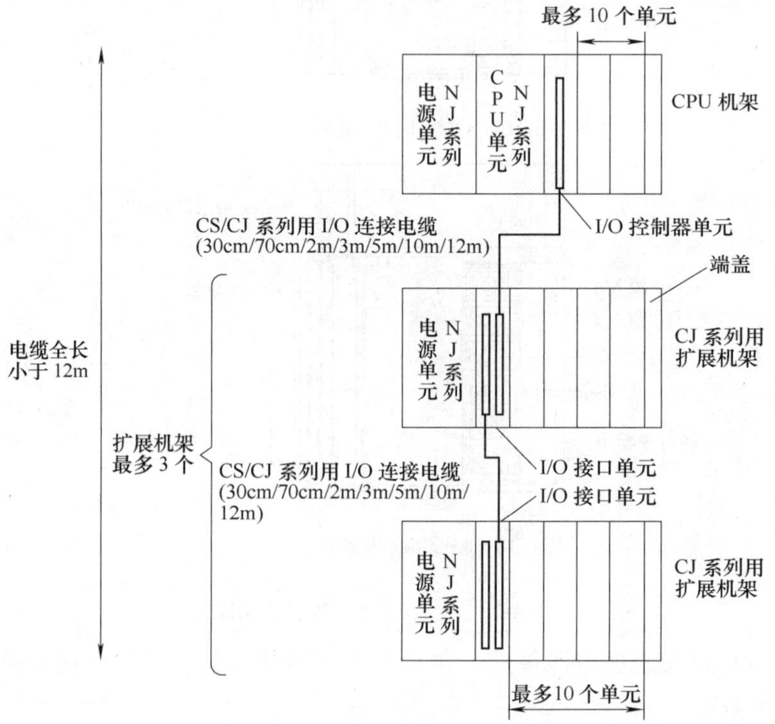

图 4-31 扩展机架与 CPU 机架的连接关系

CPU 机架的 I/O 控制器单元连接至 CPU 单元的右侧，I/O 接口单元连接至扩展机架电源单元的右侧。连接至其他位置时，可能会发生误动作。

扩展机架的构成见表 4-8。

表 4-8　扩展机架的构成

构成内容	备　注
NJ 系列电源单元	每个扩展机架需 1 个
I/O 接口单元（CJ1W-II101）	
CJ 系列基本 I/O 单元	CPU 机架或扩展机架最多可分别连接 10 个单元 （连接 11 个以上的单元时，全部停止故障电平的控制器会发生异常）
CJ 系列高功能 I/O 单元	
CJ 系列 CPU 高功能单元	
端盖	扩展机架的右端需使用 （I/O 接口单元标配 1 个。不连接至右端时，全部停止故障电平的控制器会发生异常）
CS/CJ 系列用 I/O 连接电缆	连接 I/O 控制器单元和 I/O 接口单元时需使用

I/O 接口单元如图 4-32 所示。

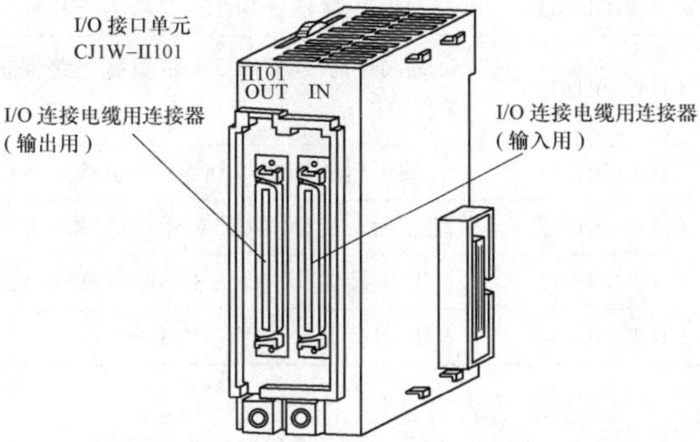

图 4-32　I/O 接口单元

3. CJ 系列单元

（1）基本 I/O 单元　CJ 系列 PLC 基本输入单元规格见表 4-9。

表 4-9　CJ 系列 PLC 基本输入单元规格

名称	型号	输入规格	
DC 输入单元	CJ1W-ID201	端子台、DC12～24V	8 点
	CJ1W-ID211	端子台、DC24V	16 点
	CJ1W-ID212		
	CJ1W-ID231	富士通连接器、DC24V	32 点
	CJ1W-ID232	MIL 连接器、DC24V	32 点
	CJ1W-ID233		
	CJ1W-ID261	富士通连接器、DC24V	64 点
	CJ1W-ID262	MIL 连接器、DC24V	64 点
AC 输入单元	CJ1W-IA201	端子台、AC200～240V	8 点
	CJ1W-IA111	端子台、AC100～120V	16 点

CJ 系列 PLC 基本输出单元规格见表 4-10。

表 4-10　CJ 系列 PLC 基本输出单元规格

单元名称		型号	输出规格	
继电器触点输出单元		CJ1W-OC201	端子台、AC250V/DC24V 2A 8 点独立触点	8 点
		CJ1W-OC211	端子台、AC250V/DC24V 2A	16 点
三端双向开关输出单元		CJ1W-OA201	端子台、AC250V/DC24V 0.6A	8 点
晶体管型	漏型	CJ1W-OD201	端子台、DC12～24V 2A	8 点
		CJ1W-OD203	端子台、DC12～24V 0.5A	8 点
		CJ1W-OD211	端子台、DC12～24V 0.5A	16 点
		CJ1W-OD213	端子台、DC24V 0.5A	16 点
		CJ1W-OD231	富士通连接器、DC12～24V 0.5A	32 点
		CJ1W-OD233	MIL 连接器、DC12～24V 0.5A	32 点
		CJ1W-OD234	MIL 连接器、DC24V 0.5A	32 点
		CJ1W-OD261	富士通连接器、DC12～24V 0.3A	64 点
		CJ1W-OD263	MIL 连接器、DC12～24V 0.3A	64 点
	源型	CJ1W-OD202	端子台、DC24V 2A 带负载短路保护功能、断线检测功能	8 点
		CJ1W-OD204	端子台、DC24V 0.5A 带负载短路保护功能	8 点
		CJ1W-OD212	端子台、DC24V 0.5A 带负载短路保护功能	16 点
		CJ1W-OD232	MIL 连接器、DC24V 0.5A 带负载短路保护功能	32 点
		CJ1W-OD262	MIL 连接器、DC12～24V 0.3A	64 点

CJ 系列输入输出混合单元规格见表 4-11。

表 4-11　CJ 系列输入输出混合单元规格

单元名称		型号	输出规格	
DC24V 输入/晶体管输出单元	漏型	CJ1W-MD231	富士通连接器 输入 DC24V　输出 DC12～24V 0.5A	输入 16 点 输出 16 点
		CJ1W-MD233	MIL 连接器 输入 DC24V　输出 DC12～24V 0.5A	
		CJ1W-MD261	富士通连接器 输入 DC24V　输出 DC12～24V 0.3A	输入 32 点 输出 32 点
		CJ1W-MD263	MIL 连接器 输入 DC24V　输出 DC12～24V 0.3A	
	源型	CJ1W-MD232	MIL 连接器 输入 DC24V　输出 DC24V 0.5A 带负载短路保护功能	输入 16 点 输出 16 点
TTL 输入输出单元		CJ1W-MD563	输入：DC5V 输出：DC5V 35mA	输入 32 点 输出 32 点

（2）CJ 系列高功能 I/O 单元　CJ 系列高功能 I/O 单元规格见表 4-12。

表 4-12　CJ 系列高功能 I/O 单元规格

单元名称	型号	规格
绝缘型多功能输入单元	CJ1W-AD04U	输入 4 点 多功能
	CJ1W-PH41U	输入 4 点 多功能 分辨率 1/256000、1/64000、1/16000
模拟输入单元	CJ1W-AD081-V1	输入 8 点（1～5V、4～20mA 等）
	CJ1W-AD041-V1	输入 4 点（1～5V、4～20mA 等）
	CJ1W-AD042	输入 4 点（1～5V、4～20mA 等）
模拟输出单元	CJ1W-DA041	输出 4 点（1～5V、4～20mA 等）
	CJ1W-DA021	输出 2 点（1～5V、4～20mA 等）
	CJ1W-DA08V	输出 8 点（1～5V、0～10V 等）
	CJ1W-DA08C	输出 8 点（4～20mA）
	CJ1W-DA042V	输出 4 点（1～5V、0～10V 等）
模拟输入输出单元	CJ1W-MAD42	输入 4 点（1～5V、4～20mA 等） 输出 2 点（1～5V、4～20mA 等）
绝缘型直流输入单元	CJ1W-PDC15	直流电压或直流电流 输入 2 点
温控单元	CJ1W-TC003	2 回路 热电偶输入/NPN 输出 带加热器断线检测功能
	CJ1W-TC004	2 回路 热电偶输入/PNP 输出 带加热器断线检测功能
	CJ1W-TC103	2 回路 铂电阻温度计输入 NPN 输出 带加热器断线检测功能
	CJ1W-TC104	2 路 铂电阻温度计输入 PNP 输出 带加热器断线检测功能
ID 传感器单元	CJ1W-V680C11	V680 系列单头型
	CJ1W-V680C12	V680 系列双头型
高速计数器单元	CJ1W-CT021	计数通道数：2 最大输入频率：500kHz 支持线路驱动器输入
CompoNet 主站单元	CJ1W-CRM21	CompoNet 远程 I/O

（3）CJ 系列 CPU 高功能单元　CJ 系列 CPU 高功能单元规格见表 4-13。

表 4-13　CJ 系列 CPU 高功能单元规格

单元名称	型号	规格
串行通信单元	CJ1W-SCU22	RS-232C ×2 端口、高速型
	CJ1W-SCU32	RS-422A/485 ×2 端口、高速型
	CJ1W-SCU42	RS-232C ×1、RS-422A/485 ×1 端口、高速型
DeviceNet 单元	CJ1W-DRM21	DeviceNet 远程 I/O、2048 点、带从站功能 无 CX-Integrator 也可自由分配

四、Sysmac Studio 基本操作

1. 创建工程

打开软件 Sysmac Studio，单击“新建工程”按钮，出现图 4-33 所示的初始界面。将工

程名称更改为“工业机器人上下料工作站”，设备类型选择“控制器”，设备选择“NJ301-1100”，版本选择“1.02”。修改选择完成后，单击“创建”按钮，工程创建完成。

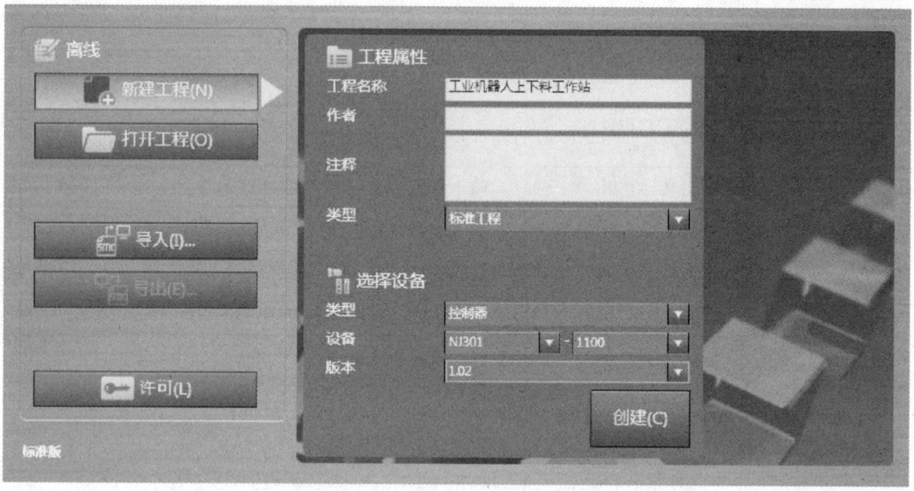

图 4-33　Sysmac Studio 初始界面

2. 配置 CPU 机架

工程创建完成，进入 Sysmac Studio 操作窗口，如图 4-34 所示。

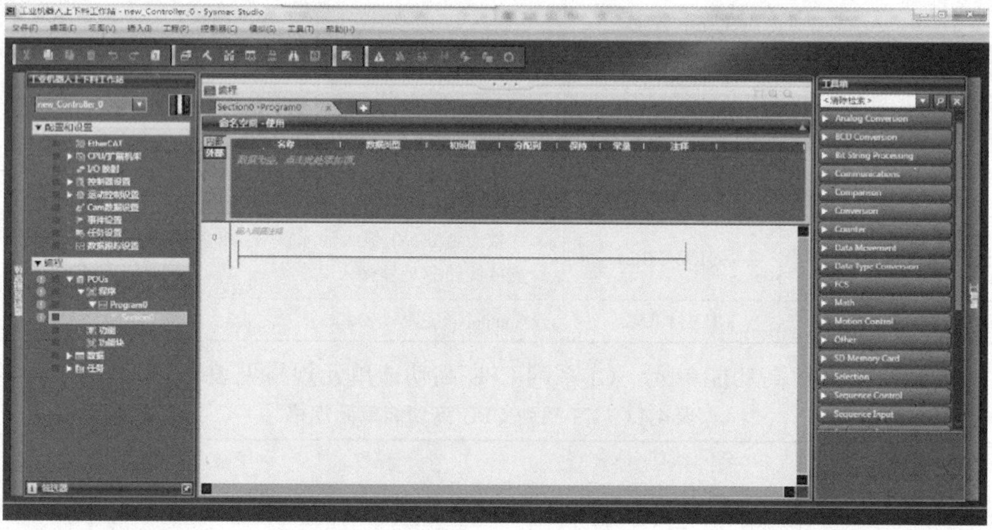

图 4-34　Sysmac Studio 操作窗口

（1）建立 CPU 机架　双击图 4-35 所示的“CPU/扩展机架”，打开对应的设定窗口。

（2）配置基本 I/O 单元　在窗口右边设备列表中找到数字量输入模块 CJ1W-ID201 和输出模块 CJ1W-OD201，通过拖曳的方法把模块分别插入 0、1 号槽中，如图 4-36 所示。

3. 创建设备变量

（1）I/O 端口的映射　I/O 端口是一个逻辑接口，CPU 单元使用它与外部设备交换数据，如图 4-37 所示。在 Sysmac Studio 创建单元配置的时候，I/O 端口自动创建。

（2）设备变量的创建　NJ控制器在CPU单元里并不为外部设备分配指定的内存地址，而是为I/O端口分配变量，这些变量称为设备变量。设备变量会登记在变量表中。为I/O端口分配设备变量后，用户程序通过设备变量访问单元。

双击“CPU/扩展机架”→“I/O映射”，打开I/O映射窗口，双击Ch1_In00、Ch1_In01和Ch1_Out00对应的变量输入框，分别输入变量“SB1”、“SB2”、“KM1”，如图4-38所示。

设备变量属于全局变量，所以在“编程-全局变量”窗口中可以看到这些变量，如图4-39所示。

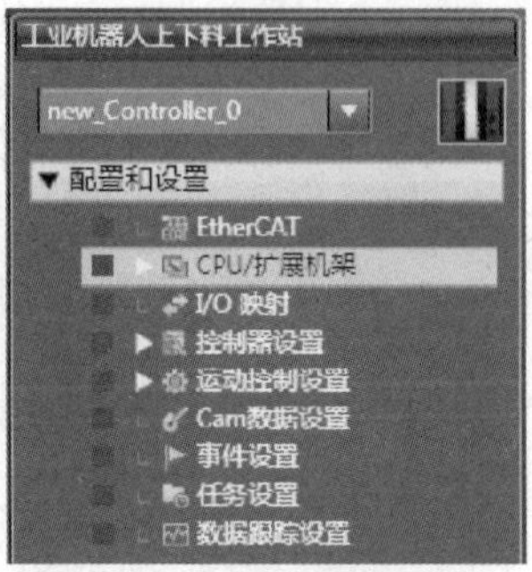

图4-35　CPU机架的建立

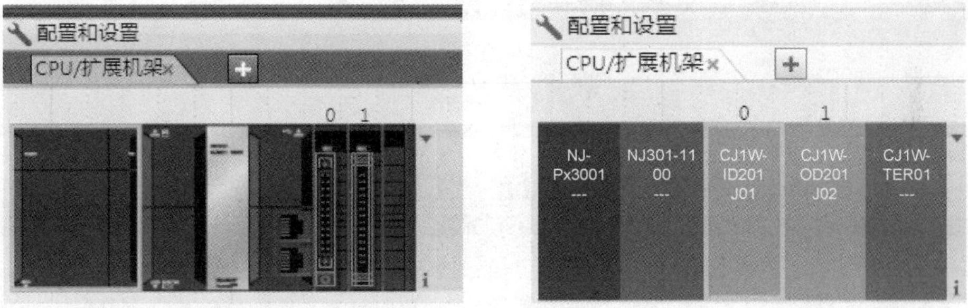

a) 显示单元真实结构　　b) 显示单元型号

图4-36　CPU机架的配置

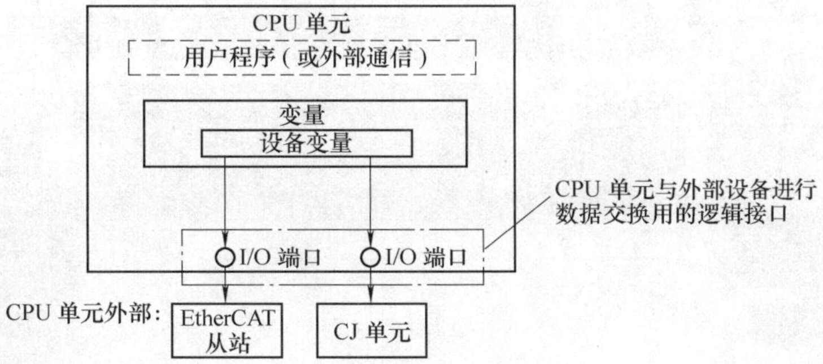

图4-37　I/O端口的映射

4. 编写程序

1）在操作窗口中，顺序双击“编程”→“POUs”→“程序”→“Progran0”→“Section0”，弹出图4-40所示的编程界面。

POU（Program Organization Unit）是指IEC61131-3中规定的用户程序执行模型的单位。通过组合多个POU来构成整个用户程序。

2）编程界面右侧工具箱里面包含NJ的所有指令、功能、功能块。当编程时需要使用某些元素的时候，只要用鼠标左键将相应的元素拖到编程区域，或者右击和母线连接的横线，在出现的对话框中选择插入触点、线圈、功能块或功能等。输入变量名时，首先在触点或线圈上双击，然后填入已经在I/O映射中注册的设备变量。编写好的程序如图4-41所示。

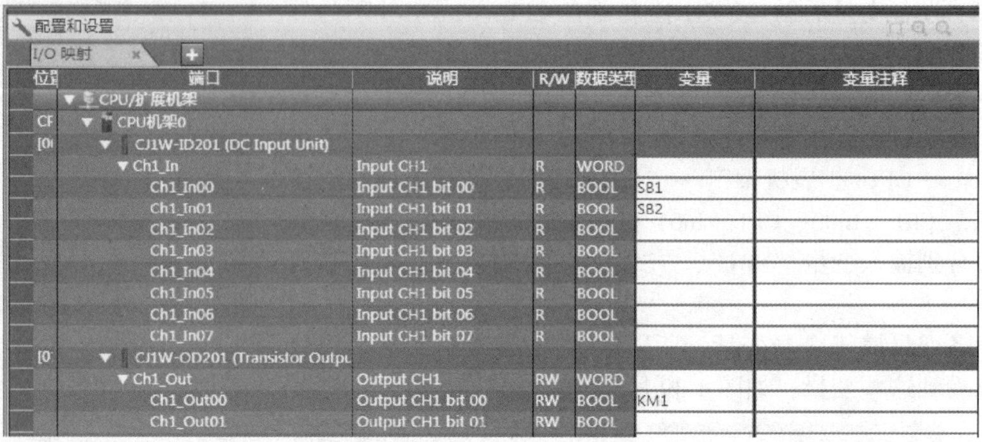

图 4-38　I/O 映射窗口

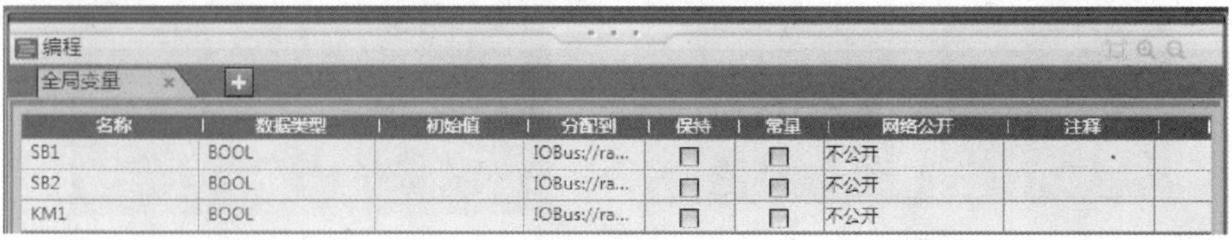

图 4-39　全局变量窗口

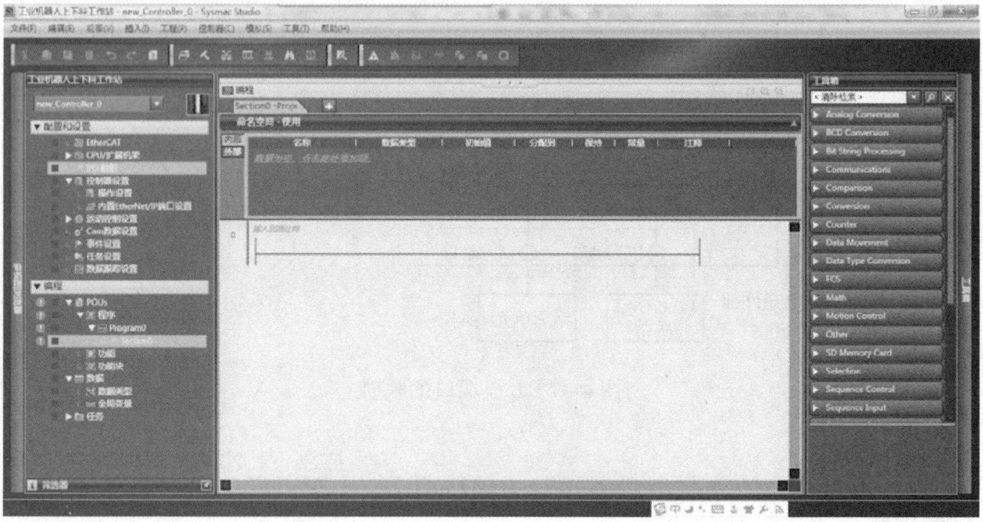

图 4-40　编程界面

5. 模拟运行程序

所谓模拟运行，是指在计算机上模拟 NJ PLC 的动作，仅通过计算机进行用户程序的动作确认的功能。模拟功能具有控制器实体无法实现的调试功能，有助于用户程序的开放及调试效率的提高。

单击菜单栏上的视图，选择模拟画面，在编程软件的右下角将出现模拟操作台，如图4-42

所示。

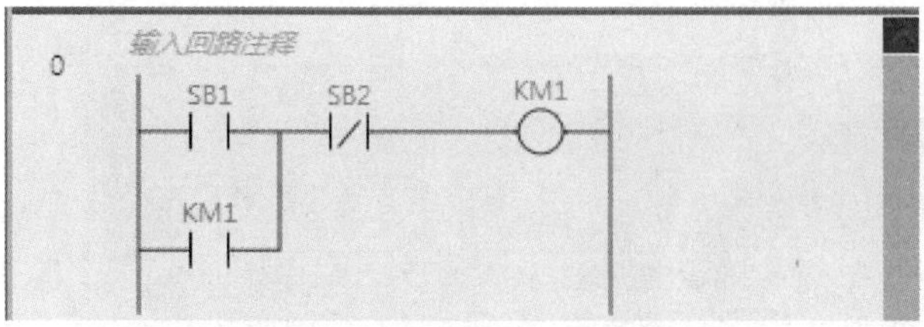

图 4-41　编写好的程序

图 4-42　模拟操作台

单击执行按钮后程序开始模拟运行，模拟运行初始界面如图 4-43 所示。

图 4-43　模拟运行初始界面

在对应的触点上单击鼠标右键进行设置，可以观察到程序的运行结果。图 4-44 所示为设置 SB1 后的输出状态。

图 4-44　设置 SB1 后的输出状态

6. 下载运行程序

（1）通信方式设定　计算机连接至 NJ PLC 有 USB 方式或者 EtherNet/IP 方式。选择“控制器”→“通信设置”菜单，弹出“通信设置”对话框，如图 4-45 所示。

1）USB 方式。使用 USB 方式连接，连接类型选择“USB-直接连接”，如图 4-45 所示。通过单击“USB 通信测试”按钮测试连接是否正常。

2）EtherNet/IP 方式。通过以太网的方式，应将计算机的 IP 地址设置为 PLC 同一网段地址，PLC 默认 IP 地址是 192. 168. 250. 1，所以计算机的 IP 地址可设为 192. 168. 250. 30，子

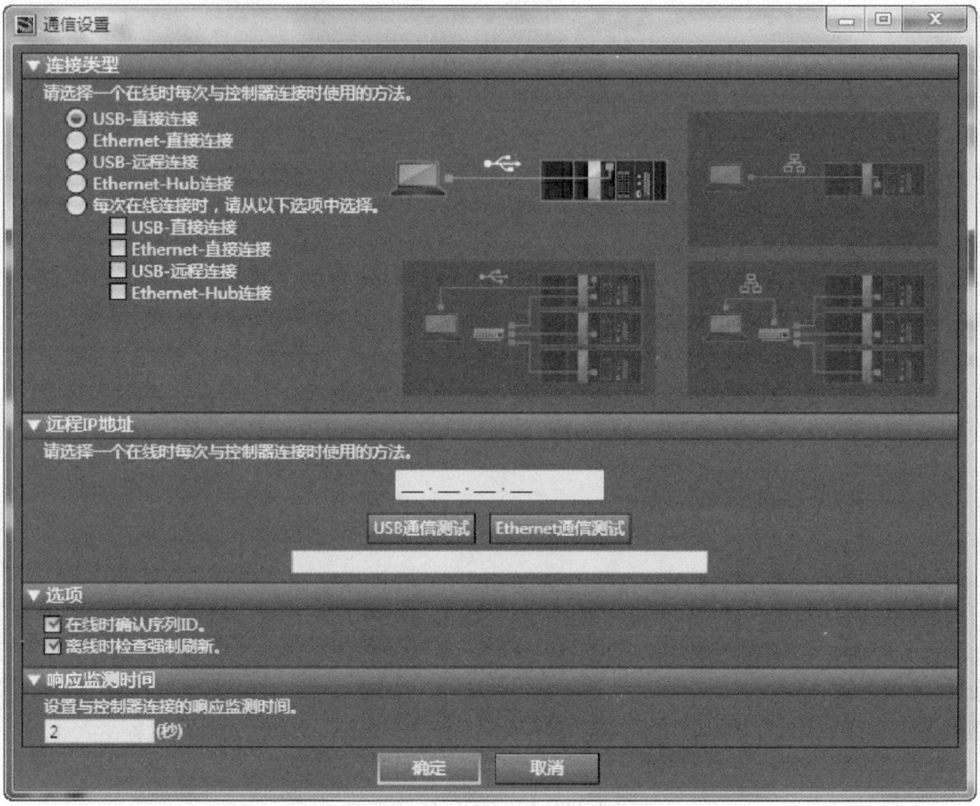

图 4-45　“通信设置”对话框

网掩码设为 255. 255. 255. 0，如图 4-46 所示。

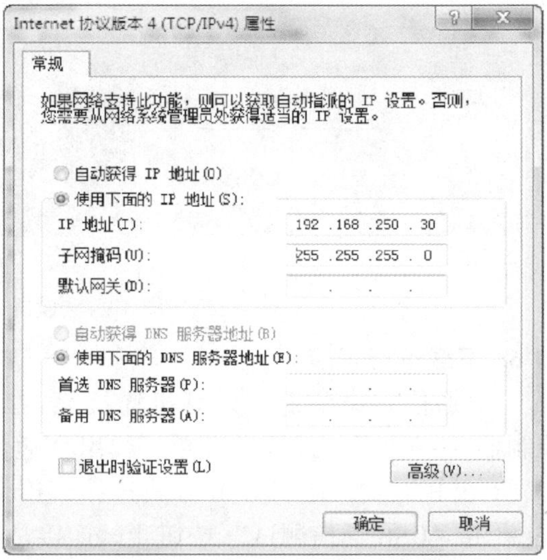

图 4-46　计算机 IP 地址的设置

在“通信设置”对话框中，连接类型选择“Ethernet-Hub 连接”，远程 IP 地址填写 PLC 的 IP 地址，PLC 默认（第一次下载或者程序清零后）IP 地址是 192. 168. 250. 1，如图 4-47 所示。设置完成，单击“Ethernet 通信测试”按钮，测试网络连接是否正常。

（2）系统编译　整个系统需进行编译后才能下载到 PLC 中去。选择“工程”→“重编译控制器”菜单，等到进度条满后则编译完毕。

（3）程序下载　选择“控制器”→“在线”菜单，使计算机和 PLC 按照设定好的通信方式进行连接；再选择“控制器”→“同步”菜单，弹出同步操作界面，如图 4-48 所示。

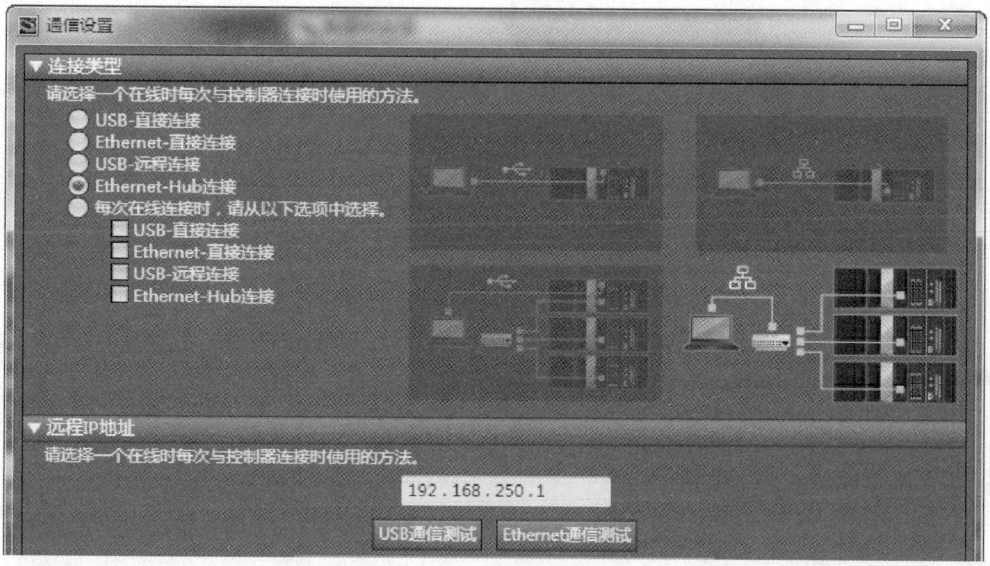

图 4-47　Ethernet 连接设置图

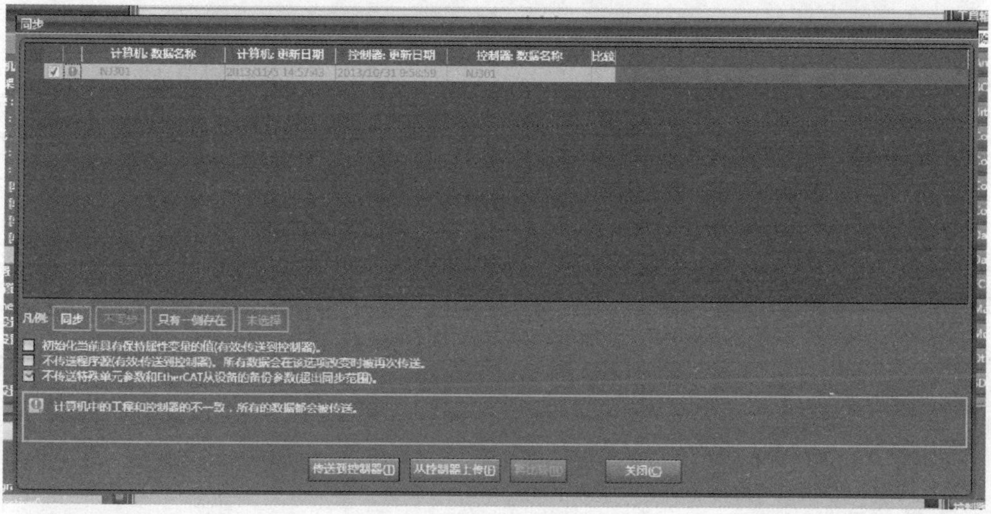

图 4-48　同步操作界面

如果要从计算机下载程序到 PLC，则选择“传送到控制器”；要从 PLC 上载程序到计算机上，则选择“从控制器上传”。单击“传送到控制器”后将程序下载到 PLC 中。

(4) 程序运行　程序下载完成后，将 PLC 切换到运行模式，具体操作如图 4-49 所示。

图 4-49　模式切换操作

如果在实际运行中发现需要修改程序，则应选择控制器离线后，再去修改程序，直到系统运行正常。

【任务实施】

任务书 4-2

项目名称	工业机器人自动生产线系统集成			任务名称	NJ PLC 的基本使用		
班 级		姓 名		学 号		组 别	
任务内容	画出 NJ PLC 远程控制安川机器人 DX100 运行的接线图，并设计控制程序。控制要求为：按下启动按钮，机器人开始运行；按下停止按钮，机器人完成当前的工作，返回作业原点，停止工作。 硬件配置：NJ301-1100，版本 1.02；数字量输入模块 CJ1W-ID201；数字量输出模块 CJ1W-OD201。						
任务目标	1. 掌握 NJ PLC 的硬件配置方法。 2. 掌握 Sysmac Studio 软件的使用。 3. 掌握 PLC 与机器人的接口技术。 4. 掌握机器人远程控制的原理。						

资料	工具	设备
工业机器人安全操作规程	常用工具	工业机器人自动生产线工作站
MH6 机器人使用说明书		
DX100 使用说明书		
DX100 维护要领书		
NJ PLC 使用手册		
工业机器人自动生产线工作站说明书		

任务完成报告书 4-2

项目名称	工业机器人自动生产线系统集成			任务名称	NJ PLC 的基本使用		
班 级		姓 名		学 号		组 别	
任务内容							

任务三　自动生产线伺服控制系统的设计

伺服（Servo）是ServoMechanism一词的简写，来源于希腊，其含义是奴隶，顾名思义，就是指系统跟随外部指令进行人们所期望的运动，而其中的运动要素包括位置、速度和力矩等物理量。最早的液压、气动到如今的电气化，由伺服电动机、反馈装置与控制器组成的伺服系统已经走过了近50个年头。

如今，随着技术的不断成熟，交流伺服电动机技术凭借其优异的性价比，逐渐取代直流电动机成为伺服系统的主导执行电动机。交流伺服系统技术的成熟也使得市场呈现出快速的多元化发展，并成为工业自动化的支撑性技术之一。

【知识准备】

一、伺服控制系统简介

1. 伺服控制系统的组成

伺服控制系统是由伺服控制器以及伺服电动机组成的一个闭环控制系统，如图4-50所示。

闭环控制是根据控制对象输出反馈来进行校正的控制方式，它是在测量出实际与计划发生偏差时，按定额或标准来进行纠正的。这种控制方法可以提高整个系统的稳定性和抗干扰能力。

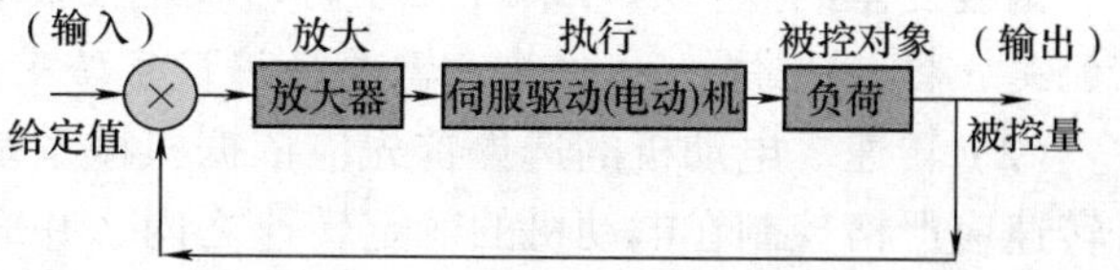

图4-50　伺服控制系统的组成

伺服电动机具有锁定功能。当偏差计数器的输出为零时，如果有外力使伺服电动机转动，由编码器将反馈脉冲输入偏差计数器，偏差计数器发出速度指令，旋转修正电动机使之停止在滞留脉冲为零的位置上，该停留于固定位置的功能，称为伺服锁定。

2. 伺服电动机的控制方式

一般伺服电动机有三种控制方式：转矩控制方式、位置控制方式和速度控制方式。

（1）转矩控制　转矩控制方式是通过外部模拟量或直接对伺服控制器对应的地址赋值来设定电动机轴对外的输出转矩。

主要应用于需要严格控制转矩的场合。例如在对材质的受力有严格要求的缠绕和放卷的装置中，转矩的设定要根据缠绕的半径的变化随时更改，以确保材质的受力不会随着缠绕半径的变化而改变。

（2）位置控制　这是伺服中最常用的控制，位置控制模式一般是通过外部输入的脉冲的频率来确定转动速度的大小，通过脉冲的个数来确定转动的角度，所以一般应用于定位装置。应用领域如数控机床、印刷机械等。

（3）速度模式　通过模拟量的输入或脉冲的频率对转动速度进行控制。应用领域如输送线、机床主轴控制等。

就伺服驱动器的响应速度来看，转矩模式运算量最小，驱动器对控制信号的响应最快；位置模式运算量最大，驱动器对控制信号的响应最慢。

3. 伺服电动机的选型原则

为了满足机械设备对高精度、快速响应的要求，伺服电动机应有较小的转动惯量和大的堵转转矩，并具有尽可能小的时间常数和启动电压，还应具有较长时间的过载能力，以满足低速大转矩的要求，能够承受频繁启动、制动和正、反转。

如果盲目地选择大规格的电动机，不仅增加成本，也会使得设备的体积增大，结构不紧凑，因此选择电动机时应充分考虑各方面的要求，以便充分发挥伺服电动机的工作性能。

（1）负载/电动机惯量比　正确设定惯量比参数是充分发挥机械及伺服系统最佳效能的前提，这在要求高速高精度的系统上表现尤为突出。伺服系统参数的调整跟惯量比有很大的关系，若负载电动机惯量比过大，伺服参数调整越趋边缘化，也越难调整，振动抑制能力也越差，所以控制易变得不稳定。

在没有自适应调整的情况下，伺服系统的默认参数在1～3倍负载电动机惯量比下，系统会达到最佳工作状态，也就是惯量匹配。如果电动机惯量和负载惯量不匹配，就会出现电动机惯量和负载惯量之间动量传递时发生较大的冲击。

不同的机械系统，对惯量匹配原则有不同的选择，且有不同的作用表现，但大多要求负载惯量与电动机惯量的比值小于10。总之，惯量匹配的确定需要根据具体机械系统的需求来确定。

需要注意的是：不同系列型号的伺服电动机给出的允许负载/电动机惯量比是不同的，可能是3倍、15倍、30倍等，需要根据厂家给定的伺服电动机样本确定。

（2）转速　电动机的选择首先应依据机械系统的快速行程速度来计算，快速行程的电动机转速应严格控制在电动机的额定转速之内，并应在接近电动机的额定转速的范围使用，以有效利用伺服电动机的功率。

（3）转矩　伺服电动机的额定转矩必须满足实际需要，但是不需要留有过多的余量，因为一般情况下，其最大转矩为额定转矩的3倍。

需要注意的是：连续工作的负载转矩≤伺服电动机的额定转矩，机械系统所需要的最大转矩＜伺服电动机输出的最大转矩。

（4）短时间特性（加减速转矩）　伺服电动机除连续运转区域外，还有短时间内的运转特性，如电动机加减速，用最大转矩表示；即使容量相同，最大转矩也会因各电动机而有所不同。最大转矩影响驱动电动机的加减速时间常数，应根据所需的电动机最大转矩，选定电动机容量。

（5）连续特性（连续实效负载转矩）　对要求频繁起动、制动的数控机床，为避免电动机过热，必须检查它在一个周期内电动机转矩的方均根值，并使它小于电动机连续额定转矩，其具体计算可参考相关文献。

4. 伺服电动机的制动方式

（1）常用制动方式

1）动态制动器由动态制动电阻组成，在故障、急停、电源断电时通过能耗制动缩短伺服电动机的机械进给距离。

2）再生制动是指伺服电动机在减速或停车时将制动产生的能量通过逆变回路反馈到直流母线，经阻容回路吸收。

3）电磁制动是通过机械装置锁住电动机轴。

（2）制动方式的区别

1）再生制动必须在伺服器正常工作时才起作用，在故障、急停、电源断电时等情况下无法制动电动机。动态制动器和电磁制动工作时不需电源。

2）再生制动的工作是系统自动进行，而动态制动器和电磁制动的工作需外部继电器控制。

3）电磁制动一般在给定信号解除后启动，否则可能造成放大器过载，动态制动器一般在给定信号解除或主回路断电后启动，否则可能造成动态制动电阻过热。

4）动态制动和再生制动都是靠伺服电动机内部的激磁完成的，也就是向旋转方向相反的方向增加电流来实现。

5）电磁制动，也就是常说的抱闸，是靠外围的直流电源控制；失电抱闸，属于纯机械摩擦制动。

（3）配件的选择

1）有些系统如传送装置、升降装置等要求伺服电动机能尽快停车，而在故障、急停、电源断电时伺服器没有再生制动，无法对电动机减速。同时系统的机械惯量又较大，这时对动态制动器要依据负载的轻重、电动机的工作速度等进行选择。

2）有些系统要维持机械装置的静止位置，需电动机提供较大的输出转矩，且停止的时间较长。如果使用伺服的自锁功能，往往会造成电动机过热或放大器过载，这种情况就要选择带电磁制动的电动机。

3）有的伺服驱动器有内置的再生制动单元，但是，当再生制动较频繁时，可能引起直流母线电压过高，这时需另配再生制动电阻。再生制动电阻是否需要另配置，配置多大，可参照相应样本的使用说明来配置。

4）如果选择了带电磁制动器的伺服电动机，电动机的转动惯量会增大，计算转矩时要进行考虑。

二、欧姆龙 G5 伺服系统

欧姆龙公司推出的 G5 系列 EtherCAT 通信内置型 AC 伺服电动机/驱动器，采用全闭环控制、EtherCAT 通信，实现了高速和高精度定位；AC400V 电压等级，全面拓宽了伺服驱动器的系统和环境应对范围，甚至覆盖到大型设备；即使是刚性较低的系统，也可有效抑制加速/减速时的振动。

G5 系列 EtherCAT 通信内置型伺服电动机与伺服驱动器如图 4-51 所示。

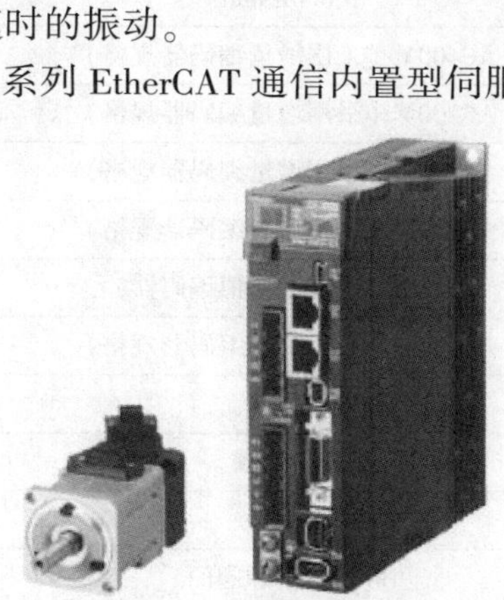

图 4-51　G5 伺服电动机与伺服驱动器

R88M-K □ 750 30 H -BO S2

(1)　(2)　(3)　(4)　(5)　(6)

图 4-52　G5 伺服旋转电动机型号

1. G5 伺服电动机命名方式

G5 伺服旋转电动机型号定义如图 4-52 所示。

各部分的定义见表 4-14。

表 4-14　G5 伺服旋转电动机型号定义

序号	项目	符号	规格
(1)	G5 系列伺服电动机		
(2)	电动机类型	空白	圆柱型
		—	—
(3)	伺服电动机容量	050	50W
		100	100W
		200	200W
		400	400W
		600	600W
		750	750W
		1K0	1kW
		1K5	1.5kW
		2K0	2kW
		3K0	3kW
		4K0	4kW
		5K0	5kW
		7K5	7.5kW
		11K0	11kW
		15K0	15kW
(4)	额定转速	10	1 000r/min
		15	1 500r/min
		20	2 000r/min
		30	3 000r/min
(5)	应用电压	F	AC400V（采用增量编码器规格）
		H	AC200V（采用增量编码器规格）
		L	AC100V（采用增量编码器规格）
		C	AC400V（采用绝对编码器规格）
		T	AC200V（带绝对值编码器）
		S	AC100V（采用绝对编码器规格）
(6)	选装件	空白	直轴
		B	带制动器
		O	带油封
		S2	带有按键和阀门

2. G5 伺服驱动器命名方式

G5 伺服驱动器型号如图 4-53 所示。

各部分的定义见表 4-15。

R88D-K N 01 H -ECT

(1) (2) (3) (4) (5)

图 4-53　G5 伺服驱动器型号

3. G5 伺服驱动器接口

网络型伺服驱动器，内置 EtherCAT 通信接口。此外伺服驱动器上有多个接口，如图 4-54 所示。

表 4-15　G5 伺服驱动器型号定义

序号	项目	符号	规格
（1）	G5 系列伺服驱动器		
（2）	驱动器类型	T	模拟量输入型/脉冲串输入型
		N	通信类型
（3）	最大适用伺服电动机容量	A5	50W
		01	100W
		02	200W
		04	400W
		06	600W
		08	750W
		10	1kW
		15	1.5kW
		20	2kW
		30	3kW
		40	4kW
		50	5kW
		75	7.5kW
		150	15kW
（4）	电源电压	L	AC100V
		H	AC200V
		F	AC400V
（5）	网络类型	空白	通用输入型
		－ML2	MECHATROLINK-II 通信型
		－ECT	EtherCAT 通信

（1）7 段显示部　通过 2 位 7 段显示器显示节点地址、错误代码及其他驱动器状态。

（2）EtherCAT 状态显示　显示 EtherCAT 通信的状态。

（3）充电指示灯　主回路电源接通时点亮。

（4）主电路电源端子　三相电源连接到 L1、L2、L3；单相电源连接到 L1、L3。

（5）控制电路电源端子　伺服驱动器控制电源 AC220V。

（6）电动机连接端子　U、V、W 端子用于连接电动机。交流伺服电动机的旋转方向不像感应电动机可以通过交换三相相序来改变，必须保证驱动器上的 U、V、W、E 接线端子与电动机主回路接线端子按规定的次序一一对应，否则可能造成驱动器的损坏。

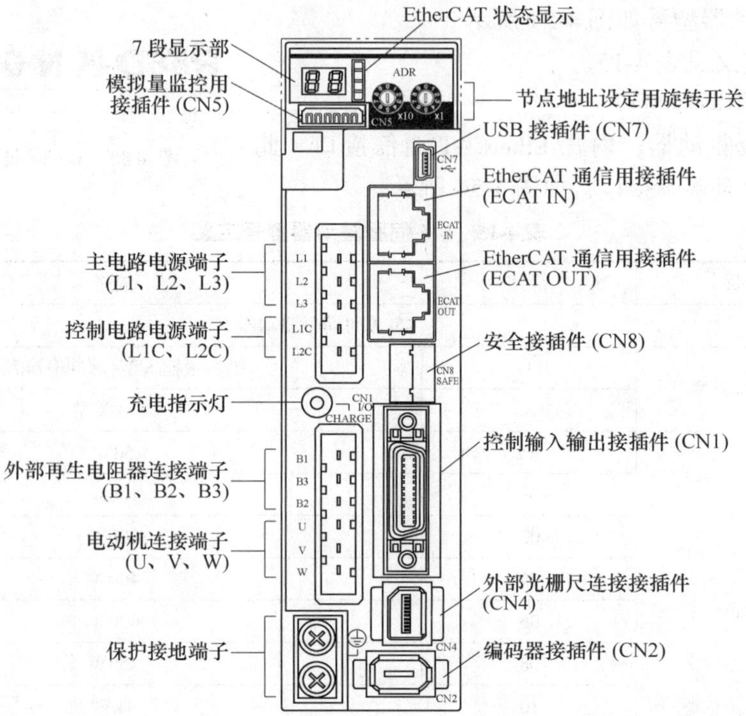

图 4-54 内置 EtherCAT 通信接口的伺服驱动器接口

(7) 外部再生电阻器连接端子 根据伺服电动机拖动负载的情况，以及停车时间的长短来确定。如果负载惯性较大，可以使用自由停车方式，如果有停车时间要求，则必须要加再生电阻来消耗电动机快速停车时由于惯性所产生的能量，否则，会损伤伺服驱动器。

(8) 保护接地端子 接地为防止触电或保护设备的安全。伺服电动机、驱动器的接地端子必须保证可靠地连接到同一个接地点上。

(9) 控制输入输出接插件 CN1 用于指令的输入输出信号，如原点信号、急停按钮、左右限位等。其部分引脚信号定义与选择的控制模式有关。CN1 端子内部结构图如图 4-55 所示。

部分控制输入输出 CN1 端子引脚功能见表 4-16。

表 4-16 控制输入输出 CN1 端子引脚功能

引脚号	标识	信号		功能
		名称	出厂设定	
6	+24VVIN	驱动电源 12V-24V DC		为输入信号提供电源支持
5	IN1	General-purpose input1	急停输入	多用途输入信号，可通过参数设置改变功能
7	IN2	General-purpose input2	前限位	
8	IN3	General-purpose input3	后限位	
9	IN4	General-purpose input4	原点信号	
10	IN5	General-purpose input5	扩展信号 1	
11	IN6	General-purpose input6	扩展信号 2	
12	IN7	General-purpose input7	扩展信号 3	
13	IN8	General-purpose input8	监视输入 0	

（续）

引脚号	标识	信号		功能
		名称	出厂设定	
3	ALM	Error output	报警输出	多用途输出信号，可通过参数设置改变功能
4				
1	OUTM1	General-purpose output1	扩展信号 1	
2				
25	OUTM2	General-purpose output2	扩展信号 2	
26				
14	BAT	后备电源输入（ABS）		当绝对编码器电源断开时使用的后备电源输入
15	BATGND			

伺服驱动器 CN1 可通过专用电缆 XW2Z-100J-B34 与远程模块连接器进行连接，以便于外部信号的连接。XW2Z-100J-B34 电缆的内部结构如图 4-56 所示。

（10）编码器接插件 CN2　用于连接安装在伺服电动机上的编码器。连接电缆应选用带有屏蔽层的双绞电缆，屏蔽层应接到电动机侧的接地端子上，并且应确保将编码器电缆屏蔽层连接到插头的外壳（FG）上。

（11）外部光栅尺连接接插件 CN4　用于连接全闭环控制时的光栅尺信号。

（12）监视用接插件 CN5　使用专用电缆，监控电动机转速、转矩指令值等。

（13）USB 接插件 CN7　用于与计算机通信。

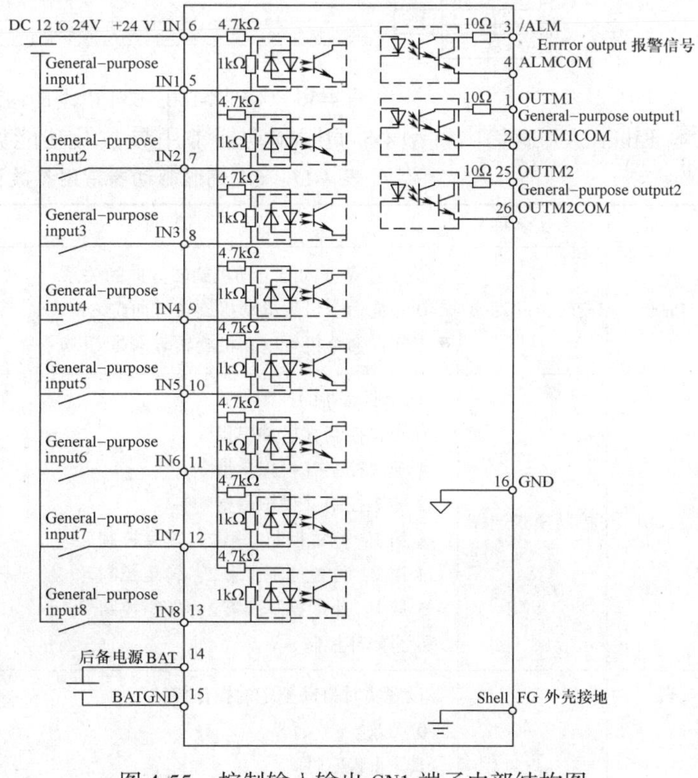

图 4-55　控制输入输出 CN1 端子内部结构图

（14）安全接插件 CN8　用于连接安全设备。

（15）EtherCAT 通信用接插件（ECAT IN、ECAT OUT）　通过网线与配置 EtherCAT 通信接口的设备连接，实现 EtherCAT 网络通信。

4. G5 伺服驱动器参数

EtherCAT 通信内置型 G5 伺服驱动器参数包括 CiA402 驱动曲线参数、基本参数、增益参数、振动抑制参数等，通过设置相应的参数，可使伺服系统按照希望的要求正确、稳定地工作。

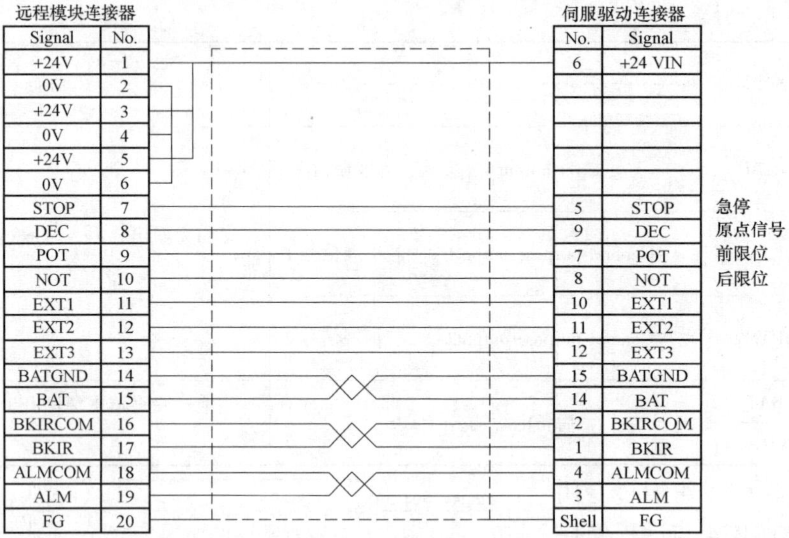

图 4-56　XW2Z-100J-B34 电缆的内部结构

EtherCAT 通信内置型 G5 伺服驱动器常用参数及功能见表 4-17。

表 4-17　G5 伺服驱动器常用参数及功能

Pn No.	参数名称	说 明	出厂设定	设定范围
Pn000	旋转方向切换	设定指令方向与电动机旋转方向的关系 0 正向命令设置电动机旋转方向是 CW 1 正向命令设置电动机旋转方向是 CCW	1	0 ~ 1
Pn001	控制模式选择	选择驱动器的控制模式 0 位置控制（脉冲串指令） 1 速度控制（模拟量指令） 2 转矩控制（模拟量指令） 3 第 1：位置控制、第 2：速度控制 4 第 1：位置控制、第 2：转矩控制 5 第 1：速度控制、第 2：转矩控制 6 全闭环控制	0	0 ~ 6
Pn002	实时自动调整模式选择	设置实时自动整定的操作模式 0 无效 1 注重稳定性 2 注重定位 3 因垂直轴等存在偏负载时 4 摩擦较大时 5 因垂直轴等存在偏负载且摩擦较大时 6 定制实时自动调谐并使用时	1	0 ~ 6
Pn003	实时自动调整机械刚性设置	当实时自动调整有效时，设置机器刚性为 32 个等级中的 1 个。如果设置值突然有很大的改变，增益将迅速改变，使机器受到冲击。总是以小的设置开始，并在监视机器操作时逐渐增大	13	0 ~ 31

（续）

Pn No.	参数名称	说 明	出厂设定	设定范围
Pn004	惯量比	设定负载惯量与电动机转动惯量之比 Pn004 =（负载惯量 ÷ 转动惯量）×100%	250	0 ~ 10 000
Pn631	实时自动调整估计速度选择	0 负载估算稳定时估算结果为最终结果 1 对于负载特性改变，估计被定为大约 7min 的时间常量 2 对于负载特性改变，估计被定为大约 4s 的时间常量 3 对于负载特性改变，估计被定为大约 2s 的时间常量	1	0 ~ 3
Pn739	窗口偏差	设置偏差错误的边界值 如果设置值是 4 294 967 295，偏差错误检测无效 如果设置值是 0，总会有一个偏差错误 当设置值在 134 217 729 和 4 294 967 294 之间时，设置值变成 134 217 728	100 000	0 ~ 4 294 967 295

三、伺服系统在自动生产线上的应用

1. 伺服系统的选型

工业机器人自动生产线工作站采用伺服系统驱动输送线的运行。选用欧姆龙 G5 系列伺服系统，型号为伺服电动机 R88M-K75030H-S2 和伺服驱动器 R88D-KN08H-ECT。

欧姆龙 R88M-K75030H 伺服器电动机的主要技术参数见表 4-18。

表 4-18　R88M-K75030H 伺服器电动机主要技术参数

额定电压 /V	额定电流 /A	额定输出 /W	额定转矩 /N · m	额定转速 /（r/min）	编码器
AC200V	4. 1	750	2. 4	3 000	20 位增量编码器 1 048 576 P/ren

欧姆龙 R88D-KN08H-ECT 伺服驱动器的主要技术参数见表 4-19。

表 4-19　R88D-KN08H-ECT 伺服驱动器主要技术参数

输入电源						最大电动机容量		EtherCAT 通信	
主回路				控制回路		额定有效电流	最大电流	连接器	通信距离
电源容量	电源电压	额定电流	热值	电源电压	热值				
1. 3kVA	单相或三相 AC200 ~ 240V （AC170 ~ 264V） 50/60Hz	6. 6/3. 6A	33/24W	单相 AC200 ~ 240V （AC170 ~ 264V） 50/60Hz	4W	4. 1 Arms	12. 3 Arms	RJ45 × 2 IN：EtherCAT OUT：EtherCAT	节点间距离：100m 以内

2. 伺服系统的构建

内置 EtherCAT 通信接口的伺服驱动器 R88D-KN08H-ECT 通过 EtherCAT 网络与 NJ PLC 连接，由 NJ PLC 发出控制命令，控制伺服系统运行。

伺服系统各接口的接线图如图 4-57 所示。

3. 伺服参数的设定

由于内置EtherCAT通信接口的伺服驱动器的面板上没有设置按键，所以其参数的设置、下载和调试需通过CX-Drive软件来进行。

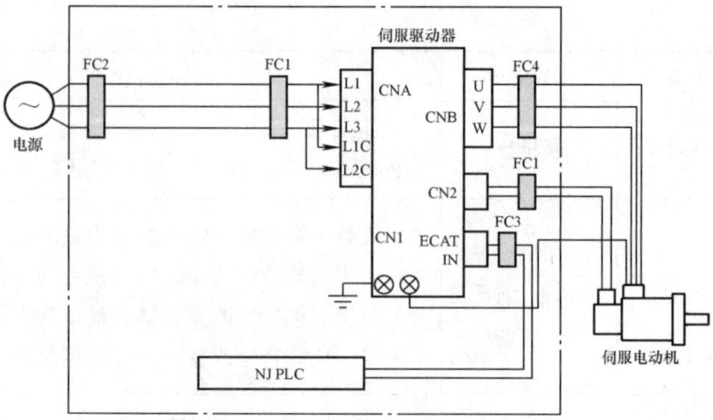

图4-57　伺服系统的构建

1）打开CX-Drive软件，单击菜单栏的“File”→“New”，打开“New Drive”对话框，更改相关内容，如图4-58所示。

2）根据系统要求对参数进行设置。工业机器人自动生产线工作站输送线伺服驱动器参数设置见表4-20。

表4-20　参数及功能

序号	参数号	参数名称	设定值	功能说明
1	Pn739	窗口偏差（Following error window）	1 000 000	托盘被电磁铁阻挡时产生较大的阻力，可能会产生位置偏差过大报警
2	Pn000	旋转方向切换	1	正向命令时电动机旋转方向是CCW
3	Pn001	控制模式选择	0	位置控制。使用伺服驱动器的位置控制模式，进行模拟速度控制（指令MC＿MoveVelocity）
4	Pn400. 0 ~ Pn403. 2	I/F监视设置参数	0	无效

3）为了伺服能顺畅地运行，伺服需要执行自动校准。自动校准要在在线模式下进行。单击“Tuning”→“Auto Tune”出现Tuning type（校准类型）选择对话框，如图4-59所示。

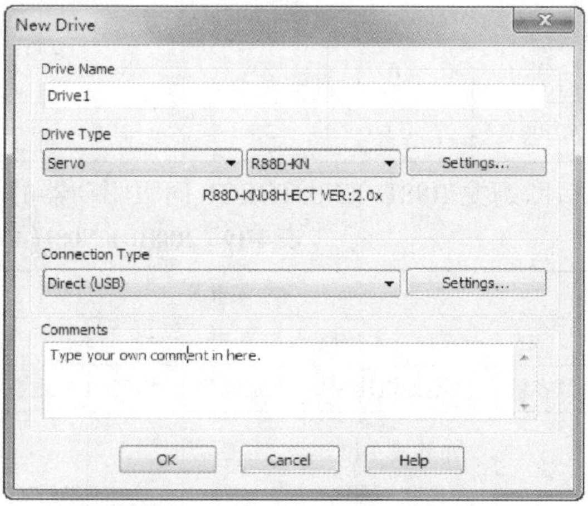

图4-58　“New Drive”对话框

自动校准按照下面6个步骤执行：Tuning type（校准类型）、Mechanical system selection（机械系统选择）、Auto Tune Parameter Configuration（自动校准参数配置）、Behavior Configuration（动作配置）、Auto Tune Montor（电动机自动校准）、Finish（完成）。

①　Tuning type（校准类型）：选择Automatic Auto Tune（简易）。

②　Mechanical system selection（机械系统选择）：选择Conveyor Belt（传送带），如图4-60所示。

③　Auto Tune Parameter Configuration（自动校准参数配置）：默认刚性是11，如图4-61所示。当实时自动调整有效时，设置机器刚性为32个等级中的1个。如果设置值突然有很大的改变，增益将迅速改变，使机器受到冲击。应以小的设置开始，并在监视机器操作时逐

渐增大。

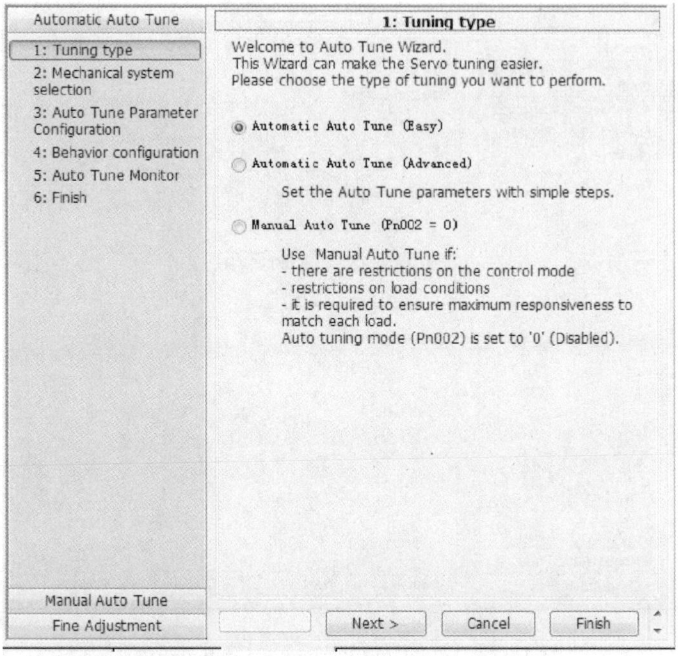

图 4-59　Tuning type

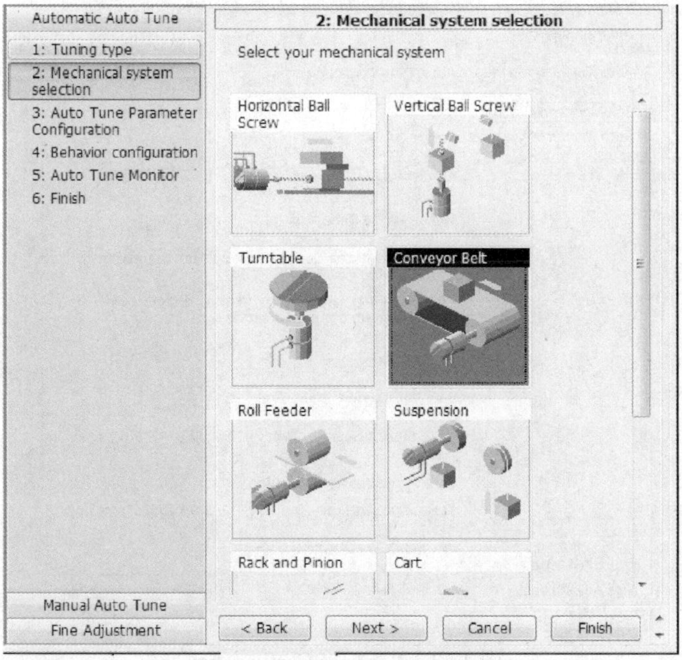

图 4-60　Mechanical system selection

④　Behavior Configuration（动作配置）：设置采用默认值，如图 4-62 所示。

⑤　Auto Tune Montor（电动机自动校准）：在传送带上加上负载，单击“START”按钮开始自动校准，刚性从第三步设置值逐渐增大。

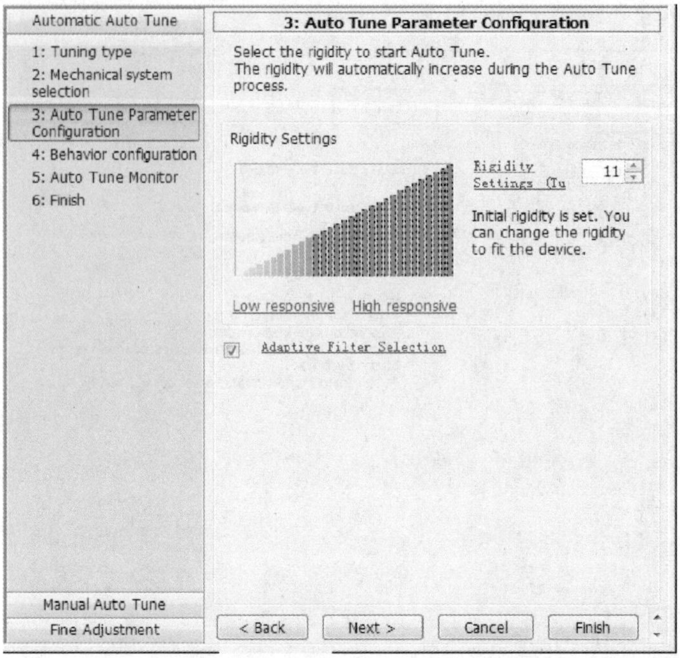

图 4-61　Auto Tune Parameter Configuration

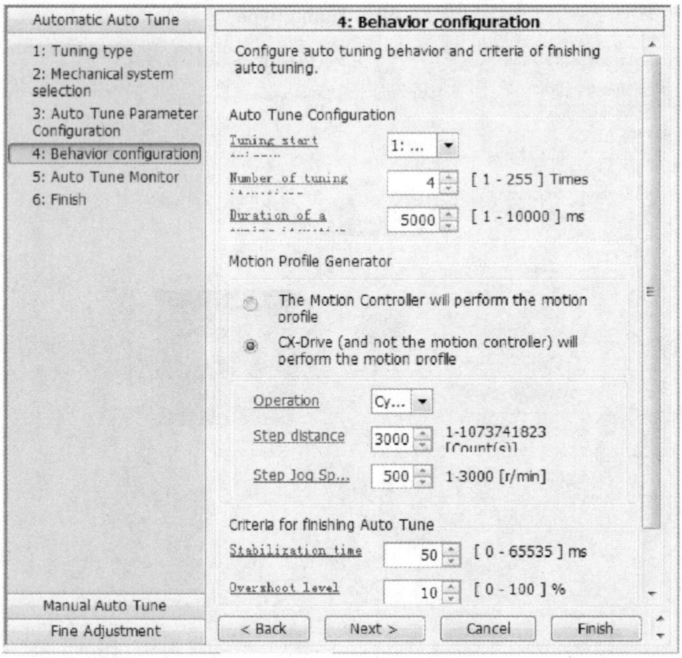

图 4-62　Behavior Configuration

自动校准可能会失败。不管失败或者成功，记下最大刚性，然后返回到第三步，把刚性更改回去，到该步骤再次校准。当刚性校准到最大刚性的 50% 时，建议按“Stop”按钮终止校准。

⑥　Finish（完成）：将校准出来的值存储到驱动器的 EEPROM 中，如图 4-63 所示。

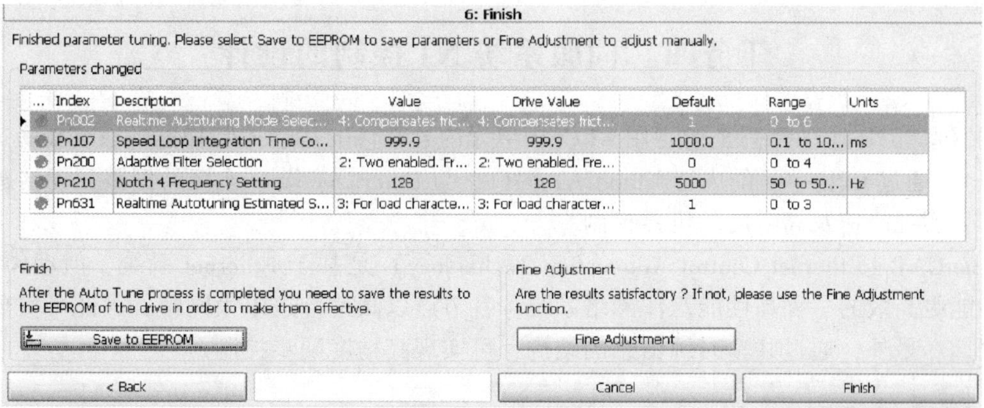

图 4-63　校准完成

【任务实施】

任务书 4-3

<table>
<tr><td>项目名称</td><td colspan="3">工业机器人自动生产线系统集成</td><td>任务名称</td><td colspan="3">自动生产线伺服控制系统的设计</td></tr>
<tr><td>班 级</td><td></td><td>姓 名</td><td></td><td>学 号</td><td></td><td>组 别</td><td></td></tr>
<tr><td>任务内容</td><td colspan="7">构建 G5 系列伺服系统，伺服电动机为 R88M-K75030H-S2、伺服驱动器为 R88D-KN08H-ECT。
根据工业机器人自动生产线工作站输送线负载性质与运行特点，利用 CX-Drive 软件设置伺服驱动器的参数，并进行记录。</td></tr>
<tr><td>任务目标</td><td colspan="7">1. 掌握 EtherCAT 通信设备的硬件连接方法。
2. 掌握伺服系统的工作原理。
3. 掌握伺服驱动器参数的设置方法。
4. 掌握 CX-Drive 软件的使用。</td></tr>
</table>

资料	工具	设备
工业机器人安全操作规程	常用工具	工业机器人自动生产线工作站
MH6 机器人使用说明书		
DX100 使用说明书		
DX100 维护要领书		
NJ PLC 使用手册		
G5 伺服用户手册		
工业机器人自动生产线工作站说明书		

任务完成报告书 4-3

<table>
<tr><td>项目名称</td><td colspan="3">工业机器人自动生产线系统集成</td><td>任务名称</td><td colspan="3">自动生产线伺服控制系统的设计</td></tr>
<tr><td>班 级</td><td></td><td>姓 名</td><td></td><td>学 号</td><td></td><td>组 别</td><td></td></tr>
<tr><td>任务内容</td><td colspan="7"></td></tr>
</table>

任务四　伺服系统 NJ 控制的设计

伺服系统 NJ 运动控制是指运用 NJ CPU 单元内置软件的运动控制功能模块（简称 MC 功能模块），通过 CPU 单元的内置 EtherCAT 端口，与 EtherCAT 端口连接的伺服驱动器建立周期通信，实现高速及高精度的机器控制。

EtherCAT（Ethernet Control Automation Technology）是基于 Ethernet 系统，但动作更快、通信性能更高效的一种高性能工作网络系统。各节点以高速传送以太网帧，因此可实现较短通信周期。另外，通过共享时钟信息的结构，可实现高精度同步控制。

【知识准备】

一、NJ 运动控制的特点

1. 依据 PLCopen 的运动控制指令

MC 功能模块的运动控制指令基于由 PLCopen 协会标志的运动控制块。这些指令允许用户编程进行单轴 PTP（点对点）定位、插补控制、电子凸轮等同步控制以及速度控制和扭矩控制，此外，还可对各运动控制指令的启动设定速度、加速度、减速度及跃度，因此可实现灵活的控制效果。

2. 通过 EtherCAT 通信数据传送

通过与欧姆龙 G5 系列伺服驱动器 EtherCAT 通信内置型组合，以高速的数据通信交换所有的控制信息。

使用数据通信传输各种控制指令，从而不受编码器反馈脉冲响应频率等接口规格的限制，将伺服电动机的性能发挥至最大极限。

另外，在高位控制器侧可处理伺服驱动器的各种控制参数及监控信息，从而实现系统信息管理的一元化。

二、EtherCAT 系统设置

1. 系统配置

下面以一台 NJ 系列 PLC 控制器作为主站，下带两台支持 ECT 功能的伺服驱动器 R88D-KN08H-ECT 作为从站为例，说明 EtherCAT 的单元设置。系统配置如图 4-64 所示。

2. 硬件设定

根据系统要求，需要将两台从站（伺服驱动器）分别设置为节点 1 和 2。

在硬件上通过伺服驱动器上的两个拨码开关来设置节点号，左边一个为十位数，右边一个为个位数。如图 4-65 所示。

3. 软件设定

（1）网络构成

1）主站登记

①　Sysmac Studio 启动后，新建一个项目。

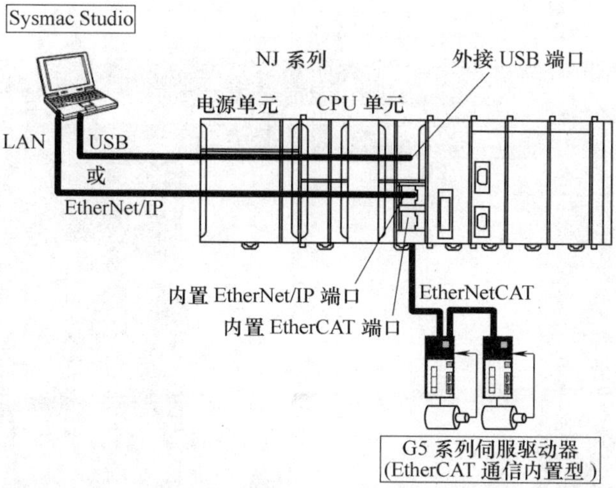

图 4-64　EtherCAT 系统配置

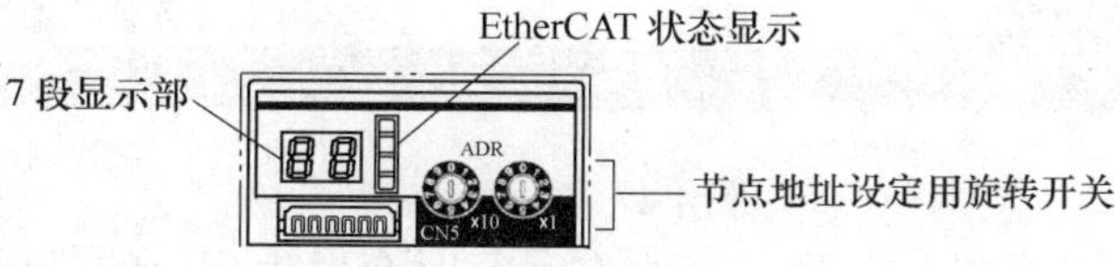

图 4-65　从站节点号的设置

②　登记一个 CPU 单元。

③　右击多视图浏览器中的“EtherCAT”选择“Edit”或者双击“EtherCAT”进入 EtherCAT 标签，如图 4-66 所示。

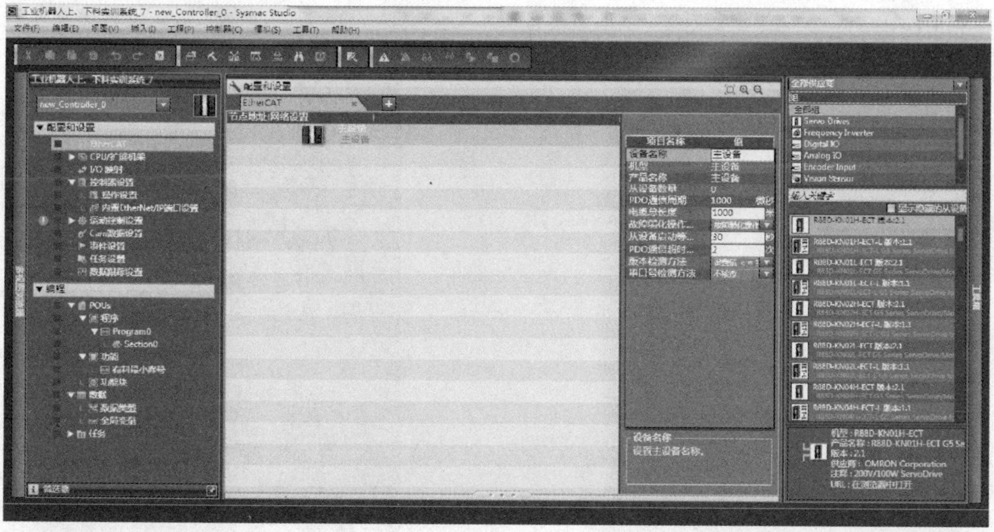

图 4-66　EtherCAT 标签

2）从站登记

①　从 EtherCAT 标签视图的右边选择需要的从站的型号伺服“R88D-KN08H-ECT”。

②　选择到需要的型号后，双击或者拖拽其到 EtherCAT 标签里，重复这个过程，添加完毕所有的从站，如图 4-67 所示。

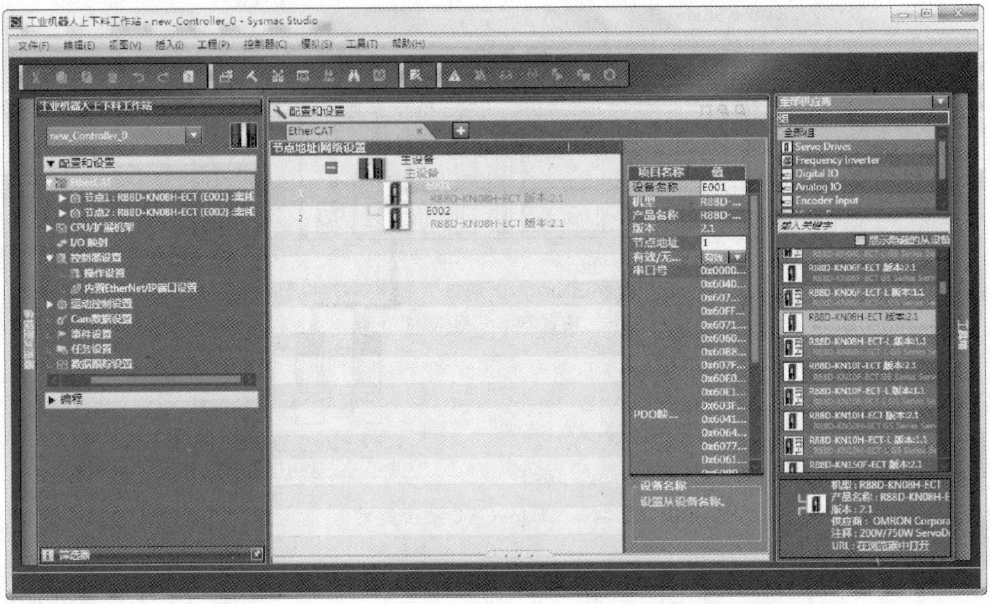

图 4-67　从站登记

添加的从站必须与实际结构一致，否则在运行时会发生相应的错误。

（2）主站与从站设定

1）主站设置。点击 EtherCAT 主站会出现相应的选项，如图 4-68 所示。根据系统需要对相关项目进行设置。

2）从站设置。点击 EtherCAT 从站会出现相应的选项，如图 4-69 所示。根据系统需要对相关项目进行设置。

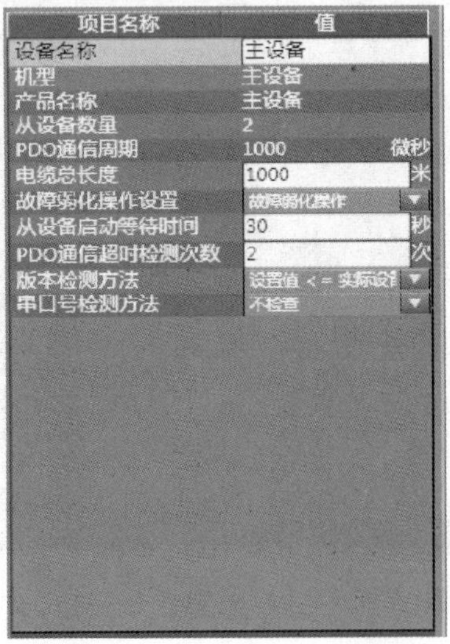

图 4-68　EtherCAT 主站设置

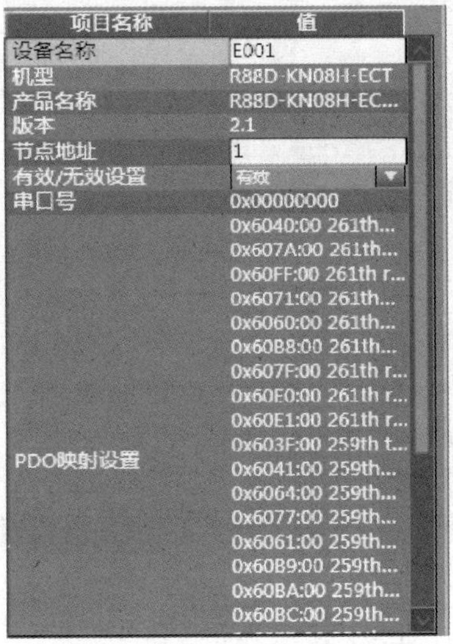

图 4-69　EtherCAT 从站设置

4. 轴的创建

在运动控制中，将运动控制的对象称为“轴”。

(1) 添加轴　右击多视图浏览器的“配置和设置”→“运动控制设置”→“轴设置”，选择“添加”→“轴设置”，如图4-70所示。添加完成后在多视图浏览器的“轴设置”下会出现“MC-Axis000 (0)”，如图4-71所示。用同样的方法添加“MC-Axis001 (1)”。

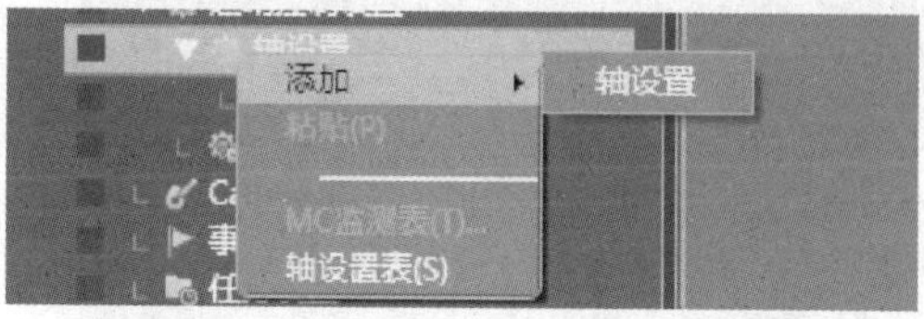

图4-70　添加轴的操作

图4-71　添加轴

(2) 轴的基本设置　轴的基本设置用来设置是否使用轴。如果使用轴，则设置轴的类型和EtherCAT从站设备的节点地址。

双击“MC-Axis000 (0)”，出现MC-Axis000 (0) 轴的基本设置界面，如图4-72所示。对节点1上的轴进行设置。

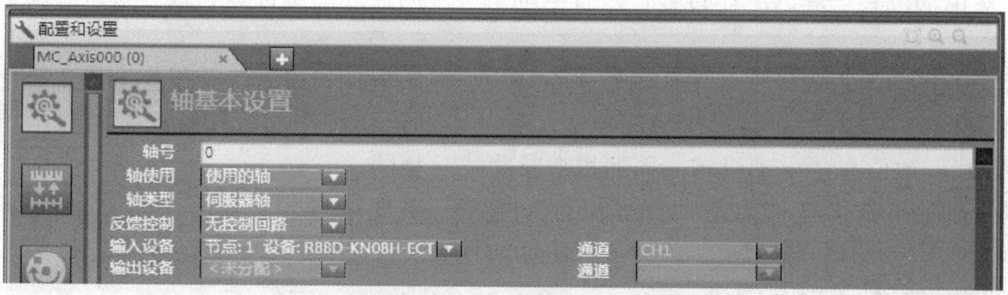

图4-72　轴的基本设置

轴的基本设置见表4-21。

表4-21　轴的基本设置

项目	功　能
轴号	设定轴的逻辑编号0~63。系统定义的轴变量名称为“-MC-AX［编号］”，编号为此处设定的编号
轴使用	设置是否使用轴：使用、不使用
轴类型	设置轴种类：伺服轴、编码器轴、虚拟伺服轴、虚拟编码器轴。虚拟轴不需要输入输出接线
反馈控制	在选择伺服轴后自动生成
输入设备	选择伺服驱动器或编码器，注册进EtherCAT网络设备

轴的类型含有通过EtherCAT连接的实际伺服驱动器、编码器和MC功能模块内部的虚拟伺服驱动器、虚拟编码器。轴的类型见表4-22。

表4-22　轴的类型

轴的种类	内　容
伺服轴	使用EtherCAT从站伺服驱动器的轴。分配为实际伺服驱动器加以使用 将1台伺服电动机作为1根轴使用
虚拟伺服轴	MC功能模块内的虚拟轴。不使用实际伺服驱动器，作为同步控制的主轴等使用
编码器轴	使用EtherCAT从站编码器输入终端的轴。分配为实际编码器输入终端加以使用 1台编码器输入终端有2个计数器时，将各个计数器作为1根轴使用
虚拟编码器轴	虚拟执行编码器动作的轴。没有编码器实物时，作为编码器轴的替代品临时使用

(3) 轴的单位换算设置　点击“单位换算设置”按钮，出现“单位换算设置”界面，如图 4-73 所示。

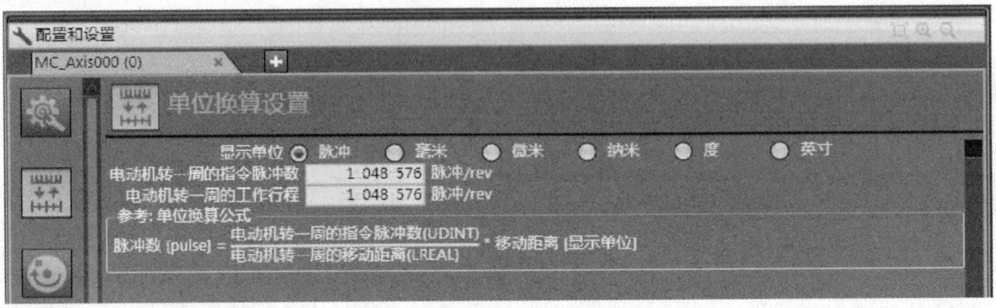

图 4-73　轴的单位换算设置

电动机转一周的指令脉冲数：与伺服电动机配置的增量型编码器转一周的脉冲数相同。伺服电动机 R88M-K75030H 配置 20 位增量编码器，因此设置为 1 048 576 脉冲/rev。

设定电动机转一周的工作行程：设置电动机转一周实际的脉冲数，或者负载移动的直线距离。

在工业机器人自动生产线工作站输送系统中，伺服电动机设置为位置控制模式，使用指令“MC-MoveVelocity”进行模拟速度控制。故“电动机转一周的工作行程”的显示单位选择“脉冲”，数值与“电动机转一周的指令脉冲数”相同。

(4) 轴的操作设置　点击“操作设置”按钮，出现“操作设置”界面，如图 4-74 所示。

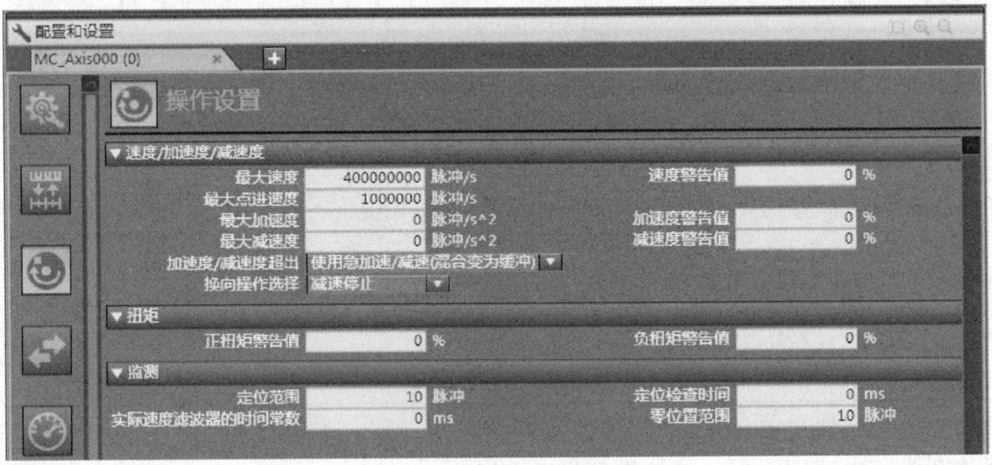

图 4-74　轴的操作设置

设置伺服电动机的最大速度、最大加速度/减速度等参数。这里的单位会随着“单位换算界面”中的单位变化而变化。

(5) 轴的其他操作设置　点击“其他操作设置”按钮，出现“其他操作设置”界面，如图 4-75 所示。

设置立即停止输入停止方法等参数。

(6) 轴的位置计数设置　点击“位置计数设置”按钮，出现“位置计数设置”界面，

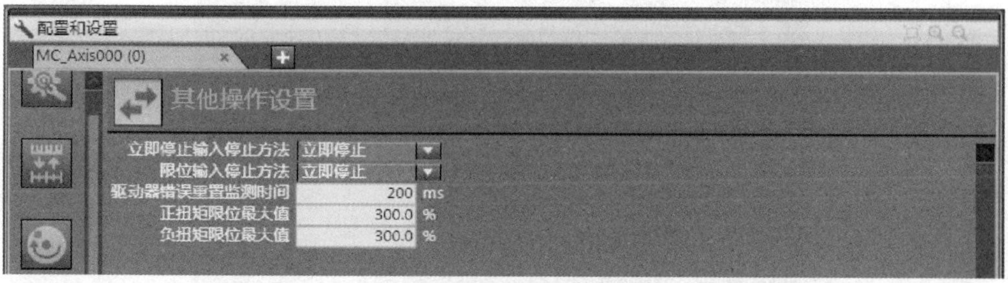

图 4-75　轴的其他操作设置

如图 4-76 所示。

图 4-76　轴的位置计数设置

计数模式是轴的进给模式，为每个轴的命令位置选择计数模式。线性模式有一个有限的轴进给范围，循环模式有一个无限的轴进给范围。

线性模式：以“0”为中心的直线设定。在相对值移动或绝对值移动等指定目标位置的定位中，无法发出超范围目标位置的指令。

循环模式：在设定范围内重复无限计数的环计数器形式的模式。在转台或卷轴等中使用。

轴的设置还有“限位设置”、“原点返回设置”、“伺服驱动设置”等，根据系统的要求进行选择设置。

同样的方法对“MC-Axis001（1）”也就是对节点 2 上的轴进行设置。

5. 伺服驱动器的试运行

通过 Sysmac Studio，使用 MC 试运行功能来检查网络的连接情况以及轴的参数设置是否正确。

1）使控制器处于“在线模式”。

2）在“MC-Axis000（0）”轴上单击鼠标右键，选择“开始 MC 试运行”，如图 4-77 所示。

3）当出现图 4-78 所示的警示对话框时，仔细阅读，确认安全。

4）点击警示对话框中的“确定”按钮。出现图 4-79 所示的 MC 试运行界面。

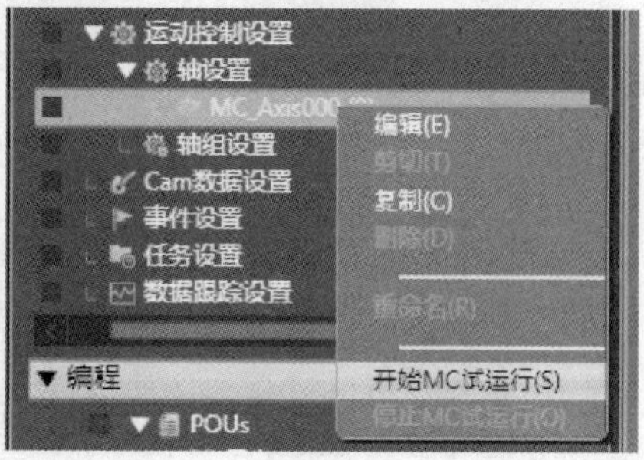

图 4-77　开始 MC 试运行

5）在伺服 ON 的情况下，点击“点动”按钮，进入点动操作界面，如图 4-80 所示。输

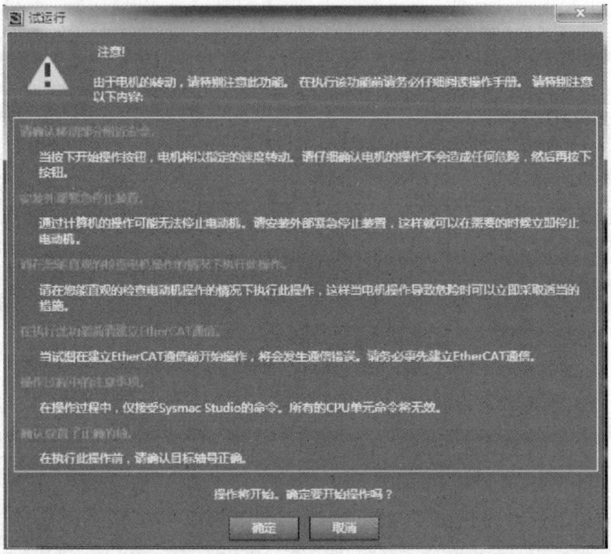

图 4-78　警示对话框

入目标速度、加速度和减速度，然后点击“应用”按钮。操作运行按钮即可观察电动机是否以设定的参数运行。

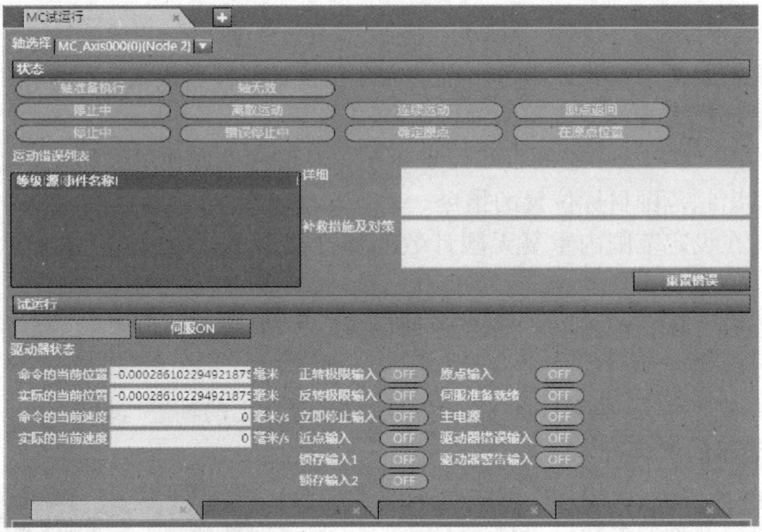

图 4-79　MC 试运行界面

图 4-80　点动操作界面

三、轴变量

MC 功能模块控制轴的运行，轴变量是系统定义变量，用于表示轴参数和监视信息。用 Sysmac Studio 创建轴时，轴变量按照轴生成的顺序登记在变量表中。

（1）轴变量的名称　轴变量的名称为_MC_AX［0～63］，0～63 为轴号；数据类型为_sAXIS_REF型的结构体变量。

（2）轴变量的属性　轴变量的属性见表 4-23，表中列举了部分轴变量。

表 4-23　轴变量的属性

轴变量_MC_AX[0～63]	轴状态 _MC_AX［0］. Status	轴准备执行_MC_AX［0］. Status. Ready
		轴无效_MC_AX［0］. Status. Disable
	轴控制状态 _MC_AX［0］. Details	轴空闲_MC_AX［0］. Details. Idle
		原点确定_MC_AX［0］. Details. Homed
	轴命令 _MC_AX［0］. Cmd	命令当前位置_MC_AX［0］. Cmd. Pos
		命令当前速度_MC_AX［0］. Cmd. Vel
	轴当前值 _MC_AX［0］. Act	当前实际位置_MC_AX［0］. Act. Pos
		当前实际速度_MC_AX［0］. Act. Vel

四、轴状态的转换

PLCopen 的运动控制指令决定了轴的状态变化。

启动轴相应的运动控制指令后，轴的动作如图 4-81 所示。

（1）伺服 OFF　轴处于伺服 OFF 的状态。切换至该状态时，解除指令多重启动的待机状态。

1）轴无效：轴处于伺服 OFF、停止中、启动准备就绪的状态。

2）错误减速停止中：轴处于伺服 OFF、停止中，发生轴异常的状态。

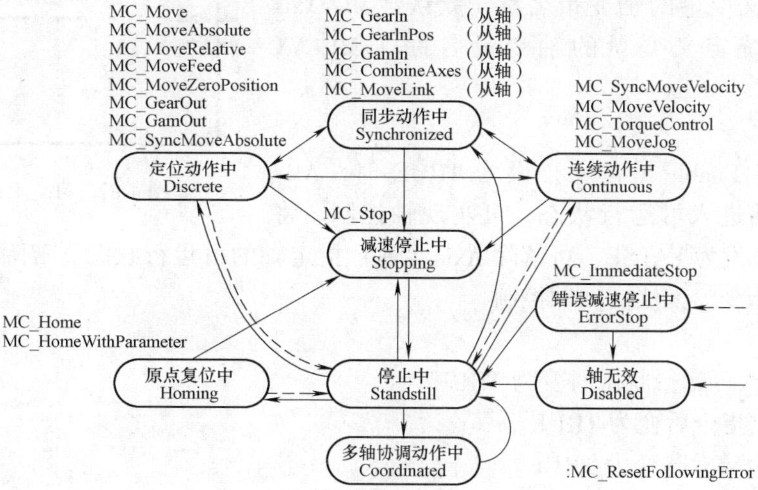

图 4-81　轴状态的转换

（2）伺服 ON　轴处于伺服 ON 的状态。

1）停止中：轴处于伺服 ON，无动作的状态。

2）定位动作中：正在执行指定了目标位置的定位的状态。也包括等待定位完成的状态和定位动作中将超调值设定为“0”而使速度为“0”的状态。

3）连续动作中：正在执行未指定目标位置的连续动作的状态。速度控制或转矩控制时变为此状态。也包括将目标速度设为“0”而使速度为“0”的状态、以及连续动作中将超调值设定为“0”而使速度为“0”的状态。

4）同步动作中：通过同步控制指令同步控制轴的状态。也包括同步控制指令切换后的同步等待状态。

5）减速停止中：通过 MC-Stop（强制停止）指令或 MC-TouchProbe（启用外部锁定）指令直至轴停止的状态。也包括通过 MC-Stop（强制停止）指令停止后，Execute（启动）为 TRUE 的状态。该状态下无法通过轴指令执行动作。执行后指令的 CommandAborted（执行中断）变为 TRUE。

6）错误减速停止中：轴处于伺服 ON、发生轴异常的状态。也包括执行了 MC-ImmediateStop（立即停止）指令的状态和轴因发生异常而减速的状态。该状态下无法执行轴动作指令。执行后指令处于中断（CommandAborted = 1）状态。

7）原点复位中：通过 MC_Home（原点复位）指令或 MC_HomeWithParameter（参数指定原点复位）指令搜索原点的状态。

五、常用伺服驱动指令

要从 NJ 系列的用户程序执行运动控制功能，需要使用作为功能块定义的运动控制指令。MC 功能模块的运动控制指令以 PLCopen 的运动控制用功能块的技术规格为基础。

1. MC_Power

将伺服驱动器切换为可运行状态。指令图如图 4-82 所示。

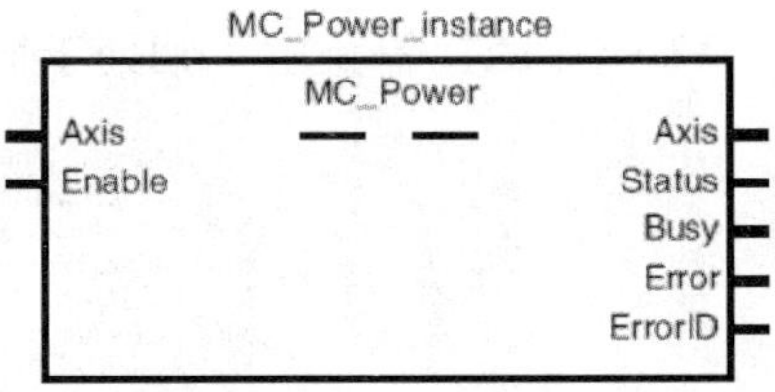

图 4-82　MC_Power 指令

Axis：使用在 Sysmac Studio 的轴基本设定画面中创建的用户定义变量的轴变量名称（默认“MC-Axis ***”）或系统定义变量的轴变量名称（-MC-AX [**]）。

输入变量：

Enable：将 Enable（有效）设为 TRUE 时，Axis（轴）指定的轴进入可运行状态，可实现轴控制。将 Enable（有效）设为 FALSE，可解除 Axis（轴）指定轴的可运行状态。解除可运行状态后，轴不接收动作指令，无法实现轴控制。

输出变量：

Status：进入可运行状态时变为 TRUE。

Busy：接收指令后变为 TRUE。

Error：发生异常时变为 TRUE。

ErrorID：发生异常时，输出错误代码。16#0000 为正常。

应用实例如图 4-83 所示。

当 PLC 开机运行时，轴 MC-Axis000 处于可运行状态，变量“伺服已准备” =1；当发

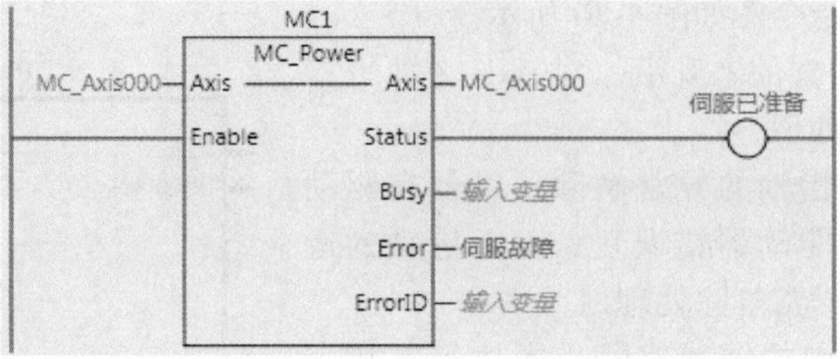

图 4-83　MC_Power 指令应用实例

生异常时，变量“伺服故障” =1。

2. MC_MoveVelocity

使用伺服驱动器的位置控制模式，进行模拟速度控制。指令图如图 4-84 所示。

Execute（启动）：在 Execute 的上升沿，开始速度控制的动作。若在连续动作中变更输入参数，需再次将 Execute 设为 TRUE，重启 MC_MoveVelocity 指令。

重启运动指令可变更的输入变量有 Velocity（目标速度）、Acceleration（加速度）、Deceleration（减速度）。重启运动指令变更 Velocity（目标速度）时，InVelocity（达到目标速度）针对重启而设定的新目标速度进行动作。

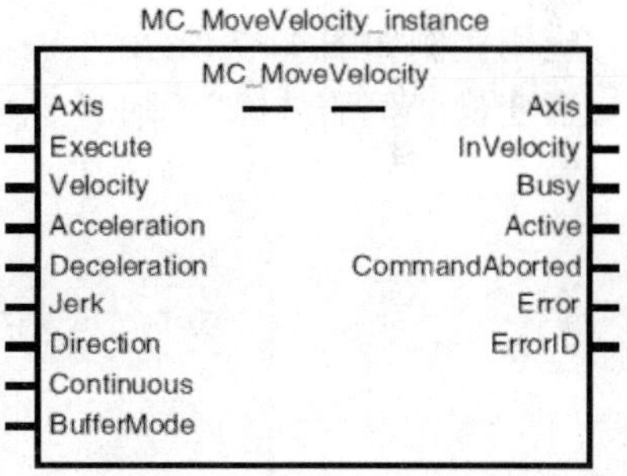

图 4-84　MC_MoveVelocity 指令

Direction（方向选择）：通过 Direction 指定移动方向。Direction 为“0”时正方向移动；为“1”时负方向移动；为“3”时当前方向移动。

Direction 为“3”时，动作因轴是否停止而不同。轴已停止时，轴沿着上次的移动方向进行移动；接通电源或重启电源时正方向移动；在轴移动的过程中启动指令时，沿当前移动的方向移动。

应用实例如图 4-85 所示。

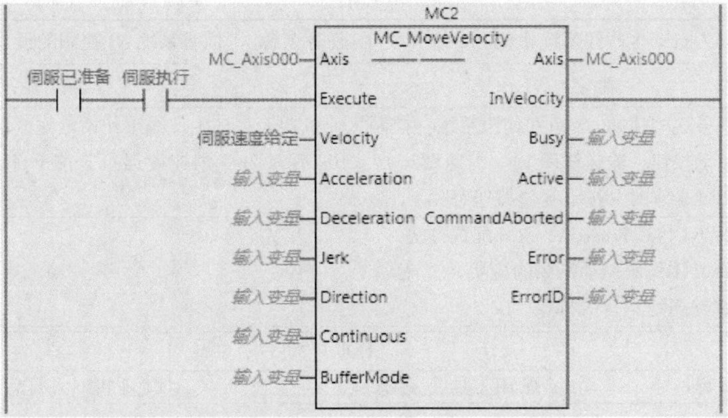

图 4-85　MC_MoveVelocity 指令应用实例

当变量“伺服已准备” =1，且变量“伺服执行” =1 时，轴 MC_Axis000 以变量“伺服速度给定”设定的速度正方向运行。

3. MC_Reset

解除轴的异常。指令图如图 4-86 所示。

在 Execute（启动）的上升沿，对 Axis（轴）指定轴的异常开始解除处理。

异常解除处理是指轴的异常解除、以及在驱动器侧发生异常时进行驱动器错误复位。无论轴的运行状态如何，均执行异常解除处理。

在错误减速停止中的轴减速停止中执行本指令时，无法执行，Failure（非法结束）变为 TRUE。这是因为在轴停止之前无法进行异常解除。

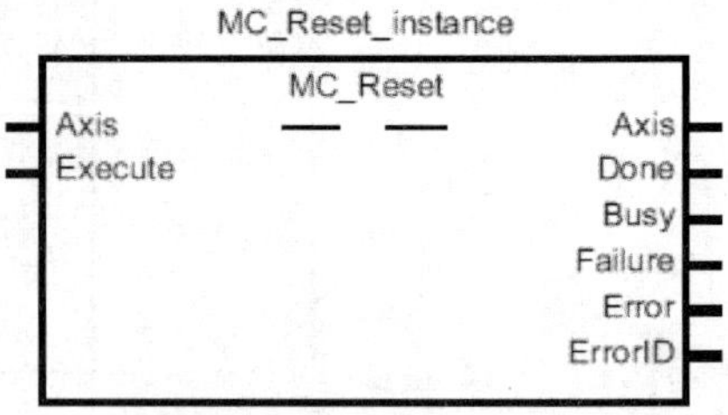

图 4-86　MC_Reset 指令

可解除的异常对象为 Execute（启动）上升沿时发生的异常。不能对在异常解除过程中发生的异常执行异常解除。

应用实例如图 4-87 所示。

当变量“伺服故障” =1，且变量“复位标志” =1 时，解除轴 MC_Axis000 的异常。

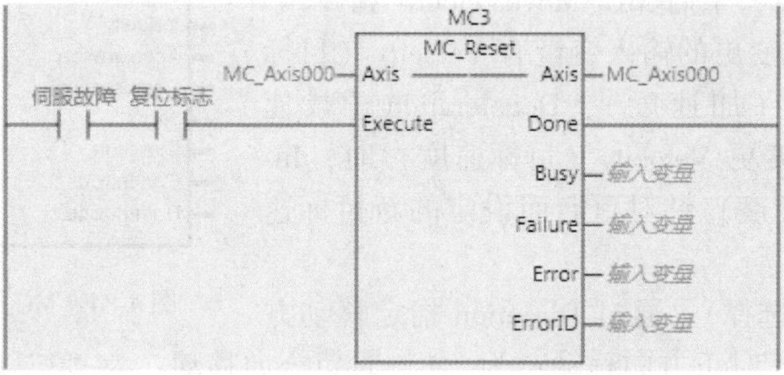

图 4-87　MC_Reset 指令应用实例

【任务实施】

任务书 4-4

项目名称	工业机器人自动生产线系统集成		任务名称	伺服系统 NJ 控制的设计	
班 级		姓 名	学 号		组 别
任务内容	根据任务 3 构建的 G5 系列伺服系统，控制工业机器人自动生产线工作站输送线的运行。 按下启动按钮，输送线以 1r/s 的速度运行，10s 后以 2r/s 的速度运行，按下停止按钮，输送线停止；当伺服出现异常时，按下复位按钮解除。				
任务目标	1. 掌握 NJ PLC EtherCAT 系统配置方法。 2. 掌握常用伺服驱动指令的应用。 3. 掌握输送线运行的特点。				

资料	工具	设备
工业机器人安全操作规程	常用工具	工业机器人自动生产线工作站
MH6 机器人使用说明书		
DX100 使用说明书		
DX100 维护要领书		
NJ PLC 使用手册		
G5 伺服用户手册		
工业机器人自动生产线工作站说明书		

任务完成报告书 4-4

项目名称	工业机器人自动生产线系统集成			任务名称	伺服系统 NJ 控制的设计		
班 级		姓 名		学 号		组 别	
任务内容							

任务五　数控机床接口电路的设计

数控机床（Computer Numerical Control Machine Tools）是由机械设备与数控系统组成的使用于加工复杂形状工件的高效率自动化机床，简称 CNC。

上下料机器人是在数控机床上下料环节取代人工完成工件的自动装卸功能，主要适用对象为大批量、重复性强或是工件重量较大以及工作环境具有高温、粉尘等恶劣条件情况下使用，具有定位精确、生产质量稳定、减少机床及刀具损耗、工作节拍可调、运行平稳可靠、维修方便等特点。

【知识准备】

一、数控机床的组成

数控机床的组成如图 4-88 所示。

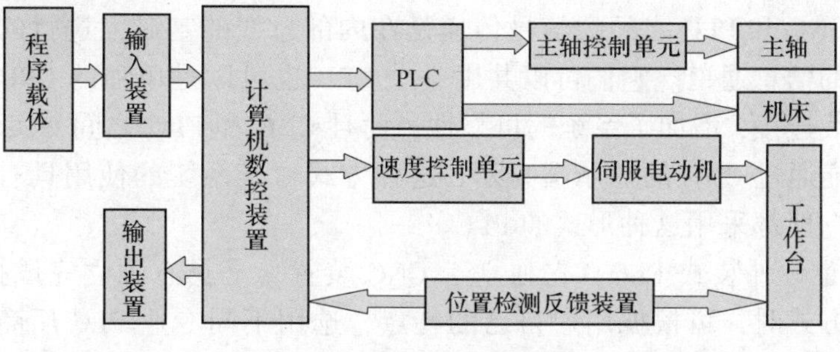

图 4-88　数控机床的组成

（1）程序载体及输入/输出装置　编好的数控程序存放在便于输入到数控装置的一种存储载体上，它可以是穿孔纸带、磁卡或磁盘等，采用哪一种存储载体，取决于数控装置的设计类型。

输入装置将数控加工程序等各种信息输入到数控装置；输出装置用于观察输入内容和数控系统的工作状态。常见的输入/输出装置有键盘、软驱、RS232 接口、USB 接口、显示器、发光指示器和操作控制面板等。

（2）数控装置　数控装置是数控机床的核心，它包括CPU、存储器、各种I/O接口以及相应的软件。

数控装置接受输入装置送来的程序，进行编译、运算和逻辑处理后，输出各种信号控制机床的各个部分进行相应的动作。这些控制信号包括：各坐标轴的进给量、进给方向和速度的指令，经伺服驱动系统驱动各执行部件运动；主运动部件的变速、换向和启停信号；选择和交换刀具的刀具指令信号；控制冷却、润滑的启停，控制工件和机床部件松开、夹紧、分度工作台转位等辅助指令信号等。

（3）PLC　PLC的主要作用是接收数控装置输出的主运动变速、刀具选择交换、辅助装置动作等指令信号，经必要的编译、逻辑判断、功率放大后直接驱动相应的电器、液压、气动和机械部件，以完成指令所规定的动作，此外还有行程开关和监控检测等开关信号也要经过PLC送到数控装置进行处理。

（4）伺服系统及位置检测装置　伺服驱动系统由伺服驱动电路和伺服驱动装置（电动机）组成，与机床上的传动和执行部件组成进给系统。每个作进给运动的执行部件，都配有一套伺服驱动系统。

在半闭环和闭环伺服驱动系统中，还得使用位置检测装置，间接或直接测量执行部件的实际进给位移，与指令位移进行比较，纠正所产生的误差。

（5）机床的机械部件　机械部件包括主运动部件，进给运动执行部件如工作台、拖板及其传动部件和床身立柱等支承部件，此外，还有冷却、润滑、排屑、转位和夹紧等辅助装置。

对于加工中心类的数控机床，还有存放刀具的刀库、交换刀具的机械手等部件。

二、PLC在数控机床中的应用

1. PLC在数控机床中的应用形式

PLC在数控机床中的应用，通常有两种形式：一种称为内装式；一种称为独立式。

内装式PLC也称集成式PLC，采用这种方式的数控系统，在设计之初就将CNC和PLC结合起来考虑，CNC和PLC之间的信号传递是在内部总线的基础上进行的，因而有较高的交换速度和较宽的信息通道。它们可以共用一个CPU也可以是单独的CPU，PLC和CNC之间没有多余的导线连接，增加了系统的可靠性，而且CNC和PLC之间易实现许多高级功能。PLC中的信息也能通过CNC的显示器显示，这种方式对于系统的使用具有较大的优势。高档次的数控系统一般都采用这种形式的PLC。

独立式PLC也称外装式PLC，它独立于CNC装置，是具有独立完成控制功能的PLC。在采用这种应用方式时，可根据用户自己的特点，选用不同专业PLC厂商的产品，并且可以更为方便地对控制规模进行调整。

2. PLC与数控系统间的信息交换

PLC与外部的信息交换，通常有四个部分。

（1）机床侧至PLC　机床侧的开关量信号通过I/O单元接口输入到PLC中，除极少数信号外，绝大多数信号的含义及所配置的输入地址，均可由PLC程序编制者或者是程序使用者自行定义。数控机床生产厂家可以方便地根据机床的功能和配置，对PLC程序和地址分配进行修改。

(2) PLC 至机床　PLC 的控制信号通过 PLC 的输出接口送到机床侧，所有输出信号的含义和输出地址也是由 PLC 程序编制者或者是使用者自行定义。

(3) CNC 至 PLC　CNC 送至 PLC 的信息可由 CNC 直接送入 PLC 的寄存器中，所有 CNC 送至 PLC 的信号含义和地址均由 CNC 厂家确定，PLC 编程者只可使用不可改变和增删。

(4) PLC 至 CNC　PLC 送至 CNC 的信息也由开关量信号或寄存器完成，所有 PLC 送至 CNC 的信号地址与含义由 CNC 厂家确定，PLC 编程者只可使用，不可改变和增删。

3. PLC 在数控机床中的控制功能

(1) 操作面板的控制　操作面板分为系统操作面板和机床操作面板。系统操作面板的控制信号先是进入 CNC，然后由 CNC 送到 PLC，控制数控机床的运行。机床操作面板控制信号，直接进入 PLC，控制机床的运行。

(2) 机床外部开关输入信号　将机床侧的开关信号输入到 PLC，进行逻辑运算。这些开关信号，包括行程开关、接近开关和模式选择开关等。

(3) 输出信号控制　PLC 输出信号经外围控制电路中的继电器、接触器、电磁阀等输出给控制对象。

(4) 功能实现　数控系统送出指令给 PLC，经过译码，PLC 执行相应的功能，完成后，向数控系统发出完成信号。

三、CNC 与机器人上下料工作站的通信

机器人上、下料时，需要与 CNC 进行信息交换、互相配合，才能有条不紊地工作。

1. 机器人上下料的工作流程

机器人上下料的工作流程如图 4-89 所示。

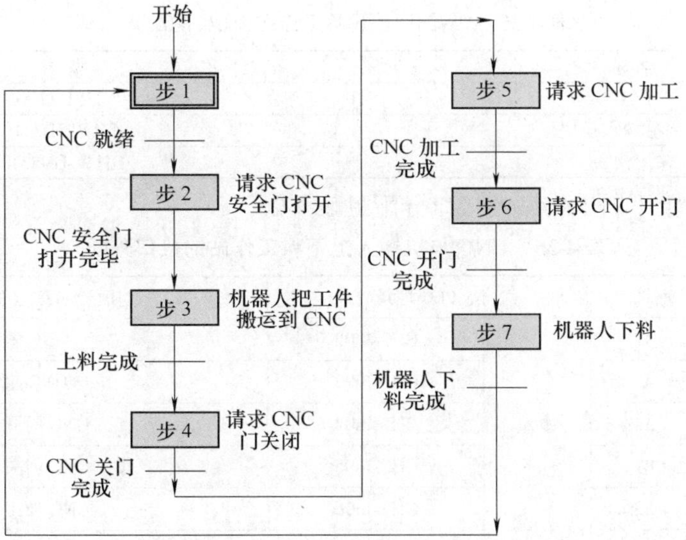

图 4-89　机器人上下料的工作流程

2. CNC 与上下料工作站的信号传递路径

CNC 与机器人上下料工作站 PLC 之间信号的传递路径如图 4-90 所示。CNC PLC 与上下料工作站 PLC 之间进行信息交换，机器人控制系统与上下料工作站 PLC 之间进行信息交换。

图 4-90　CNC 与机器人上下料工作站之间信号的传递路径

3. CNC 与上下料工作站的接口信号

CNC 与机器人上下料工作站的接口信号见表 4-24。

表 4-24　CNC 与机器人上下料工作站的接口信号

CNC PLC 输出信号→上下料工作站 PLC 输入信号			CNC PLC 输入信号←上下料工作站 PLC 输出信号		
序号	名称	功能	序号	名称	功能
1	CNC 就绪	CNC 准备工作就绪，等待上料、加工	1	CNC 急停	系统故障时，急停 CNC
2	CNC 报警	CNC 出现故障报警，停止工作	2	CNC 复位	CNC 故障报警后，复位 CNC
3	CNC 门开到位	CNC 安全门打开到位，等待上、下料	3	CNC 门打开	请求 CNC 开门
4	CNC 门关到位	CNC 安全门关闭到位，开始加工	4	CNC 门关闭	请求 CNC 关门
5	CNC 加工完成	CNC 加工完成信号	5	CNC 加工开始	请求 CNC 开始加工

上下料工作站 PLC 向 CNC PLC 发出指令，如“请求 CNC 开门”、“请求 CNC 关门”等，指令的执行由 CNC PLC 来完成。

四、CNC 与机器人上下料工作站的接口电路

1. CNC 与机器人上下料工作站的接口分配

机器人上下料工作站 PLC 的配置见表 4-25。

表 4-25　机器人上下料工作站 PLC 的配置

名称	型号
CPU	NJ301-1100
数字量输入模块	CJ1W-ID231
输出模块	CJ1W-OD231

CNC 与机器人上下料工作站的接口分配见表 4-26。

表 4-26　CNC 与机器人上下料工作站的接口分配

序号	CNC PLC 地址		NJ PLC 地址		信号名称（变量名）
1	输出	A2	输入	CH2-In02	CNC 就绪
2		A3		CH2-In03	CNC 报警
3		A4		CH2-In04	CNC 门开到位
4		B1		CH2-In05	CNC 门关到位
5		B2		CH2-In06	CNC 加工完成
6	输入	C1	输出	CH2-Out01	CNC 急停
7		C2		CH2-Out02	CNC 复位
8		C3		CH2-Out03	CNC 门打开
9		C4		CH2-Out04	CNC 门关闭
10		D1		CH2-Out05	CNC 加工开始

2. CNC 与机器人上下料工作站的接口电路

（1）CNC 输出与 NJ 输入接线图　CNC PLC 的输出接口为源型输出，而 NJ PLC 的输入接口必须接为漏型，所以 CNC PLC 的输出信号通过中间继电器进行过渡。CNC 输出与 NJ 输入接线图如图 4-91 所示。

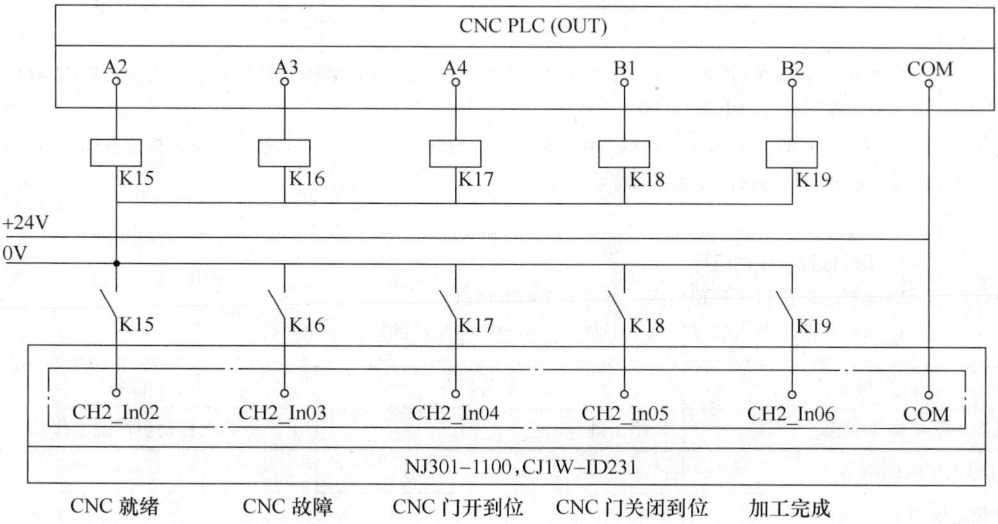

图 4-91　CNC 输出与 NJ 输入接线图

（2）CNC 输入与 NJ 输出接线图　CNC 输入与 NJ 输出接线图如图 4-92 所示。

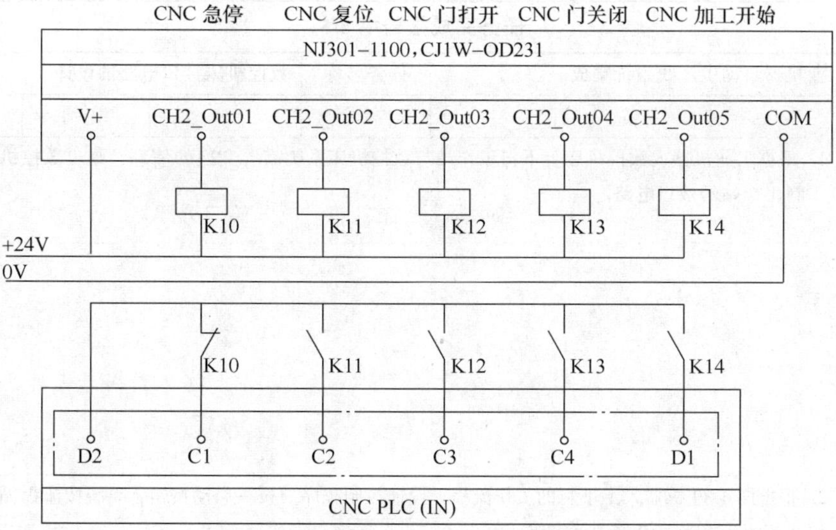

图 4-92　CNC 输入与 NJ 输出接线图

【任务实施】

任务书 4-5

项目名称	工业机器人自动生产线系统集成			任务名称	数控机床接口电路的设计		
班 级		姓 名		学 号		组 别	
任务内容	1. 根据工业机器人数控机床上下料工作站与数控机床系统需要交换的信息，画出数控机床与机器人上下料工作站的接口电路。 2. 根据图 4-89 机器人上下料的工作流程，设计控制程序。按下启动按钮，系统按流程循环运行；按下停止按钮，将当前流程运行完成后停止。						
任务目标	1. 了解数控机床的组成。 2. 掌握工业机器人数控机床上下料工作站的特点。 3. 掌握工业机器人数控机床上下料工作站与数控系统的接口电路。						

资料	工具	设备
工业机器人安全操作规程	常用工具	工业机器人自动生产线工作站
MH6 机器人使用说明书		
DX100 使用说明书		
DX100 维护要领书		
NJ PLC 使用手册		
数控机床用户手册		
工业机器人自动生产线工作站说明书		

任务完成报告书 4-5

项目名称	工业机器自动生产线系统集成			任务名称	数控机床接口电路的设计		
班 级		姓 名		学 号		组 别	
任务内容	1. 根据工业机器人数控机床上下料工作站与数控机床系统需要交换的信息，画出数控机床与机器人上下料工作站的接口电路。						
	2. 根据图 4-89 机器人上下料的工作流程，设计控制程序。按下启动按钮，系统按流程循环运行；按下停止按钮，将当前流程运行完成后停止。						

任务六　工业机器人自动生产线工作站的系统设计

工业机器人自动生产线由机器人上下料工作站、机器人装配工作站组成，两个工作站由工件输送线相连接。整体布置如图 4-1 所示。

其中工业机器人上下料工作站由机器人系统、PLC 控制系统、数控机床（CNC）、上下料输送线系统、平面仓库和操作按钮盒等组成。

机器人上下料工作站动画

【知识准备】

一、上下料工作站工作任务

1）设备上电前，系统处于初始状态，即输送线上无托盘、机器人手爪松开、数控机床卡盘上无工件。

2）设备启动前要满足机器人选择远程模式、机器人在作业原点、机器人伺服已接通、无机器人报警错误、无机器人电池报警、机器人无运行及 CNC 就绪等初始条件。满足条件时黄灯常亮，否则黄灯熄灭。

3）设备就绪后，按启停按钮，系统运行，机器人启动，绿色指示灯亮。

①　将载有待加工工件的托盘放置在输送线的起始位置（托盘位置 1）时，托盘检测光敏传感器检测到托盘，启动直流电动机和伺服电动机，上下料输送线同时运行，将托盘向工件上料位置“托盘位置 2”处输送。

②　当托盘达到上料位置（托盘位置 2）时，被阻挡电磁铁挡住，同时托盘检测光敏传感器检测到托盘，直流电动机与伺服电动机停止。

③　CNC 安全门打开，机器人将托盘上的工件搬运到 CNC 加工台上。

④　搬运完成后，CNC 安全门关闭、卡盘夹紧，CNC 进行加工处理。

⑤　CNC 加工完成后，CNC 安全门打开，通知机器人把工件搬运到上料位置的托盘上。

⑥　搬运完成，上料位置（托盘位置 2）的阻挡电磁铁得电，挡铁缩回，伺服电动机启动，工件上下料输送线 2 和工件上下料输送线 3 运行，将装有工件的托盘向装配工作站输送。

4）在运行过程中，再次按启停按钮，系统将本次上下料加工过程完成后停止。

5）在运行过程中，按暂停按钮，机器人暂停，按复位按钮，机器人再次运行。

6）在运行过程中急停按钮一旦动作，系统立即停止。急停按钮复位后，还须按复位按钮进行复位。按复位按钮不能使机器人自动回到工作原点，机器人必须通过示教器手动复位到工作原点。

7）若系统存在故障，红色警示灯将常亮。系统故障包含：上下料传送带伺服故障、上下料机器人报警错误、上下料机器人电池报警、数控系统报警、数控门开关超时报警、上下料工作站急停等。当系统出现故障时，可按复位按钮进行复位。

上下料工作站的工作流程如图 4-93 所示。

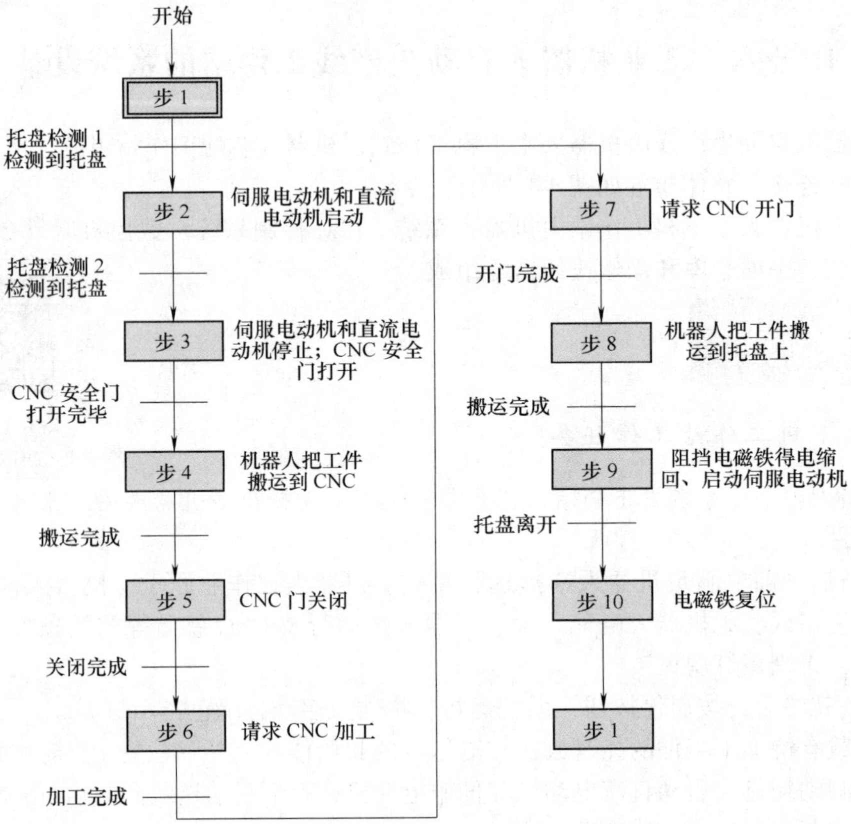

图 4-93　上下料工作站的工作流程

二、上下料工作站硬件系统

1. 系统配置

上下料工作站系统配置见表 4-27。

表 4-27　上下料工作站系统配置

名称	型号	数量	说明
六关节机器人本体	MOTOMAN HM6	1	上下料机器人与控制系统
机器人控制器	DX100	1	
PLC CPU 模块	NJ301-1100	1	上下料工作站系统控制用 PLC
数字量 32 点输入单元	CJ1W-ID231	1	PLC 扩展单元
数字量 32 点输出单元	CJ1W-OD231	1	
伺服驱动器	R88D-KN08H-ECT-Z	1	输送线 2、3 的驱动系统
伺服电动机	R88M-K75030H-S2-Z	1	
直流电动机	DC24V，75W	1	输送线 1 的驱动电动机
光敏传感器	E3Z-LS637，DC24V	2	输送线托盘检测
电磁铁	TAU-0837，DC24V	1	阻挡输送线上托盘
电磁阀	4V120-M5，DC24V	2	机器人手爪夹紧、松开控制

（续）

名称	型号	数量	说明
磁性开关	CS-15T	1	机器人手爪夹紧检测
启停按钮	LA42P-10/G	1	工作站启动与停止
复位按钮	LA42P-10/Y	1	故障复位
暂停按钮	LA42P-10/R	1	机器人暂停
急停按钮	LA42J-11/R	1	系统急停
警示灯	XVGB3T，DC24V	1	红、黄、绿灯各一只

2. 系统框图

机器人上下料工作站以 NJ PLC 为控制核心，现场设备启动、复位按钮、传感器、继电器、电磁阀等为 NJ PLC 的输入/输出设备；CNC 系统与 NJ PLC 之间通过接点传送信息；机器人与 NJ PLC 之间通过机器人接口传送信息；NJ PLC 通过 EtherCAT 总线控制伺服系统运行。系统框图如图 4-94 所示。

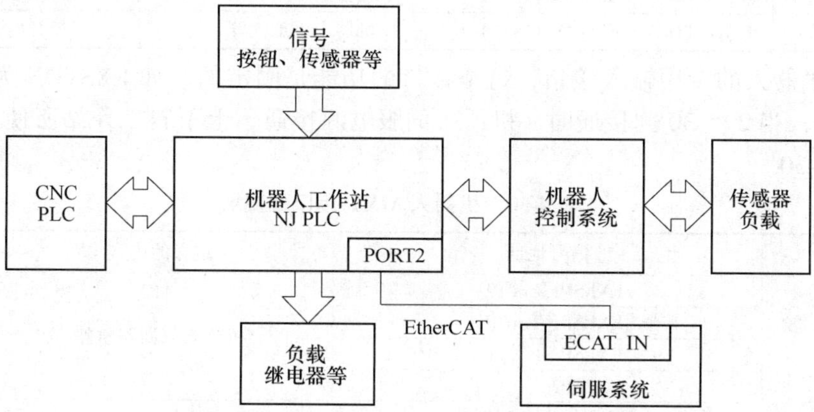

图 4-94　机器人上下料工作站系统框图

3. 接口配置

（1）机器人与 NJ PLC 接口配置　机器人控制器 DX100 与 NJ PLC 的 I/O 接口配置见表 4-28。

表 4-28　机器人与 NJ PLC 的 I/O 接口配置

机器人 DX100				NJ PLC 地址
插头		信号地址	定义的内容	
CN308	IN	B1	机器人程序启动	CH1_Out00
		A2	机器人清除报警和故障	CH1_Out01
	OUT	B8	机器人运行中	CH2_In08
		A8	机器人伺服已接通	CH2_In09
		A9	机器人报警错误	CH2_In10
CN308	OUT	B10	机器人电池报警	CH2_In11
		A10	机器人选择远程模式	CH2_In12
		B13	机器人在作业原点	CH2_In13
CN306	IN	B1 IN#（9）	机器人搬运开始	CH1_Out02
	OUT	B8 OUT#（9）	机器人搬运完成	CH2_In14

CN308 是机器人的专用 I/O 接口，每个接口的功能是固定的，如 CN308 的 B1 输入接口，其功能为“机器人程序启动”，当 B1 口为高电平时，机器人启动运行，开始执行机器人程序。

CN306 是机器人的通用 I/O 接口，每个接口的功能由用户定义，如将 CN306 的 B1 输入接口（IN9）定义为“机器人搬运开始”，当 B1 口为高电平时，机器人开始搬运工件（具体参见机器人程序）。

CN307 也是机器人的通用 I/O 接口，每个接口的功能由用户定义，如将 CN307 的 B8、A8 输出接口（OUT17）定义为机器人手爪夹紧功能，当机器人程序使 OUT17 输出为 1 时，YV1 得电，吸紧工件。CN307 的接口功能配置见表 4-29。

表 4-29　机器人 I/O 接口配置

插头	信号地址	定义的内容	外接设备
CN307	B1（IN17）	机器人手爪夹紧检测	手爪夹紧检测性开关
	B8（OUT17－）A8（OUT17＋）	机器人手爪夹紧	夹紧电磁阀 YV1
	B9（OUT18－）A9（OUT18＋）	机器人手爪松开	松开电磁阀 YV2

MXT 是机器人的专用输入接口，每个接口的功能是固定的。如 EXSVON 为机器人外部伺服 ON 功能，当 29、30 间接通时，机器人伺服电源接通。上下料工作站所使用的 MXT 接口配置见表 4-30。

表 4-30　机器人 MXT 接口配置

插头	信号地址	定义的内容	外部继电器
MXT	EXESP1＋（19）	机器人双回路急停	K5
	EXESP1－（20）		
	EXESP2＋（21）		
	EXESP2－（22）		
	EXSVON＋（29）	机器人外部伺服 ON	K1
	EXSVON－（30）		
	EXHOLD＋（31）	机器人外部暂停	K4
	EXHOLD－（32）		

（2）CNC 与 NJ PLC 接口配置　CNC 与 NJ PLC 的 I/O 接口配置见表 4-31。

表 4-31　CNC 与 NJ PLC 的接口配置

序号	CNC PLC 地址		NJ PLC 地址		信号名称（变量名）
1	OUT	A2	IN	CH2_In02	CNC 就绪
2		A3		CH2_In03	CNC 报警
3		A4		CH2_In04	CNC 门开到位
4		B1		CH2_In05	CNC 门关到位
5		B2		CH2_In06	CNC 加工完成
6	IN	C1	OUT	CH2_Out01	CNC 急停
7		C2		CH2_Out02	CNC 复位
8		C3		CH2_Out03	CNC 门打开
9		C4		CH2_Out04	CNC 门关闭
10		D1		CH2_Out05	CNC 加工开始

（3）NJ PLC I/O 地址分配及变量定义　NJ PLC I/O 地址分配及变量定义见表 4-32。

表 4-32　NJ PLC I/O 地址分配及变量定义

输入信号			输出信号		
序号	PLC 输入地址	变量名	序号	PLC 输出地址	变量名
1	CH1_In01	启停按钮	1	CH1_Out00	机器人程序启动
2	CH1_In02	复位按钮	2	CH1_Out01	机器人清除报警和故障
3	CH1_In03	急停按钮	3	CH1_Out02	机器人搬运开始
4	CH1_In04	暂停按钮	4	CH1_Out03	机器人伺服使能
5	CH1_In05	托盘检测 1	5	CH1_Out04	警示灯红
6	CH1_In06	托盘检测 2	6	CH1_Out05	警示灯黄
7	CH2_In02	CNC 就绪	7	CH1_Out06	警示灯绿
8	CH2_In03	CNC 报警	8	CH1_Out07	直流电动机启停
9	CH2_In04	CNC 门开到位	9	CH1_Out08	电磁铁
10	CH2_In05	CNC 门关闭到位	10	CH1_Out10	机器人暂停
11	CH2_In06	CNC 加工完成	11	CH1_Out11	机器人急停
12	CH2_In08	机器人运行中	12	CH2_Out01	CNC 急停
13	CH2_In09	机器人伺服已接通	13	CH2_Out02	CNC 复位
14	CH2_In10	机器人报警错误	14	CH2_Out03	CNC 门打开
15	CH2_In11	机器人电池报警	15	CH2_Out04	CNC 门关闭
16	CH2_In12	机器人选择远程模式	16	CH2_Out05	CNC 加工开始
17	CH2_In13	机器人在作业原点	17		
18	CH2_In14	机器人搬运完成	18		

4. 硬件电路

1）PLC 开关量信号输入电路如图 4-95。由于传感器为 NPN 集电极开路型，且机器人的输出接口为漏型输出，故 PLC 的输入采用漏型接法，即 COM 端接 +24V。PLC 输入信号包括控制按钮、托盘检测用传感器等。

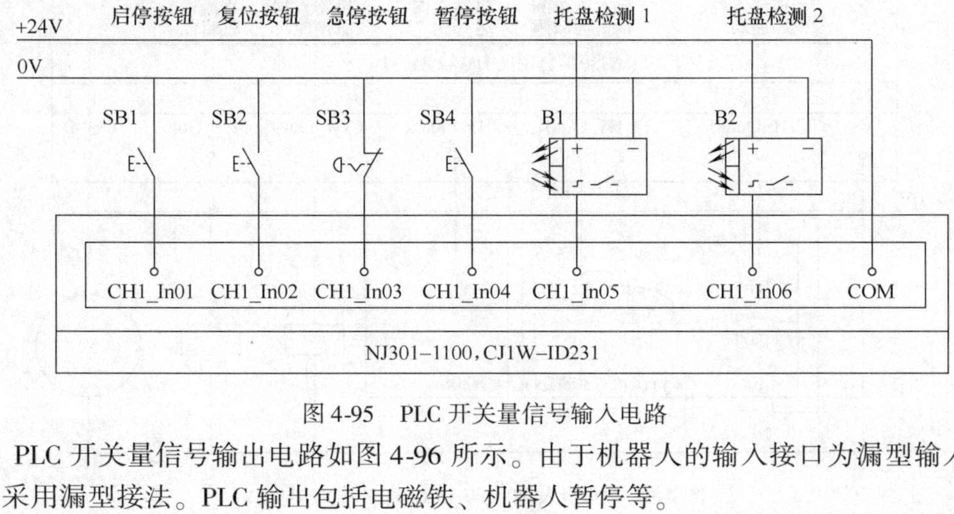

图 4-95　PLC 开关量信号输入电路

2）PLC 开关量信号输出电路如图 4-96 所示。由于机器人的输入接口为漏型输入，PLC 的输出采用漏型接法。PLC 输出包括电磁铁、机器人暂停等。

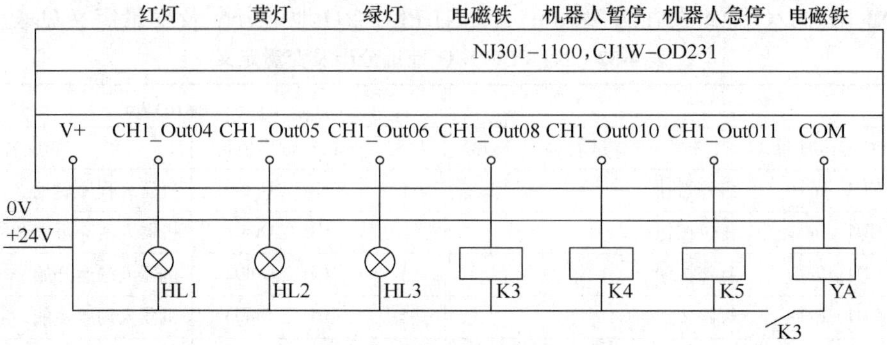

图 4-96　PLC 开关量信号输出电路

3）机器人输出与 PLC 输入接口电路如图 4-97 所示。CN303 为机器人外接电源接口，其 1、2 端接外部 DC24V 电源。PLC 输入信号包括“机器人运行中”、“机器人搬运完成”等机器人反馈信号。

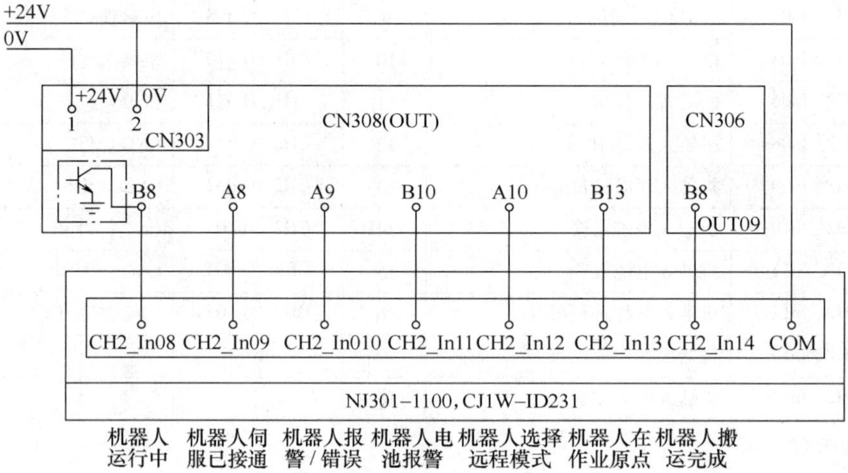

图 4-97　机器人输出与 PLC 输入接口电路

4）机器人输入与 PLC 输出接口电路如图 4-98 所示。PLC 输出信号包括“机器人程序启

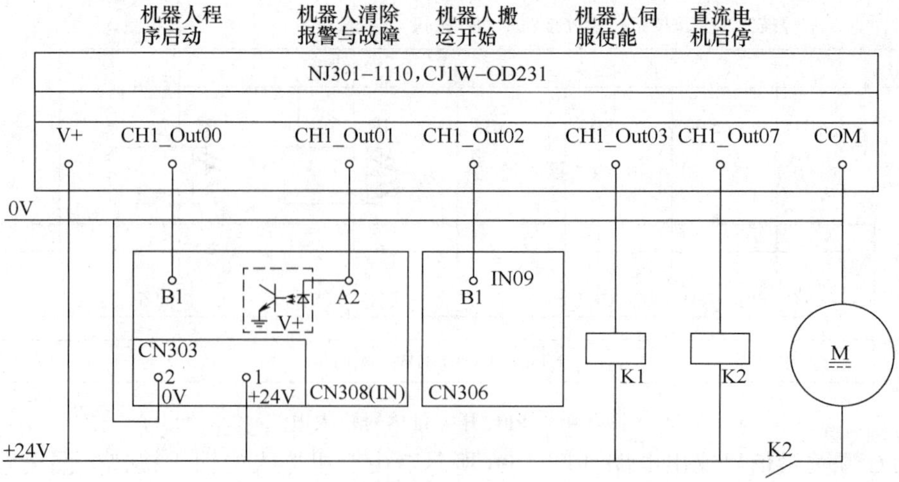

图 4-98　机器人输入与 PLC 输出接口电路

动”、“机器人搬运开始”等控制机器人运行、停止的信号。

K2 控制上下料输送线 1 的拖动直流电动机。

5）机器人专用输入接口 MXT 电路如图 4-99 所示。继电器 K5 双回路控制机器人急停、K1 控制机器人伺服使能、K4 控制机器人暂停。

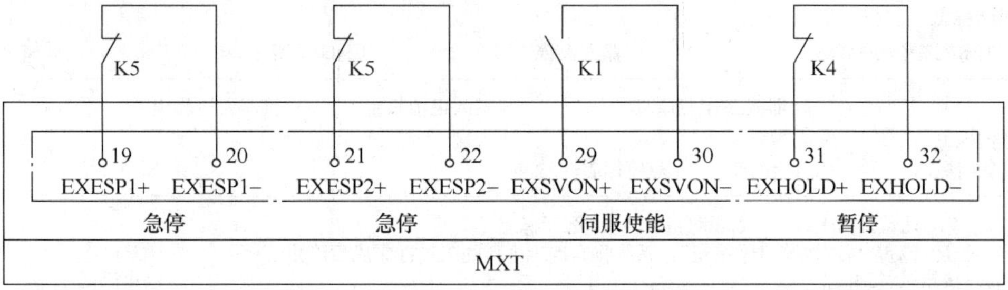

图 4-99　机器人专用输入接口 MXT 电路

6）机器人输出控制手爪电路如图 4-100 所示。机器人通过 CN307 接口的 A8、A9 控制电磁阀 YV1、YV2，抓取或释放工件。SQ 为检测手爪夹紧磁性开关。

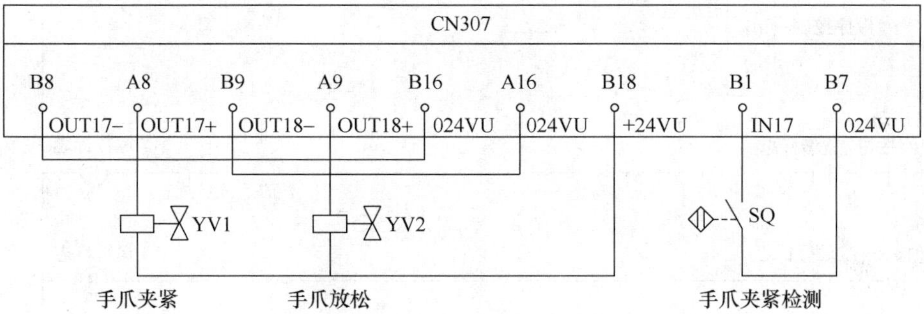

图 4-100　机器人输出控制手爪电路

7）CNC 与 PLC 的接口电路如图 4-91、图 4-92 所示。

8）伺服系统电路图如图 4-101 所示。

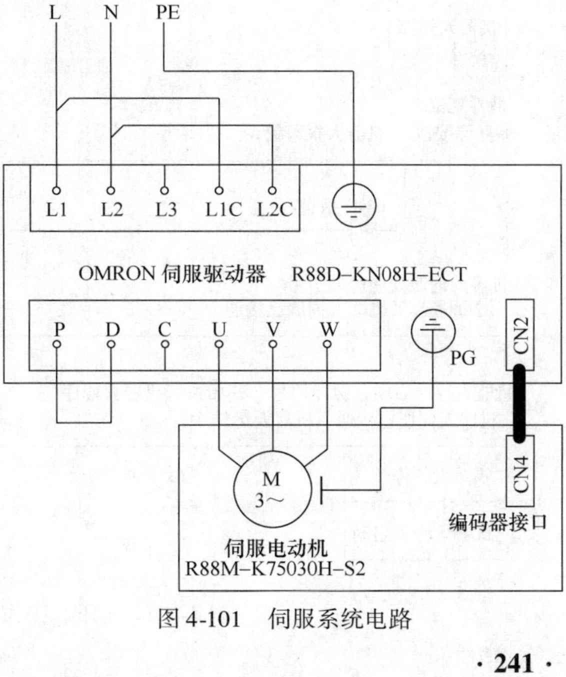

图 4-101　伺服系统电路

三、上下料工作站软件系统

1. 上下料工作站 PLC 程序

上下料工作站 PLC 参考程序如图 4-102 所示。

只有在所有的初始条件都满足时，“就绪标志”得电。按下“启停按钮”，“运行标志”得电，机器人伺服电源接通；如果使能成功，机器人程序启动，机器人开始运行程序。

如果在运行过程中按“暂停按钮”，机器人暂停。此时机器人的伺服电源仍然接通，机器人只是停止执行程序。按“复位按钮”，机器人暂停信号解除，机器人

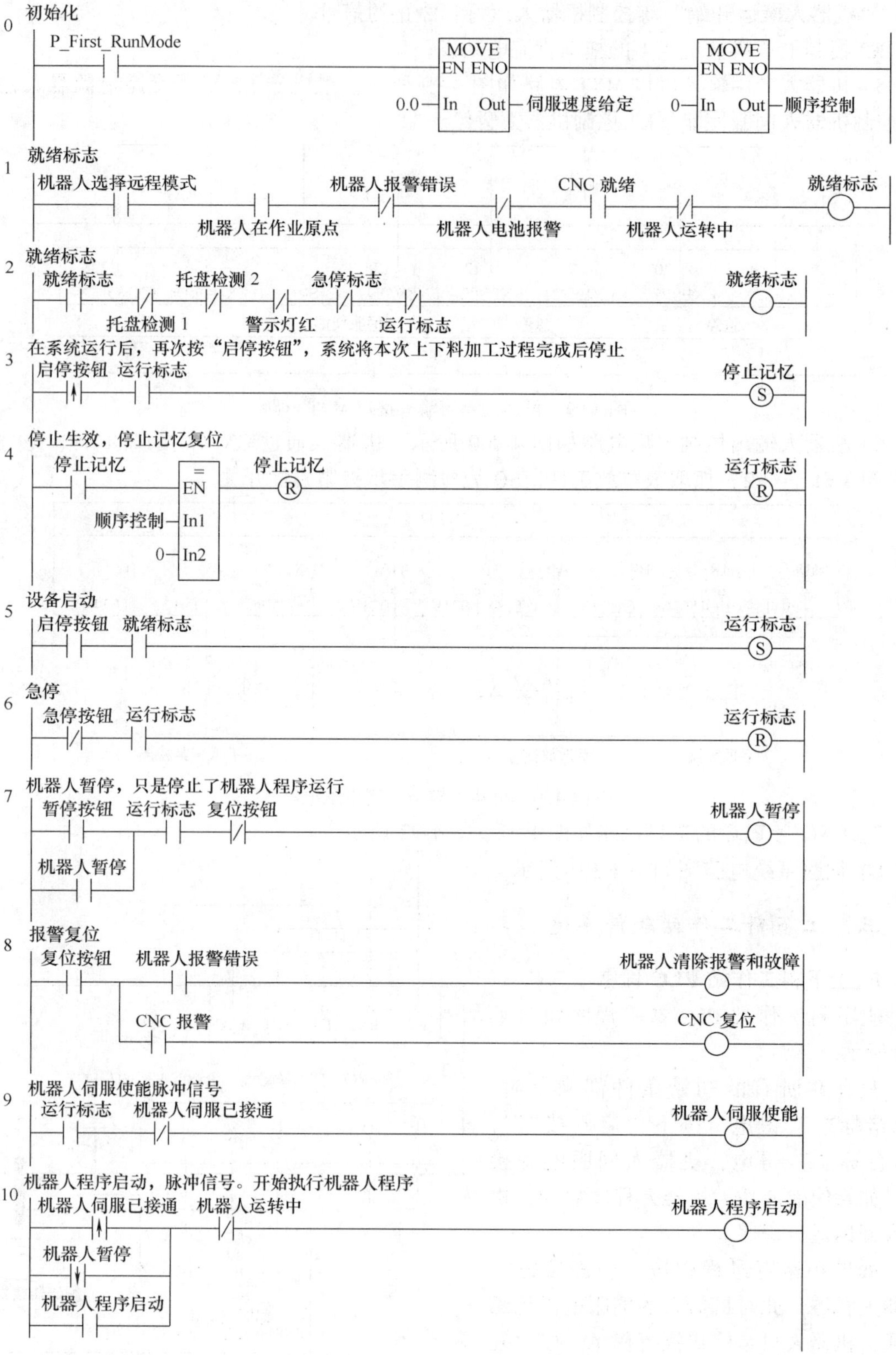

图 4-102　上下料工作站 PLC 参考程序

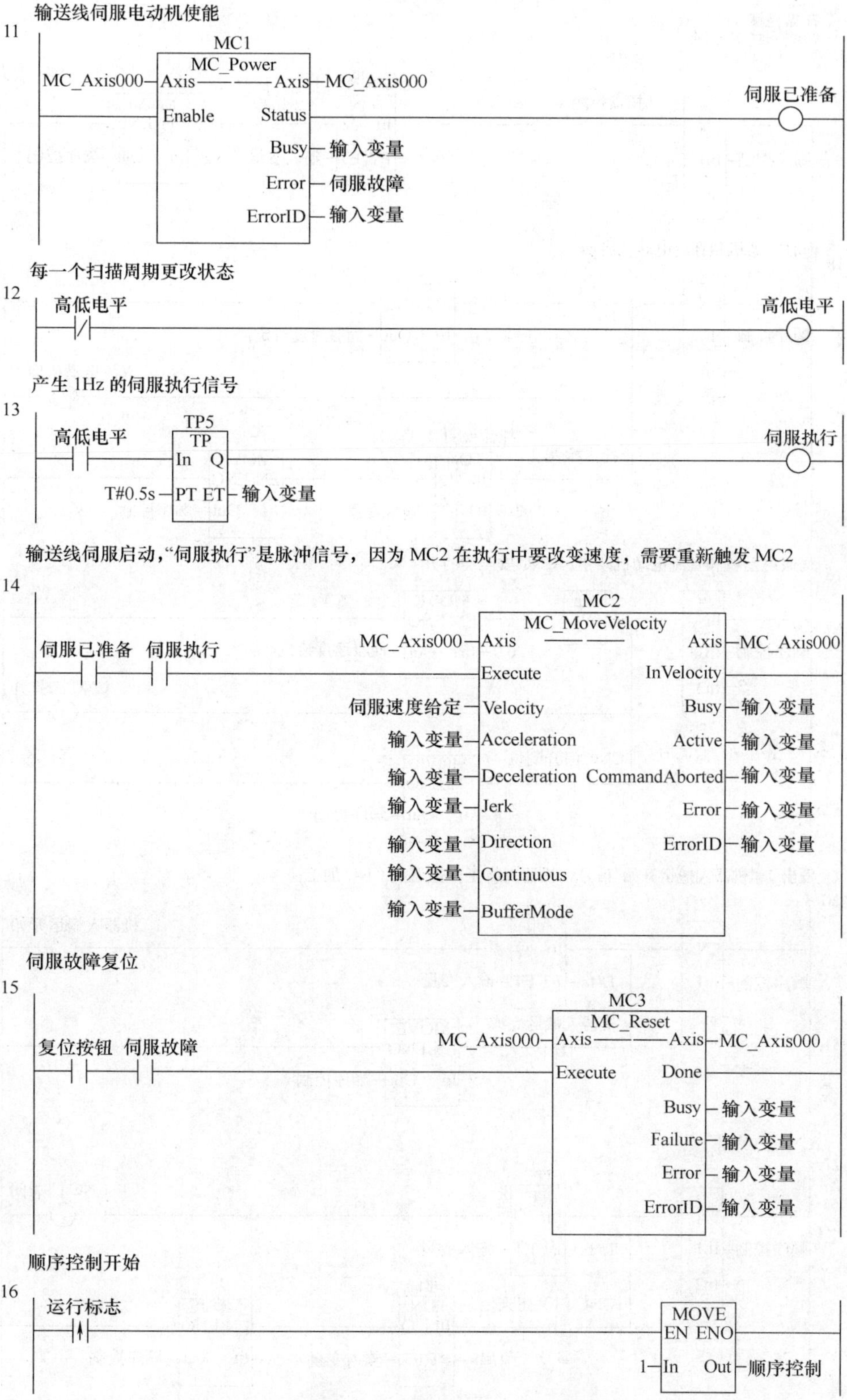

图4-102　上下料工作站PLC参考程序（续）

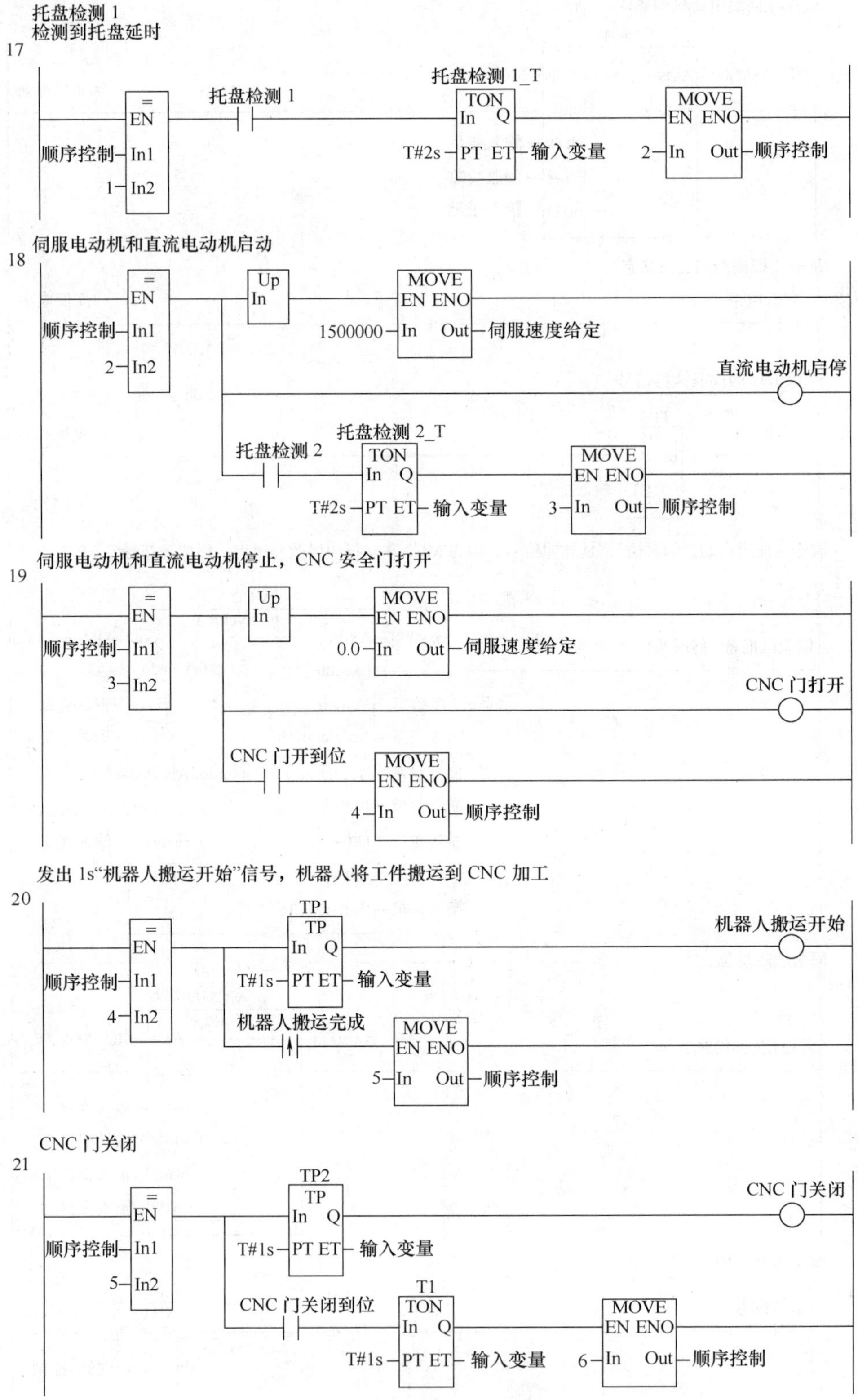

图 4-102　上下料工作站 PLC 参考程序（续）

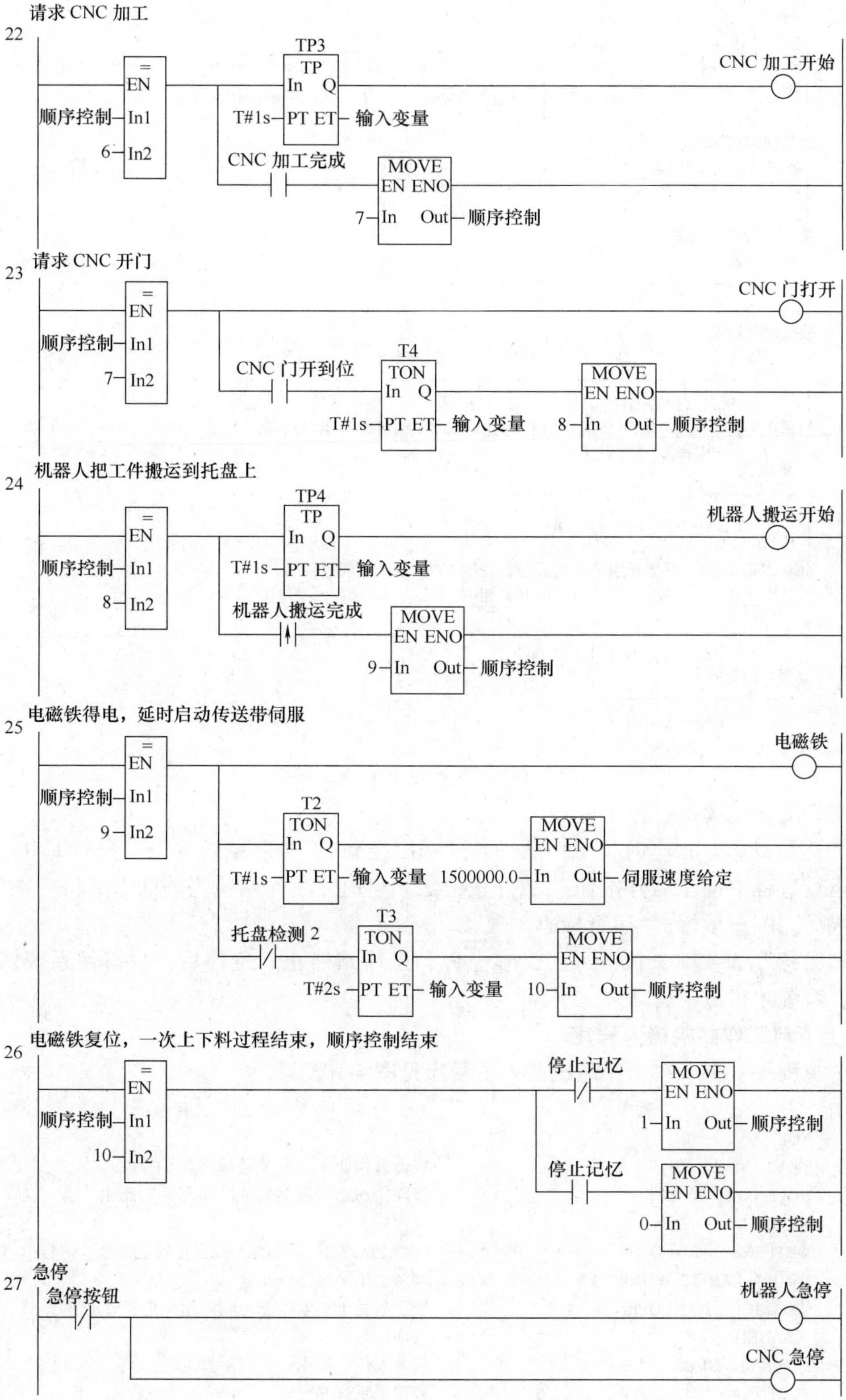

图 4-102　上下料工作站 PLC 参考程序（续）

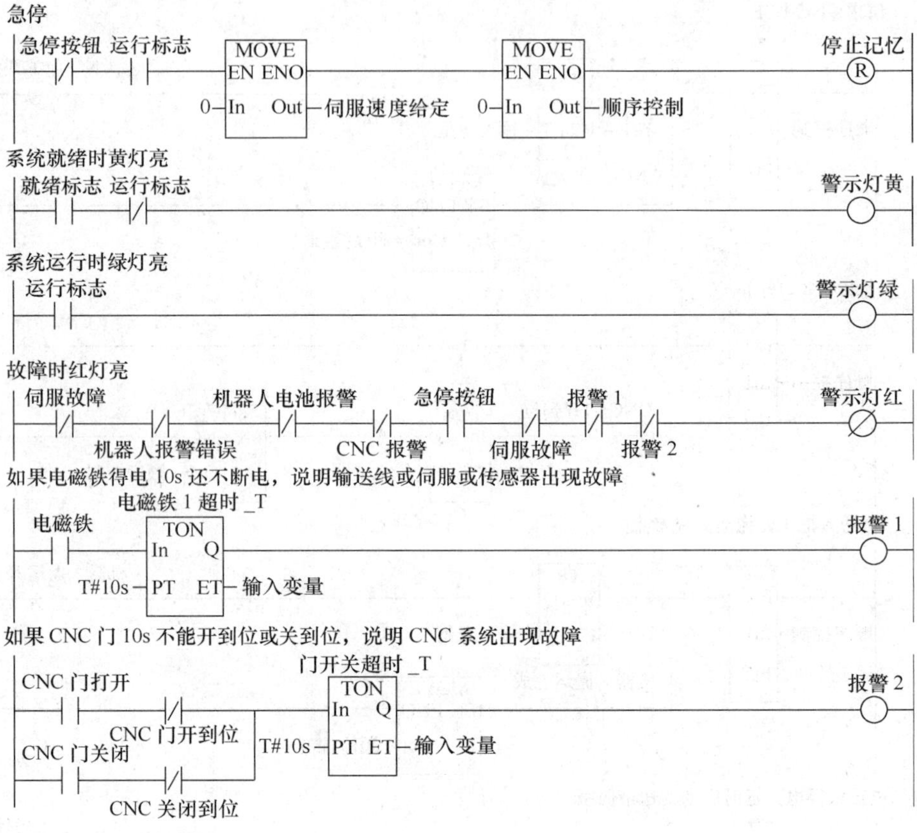

图 4-102　上下料工作站 PLC 参考程序（续）

程序再次启动，继续执行程序。

在“运行标志”得电时，工作站进入“顺序控制”，按照系统要求，进行 CNC 上下料。如果在运行过程中按“启停按钮”，“停止记忆”得电，工作站将当前的上下料“顺序控制”执行完成后，停止运行，“运行标志”复位。

当“急停”发生时，机器人、CNC 急停，工作站停止。急停后，只有使系统恢复到初始状态，系统才可重新启动。

2. 上下料工作站机器人程序

（1）主程序　上下料工作站机器人主程序见图 4-103。

序号	程序	注释
1	NOP	
2	MOVJ VJ = 20.00	机器人作业原点，关键示教点
3	DOUT OT#（9）OFF	清除“机器人搬运完成”信号；初始化
4	*LABEL1	程序标号
5	WAIT IN#（9）= ON	等待 PLC 发出“机器人搬运开始”命令，进行上料
6	JUMP *LABEL2 IF IN#（17）= OFF	判断手爪是否张开
7	CALL JOB：HANDOPEN	若手爪处于夹紧状态，则调用手爪释放子程序
8	*LABEL2	程序标号
9	MOVJ VJ = 20.00	机器人作业原点，关键示教点
10	WAIT IN#（17）= OFF	等待手爪张开

图 4-103　上下料工作站机器人主程序

序号	程序	注释
11	MOVJ VJ = 25.00 PL = 3	中间移动点
12	MOVJ VJ = 25.00 PL = 3	中间移动点
13	MOVJ VJ = 25.00	中间移动点
14	MOV V = 83.3	到达托盘上方夹取工件的位置，关键示教点
15	CALL JOB：HANDCLOSE	手爪夹紧，夹取工件
16	WAIT IN#（17）= ON	等待手爪夹紧
17	MOVL V = 83.3 PL = 1	提升工件
18	MOVJ VJ = 25.00 PL = 3	中间移动点
19	MOVJ VJ = 25.00 PL = 3	中间移动点
20	MOVJ VJ = 25.00	中间移动点
21	MOVL V = 83.3	到达数控机床卡盘上方释放工件的位置，关键示教点
22	CALL JOB：HANDOPEN	手爪张开，释放工件
23	WAIT IN#（17）= OFF	等待手爪释放
24	MOVJ VJ = 25.00	退出 CNC，回到等待位置
25	PULSE OT#（9）T = 1.00	向 PLC 发出 1s“机器人搬运完成”信号，上料完成
26	WAIT IN#（9）= ON	等待 PLC 发出“机器人搬运开始”命令，进行下料
27	MOVJ VJ = 25.00 PL = 1	中间移动点
28	MOVJ VJ = 25.00 PL = 1	中间移动点
29	MOVL V = 166.7	到达数控机床卡盘上方夹取工件的位置，关键示教点
30	CALL JOB：HANDCLOSE	手爪夹紧，夹取工件
31	WAIT IN#（17）= ON	等待手爪夹紧
32	MOVL V = 83.3 PL = 1	提升工件
33	MOVJ VJ = 25.00 PL = 1	中间移动点
34	MOVJ VJ = 25.00 PL = 1	中间移动点
35	MOVJ VJ = 25.00	中间移动点
36	MOVL V = 83.3	到达托盘上方释放工件位置，关键示教点
37	CALL JOB：HANDOPEN	手爪张开，释放工件
38	WAIT IN#（17）= OFF	等待手爪释放
39	MOVL V = 166.7 PL = 1	中间移动点
40	MOVL V = 416.7 PL = 2	中间移动点
41	PULSE OT#（9）T = 1.00	向 PLC 发出 1s“机器人搬运完成”信号，下料完成
42	MOVJ VJ = 25.00 PL = 3	中间移动点
43	MOVJ VJ = 25.00	返回工作原点
44	JUMP ＊LABEL1	跳转到开始的位置
45	END	

图 4-103　上下料工作站机器人主程序（续）

（2）工件夹紧子程序　工件夹紧子程序“HANDCLOSE”见图 4-104。

序号	程序	注释
1	NOP	
2	TIMER T = 0.50	延时 0.5s
3	DOUT OT#（18）OFF	机器人手爪松开
4	PULSE OT#（17）T = 1.00	机器人手爪夹紧
5	WAIT IN#（17）= ON	等待夹紧完成
6	TIMER T = 0.20	延时 0.2s
7	END	

图 4-104　工件夹紧子程序“HANDCLOSE”

（3）工件释放子程序　工件释放子程序“HANDCLOSE”见图 4-105。

序号	程序	注释
1	NOP	
2	TIMER T = 0. 50	延时 0. 5s
3	DOUT OT#（17）OFF	机器人手爪夹紧
4	PULSE OT#（18）T = 1. 00	机器人手爪松开
5	WAIT IN#（17） = OFF	等待松开完成
6	TIMER T = 0. 20	延时 0. 2s
7	END	

图 4-105　工件释放子程序“HANDCLOSE”

【任务实施】

任务书 4-6

项目名称	工业机器人自动生产线系统集成		任务名称	工业机器人自动生产线工作站的系统设计	
班 级		姓 名		学 号		组 别	
任务内容	根据工业机器人上下料工作站的控制要求，设计系统硬件电路，编写 PLC 控制程序，并进行系统调试。				
任务目标	1. 掌握工业机器人数控机床上下料工作站的特点。 2. 掌握工业机器人与外围系统的接口电路技术。				

资料	工具	设备
工业机器人安全操作规程	常用工具	工业机器人自动生产线工作站
MH6 机器人使用说明书		
DX100 使用说明书		
DX100 维护要领书		
NJ PLC 使用手册		
数控机床用户手册		
工业机器人自动生产线工作站说明书		

任务完成报告书 4-6

项目名称	工业机器人自动生产线系统集成		任务名称	工业机器人自动生产线工作站的系统设计			
班 级		姓 名		学 号		组 别	
任务内容							

【考核与评价】

学生自评表 4　　　　年　　月　　日

<table>
<tr><td>项目名称</td><td colspan="7">工业机器人自动生产线系统集成</td></tr>
<tr><td>班 级</td><td></td><td>姓 名</td><td></td><td>学 号</td><td></td><td>组 别</td><td></td></tr>
<tr><td>评价项目</td><td colspan="3">评价内容</td><td colspan="4">评价结果（好/较好/一般/差）</td></tr>
<tr><td rowspan="5">专业能力</td><td colspan="3">能够正确选用工业机器人</td><td colspan="4"></td></tr>
<tr><td colspan="3">能够正确选用 PLC、传感器、伺服系统</td><td colspan="4"></td></tr>
<tr><td colspan="3">能够正确地设计机器人工作站外围系统</td><td colspan="4"></td></tr>
<tr><td colspan="3">能够编写 PLC 程序远程控制机器人运行</td><td colspan="4"></td></tr>
<tr><td colspan="3">能够正确设置伺服驱动器参数</td><td colspan="4"></td></tr>
<tr><td rowspan="4">方法能力</td><td colspan="3">能够遵守安全操作规程</td><td colspan="4"></td></tr>
<tr><td colspan="3">会查阅、使用说明书及手册</td><td colspan="4"></td></tr>
<tr><td colspan="3">能够对自己的学习情况进行总结</td><td colspan="4"></td></tr>
<tr><td colspan="3">能够如实对自己的情况进行评价</td><td colspan="4"></td></tr>
<tr><td rowspan="4">社会能力</td><td colspan="3">能够积极参与小组讨论</td><td colspan="4"></td></tr>
<tr><td colspan="3">能够接受小组的分工并积极完成任务</td><td colspan="4"></td></tr>
<tr><td colspan="3">能够主动对他人提供帮助</td><td colspan="4"></td></tr>
<tr><td colspan="3">能够正确认识自己的错误并改正</td><td colspan="4"></td></tr>
<tr><td colspan="8">自我评价及反思</td></tr>
<tr><td colspan="8"></td></tr>
</table>

学生互评表 4　　　　年　　月　　日

<table>
<tr><td>项目名称</td><td colspan="6">工业机器人自动生产线系统集成</td></tr>
<tr><td>被评价人</td><td>班 级</td><td></td><td>姓 名</td><td></td><td>学 号</td><td></td></tr>
<tr><td>评 价 人</td><td colspan="6"></td></tr>
<tr><td>评价项目</td><td colspan="3">评价标准</td><td colspan="3">评价结果</td></tr>
<tr><td rowspan="4">团队合作</td><td colspan="3">A. 合作融洽</td><td colspan="3" rowspan="4"></td></tr>
<tr><td colspan="3">B. 主动合作</td></tr>
<tr><td colspan="3">C. 可以合作</td></tr>
<tr><td colspan="3">D. 不能合作</td></tr>
</table>

（续）

评价项目	评价标准	评价结果
学习方法	A. 学习方法良好，值得借鉴	
	B. 学习方法有效	
	C. 学习方法基本有效	
	D. 学习方法存在问题	
专业能力（勾选）	能够正确选用工业机器人	
	能够正确选用 PLC、传感器、伺服系统	
	能够正确地设计机器人工作站外围系统	
	能够编写 PLC 程序远程控制机器人运行	
	能够正确设置伺服驱动器参数	
	能够严格遵守安全操作规程	
	能够快速查阅、使用说明书及手册	
	能够按要求完成任务	
综合评价		

教师评价表 4　　年　月　日

项目名称	工业机器人自动生产线系统集成				
被评价人	班 级		姓 名		学 号	
评价项目	评价内容			评价结果（好/较好/一般/差）	
专业认知能力	理解任务要求的含义				
	了解工业机器人的结构、用途				
	了解工业机器人自动生产线工作站的组成与工作原理				
	理解 PLC、传感器、伺服驱动器在系统中的作用				
	了解机器人常用 I/O 接口的功能				
	严格遵守安全操作规程				
专业实践能力	能够正确选用工业机器人				
	能够正确选用 PLC、传感器、伺服系统				
	能够设计机器人工作站外围系统				
	能够编写 PLC 程序远程控制机器人运行				
	能够正确设置伺服驱动器参数				
	能够快速查阅、使用说明书及手册				

（续）

评价项目	评价内容	评价结果（好/较好/一般/差）
社会能力	能够积极参与小组讨论	
	能够接受小组的分工并积极完成任务	
	能够主动对他人提供帮助	
	能够正确认识自己的错误并改正	
	善于表达和交流	
综合评价		

【学习体会】

【思考与练习】

1. 机器人取代人给数控机床上下料有何优点？
2. 上下料输送线由几节构成？每节输送线由什么电动机驱动？
3. 上下料输送线上的托盘检测光敏传感器起什么作用？
4. 机器视觉系统在自动生产线中起什么作用？
5. 上下料机器人与装配机器人采用的是什么形式的末端执行器？
6. NJ 系列 PLC 与传统的 PLC 相比有何特点？
7. NJ 系列 PLC 硬件构成分为几种形式？
8. NJ 系列 PLC 本身没有基本 I/O 单元，要实现 I/O 控制，如何配置？
9. Sysmac Studio 如何与 CPU 连接？
10. 如何构建一个 NJ PLC 的 CPU 机架？
11. 如何构建一个带扩展机架的 NJ PLC 系统？
12. CJ 系列 I/O 控制单元与 I/O 接口单元起什么作用？
13. 伺服电动机有几种控制方式？

14. 选择伺服电动机时，应考虑什么因素？
15. G5 系列 EtherCAT 通信内置型 AC 伺服系统有何特点？
16. 如何构建伺服硬件系统？
17. 如何通过 CX-Drive 软件进行伺服参数的设定？
18. NJ 运动控制的特点是什么？
19. 简述 EtherCAT 系统设置的过程。
20. CNC 与机器人上下料工作站的接口信号有哪些？

附 录

附录 A　DX100 通用用途 I/O 信号定义、接线图

1. CN308 接口（见附图 A-1）

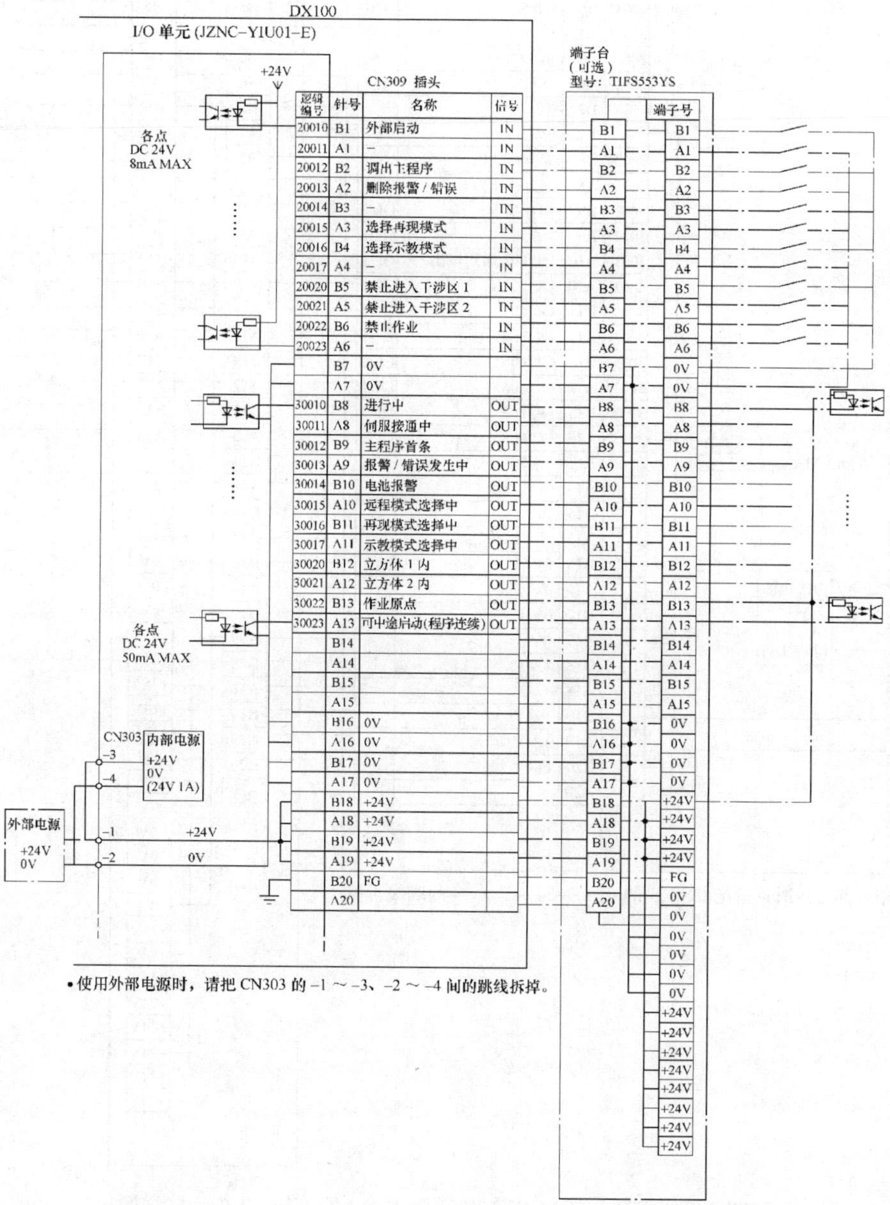

附图 A-1　CN308 接口 DX100 通用用途 I/O 信号定义、接线图

2. CN309 接口（附图 A-2）

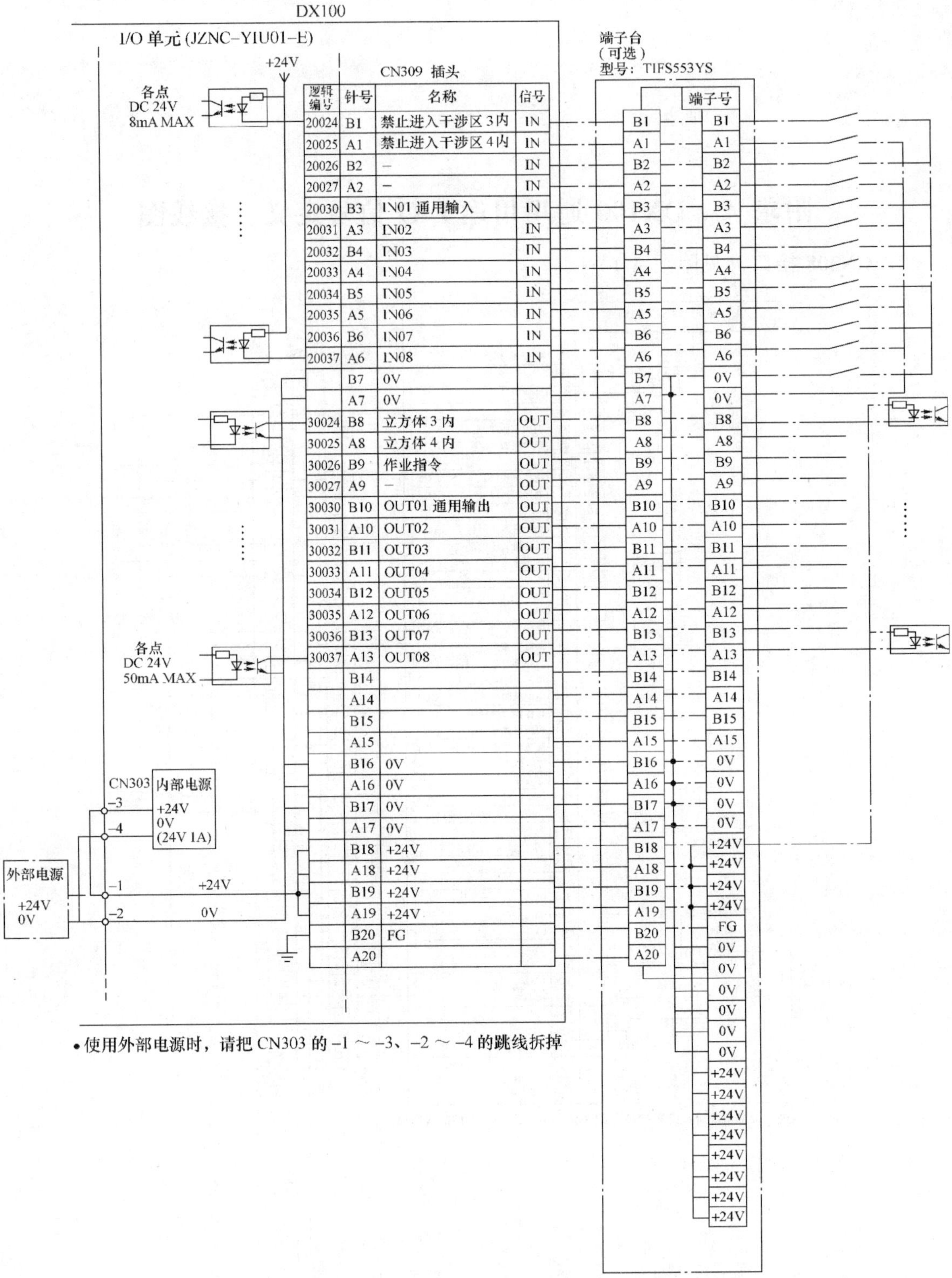

附图 A-2　CN309 接口 DX100 通用用途 I/O 信号定义、接线图

3. CN306 接口（附图 A-3）

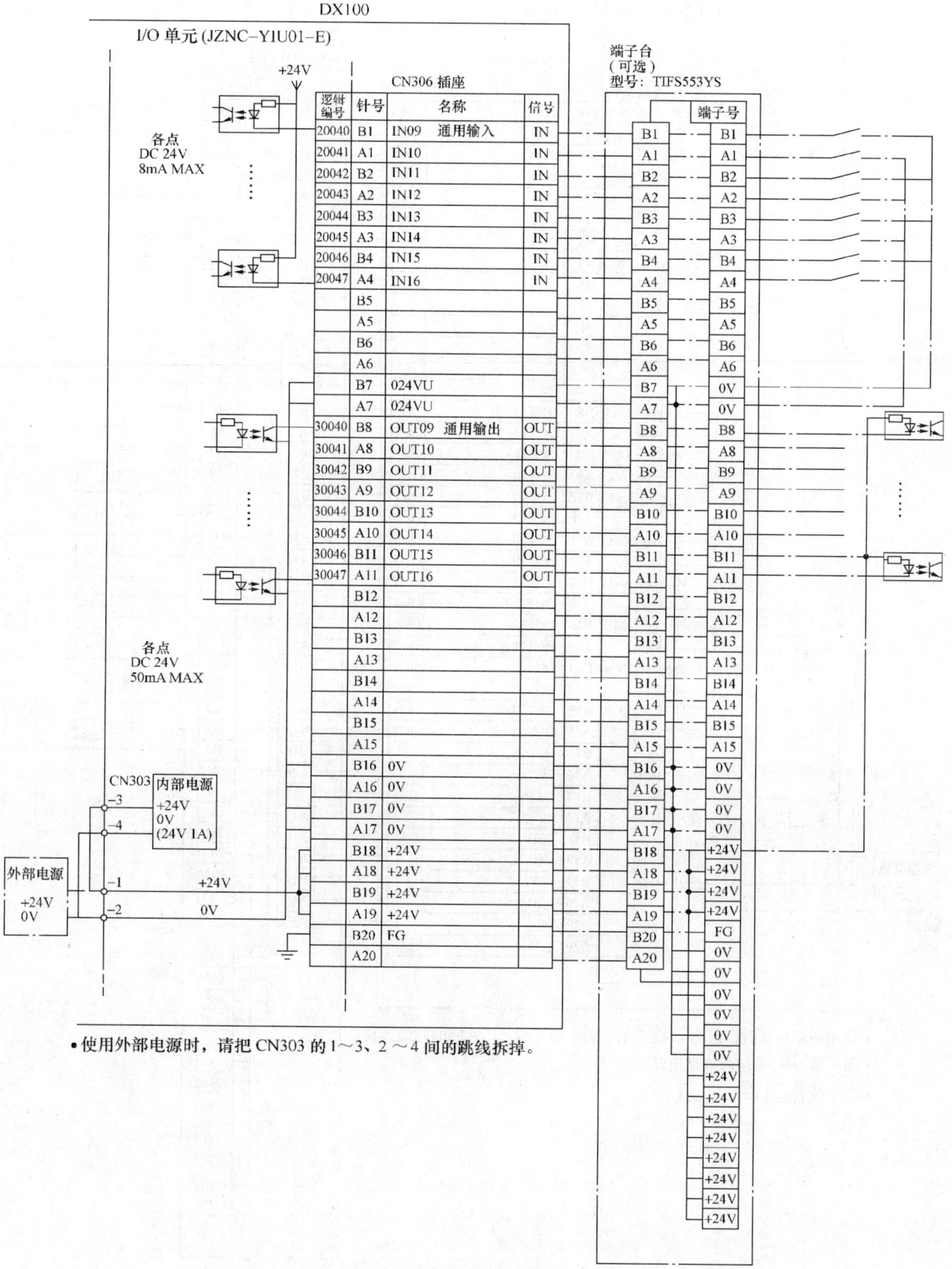

附图 A-3 CN306 接口 DX100 通用用途 I/O 信号定义、接线图

4. CN307 接口（见附图 A-4）

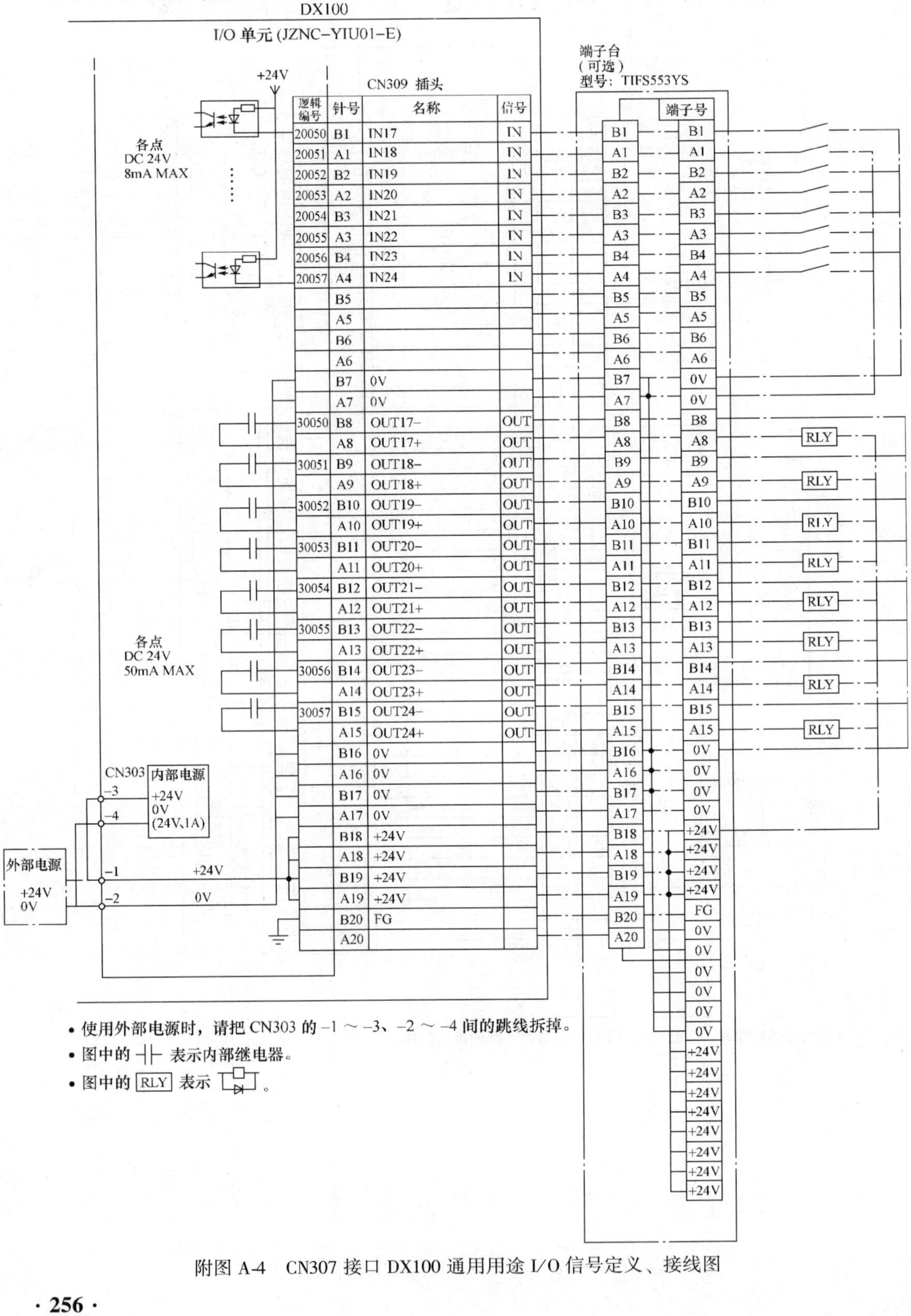

- 使用外部电源时，请把 CN303 的 −1 ～ −3、−2 ～ −4 间的跳线拆掉。
- 图中的 ┤├ 表示内部继电器。
- 图中的 RLY 表示（继电器线圈与二极管符号）。

附图 A-4　CN307 接口 DX100 通用用途 I/O 信号定义、接线图

附录 B DX100 弧焊用途 I/O 信号定义、接线图

1. CN308 接口（见附图 B-1）

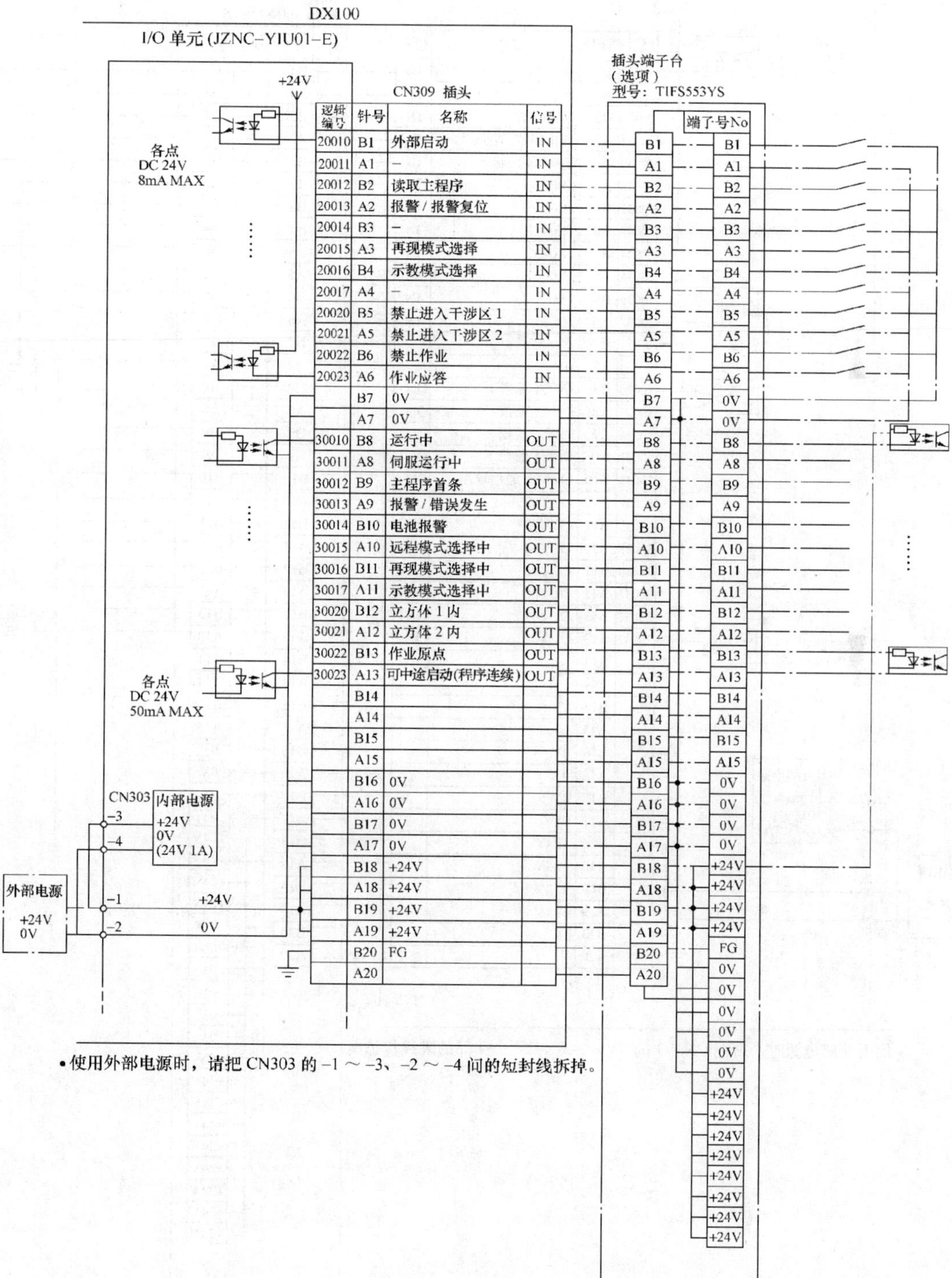

•使用外部电源时，请把 CN303 的 −1 ～ −3、−2 ～ −4 间的短封线拆掉。

附图 B-1 CN308 接口 DX100 弧焊用途 I/O 信号定义、接线图

2. CN309 接口（见附图 B-2）

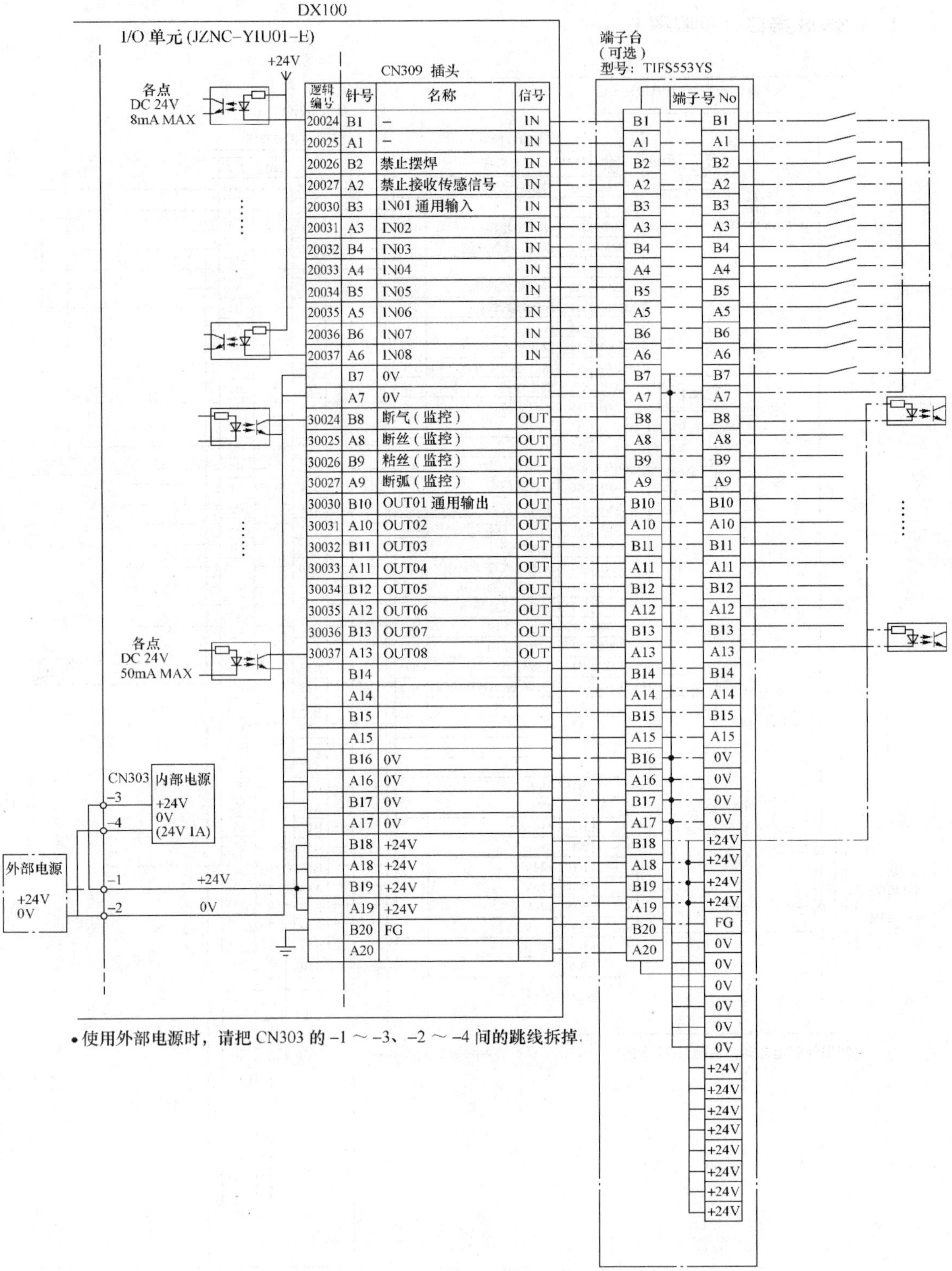

附图 B-2　CN309 接口 DX100 弧焊用途 I/O 信号定义、接线图

3. CN306 接口（见附图 B-3）

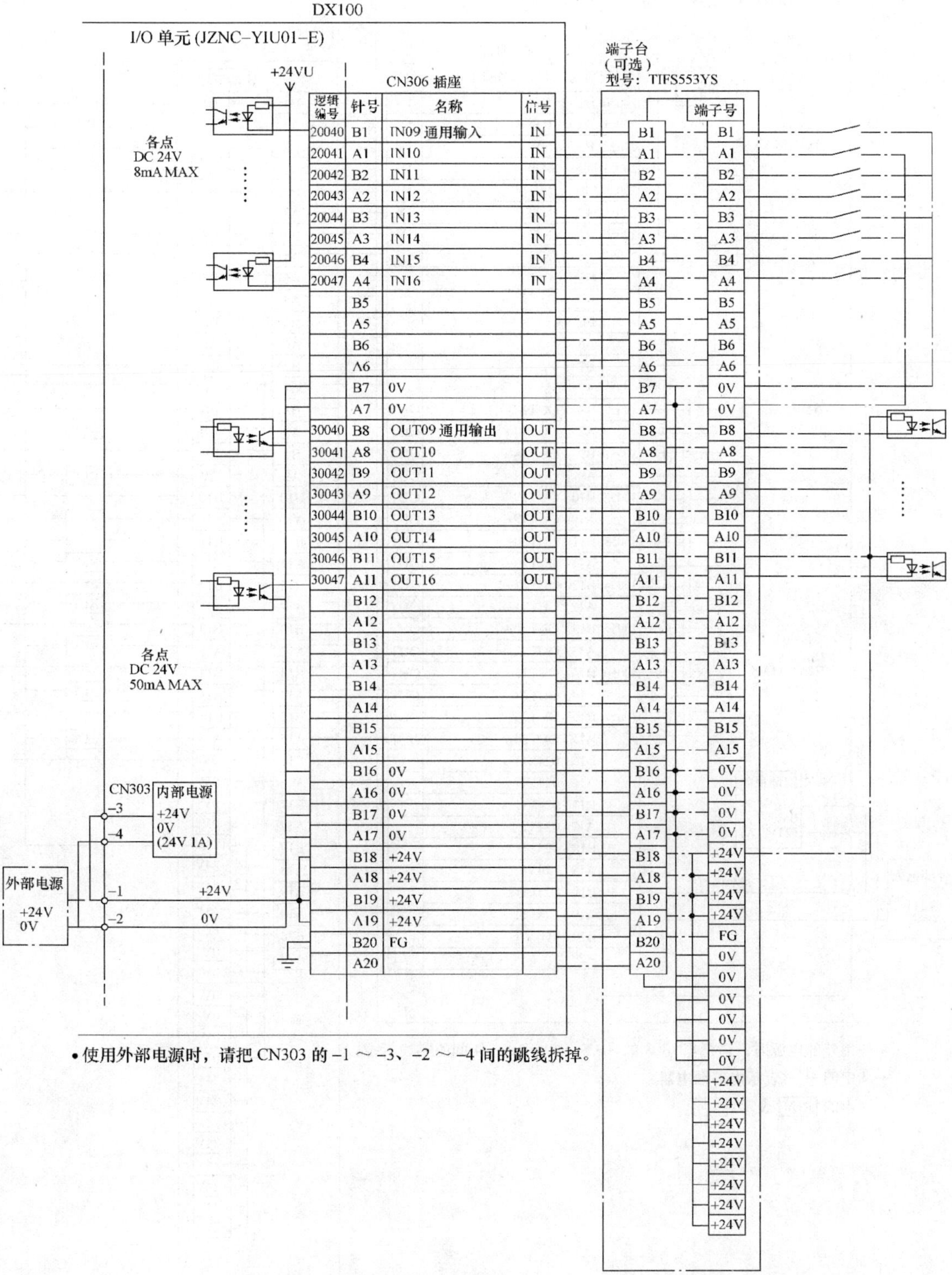

•使用外部电源时，请把 CN303 的 −1 ～ −3、−2 ～ −4 间的跳线拆掉。

附图 B-3　CN306 接口 DX100 弧焊用途 I/O 信号定义、接线图

4. CN307 接口（见附图 B-4）

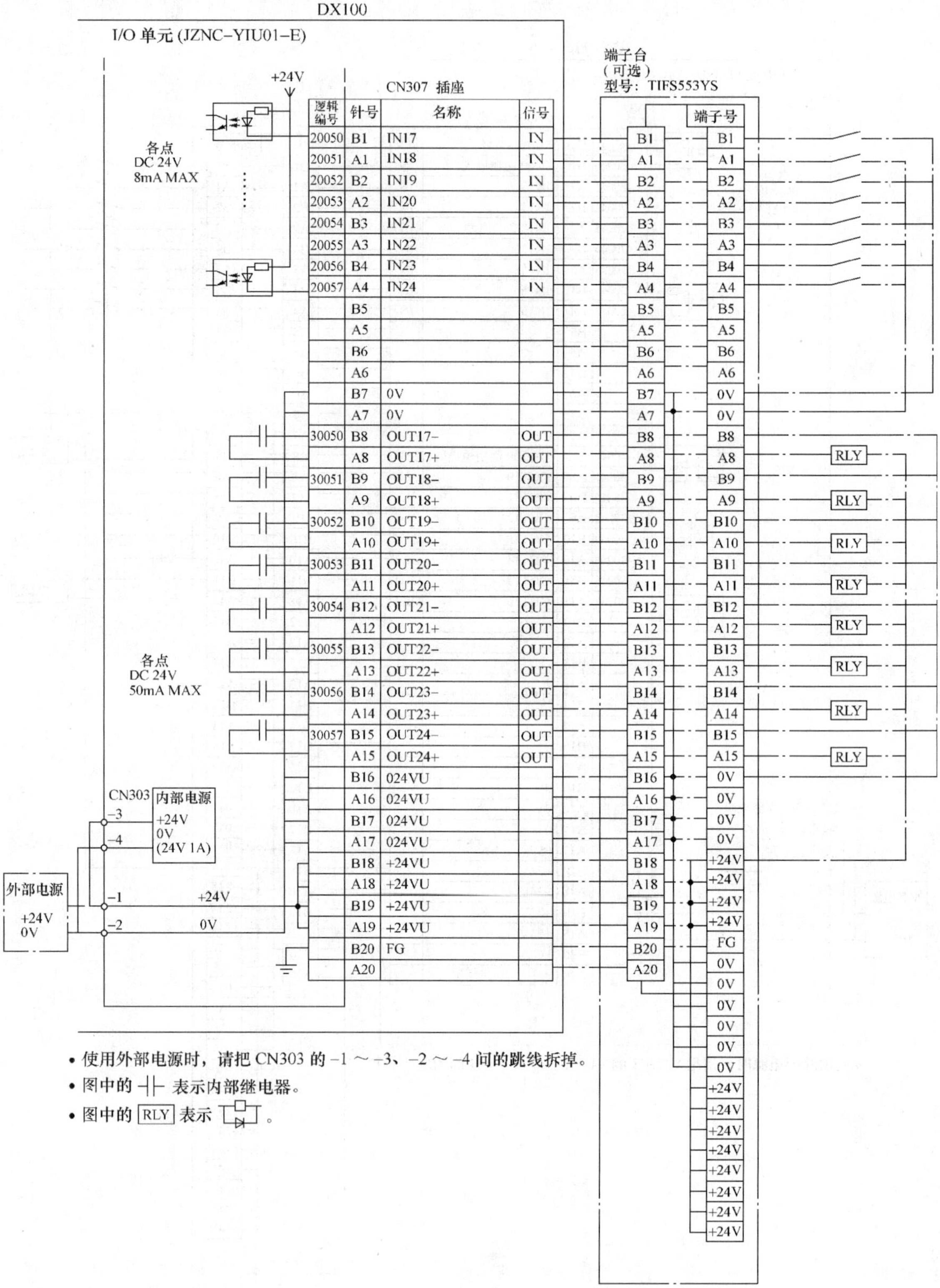

- 使用外部电源时，请把 CN303 的 −1 ～ −3、−2 ～ −4 间的跳线拆掉。
- 图中的 ─┤├─ 表示内部继电器。
- 图中的 RLY 表示（继电器符号）。

附图 B-4　CN307 接口 DX100 弧焊用途 I/O 信号定义、接线图

附录 C　DX100 点焊用途 I/O 信号定义、接线图

1. CN308 接口（见附图 C-1）

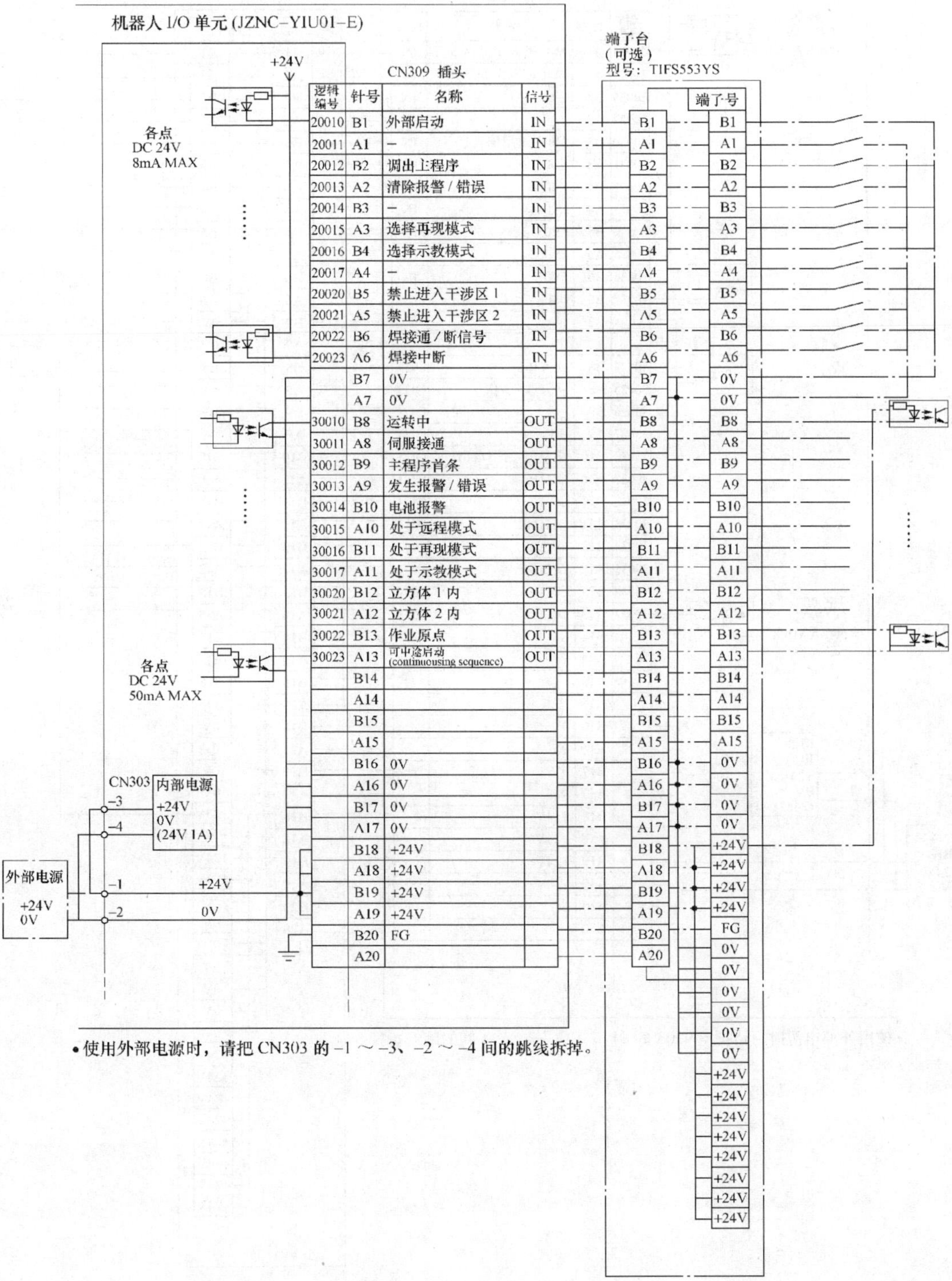

逻辑编号	针号	名称	信号
20010	B1	外部启动	IN
20011	A1	–	IN
20012	B2	调出主程序	IN
20013	A2	清除报警 / 错误	IN
20014	B3	–	IN
20015	A3	选择再现模式	IN
20016	B4	选择示教模式	IN
20017	A4	–	IN
20020	B5	禁止进入干涉区 1	IN
20021	A5	禁止进入干涉区 2	IN
20022	B6	焊接通 / 断信号	IN
20023	A6	焊接中断	IN
	B7	0V	
	A7	0V	
30010	B8	运转中	OUT
30011	A8	伺服接通	OUT
30012	B9	主程序首条	OUT
30013	A9	发生报警 / 错误	OUT
30014	B10	电池报警	OUT
30015	A10	处于远程模式	OUT
30016	B11	处于再现模式	OUT
30017	A11	处于示教模式	OUT
30020	B12	立方体 1 内	OUT
30021	A12	立方体 2 内	OUT
30022	B13	作业原点	OUT
30023	A13	可中途启动 (continuousing sequence)	OUT
	B14		
	A14		
	B15		
	A15		
	B16	0V	
	A16	0V	
	B17	0V	
	A17	0V	
	B18	+24V	
	A18	+24V	
	B19	+24V	
	A19	+24V	
	B20	FG	
	A20		

端子台针号	端子号
B1	B1
A1	A1
B2	B2
A2	A2
B3	B3
A3	A3
B4	B4
A4	A4
B5	B5
A5	A5
B6	B6
A6	A6
B7	0V
A7	0V
B8	B8
A8	A8
B9	B9
A9	A9
B10	B10
A10	A10
B11	B11
A11	A11
B12	B12
A12	A12
B13	B13
A13	A13
B14	B14
A14	A14
B15	B15
A15	A15
B16	0V
A16	0V
B17	0V
A17	0V
B18	+24V
A18	+24V
B19	+24V
A19	+24V
B20	FG
A20	0V
	0V
	0V
	0V
	0V
	0V
	+24V
	+24V
	+24V
	+24V
	+24V
	+24V
	+24V
	+24V

附图 C-1　CN308 接口 DX100 点焊用途 I/O 信号定义、接线图

2. CN309 接口（见附图 C-2）

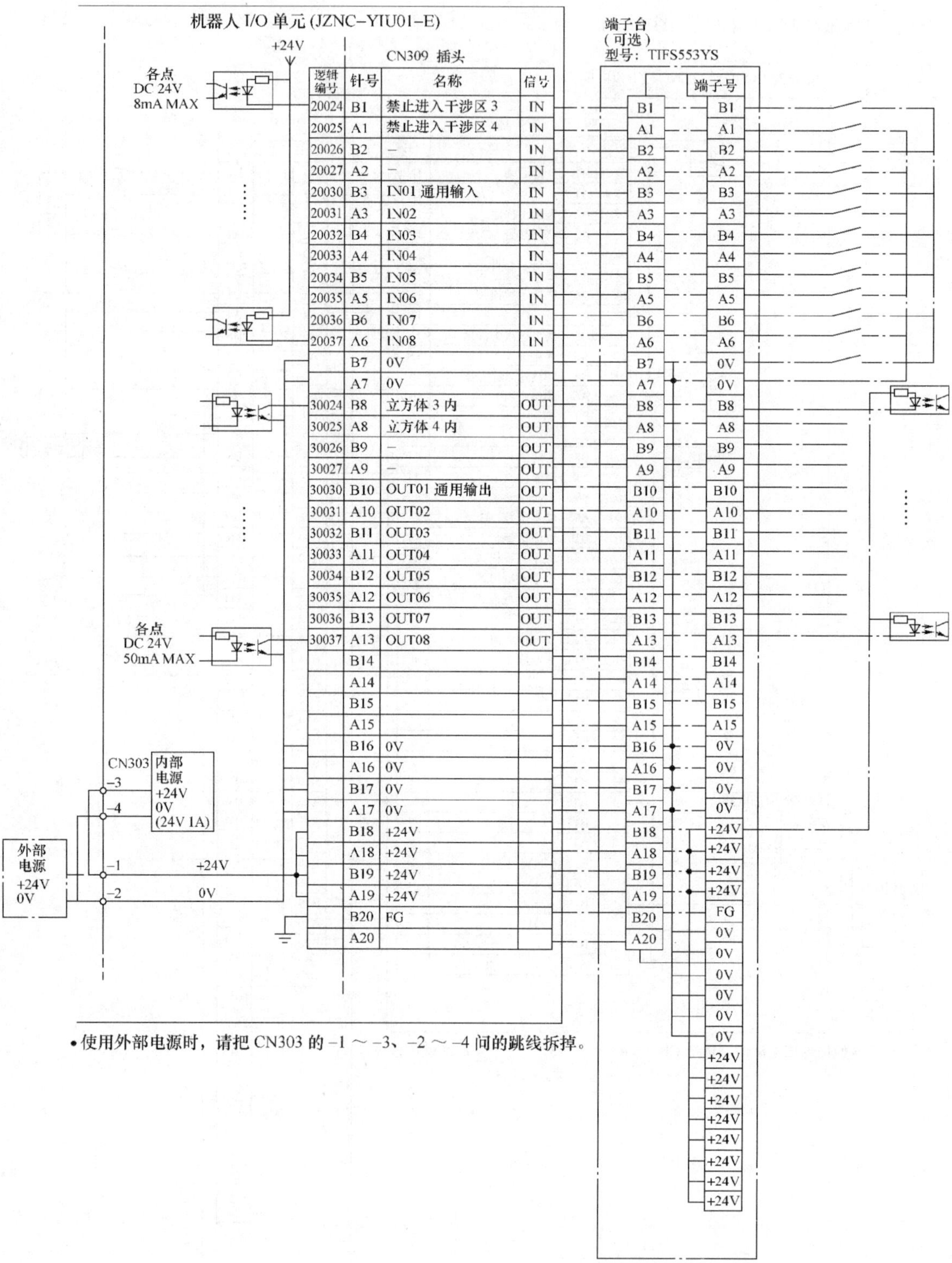

附图 C-2　CN309 接口 DX100 点焊用途 I/O 信号定义、接线图

3. CN306 接口（见附图 C-3）

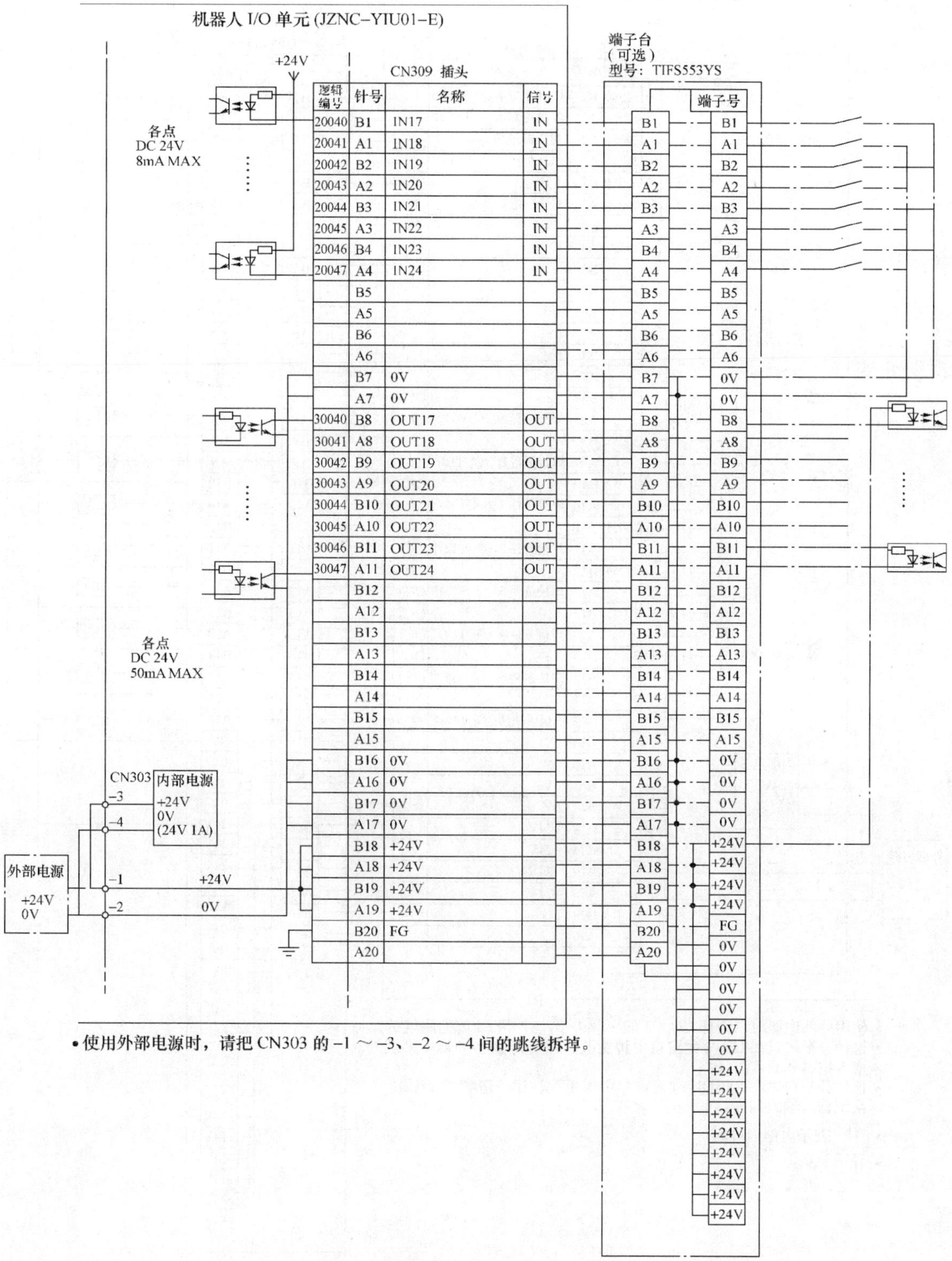

• 使用外部电源时，请把 CN303 的 −1 ～ −3、−2 ～ −4 间的跳线拆掉。

附图 C-3　CN306 接口 DX100 点焊用途 I/O 信号定义、接线图

4. CN307 接口（见附图 C-4）

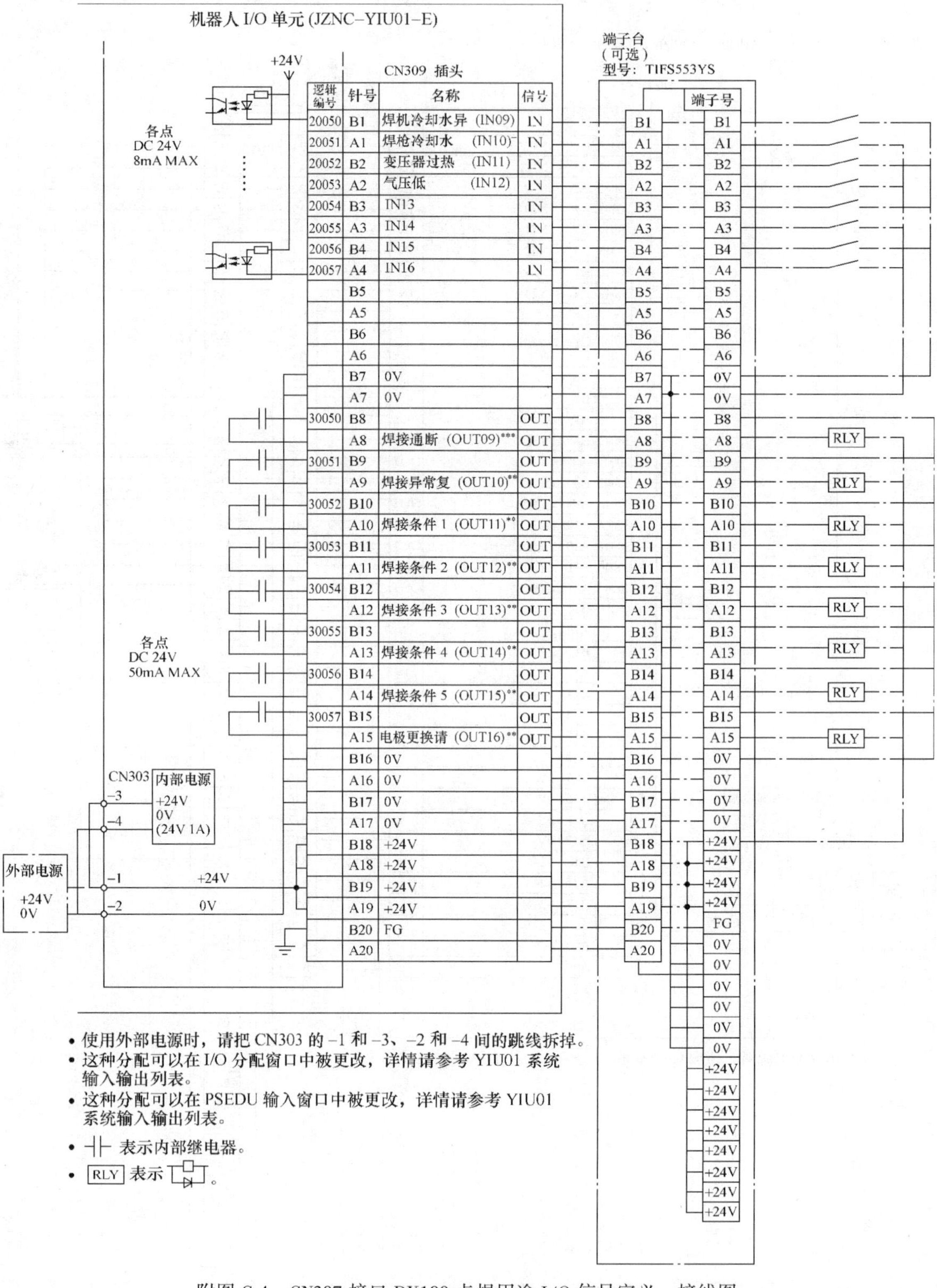

- 使用外部电源时，请把 CN303 的 –1 和 –3、–2 和 –4 间的跳线拆掉。
- 这种分配可以在 I/O 分配窗口中被更改，详情请参考 YIU01 系统输入输出列表。
- 这种分配可以在 PSEDU 输入窗口中被更改，详情请参考 YIU01 系统输入输出列表。
- [symbol] 表示内部继电器。
- RLY 表示 [relay drawing]。

附图 C-4　CN307 接口 DX100 点焊用途 I/O 信号定义、接线图